Kinematische Getriebesynthese

Grundlagen einer quantitativen Getriebelehre ebener Getriebe

Für den Konstrukteur, für die Vorlesung und das Selbststudium

Von

Dr. phil. habil. Rudolf Beyer

Privatdozent für Getriebelehre und Kinematik an der Technischen Hochschule München
Stud.-Prof. am Oskar v. Miller-Polytechnikum, Akademie für angewandte Technik, München

Mit 258 Abbildungen

AF608577

Springer-Verlag
Berlin / Göttingen / Heidelberg
1953

ISBN 978-3-642-52655-8 ISBN 978-3-642-52654-1 (eBook)
DOI 10.1007/978-3-642-52654-1
Softcover reprint of the hardcover 1st edition 1953

Alle Rechte, insbesondere das der Übersetzung in fremde Sprachen, vorbehalten.
Ohne ausdrückliche Genehmigung des Verlages ist es auch nicht gestattet,
dieses Buch oder Teile daraus auf photomechanischem Wege
(Photokopie, Mikrokopie) zu vervielfältigen.
Copyright 1953 by Springer-Verlag OHG., Berlin/Göttingen/Heidelberg.

Vorwort.

Während der vergangenen zwei Jahrzehnte — seit dem Erscheinen meiner „Technischen Kinematik" — hat die getriebetechnisch-kinematische Forschung und die Nutzbarmachung ihrer Ergebnisse für die Praxis einen ungeahnten Aufstieg genommen. Die Betonung und Förderung der getriebesynthetischen Verfahren ist ein kennzeichnendes Merkmal für das während dieser Zeit veröffentlichte getrieblich-kinematische Schrifttum, das vor allem in Zeitschriftenaufsätzen seinen Niederschlag gefunden hat, u. a. auch in der Beilage „Getriebetechnik" der Zeitschrift „Maschinenbau/Der Betrieb".

Buchveröffentlichungen aus dem Gebiet der „Kinematik-Getriebelehre" hielten sich in dem genannten Zeitraum im allgemeinen im Rahmen der bisher üblichen Darstellungsweise, d. h. unter besonderer Herausstellung der Getriebeanalyse für die Untersuchung der Bewegungsverhältnisse in vorgegebenen Getrieben.

Die im Schrifttum weit verstreuten Verfahren der Getriebesynthese oder — wie man auch sagen kann — der „quantitativen Getriebelehre" fanden dagegen in Buchveröffentlichungen nicht die ihnen zukommende bzw. ausreichende Berücksichtigung, obwohl sie gerade für den gestaltenden Entwurf wesentliche Vorteile bieten. Eine besondere Note kommt dem Frankeschen grundlegenden Werk „Vom Aufbau der Getriebe" zu, das sich im wesentlichen in getriebesystematischen, entwicklungstheoretischen Bahnen hält und so in Fortsetzung, Erweiterung und umfassender Zielsetzung Reuleauxscher Gedankengänge durch systematische Entwicklungsmethoden auch der Synthese ebener Getriebe dient.

Es galt somit, eine Lücke des getrieblich-kinematischen Schrifttums auszufüllen.

Das vorliegende Buch will diesem Zweck dienen und die Verfahren der kinematischen Getriebesynthese — fußend auf den Grundlagen der Mechanik und der Geometrie ebener Bewegungen — weiteren Kreisen der Ingenieurpraxis zugänglich machen.

Ausgehend von den geometrischen und bewegungsgeometrischen Grundlagen, wie sie von Ludwig Burmester, Reinhold Müller und anderen Forschern bereitgestellt wurden, sei hiermit der Versuch unternommen, unter Einbeziehung des neuzeitlichen getriebsynthetischen Schrifttums und Einreihung eigener Arbeiten das Lehrgebäude einer quantitativen Getriebelehre zu errichten, für die u. a. Arbeiten von H. Alt weg- und richtungweisend waren.

Diese „Kinematische Getriebsynthese" will eine Auswahl dessen bieten, was dem Ingenieur der Praxis beim Entwurf seiner Getriebe dienen kann, wenn er zur Verwirklichung der von ihm beabsichtigten Bewegungen, z. B. vorgeschriebene Gliedlagen, Lagenzuordnungen, bestimmte Arten der Krümmungsverhältnisse der Bahnkurven, vorgegebene Geschwindigkeits- und Beschleunigungsverhältnisse, günstige Kraftübertragung u. a. m. zu berücksichtigen hat. Die Darbietung des Stoffes ist dabei so gestaltet, daß stets von endlich benachbarten Lagen des Getriebegliedes ausgegangen wird, die anschaulich und wirklichkeitsnahe zu überblicken sind und die auftretenden geometrischen Gesetzmäßigkeiten mit verhältnismäßig einfachen mathematischen Hilfsmitteln erkennen lassen. Durch den Grenzübergang zu infinitesimal benachbarten Gliedlagen werden gleichzeitig grundlegende Erkenntnisse der Getriebeanalyse gewonnen, die jeweils ein Analogon in der Theorie der endlich benachbarten Lagen eines Getriebegliedes haben und sich so einem gleichschwebend-vielseitigen Verständnis näherbringen lassen. Dieser in Vorlesungen an der Technischen Hochschule München erprobte Weg hat sich als sehr vorteilhaft und außerdem auch als zeitsparend erwiesen.

Besonderer Wert wurde auch auf zahlreich eingestreute und maßstäblich durchgeführte Anwendungsbeispiele sowie auf beachtenswerte Sonderfälle und Sonderlagen gelegt, die erfahrungsgemäß bisweilen Schwierigkeiten zu bieten scheinen, jedoch oft zu überraschend einfachen Lösungen führen.

Zur Überprüfung der getriebesynthetisch gefundenen Lösungen bezüglich der auftretenden Geschwindigkeits- und Beschleunigungsverhältnisse wurde dem Buch ein Mindestmaß von Grundlagen beigegeben, bei deren Herleitung oft eigene Wege beschritten wurden. Ferner wurden Verfahren erörtert, wie beim Entwurf von Getrieben vorgeschriebene Geschwindigkeits- und Beschleunigungsverhältnisse berücksichtigt werden können, teils unter Verwendung der komplexen Darstellungsweise.

Auch wurde versucht, das vorauszusetzende Maß an mathematischen Grundlagen so zu wählen, daß einem großen Kreis von Ingenieuren und Studenten der Technik der Weg zu den getriebesynthetischen Verfahren geebnet wird und die Konstrukteure nach klarer Herausarbeitung und Formulierung der getrieblich-kinematischen Fragestellungen die bisweilen angewandte Methode des „Pröbelns“ durch zielstrebiges Konstruieren ersetzen können.

Das so gekennzeichnete Buch wendet sich also in erster Linie an technisch orientierte Kreise. Es will gleichzeitig zur Belebung des Unterrichts in der Mathematik und Mechanik beitragen, die praktischen Beziehungen der Kinematik zur Geometrie und Mechanik beleuchten und den Konstrukteur für die vielen noch ungelösten Aufgaben der neuzeitlichen Getriebewissenschaft interessieren, z. B. für eine sinngemäße Übertragung der Verfahren und Fragestellungen auf eine kinematische Synthese der Raumgetriebe.

Es ist mir noch eine angenehme Pflicht, dem Springer-Verlag für seine wertvollen Anregungen bei der Gestaltung des Buches und für die sorgfältige Drucklegung meinen besten Dank auszusprechen.

Olching vor München, 1. 8. 1953.

Rudolf Beyer.

Inhaltsverzeichnis.

I. Zwei Lagen eines Getriebegliedes

II. Drei endlich benachbarte Lagen eines Getriebegliedes

III. Drei infinitesimal benachbarte Lagen eines Getriebegliedes

IV. Vier endlich benachbarte Lagen eines Getriebegliedes

V. Lagenzuordnungen

VI. Fünf endlich benachbarte Lagen eines Getriebegliedes

VII. Vier und fünf infinitesimal benachbarte Lagen eines Getriebegliedes

VIII. Das Gelenkviereck als Kurbelgetriebe

IX. Ellipsen als Schmiegungskurven

X. Vorgeschriebene Geschwindigkeiten und Beschleunigungen

XI. Vorgeschriebene Geschwindigkeits- und Beschleunigungsverhältnisse bei ebenen Kurvenscheibengetrieben

I. Zwei Lagen eines Getriebegliedes.

1. Die ebene Bewegung. Das eben bewegte starre System.

Nach R. FRANKE[1] ist *ein Getriebe eine Vorrichtung zur Kopplung und Umwandlung von Bewegungen und Energien beliebiger Art. Eine Maschine ist ein Getriebe mit wenigstens einem mechanisch bewegten Getriebeteil.*

Beschreiben sämtliche Punkte aller Glieder eines Getriebes Bahnkurven, die einer und derselben Ebene parallel sind, so heißt ein solches Getriebe ein *ebenes Getriebe.*

Für die nachfolgenden Untersuchungen, die sich in diesem Buch auf ebene Bewegungen und ebene Getriebe beschränken sollen, kann das betrachtete Getriebeglied, etwa die Koppel AB der Doppelschwinge eines *Demag-Doppellenker-Wippkranes* $\mathfrak{A}AB\mathfrak{B}$ (Abb. 1), durch eine starre Scheibe bzw. eine starre Ebene E oder mit anderen Worten durch ein *starres ebenes System* ersetzt werden, das sich

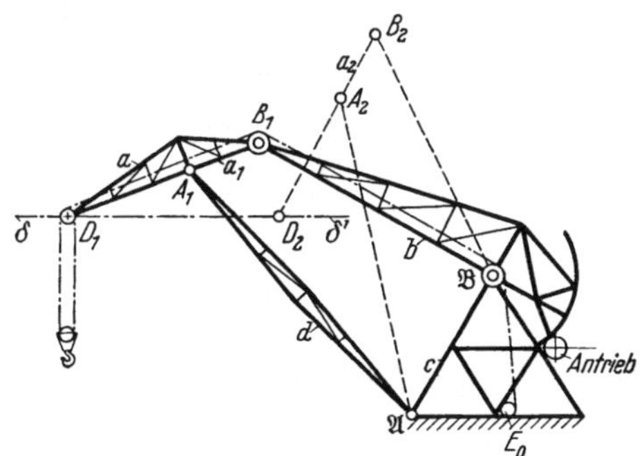

Abb. 1.
Ausleger a eines als Doppelschwinge arbeitenden Wippkranes in zwei einander endlich benachbarten Gliedlagen a_1 und a_2.

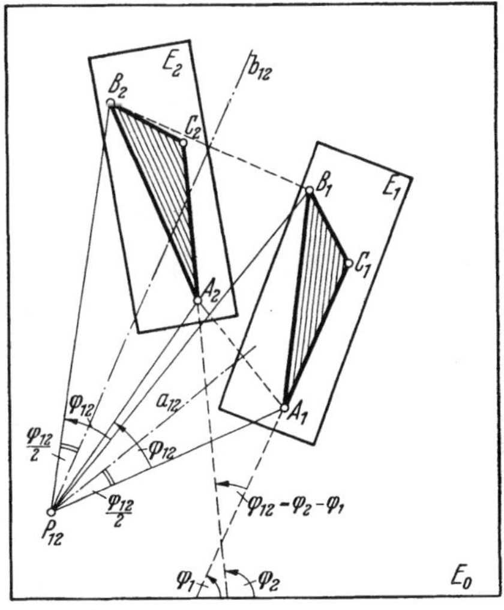

Abb. 2. Komplan bewegte Ebene E in zwei endlich benachbarten Gliedlagen. P_{12} = Pol der beiden Gliedlagen E_1, E_2 als Schnittpunkt der Normalstrahlen a_{12}, b_{12} zweier zugeordneten Punkte A_1, A_2 und B_1, B_2.

bei einer „Lagenänderung" in seiner Ebene E oder gegen die ruhende Bezugsebene (Maschinengestell, Standglied) E_0 verschiebt, also auf irgendeine Art aus der Lage $E_1 = \overline{A_1 B_1}$ in die Lage $E_2 = \overline{A_2 B_2}$ bewegt wird (Abb. 2).

Das komplan bewegte Getriebeglied oder die Ebene E kann durch eine in ihr liegende Strecke AB dargestellt werden, die dabei aus der Lage *1*, veranschaulicht durch die Strecke $\overline{A_1 B_1}$, in die Lage *2*, gekennzeichnet durch die Strecke $\overline{A_2 B_2}$, übergeführt wird.

[1] FRANKE, R.: [21], S. 18. F. REULEAUX sah in der Maschine „eine Verbindung von widerstandsfähigen Körpern, welche so eingerichtet sind, daß mittels ihrer mechanische Naturkräfte genötigt werden können, unter bestimmten Bewegungen zu wirken".

„*Zugeordnete oder homologe Punkte*“ C_1 und C_2 werden durch das Zeichnen der kongruenten (deckungsgleichen) Dreiecke $\triangle A_1B_1C_1 \cong \triangle A_2B_2C_2$ erhalten.

Die Untersuchung der geometrischen Beziehungen zwischen endlich benachbarten Gliedlagen ist für die Synthese der Kurbelgetriebe (Gelenkgetriebe) außerordentlich fruchtbar und von großer praktischer Bedeutung. Sie bildet einen der Grundpfeiler für die sogenannte „*Maßsynthese*“ oder „*quantitative Getriebelehre*“, d. h. für die Ermittlung der Abmessungen der Getriebeglieder entsprechend den geforderten geometrischen, dynamischen, technologischen u. a. Bedingungen.

Bei dem „Demag-Doppellenker-Wippkran“ der Abb. 1 soll beispielsweise der Ausleger a mit geringstem Energieaufwand so eingezogen bzw. ausgelegt werden können, daß der Punkt D von a die horizontale Gerade $\delta\delta'$ beschreibt oder zumindest angenähert durchläuft, wenn a aus der Lage A_1B_1 in die Lage A_2B_2 gebracht wird.

Bei der Beschränkung auf zwei Gliedlagen A_1B_1 und A_2B_2 mit D_1 und D_2 auf $\delta\delta'$ könnte jeder Punkt der Mittelsenkrechten zu A_1A_2 und B_1B_2 als Lagerpunkte $\mathfrak{A}$ bzw. $\mathfrak{B}$ verwendet werden, wobei jedoch im allgemeinen die genaue Führung von D längs der Geraden $\delta\delta'$ nicht gewährleistet wäre. Zur Erfüllung dieser Forderung müßten vielmehr noch Zwischenlagen A_3B_3, $A_4B_4, \ldots$ mit D_3, $D_4, \ldots$ auf $\delta\delta'$ angenommen werden. Die Aufgabe besteht dann darin, in der Auslegerebene E Punkte A' und B' so zu finden, daß deren zugeordneten Punkte A'_1, A'_2, A'_3, $A'_4, \ldots$ bzw. B'_1, B'_2, B'_3, $B'_4 \ldots$ auf je einem Kreis k'_A bzw. k'_B liegen. Die Mittelpunkte dieser Kreise könnten dann als gestellfeste Punkte (Lagerpunkte) $\mathfrak{A}$ bzw. $\mathfrak{B}$ dienen.

Bei der Annahme dreier Gliedlagen ist dies kein Problem, da $\mathfrak{A}$ und $\mathfrak{B}$ als Mittelpunkte der Kreise durch A_1, A_2, A_3 bzw. B_1, B_2, B_3 gefunden werden können. Bei vier vorgeschriebenen Gliedlagen bedarf es bereits eingehender Untersuchungen über die dabei auftretenden geometrischen Zusammenhänge.

Diese Gesetzmäßigkeiten aufzuzeigen und auf eine für den Konstrukteur geeignete Form ihrer praktischen Verwertung zu bringen, sei Aufgabe der folgenden Untersuchungen, mit anderen Worten die Bereitstellung mechanischer, phoronomischer und kinematisch-mathematischer Grundlagen für den getriebesynthetischen Entwurf.

2. Zwei endlich benachbarte Gliedlagen.

In Abb. 3 ist gemäß Nr. 1 die bewegte starre Ebene E durch die Strecke AB ersetzt, die aus der Lage A_1B_1 (Lage *1*) in die Lage A_2B_2 (Lage *2*) gebracht werden soll. Wird AB als Koppelmittellinie eines Viergelenkgetriebes (Gelenkvierecks) $\mathfrak{A}AB\mathfrak{B}$ aufgefaßt, so sind die Mittelsenkrechten (auch „Normalstrahlen“ genannt) a_{12} (lies: a eins zwei) zu A_1A_2 und b_{12} zu B_1B_2 geometrische Örter für die gesuchten gestellfesten Punkte $\mathfrak{A}$, $\mathfrak{B}$. Von den für die Anlenkung bei A und B vorhandenen ∞^2 Möglichkeiten zur Wahl der Lagerpunkte $\mathfrak{A}$, $\mathfrak{B}$ sind in Abb. 3 die beiden Viergelenkgetriebe $\mathfrak{A}A_1B_1\mathfrak{B}$ und $\mathfrak{A}'A_1B_1\mathfrak{B}'$ eingezeichnet.

Unter dieser Vielzahl von Lösungsmöglichkeiten ist diejenige besonders wichtig und grundlegend, bei der ein Viergelenkgetriebe von der Steglänge $\mathfrak{A}\mathfrak{B} =$ Null ausgewählt wird, bei der also die Lagerpunkte $\mathfrak{A}$, $\mathfrak{B}$ in einem Punkt zusammenfallen. Dies gilt offenbar für den Schnittpunkt P_{12} der Mittelsenkrechten a_{12} und b_{12}. Das Gelenkviereck wird zum starren Dreieck $A_1B_1P_{12}$, das im Punkt P_{12} der festen Bezugsebene E_0 drehbar gelagert ist und durch eine Drehung um P_{12} (lies: P eins zwei) in die Lage $A_2B_2P_{12}$ gebracht werden kann. P_{12} könnte auch mit P_{21} bezeichnet werden, also $P_{12} \equiv P_{21}$.

Abb. 4 zeigt diesen Sonderfall mit den kongruenten Dreiecken $\triangle A_1 B_1 P_{12}$ und $\triangle A_2 B_2 P_{12}$.

Der sowohl der Gliedlage *1*, als auch der Gliedlage *2* angehörende und in E_0 liegende Punkt P_{12} heißt der „Drehpol“ oder kürzer der „*Pol*“ der beiden einander endlich benachbarten Gliedlagen *1* und *2*. Es gilt somit der grundlegende

Satz 1: Der Übergang eines komplan bewegten Getriebegliedes aus der Lage *1* in die ihr endlich benachbarte Lage *2* geschieht auf einfachste Weise durch eine Drehung um den Pol P_{12}, der als Schnittpunkt der Mittelsenkrechten zu zwei Paaren zugeordneter Punkte ermittelt wird.

Abb. 4 erläutert diese Möglichkeit einer einfachen baulichen Ausführung. Hier sind noch die gerichteten und im Bogenmaß zu messenden Drehwinkel

$$\sphericalangle A_1 P_{12} A_2 = \sphericalangle B_1 P_{12} B_2 = \varphi_{12} = \varphi_2 - \varphi_1 = \Delta\varphi \qquad (1)$$

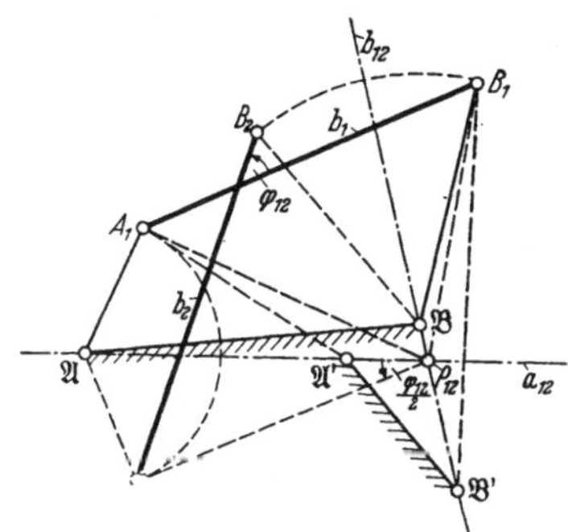

Abb. 3. Koppel b eines Viergelenkgetriebes in zwei Koppellagen b_1, b_2. Übergang b_1 nach b_2 durch Viergelenkgetriebe $\mathfrak{A}' A B \mathfrak{B}'$ mit $\mathfrak{A}'$ und $\mathfrak{B}'$ auf den Normalstrahlen a_{12}, b_{12}.

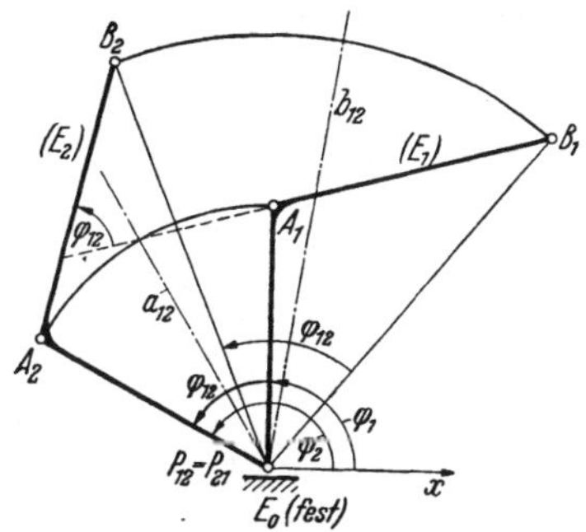

Abb. 4. Einfachste Überführung von Getriebeglied E aus E_1 nach E_2 durch Drehung um Pol P_{12} um den Drehwinkel $\varphi_{12} = -\varphi_{21}$. Bestimmungsstrecken $A_1 B_1$ und $A_2 B_2$ bilden ebenfalls den Drehwinkel φ_{12}.

eingetragen. Für den Übergang aus der Lage *2* in die Lage *1* gilt sinngemäß

$$\varphi_{21} = -\varphi_{12}, \quad \text{also} \quad \varphi_{12} + \varphi_{21} = 0. \qquad (2)$$

Gehören zu den Lagen *1* und *2* die Zeitangaben t_1 und t_2, so stellt der Quotient

$$\frac{\Delta\varphi}{\Delta t} = \frac{\varphi_2 - \varphi_1}{t_2 - t_1} = \omega_m \qquad (3)$$

ein Maß für die mittlere Winkelgeschwindigkeit der betrachteten Drehung dar.

Beim Grenzübergang zu zwei unendlich nahe benachbarten, mit anderen Worten infinitesimal benachbarten Gliedlagen geht Gl. (3) in die bekannte Gleichung für die *augenblickliche* (*momentane*) *Winkelgeschwindigkeit*

$$\frac{d\varphi}{dt} = \omega \qquad (4)$$

über.

Alle nach Abb. 3 möglichen Viergelenkgetriebe $\mathfrak{A} A B \mathfrak{B}$, die AB aus $A_1 B_1$ nach $A_2 B_2$ überführen, erfüllen gemäß Abb. 5 die nachstehenden Winkelbeziehungen

$$\sphericalangle A_1 P_{12} \mathfrak{A} = \sphericalangle B_1 P_{12} \mathfrak{B} = \frac{\varphi_{12}}{2} \qquad (5\text{a})$$

$$\sphericalangle A_1 P_{12} B_1 = \sphericalangle \mathfrak{A} P_{12} \mathfrak{B} = \frac{\varphi_{12}}{2} + \sphericalangle \mathfrak{A} P_{12} B_1. \qquad (5\text{b})$$

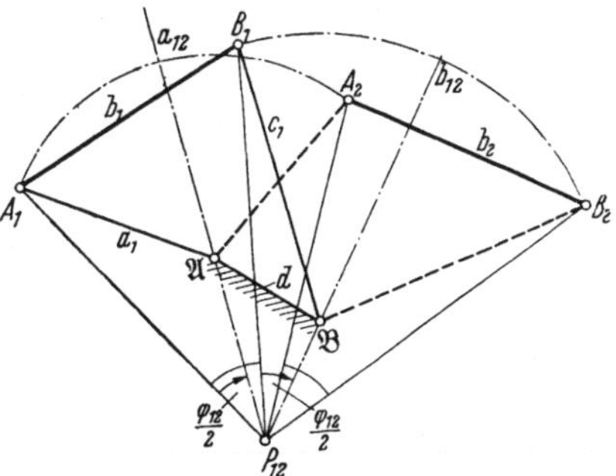

Abb. 5. Überführung b von b_1 nach b_2 durch Viergelenkgetriebe $\mathfrak{A} A B \mathfrak{B}$; Koppel AB und Gestell $\mathfrak{A}\mathfrak{B}$ von P_{12} unter gleichen Winkeln erscheinend. Gleiches gilt für die im Gestell gelagerten Getriebeglieder a und c.

Damit gilt der für die getriebesynthetischen Anwendungen wichtige

Satz 2: Bei allen möglichen Viergelenkgetrieben $\mathfrak{A}AB\mathfrak{B}$, die die Koppel $\overline{AB}$ aus der Lage $\overline{A_1B_1}$ in die Lage $\overline{A_2B_2}$ überführen, erscheinen Koppel $\overline{A_1B_1}$ und Gestell $\mathfrak{A}\mathfrak{B}$, ebenso die beiden im Gestell gelagerten Glieder $\overline{A\mathfrak{A}_1}$ und $\overline{\mathfrak{B}B_1}$ vom Pol P_{12} aus unter je gleichen Winkeln.

Entsprechendes gilt für die Gliedlage *2*, nämlich

$$\sphericalangle A_2P_{12}\mathfrak{A} = \sphericalangle B_2P_{12}\mathfrak{B}, \quad \sphericalangle A_2P_{12}B_2 = \sphericalangle \mathfrak{A}P_{12}\mathfrak{B}.$$

Weitere beachtenswerte Eigenschaften besitzen die Punkte A, B, C, ... einer Geraden g des bewegten starren Systems.

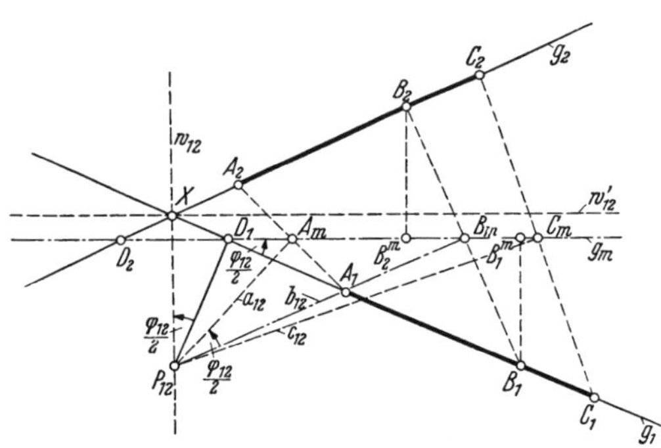

Abb. 6. Gerade g eines Getriebegliedes in zwei endlich benachbarten Lagen g_1, g_2. Ort der Mittelpunkte A_m der Sehnen zweier zugeordneter Punkte eine Gerade g_m.

So ist in Abb. 6 einer Gerade g von E aus der Lage g_1 in die Lage g_2 gebracht worden. Die zugeordneten Punkte $A_1, B_1, C_1, \ldots$ und A_2, B_2, C_2 ... (kongruente Punktreihen), ihre Sehnen A_1A_2, B_1B_2, C_1C_2, ... und die dazugehörigen *Normalstrahlen*[1] $a_m = a_{12}$, $b_m = b_{12}$, $c_m = c_{12}, \ldots$, das sind nach A. SCHOENFLIES die in den Mittelpunkten A_m, B_m, C_m, ... der Sehnen gezeichneten Mittelsenkrechten zu A_1A_2, B_1B_2, $C_1C_2 \ldots$, haben die nachstehenden Gesetzmäßigkeiten.

Die Mitten der Sehnen aller Punkte einer Geraden liegen auf einer Geraden g_m, die mit g_1 und g_2 gleiche Winkel bildet. Die Sehnen selbst umhüllen eine Parabel, die den Pol P_{12} zum Brennpunkt und die Gerade g_m (Mittelgerade) zur Scheiteltangente hat.

Die Projektionen der Sehnen aller Punkte von g auf die Mittelgerade g_m sind konstant, und zwar gleich der Länge der in die Mittelgerade fallenden Sehne ($B_1^m B_2^m = D_1D_2$).

Die Normalstrahlen a_m, b_m, c_m, ... gehen durch den Pol P_{12}; dieser liegt auf der Winkelhalbierenden w_{12} von g_1, g_2, und g_m ist parallel zur anderen Winkelhalbierenden w'_{12}. Die Systeme g und g_m sind ähnliche ebene Systeme, die den Pol entsprechend gemeinsam haben; z. B.

$$\overline{A_1B_1} : \overline{A_1C_1} = \overline{A_mB_m} : \overline{A_mC_m}.$$

Diese hier gestreiften „*Verwandtschaften*" sind die Quelle für eine Reihe von Sätzen, die meist von M. CHASLES[2] ausgesprochen worden sind.

Zwei parallele Gliedlagen. Bei zwei einander *endlich benachbarten parallelen Gliedlagen* (Abb. 7) liegt der Pol P_{12} auf den einander parallelen Mittelsenk-

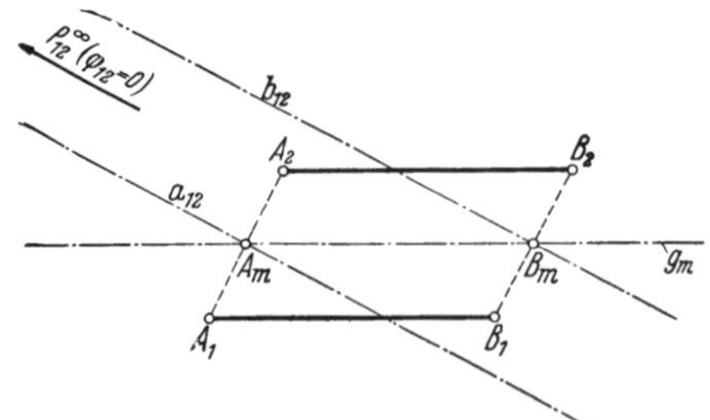

Abb. 7. Zwei endlich benachbarte parallele Gliedlagen; Pol P_{12} im Unendlichen P_{12}^{∞}. Sonderfall: Übergang durch Schub (Translation) in Richtung A_1A_2. Drehwinkel $\varphi_{12} = 0$.

[1] Bezeichnungen nach A. SCHOENFLIES [7].

[2] CHASLES, M.: Déplacement fini, p. 885; ferner construction des normales; vgl. a. E. STUDY, Math. Annal. Bd. 39 (1891) S. 448.

rechten (Normalstrahlen) $a_{12} \parallel b_{12}$ im Unendlichen, kurz mit P_{12}^{∞} bezeichnet. Der Drehwinkel $\varphi_{12} = 0$. Der Übergang aus der Lage *1* in die Lage *2* geschieht in diesem Sonderfall am einfachsten durch eine *Schubbewegung*. (*Schiebung* oder *Translation*. Schubgelenk!) in Richtung von $\overrightarrow{A_1 A_2}$ und vom Betrag $\overline{A_1 A_2}$.

3. Zwei unendlich nahe benachbarte Gliedlagen. Der Momentanpol.

Ist die Gliedlage E_2 der Gliedlage E_1 unendlich nahe (infinitesimal) benachbart, hat — anders ausgedrückt — das Glied E in der unendlich kleinen Zeit dt nur eine unendlich kleine Lagenänderung erfahren, so gehen die Kreisbögen $A_1 A_2$ und $B_1 B_2$ (Abb. 4) in die Bogenelemente $d\mathfrak{s}_A$ bzw. $d\mathfrak{s}_B$ der von A und B beschriebenen Bahnkurven α und β, die durch A_1, A_2 und B_1, B_2 gelegten Sekanten in die Bahntangenten t_A und t_B und die Mittelsenkrechten (Normalstrahlen) a_{12} bzw. b_{12} in die *Bahnnormalen* (kurz „Normalen“) ν_A und ν_B zu t_A bzw. t_B über (Abb. 8).

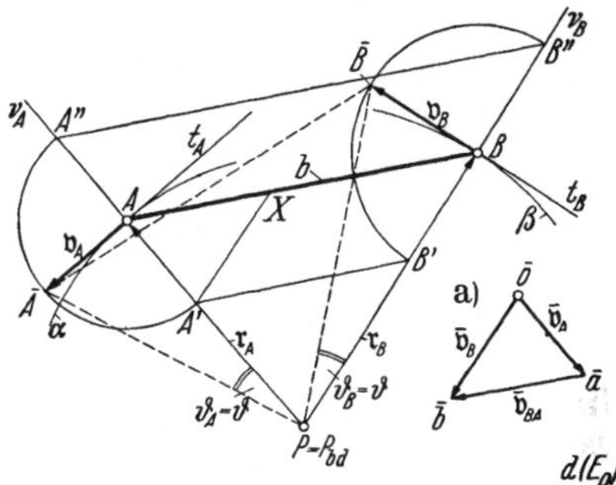

Abb. 8. Getriebeglied b durch zwei einander infinitesimal benachbarte Lagen geführt. P_{12} wird Momentanpol $P = P_{bd}$. Ermittlung von Geschwindigkeit $\mathfrak{v}_B$ aus Geschwindigkeit $\mathfrak{v}_A$ mit Hilfe der gedrehten Geschwindigkeiten, der Thetawinkel ϑ oder durch Plan der gedrehten Geschwindigkeiten.

Der Pol P_{12} endlich benachbarter Gliedlagen *1, 2* wird zum „*augenblicklichen Drehpol*“ P, der im Schrifttum auch als „*instantaner Drehpol*“ oder als „*Momentanpol*“ bezeichnet wird[1]. Da er, als Punkt des bewegten Getriebegliedes aufgefaßt, die Geschwindigkeit Null besitzt, wird er auch der „*Geschwindigkeitspol*“ des Getriebegliedes in der betreffenden Getriebestellung genannt.

Satz 3: Die augenblickliche Bewegung (Momentanbewegung, Elementarbewegung) von E gegen E_0 besteht in einer infinitesimalen Drehung von E um den in E_0 gelegenen Momentanpol P, der, als Punkt des bewegten Getriebegliedes gedeutet, selbst keine Geschwindigkeit besitzt.

Die Geschwindigkeitsvektoren $\mathfrak{v}_A$ und $\mathfrak{v}_B$ der Gliedpunkte A und B sind durch

$$\mathfrak{v}_A = \overrightarrow{A\bar{A}} = \frac{d\mathfrak{s}_A}{dt} \quad \text{und} \quad \mathfrak{v}_B = \overrightarrow{B\bar{B}} = \frac{d\mathfrak{s}_B}{dt} \tag{6a, b}$$

definiert und liegen in den Bahntangenten t_A bzw. t_B.

Beispiele: a) Kurbelschwinge. Abb. 9 zeigt die Kurbelschwinge $\mathfrak{A}AB\mathfrak{B}$ mit der Kurbel $\overline{\mathfrak{A}A} = a$, der Koppel $\overline{AB} = b$ (System E), der Schwinge $\overline{\mathfrak{B}B} = c$ und dem Gestell (Standglied) $\overline{\mathfrak{A}\mathfrak{B}} = d$. Die Koppel b wird gegenüber dem Gestell d (ruhende Bewegungsebene E_0) mit dem Kurbelzapfenmittelpunkt A längs des Kurbelkreises α und mit dem Schwingenzapfenmittelpunkt B längs des Schwingenkreisbogens β geführt. Die Normalen ν_A und ν_B sind mit den Mittellinien $\mathfrak{A}A$ bzw. $\mathfrak{B}B$ von Kurbel a und Schwinge c identisch und ergeben als Schnittpunkt den Momentanpol $P = P_{bd}$ der Koppel b gegenüber dem Gestell d.

b) Zentrische Geradschubkurbel (Abb. 10). Der Momentanpol $P = P_{bd}$ der Schubstange (Koppel) b gegenüber dem Gestell d ist der Schnittpunkt der Normale ν_A durch $\mathfrak{A}A$ mit der in B zu β gezeichneten Senkrechten (Normale ν_B).

[1] Bernoulli, J.: De centro spontaneo rotationis, Opera 4 (1742), Lausannae, p. 265. — Von R. Descartes stammte über 100 Jahre vorher der Satz, daß, wenn eine Kurve c von einer Kurve c' abrollt, die Normalen der Bahnen aller Punkte von c durch den momentanen Berührungspunkt gehen.

c) Einfache getriebesynthetische Anwendung. Eine Stange AB soll aus einer Ausgangslage *1* in eine Endlage *3* so geführt werden, daß sich in der Ausgangslage *1* zwei ihrer Punkte C und D in den vorgeschriebenen Richtungen t_{C_1} und t_{D_1} bewegen (Abb. 11) und dann nach

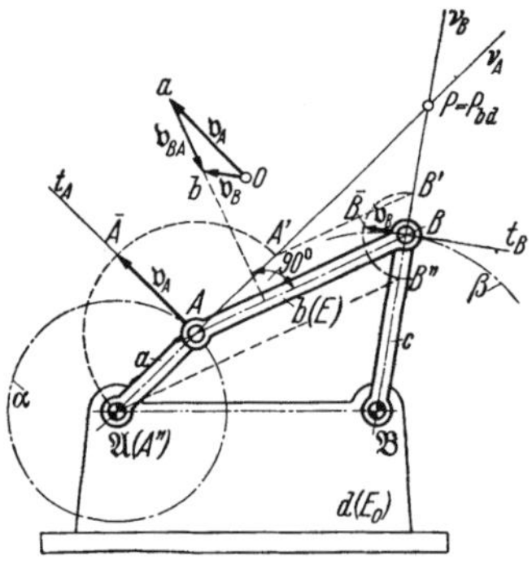

Abb. 9. Kurbelschwinge $\mathfrak{A}AB\mathfrak{B}$ mit Momentanpol P der Koppelbewegung b gegen d, Ermittlung der Schwingenzapfengeschwindigkeit $\mathfrak{v}_B$ aus $\mathfrak{v}_A$ mit Hilfe der gedrehten Geschwindigkeiten oder des Geschwindigkeitsplanes Oab.

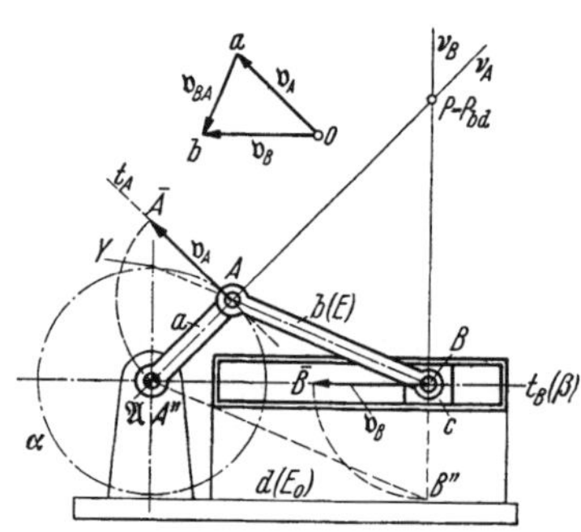

Abb. 10. Geschwindigkeitsverhältnisse der Schubkurbel. Vereinfachtes Verfahren: $v_B = \overline{\mathfrak{A}Y}$.

C_3, D_3 gelangen. Bei dieser Aufgabe sind also die beiden infinitesimal benachbarten Lagen A_1B_1 und A_2B_2 — in der Abbildung als zusammenfallende Strecken gezeichnet — und die diesen „endlich benachbarte" Lage *3*, gekennzeichnet durch A_3B_3 bzw. C_3D_3, vorgeschrieben. Die zu den gegebenen Bahntangenten t_{C_1} und t_{D_1} errichteten Senkrechten bestimmen als Bahnnormalen ν_{C_1} und ν_{D_1} den augenblicklichen Drehpol $P = P_{bd}$, der auch als P_{12} bezeichnet werden kann. Damit sind auch die Normalen ν_{A_1} und ν_{B_1} der Stangenpunkte A_1, B_1, in denen die Stange b durch Kurbeln a bzw. c an das Gestell d angelenkt werden soll, als Gerade durch A_1P und B_1P bestimmt und liefern gemäß Abb. 11 geometrische Örter für die gestellfesten Punkte $\mathfrak{A}$ und $\mathfrak{B}$. Der Übergang aus der Lage *2* in die Lage *3* wird durch die Drehung um den Pol $P_{13} = P_{23}$ erreicht, der als Schnittpunkt der Mittelsenkrechten $a_{13} = a_{23}$ und $b_{13} = b_{23}$ zu A_2A_3 und B_2B_3 gefunden wird. Die gesuchten gestellfesten Punkte $\mathfrak{A}$, $\mathfrak{B}$ sind die Schnittpunkte von ν_{A_1} mit a_{23} und ν_{B_1} mit b_{23}. $\mathfrak{A}A_1B_1\mathfrak{B}$ stellt eines von den vielen möglichen Viergelenkgetrieben in der Lage *1* dar. Durch die Wahl anderer Punkte A und B auf der Stangenmittellinie oder in der Stangenebene lassen sich unendlich viele Lösungen der verlangten Aufgabe angeben.

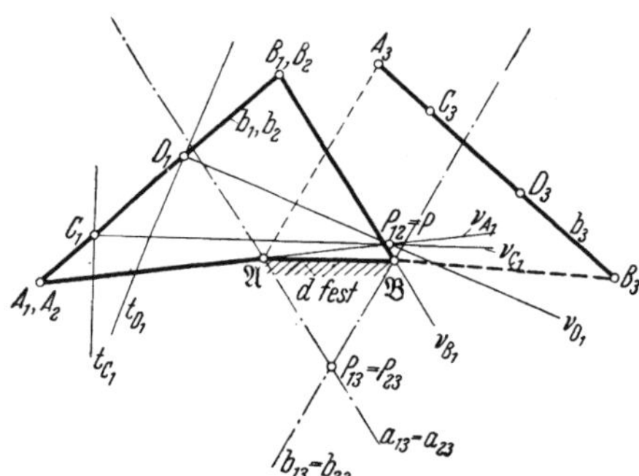

Abb. 11. Zwei infinitesimal benachbarte Gliedlagen b_1, b_2 mit Momentanpol $P = P_{12}$ und eine dritte Gliedlage b_3 mit den Polen $P_{13} = P_{23}$.

Wichtiger Hinweis: Die „zeichnerisch" zusammenfallenden Strecken A_1B_1 und A_2B_2 und der dazu angenommene Momentanpol P definieren also zwei einander infinitesimal benachbarte Gliedlagen.

4. Der Geschwindigkeitsvektor und der $\bar{\omega}$-Vektor.

In Abb. 12 bewegt sich der Punkt A gegen die ruhende Bezugsebene E_0 längs der Bahnkurve α und befindet sich zur Zeit t bei A und zur Zeit t_1 bei A_1. Die vom Festpunkt O der Bezugsebene E_0 nach A und A_1 gezeichneten *Ortsvektoren* $\mathfrak{r} = \overrightarrow{OA}$ und $\mathfrak{r}_1 = \overrightarrow{OA_1}$ bestimmen den in der Sekante $\sigma\sigma'$ liegenden Vektor $\overrightarrow{AA_1} = \mathfrak{r}_1 - \mathfrak{r} = \Delta\mathfrak{r}$, der ein Maß für den bei der Bewegung von A

nach A_1 zurückgelegten Weg darstellt, und zwar um so genauer, je näher A_1 an A liegt, d. h. je kleiner das Zeitintervall $t_1 - t = \Delta t$ wird. Danach wird der Quotient

$$\frac{\Delta \mathfrak{r}}{\Delta t} = \frac{\mathfrak{r}_1 - \mathfrak{r}}{t_1 - t} \tag{7a}$$

einen Näherungswert für die Bahngeschwindigkeit des Punktes A längs α darstellen, der mit der augenblicklichen Bahngeschwindigkeit $\mathfrak{v} = \overrightarrow{A\bar{A}}$ des bewegten Punktes A um so besser übereinstimmt, je kleiner das betrachtete Zeitintervall Δt gewählt wird.

Die augenblickliche Bahngeschwindigkeit des Punktes A ist also durch

$$\mathfrak{v} = \lim_{\Delta t \to 0} \frac{\Delta \mathfrak{r}}{\Delta t} = \frac{d\mathfrak{r}}{dt} = \dot{\mathfrak{r}} = \dot{\mathfrak{r}}(t) \tag{7}$$

definiert.

Satz 4: Die Geschwindigkeit $\mathfrak{v}$ ist der Differentialquotient des Ortsvektors $\mathfrak{r}$ nach der Zeit. Der Geschwindigkeitsvektor liegt in der Bahntangente.

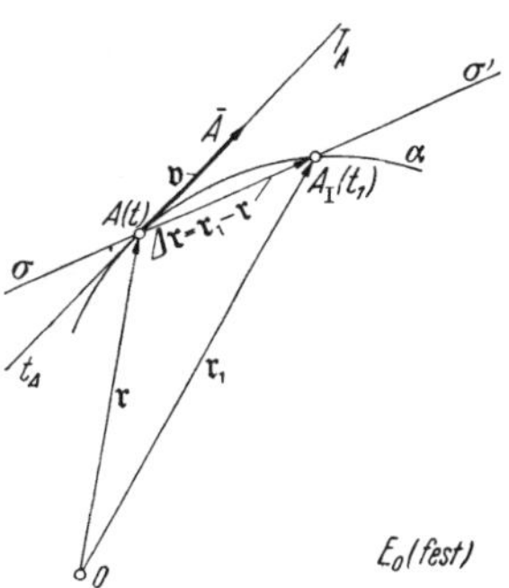

Abb. 12. Geschwindigkeitsvektor $\mathfrak{v} = \dot{\mathfrak{r}}(t)$ als Differentialquotient des „Ortsvektors" nach der Zeit.

Bei Einführung der *Bogenlänge* s der Bahnkurve α folgt für den absoluten Betrag $v = |\mathfrak{v}|$ des Geschwindigkeitsvektors die wichtige Gleichung

$$v = \frac{ds}{dt}. \tag{8}$$

Der zur Tangentenrichtung $\overrightarrow{AT_A}$ gehörige Einheitsvektor $\mathfrak{t}(t)$ heißt der Tangentenvektor der Bahnkurve. Die Vektoren $\dot{\mathfrak{r}}(t)$, $\mathfrak{t}$ und $d\mathfrak{r} = \dot{\mathfrak{r}}(t)\,dt$ sind also sämtlich parallel zur Tangentenrichtung; ferner ist $d\mathfrak{r}$ der Vektor des Bogenelementes der Kurve α, und seine Länge $|d\mathfrak{r}| = ds$ ist das Bogenelement ds. Es gelten also

$$\frac{d\mathfrak{r}}{ds} = \mathfrak{t} \quad \text{und} \quad \mathfrak{v} = v\,\mathfrak{t}. \tag{9a, b}$$

In Abb. 13 bewege sich die Scheibe E komplan zur Ebene E_0, die hier mit der xy-Ebene eines Rechtssystems xyz zusammenfällt. Der Momentanpol dieser ebenen Bewegung sei P. Die „perspektivisch" dargestellte Drehachse k für diese Momentandrehung steht also in P senkrecht auf E. In diese Achse k sei der Vektor $\overrightarrow{QQ'} = \overline{\omega}$ vom Betrag $\omega = |\overline{\omega}| = \frac{d\varphi}{dt}$ so hineingelegt, daß ein in Pfeilrichtung, also von Q nach Q' blickender Beobachter die Drehung von E gegen E_0 im Uhrzeigersinn erfolgen sieht.

Der Vektor $\overline{\omega}$ heißt der „*Winkelgeschwindigkeitsvektor*" oder der *Vektor der momentanen Winkelgeschwindigkeit*. Der Querstrich über ω kennzeichne den vektoriellen Charakter.

Das von A beschriebene Bahnelement $d\alpha$ ist mit einem Kreisbogen um P mit Halbmesser $\overline{PA}$ identisch; also steht die Geschwindigkeit $\mathfrak{v} = \overrightarrow{A\bar{A}}$ auf $r = \overline{PA}$ bzw. auf dem Ortsvektor $\mathfrak{r} = \overrightarrow{PA}$ senkrecht. Ferner gilt in bekannter Weise

$$v = r\frac{d\varphi}{dt} = r\omega. \tag{10}$$

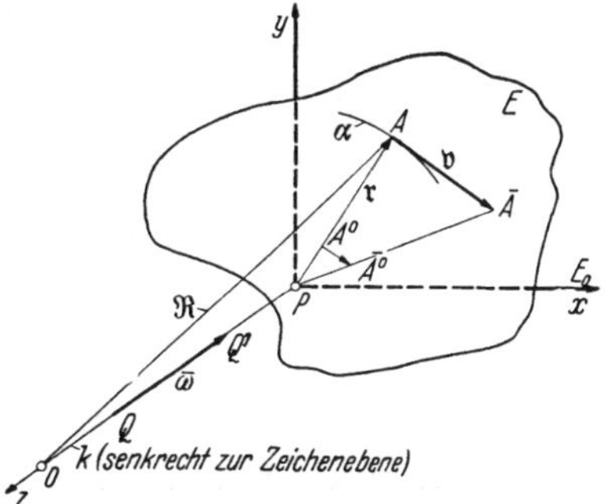

Abb. 13. Drehung von E um den Momentanpol P mit augenblicklicher Winkelgeschwindigkeit ω, dargestellt als Winkelgeschwindigkeitsvektor $\overline{\omega} = \overrightarrow{QQ'}$ in Drehachse k.

Ist $\overline{PA^0}$ die „Längeneinheit", so gibt der Vektor $\overrightarrow{A^0\bar{A}^0} \perp PA^0$ ein Maß für die Winkelgeschwindigkeit ω; d. h. für die Geschwindigkeit eines Punktes im Abstand „eins" von der Drehachse.

Die Vektoren $\bar{\omega}$, $\mathfrak{r}$ und $\mathfrak{v}$ bilden in dieser Reihenfolge ein „Rechtssystem"; d. h. legt man den Zeigefinger der rechten Hand in Richtung von $\bar{\omega}$, den Mittelfinger in Richtung von $\mathfrak{r}$, so gibt der ausgestreckte Daumen die Richtung von $\mathfrak{v}$ an. Da außerdem $v = \omega r$ ist, kann der Geschwindigkeitsvektor $\mathfrak{v}$ in der Sprache der Vektoralgebra als „*vektorielles Produkt*" der Vektoren $\bar{\omega}$ und $\mathfrak{r}$ angeschrieben werden, also

$$\mathfrak{v} = [\bar{\omega}\mathfrak{r}]. \tag{11}$$

Dies ist ein Sonderfall der für die Drehung um k geltenden „*Eulerschen Gleichung*"

$$\mathfrak{v} = [\bar{\omega}\mathfrak{R}], \tag{11a}$$

wobei $\mathfrak{R} = \overrightarrow{OA}$, O einen beliebigen Punkt von k und $v = \omega . R \cdot \sin(\sphericalangle \bar{\omega}, \mathfrak{R})$ bedeuten.

An Stelle des $\bar{\omega}$-Vektors $\bar{\omega} = \overrightarrow{QQ'}$ kann für gewisse Getriebegruppen, z. B. Rädergetriebe, auch der „*Drehzahlvektor*" $\mathfrak{n}$ vom Betrag $n = |\mathfrak{n}|$ auf Grund der bekannten Beziehung

$$\omega = \frac{\pi n}{30}, \qquad n = \frac{30}{\pi}\omega \tag{12a, b}$$

eingeführt werden (Abb. 14) und zur Aufstellung von „*Drehzahlvektorenplänen*" dienen.

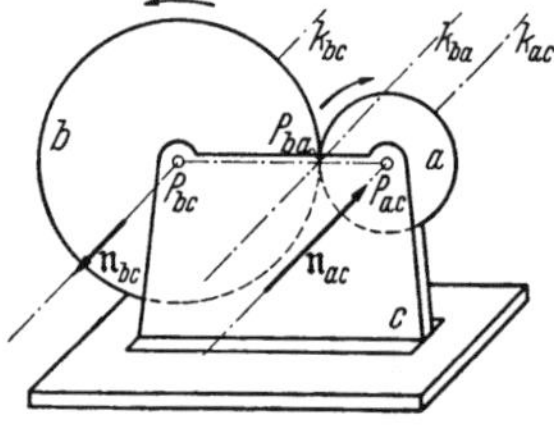

Abb. 14. Stand-Rädergetriebe mit eingezeichneten „Drehzahl-Vektoren" $\mathfrak{n}_{ac}$ und $\mathfrak{n}_{bc}$ in den Drehachsen k_{ac} bzw. k_{bc}; Wälzachse k_{ba}.

Da im folgenden von den einfachen Grundlagen der Vektorrechung Gebrauch gemacht werden soll, wird die nachstehende Zusammenstellung von Vorteil sein.

Vektorprodukt: $\mathfrak{p} = [\mathfrak{a}\mathfrak{b}]$ (13)

$\mathfrak{a}$, $\mathfrak{b}$, $\mathfrak{p}$ in dieser Reihenfolge ein Rechtssystem (13a)

absoluter Betrag $p = |\mathfrak{p}| = ab\sin(\sphericalangle \mathfrak{a}, \mathfrak{b})$

$\mathfrak{p} \perp \mathfrak{a}$ und $\mathfrak{p} \perp \mathfrak{b}$. (13b)

Sonderfälle: $\mathfrak{a} \perp \mathfrak{b}$, $p = ab$;

$\mathfrak{a} \parallel \mathfrak{b}$, dann $\mathfrak{p} = 0$.

Kommutatives Gesetz. $[\mathfrak{a}\mathfrak{b}] = -[\mathfrak{b}\mathfrak{a}]$. (14)

Distributives Gesetz. $[\mathfrak{a} + \mathfrak{b}, \mathfrak{c}] = [\mathfrak{a}\mathfrak{c}] + [\mathfrak{b}\mathfrak{c}]$, (15a)

$[\mathfrak{a} - \mathfrak{b}, \mathfrak{c}] = [\mathfrak{a}\mathfrak{c}] - [\mathfrak{b}\mathfrak{c}]$, (15b)

ferner $\dfrac{d[\mathfrak{a}\mathfrak{b}]}{dt} = \left[\dfrac{d\mathfrak{a}}{dt}, \mathfrak{b}\right] + \left[\mathfrak{a}, \dfrac{d\mathfrak{b}}{dt}\right]$. (16)

5. Geschwindigkeitsverhältnisse des starren ebenen Systems.

Für zwei Punkte A und B eines eben bewegten Getriebegliedes gelten gemäß Abb. 8 mit den Bezeichnungen

$$\overrightarrow{PA} = \mathfrak{r}_A, \quad \overline{PA} = r_A, \quad \overrightarrow{PB} = \mathfrak{r}_B, \quad \overline{PB} = r_B$$

für die Drehung um P mit der augenblicklichen Winkelgeschwindigkeit ω unter Verwendung des Winkelgeschwindigkeitsvektors $\bar{\omega}$, nach Gl. (11)

$$\mathfrak{v}_A = [\bar{\omega}\mathfrak{r}_A], \qquad v_A = \omega r_A; \tag{17a, b}$$

$$\mathfrak{v}_B = [\bar{\omega}\mathfrak{r}_B], \qquad v_B = \omega r_B, \tag{18a, b}$$

also nach Gl. (17b) und (18b)

$$\frac{v_A}{v_B} = \frac{r_A}{r_B} \tag{19}$$

und

$$\frac{v_B}{r_B} = \frac{v_A}{r_A} = \omega = \operatorname{tg}\vartheta\,, \tag{20}$$

wobei

$$\sphericalangle \bar{A}PA = \sphericalangle \bar{B}PB = \vartheta\,.$$

Ist also in Abb. 8 $\mathfrak{v}_A = \overrightarrow{A\bar{A}}$ senkrecht $\overline{PA}$ gegeben, so verbindet man $\bar{A}$ mit P und trägt in P an PB den Winkel ϑ an, dessen freier Schenkel die in B zu PB errichtete Senkrechte (Bahntangente t_B) im Endpunkt $\bar{B}$ des gesuchten Geschwindigkeitsvektors $\mathfrak{v}_B = \overrightarrow{B\bar{B}}$ schneidet (Methode der ϑ-Winkel).

Nach dem *Verfahren der gedrehten oder lotrechten Geschwindigkeiten* (Abb. 8) dreht man $\mathfrak{v}_A = \overrightarrow{A\bar{A}}$ um A um den Winkel von 90°, z. B. im Gegensinne des Uhrzeigers nach A' auf AP, zieht durch A' zu AB die Parallele bis B' auf PB, dreht $\overline{BB'}$ um B im Uhrzeigersinn zurück bis $\bar{B}$ und findet $\mathfrak{v}_B = \overrightarrow{B\bar{B}}$. Bei Änderung des Drehsinnes erhält man A'', $A''B''$ parallel AB mit B'' auf PB und daraus durch Zurückdrehen im Gegensinn des Uhrzeigers wiederum $\mathfrak{v}_B = \overrightarrow{B\bar{B}}$.

Aus der Gleichheit der Winkel $\sphericalangle \bar{A}PA$ und $\sphericalangle \bar{B}PB$ folgt ferner $P\bar{A}:P\bar{B} = PA:PB$ und $\sphericalangle \bar{A}P\bar{B} = \sphericalangle APB$ und damit die Ähnlichkeit der Dreiecke $\bar{A}P\bar{B}$ und APB.

In Abb. 15 sind für die bewegte Ebene E der Momentanpol P und die Geschwindigkeit $\mathfrak{v}_A = \overrightarrow{A\bar{A}}$ gegeben. Die Geschwindigkeiten $\mathfrak{v}_B$ und $\mathfrak{v}_C$ sind zu ermitteln. Das Verfahren der gedrehten Geschwindigkeiten liefert — wie oben — $\mathfrak{v}_B = \overrightarrow{B\bar{B}}$ und mit $A'C'$ parallel AC die Geschwindigkeit $\mathfrak{v}_C = \overrightarrow{C\bar{C}}$. Kontrolle: $B'C' \parallel BC$.

Aus der Ähnlichkeit der Dreiecke

$$\triangle\,\bar{A}P\bar{B} \sim \triangle\,APB\,, \qquad \triangle\,\bar{A}P\bar{C} \sim \triangle\,APC \quad \text{und} \quad \triangle\,\bar{B}P\bar{C} \sim \triangle\,BPC$$

folgt

$$\triangle\,\bar{A}\bar{B}\bar{C} \sim \triangle\,ABC\,.$$

Satz 5 (Satz von Burmester)[1]**:** Die Endpunkte $\bar{A}$, $\bar{B}$, $\bar{C}$, ... der Geschwindigkeitsvektoren $\mathfrak{v}A$, $\mathfrak{v}B$, $\mathfrak{v}C$, ... der Punkte A, B, C, ... einer starren ebenen Figur bilden eine zur ursprünglichen Figur A, B, C, ... gleichsinnig[2] ähnliche Figur.

Ebenso bilden die Endpunkte A', B', C', ... bzw. A'', B'', C'', ... der gedrehten Geschwindigkeiten eine zur ursprünglichen Figur A, B, C, ... gleichsinnig ähnliche Figur mit P als Ähnlichkeitszentrum, also $\triangle A'B'C' \sim \triangle A''B''C'' \sim \triangle ABC$.

Der Sonderfall der Geschwindigkeitsverhältnisse der Punkte einer Geraden g ist in Abb. 16 am Beispiel einer Doppelkurbel dargestellt. Die Punkte $\bar{A}$, $\bar{B}$, $\bar{C}$, $\bar{G}$, ... bilden eine zur gegebenen Punktreihe A, B, C, G, ... ähnliche Punktreihe, z. B. $\bar{A}\bar{B}:\bar{A}\bar{C} = AB:AC$.

---

[1] Burmester, L.: Über den Beschleunigungszustand ähnlich veränderlicher und starrer ebener Systeme. Civ. Ing. 1878, S. 150.

[2] Durchläuft man die Dreiecke ABC und $\bar{A}\bar{B}\bar{C}$ von A über B nach C bzw. von $\bar{A}$ über $\bar{B}$ nach $\bar{C}$, so liegt in beiden Fällen die Fläche des Dreiecks zur Linken.

Der „*Gleitpunkt*“ G, d. i. der Fußpunkt des Lotes von P auf g, besitzt die kleinste Geschwindigkeit $\mathfrak{v}_G = \overrightarrow{G\bar{G}}$, die sogenannte „*Gleitgeschwindigkeit*“.

Die Projektionen der Geschwindigkeitsvektoren der Punkte einer Geraden auf diese sind gleich der Gleitgeschwindigkeit, z. B. $\overline{AA_1} = \overline{BB_1} = \overline{G\bar{G}} = v_G$.

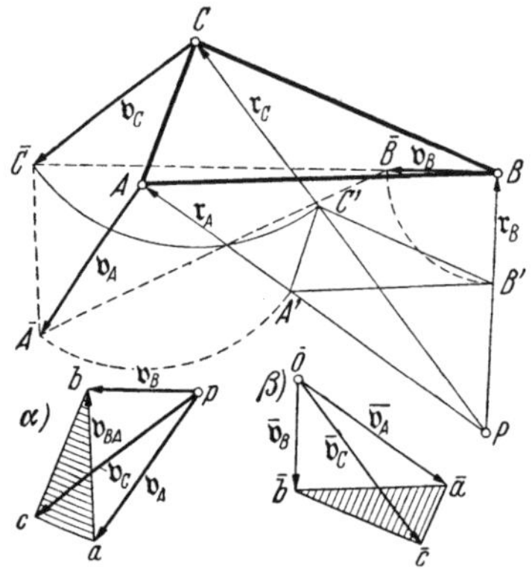

Abb. 15. Geschwindigkeiten dreier Gliedpunkte A, B, C. Satz von MEHMKE: $\triangle\, a\,b\,c \sim \triangle\, ABC$; Satz von BURMESTER: $\triangle\, ABC \sim \triangle\, \bar{A}\bar{B}\bar{C}$. α) Geschwindigkeitsplan nach MEHMKE, β) Geschwindigkeitsplan der gedrehten Geschwindigkeiten (Vorschlag des Verfassers).

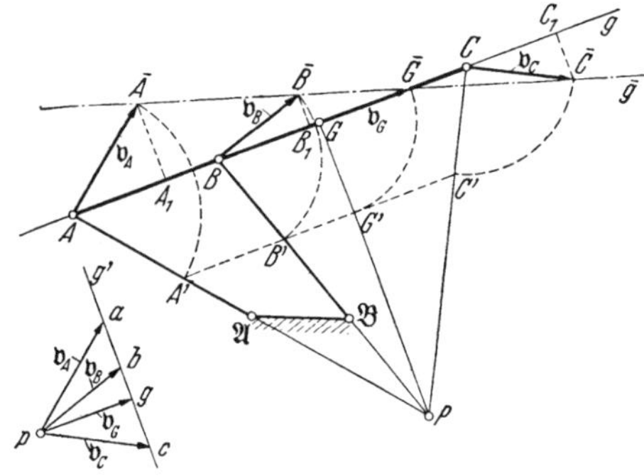

Abb. 16. Geschwindigkeitsverhältnisse einer Gliedgeraden g; $A, B, C, \ldots$ und $\bar{A}, \bar{B}, \bar{C}, \ldots$, desgl. a, b, c ähnliche Punktreihen.

6. Der MEHMKEsche Geschwindigkeitsplan.

Aus den Gl. (17a) und (18a) folgt durch Subtraktion und bei Beachtung von Gl. (15b)

$$\mathfrak{v}_B - \mathfrak{v}_A = [\bar{\omega}\mathfrak{r}_B] - [\bar{\omega}\mathfrak{r}_A] = [\bar{\omega}, \mathfrak{r}_B - \mathfrak{r}_A] \tag{22a}$$

und mit

$$\mathfrak{r}_B - \mathfrak{r}_A = \overrightarrow{AB},$$

$$\mathfrak{v}_B - \mathfrak{v}_A = \left[\bar{\omega}, \overrightarrow{AB}\right]. \tag{22}$$

Der Vektor $\mathfrak{v}_B - \mathfrak{v}_A$ hat gemäß Gl. (11) die Form einer Geschwindigkeit $\mathfrak{v}_{BA}$, mit der sich B — beurteilt von der ruhenden Bezugsebene — um den Punkt A dreht, und steht gemäß (13b) senkrecht auf AB. Es gelten damit die nachstehenden grundlegenden Beziehungen:

$$\mathfrak{v}_B - \mathfrak{v}_A = \mathfrak{v}_{BA} \qquad (\mathfrak{v}_{BA}, \text{ lies Geschwindigkeit } \mathfrak{v}\ B \text{ um } A)$$

oder

$$\mathfrak{v}_B = \mathfrak{v}_A + \mathfrak{v}_{BA} \tag{23}$$

mit

$$\mathfrak{v}_{BA} = \left[\bar{\omega}, \overrightarrow{AB}\right], \quad \text{also} \quad \mathfrak{v}_{BA} \perp \overline{AB}, \tag{24}$$

$$\omega = \frac{v_{BA}}{\overline{AB}}. \tag{24a}$$

Man beachte, daß der aus Gl. (24a) gefundene Wert von ω die Winkelgeschwindigkeit des Getriebegliedes AB gegenüber dem Gestell bedeutet.

Zeichnet man in Abb. 15 $\overrightarrow{pa} = \mathfrak{v}_A$, $\overrightarrow{pb} = \mathfrak{v}_B$, so ist der von a nach b gehende Vektor $\overrightarrow{ab} = \mathfrak{v}_{BA}$ und $\overrightarrow{ab} \perp AB$.

Die Gesamtheit der von p ausgehenden Geschwindigkeitsvektoren $\overrightarrow{pa} = \mathfrak{v}_A$, $\overrightarrow{pb} = \mathfrak{v}_B$, $\overrightarrow{pc} = \mathfrak{v}_C$ stellt den sogenannten *Geschwindigkeitsplan*[1] dar. Da $ab \perp AB$, $bc \perp BC$ und $ac \perp AC$, so stimmen die Dreiecke abc und ABC in den Winkeln überein; d. h. $\triangle abc \sim \triangle ABC$. Es gilt also

Satz 6 (Satz von Mehmke)[2]**:** Die Endpunkte der Geschwindigkeitsvektoren der Punkte einer starren ebenen Figur bilden im Geschwindigkeitsplan eine zur ursprünglichen Figur gleichsinnig ähnliche Figur.

Abb. 16 ist durch den Geschwindigkeitsplan ergänzt. Die Endpunkte a, b, c, $g, \ldots$ der Geschwindigkeitsvektoren $\mathfrak{v}_A = \overrightarrow{pa}$, $\mathfrak{v}_B = \overrightarrow{pb}$, $\mathfrak{v}_C = \overrightarrow{pc}$, $\mathfrak{v}_G = \overrightarrow{pg} \ldots$ liegen auf der Geraden g' und bilden eine zu A, B, C, G, ... ähnliche Punktreihe (Sonderfall des Satzes von Mehmke). Durch Aneinanderreihen der Geschwindigkeitspläne der einzelnen Getriebeglieder wird der Geschwindigkeitsplan des Getriebes erhalten.

7. Geschwindigkeitsverhältnisse in Getrieben. Ladenantrieb am Webstuhl.

Abb. 17 zeigt einen Webladenantrieb für einen Webstuhl durch die Kurbelschwinge $\mathfrak{A}AB\mathfrak{B}$ über die Schwinge $\mathfrak{B}BC$ und die zweite Koppel $\overline{DC} = e$, die bei D an die in $\mathfrak{D}$ gelagerte Ladenstelze f angelenkt ist. Gegeben seien: Drehzahl $n_{ad} = 120$ U/min; $\omega_{ad} = 4\pi = 12{,}56\ \mathrm{s}^{-1}$.

Zeichenmaßstab:

$$M = 10\ \mathrm{cm/m}. \qquad (25)$$

Gesucht werden: Die Geschwindigkeiten der Gelenkmitten B, C, D und die Winkelgeschwindigkeiten ω_{bd} und ω_{fd} der Glieder b und f gegenüber dem Gestell d.

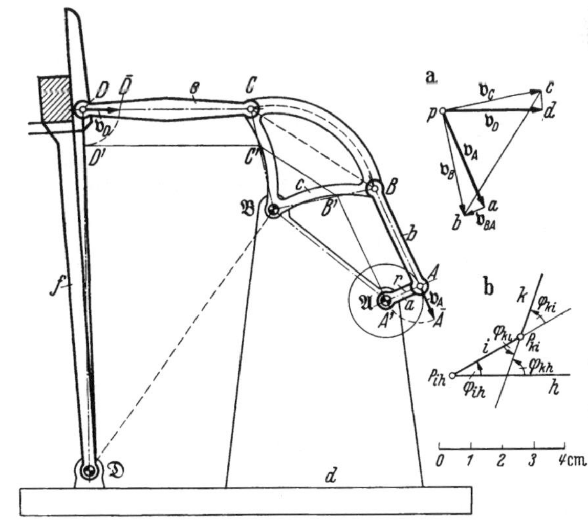

Abb. 17. Geschwindigkeitsverhältnisse an einem Webstuhl-Getriebe mit gedrehten Geschwindigkeiten und Geschwindigkeitsplan a); b) Relative Drehwinkel an einer Zweigelenkkette h, i, k.

Der Geschwindigkeitsmaßstab sei so gewählt, daß die Geschwindigkeit $\mathfrak{v}_A = \overrightarrow{AA}$ des Kurbelzapfens A gleich ist der Kurbellänge $\overline{\mathfrak{A}A}$, durch die sie in der Zeichnung (bzw. im Getriebeplan) dargestellt wird. Dann fällt der Endpunkt A' der gedrehten Geschwindigkeit AA' mit $\mathfrak{A}$ zusammen. Mit $r = \overline{\mathfrak{A}A}$, gemessen in „Meter“ folgt $v_A = \frac{r\pi n}{30}$ m/s, dargestellt durch eine Strecke von Mr cm; es sind demnach

$$Mr\ \mathrm{cm} \mathrel{\hat{=}} \frac{r\pi n}{30} = \omega r\ \mathrm{m/s}; \qquad 1\ \mathrm{m/s} \mathrel{\hat{=}} \frac{M}{\omega}\ \mathrm{cm} = \frac{30}{\pi n} M\ \mathrm{cm},$$

[1] Name und Gedanke stammen von O. Mohr: Über Geschwindigkeitspläne und Beschleunigungspläne. Ein Beitrag zur graphischen Kinematik. Civ. Ing. 1887.

[2] Mehmke, R.: Über die Geschwindigkeiten beliebiger Ordnung eines in seiner Ebene bewegten ähnlich veränderlichen Systems. Civ. Ing. 1883.

Geschwindigkeitsmaßstab:

$$M_1 = \frac{M}{\omega} = \frac{30}{\pi n} M \frac{\text{cm}}{(\text{m/s})}. \tag{26}$$

Nach dem Verfahren der gedrehten Geschwindigkeiten zieht man durch $\mathfrak{A} = A'$ zu AB die Parallele bis B' auf $\mathfrak{B}B$, durch B' zu BC die Parallele bis C' auf $C\mathfrak{B}$ und durch C' zu CD die Parallele bis D' auf $\mathfrak{D}D$. Dann dreht man DD' im Gegensinn des Uhrzeigers zurück nach $\overrightarrow{D\overline{D}} = \mathfrak{v}_D$. Im Geschwindigkeitsplan (Abb. 17a mit dreimal vergrößerten Geschwindigkeiten gezeichnet) ist $\overrightarrow{pa} = \mathfrak{v}_A = \overrightarrow{A\overline{A}}$ eingetragen. Durch a zieht man zu AB und durch p zu $\mathfrak{B}B$ die Senkrechten, die sich in b schneiden, womit $\mathfrak{v}_B = \overrightarrow{pb}$ und $\mathfrak{v}_{BA} = \overrightarrow{ab}$ gefunden werden. Die durch b zu BC und durch p zu $\mathfrak{B}C$ gezeichneten Senkrechten schneiden sich in c und liefern $\overrightarrow{pc} = \mathfrak{v}_C$ ($\triangle\, pbc \sim \triangle\, \mathfrak{B}BC$). Zieht man durch c zu CD und durch p zu $\mathfrak{D}D$ die Senkrechten, so schneiden sich diese in d, dem Endpunkt d des gesuchten Geschwindigkeitsvektors $\mathfrak{v}_D = \overrightarrow{pd}$.

Zahlenbeispiel. *Maßstäbe:*

$$M = 10\,\frac{\text{cm}}{\text{m}}, \qquad M_1 = \frac{M}{\omega} = \frac{10}{12{,}56} = 0{,}795\,\frac{\text{cm}}{(\text{m/s})}.$$

Ergebnis:

$$v_D = (1{,}07\text{ cm}) \triangleq \frac{1{,}07}{0{,}795} = 1{,}34\text{ m/s}, \qquad \omega_{fd} = \frac{v_D}{\overline{D\mathfrak{D}}} = \frac{1{,}34}{1{,}16} = +1{,}155\,s^{-1},$$

$$\omega_{cd} = \frac{v_B}{\overline{\mathfrak{B}B}} = +4{,}32\,s^{-1}.$$

Ferner

$$\omega_{bd} = \overline{ab} : \overline{AB} = -0{,}72\,s^{-1}, \qquad \omega_{ed} = \overline{cd} : \overline{CD} = -0{,}465\,s^{-1}.$$

Den im Uhrzeigersinn drehenden Winkelgeschwindigkeiten wurde dabei das Pluszeichen, den entgegengesetzt drehenden das Minuszeichen zugeordnet.

Sind auch die relativen Winkelgeschwindigkeiten, z. B. ω_{cb}, zu ermitteln, etwa für die Bestimmung der Zapfenreibungsleistungen, so benutzt man die für eine Zweigelenkkette h, i, k (Abb. 17b) geltende Beziehung

$$\overline{\varphi}_{kh} \doteq \overline{\varphi}_{ki} + \overline{\varphi}_{ih}, \tag{27a}$$

aus der durch Differentiation nach der Zeit t

$$\overline{\omega}_{kh} = \overline{\omega}_{ki} + \overline{\omega}_{ih} \tag{27}$$

erhalten wird. Die Querstriche über den Buchstaben besagen, daß die Gl. (27a) und (27) vektoriell aufzufassen sind, was bei ebenen Getrieben auf die Berücksichtigung der Vorzeichen hinausläuft. So ist beispielsweise

$$\overline{\omega}_{cb} = \overline{\omega}_{cd} + \overline{\omega}_{db} = \overline{\omega}_{cd} + (-\overline{\omega}_{bd}) = \overline{\omega}_{cd} - \overline{\omega}_{bd},$$

im vorliegenden Zahlenbeispiel also $\overline{\omega}_{cb} = 4{,}32 - (-0{,}72) = +5{,}04\text{ s}^{-1}$.

Anmerkung zu den Maßstäben: Am häufigsten wird die „Größe der Darstellung" der „Größe des Originals" proportional gewählt: *Proportionalmaßstab*. Spricht man vom *Maßstab* schlechthin, so ist der Proportionalmaßstab gemeint. Es ist also

$$\textit{Maßstab} = M = \frac{\text{Größe (geometrisch) in Darstellung}}{\text{zugehörige Größe (physikalisch) des Originals}} = \frac{G_{\text{Darst.}}}{G_{\text{Orig.}}}.$$

Die Größen M, M_1 haben im allgemeinen eine Dimension, wie z. B. aus Gl. (26) ersichtlich ist. Im folgenden sollen Zeichen-, Geschwindigkeits- und Beschleunigungsmaßstab mit M, M_1, M_2 bezeichnet werden; andere Maßstäbe seien durch entsprechende Indizes gekennzeichnet, z. B. der Zeitmaßstab durch M_t usw.

Der Kehrwert des Maßstabes M sei der „*Kehrmaßstab*" genannt. Für ihn gilt:

$$K = \frac{1}{M}. \tag{25a}$$

Beispiel:

$M = 10$ cm/m; d. h. 1 m ≙ 10 cm; $K = \frac{1}{10}$ m/cm; d. h. 1 cm ≙ $\frac{1}{10}$ m.

II. Drei endlich benachbarte Lagen eines Getriebegliedes.

8. Zusammensetzung zweier aufeinanderfolgenden Drehungen. Das Poldreieck.

In Abb. 18 wird das starre ebene System (Scheibe oder Getriebeglied E), dargestellt durch die Strecke $\overline{CD}$, zunächst aus der Lage $\overline{C_1D_1}$ um den Punkt C_1 um den Winkel φ_{12} in die Lage $E_2 = C_2D_2$ gedreht, wobei C_1 mit C_2 zusammenfällt und den Pol P_{12} dieser beiden Systemlagen darstellt. Anschließend soll dann $\overline{C_2D_2}$ um $D_2 = D_3$ um den Winkel φ_{23} nach der Lage $E_3 = \overline{C_3D_3}$ gedreht werden, so daß $D_2 \equiv D_3$ als Pol P_{23} anzusprechen ist.

Diese Aufeinanderfolge zweier Drehungen oder „Rotationen" $\Re(C_1, \varphi_{12})$ und $\Re(D_2, \varphi_{23})$ um verschiedene (parallele) Achsen C_1 bzw. D_2, d. h. der Übergang aus der Lage $\overline{C_1D_1}$ in die Lage $\overline{C_3D_3}$ kann durch eine einzige Rotation $\Re(P_{13}, \varphi_{13})$ um den Pol P_{13} ersetzt werden, der als Schnittpunkt der Mittelsenkrechten $c_{13} = c_{23}$ zu $\overline{C_1C_3}$ und $d_{13} = d_{12}$ zu $\overline{D_1D_3}$ gefunden wird. Die als Winkelhalbierenden auftretenden Mittelsenkrechten und der Satz vom Außenwinkel liefern für das sogenannte „*Poldreieck*" $P_{12}\,P_{23}\,P_{13}$ die Winkelbeziehungen

$$\sphericalangle P_{13}P_{12}P_{23} = \frac{\varphi_{12}}{2},$$

$$\sphericalangle P_{13}P_{23}P_{12} = \frac{\varphi_{23}}{2},$$

$$\sphericalangle FP_{13}P_{12} = \frac{\varphi_{13}}{2}.$$

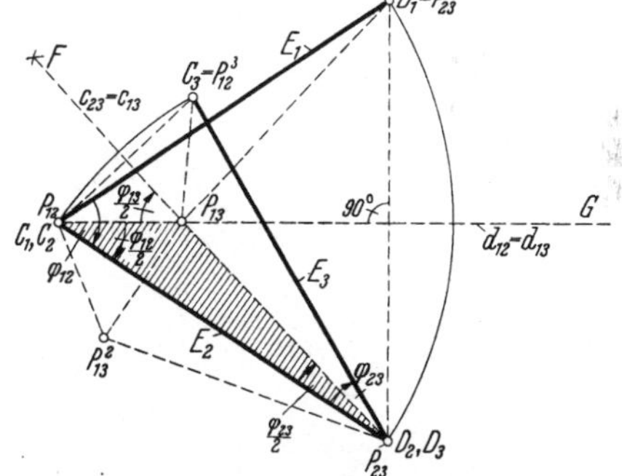

Abb. 18. Drei endlich benachbarte Gliedlagen $\overline{C_1D_1}$, $\overline{C_2D_2}$, $\overline{C_3D_3}$ mit Poldreieck $P_{12}\,P_{23}\,P_{13}$. Satz vom Poldreieck.

Zu den drei Gliedlagen E_1, E_2, E_3 gehört ein ganz bestimmtes Poldreieck $P_{12}\,P_{23}\,P_{13}$, und es gilt der

Satz 7 (Satz vom Poldreieck). Die Innen- bzw. Außenwinkel des Poldreiecks dreier endlich benachbarten Gliedlagen sind gleich den zugeordneten *halben* Drehwinkeln. Die Drehwinkel genügen der Gleichung

$$\varphi_{12} + \varphi_{23} = \varphi_{13} \quad \text{bzw.} \quad \varphi_{12} + \varphi_{23} + \varphi_{31} = 0. \tag{28}$$

Der mit $D_2 = D_3$ zusammenfallende Pol P_{23} befand sich — als Punkt der bewegten Ebene E aufgefaßt — in der Lage *1* in D_1; d. h. D_1 der Lage *1* wird in den Lagen *2* und *3* zum Pol P_{23} und soll deshalb im folgenden mit P_{23}^1 bezeichnet werden. Der obere Index 1 deute dabei an, daß P_{23}^1 als Punkt des Getriebegliedes anzusprechen ist und der Lage *1* angehört. P_{23}^1 ist Spiegelpunkt von P_{23} bezüglich der Poldreieckseite $P_{12}\,P_{13}$ und soll deshalb als „*Spiegelpol*“ bezeichnet werden.

Entsprechend heißt das Dreieck $P_{12}\,P_{13}\,P_{23}^1$ als Spiegelbild des Poldreiecks $P_{12}\,P_{13}\,P_{23}$ bezüglich der Poldreieckseite $P_{12}\,P_{13}$ das *Spiegelpoldreieck* der Gliedlage *1*.

Merkregel: Der obere Index 1, kombiniert mit einem der unteren Indizes 2 oder 3 von P_{23}^1 liefert die Indizespaare 1, 2 oder 1, 3 und damit die Indizespaare der Poldreieckseite $P_{12}\,P_{13}$, also derjenigen Poldreiecksseite, an der P_{23} nach P_{23}^1 gespiegelt wird. Mit gleicher Bedeutung ist $C_3 = P_{12}^3$ der Spiegelpol von P_{12} bezüglich der Poldreieckseite $P_{13}\,P_{23}$ und bestimmt das Spiegelpoldreieck $P_{13}\,P_{23}\,P_{12}^3$. Zur Vollständigkeit sei noch auf das Spiegelpoldreieck $P_{12}\,P_{23}\,P_{13}^2$ hingewiesen, die Pole P_{12}, P_{23} und P_{13}^2 sind Gliedpunkte der Lage *2*, und P_{13}, P_{13}^2, P_{13} sind einander zugeordnete Punkte zu P_{13} in der Lage *1*. Gibt man bei der Drehung im Uhrzeigersinn dem Drehwinkel das positive Vorzeichen, bei der Drehung im Gegensinn des Uhrzeigers aber das negative Vorzeichen, so gilt ganz allgemein für drei durch die Indizes i, k, l gekennzeichnete Lagen i, k, l die auch schon aus der Anschauung folgende Winkelbeziehung

$$\varphi_{il} = \varphi_{ik} + \varphi_{kl}, \tag{29}$$

und es ist P_{ik}^l das Spiegelbild von P_{ik} bezüglich der Poldreieckseite $P_{il}\,P_{kl}$ des Poldreiecks $P_{il}\,P_{kl}\,P_{ik}$.

Der Sonderfall von zwei gleich großen, aber entgegengesetzt gerichteten Drehungen liefert nach Abb. 19 eine Schubbewegung (Translation). Die Pole P_{13} und P_{13}^2 rücken ins Unendliche, P_{13}^∞ ist der unendlich ferne Punkt der parallelen Mittelsenkrechten c_{13} und d_{13}. Die Größe der Translation ist

$$\overline{C_1 C_3} = 2\,\overline{CD} \sin\left(\frac{\varphi_{12}}{2}\right).$$

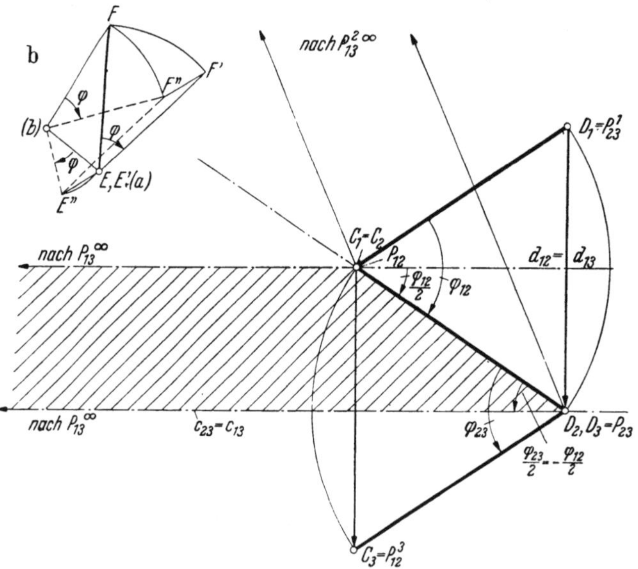

Abb. 19. Von drei endlich benachbarten Gliedlagen sind zwei einander parallel. Pol P_{13} im Unendlichen (P_{13}^∞). Übergang 1 nach 3 durch Translation.

b) Drehung durch „Drehung, ergänzt durch Translation“ ersetzbar.

Vom Standpunkt der Getriebesynthese gesehen, liegt in Abb. 19 der Sonderfall vor, daß von drei Gliedlagen zwei einander parallel sind. Derartige Sonderfälle führen oft zu wesentlichen Vereinfachungen der aus der allgemeinen Theorie abgeleiteten Ergebnisse.

Eine Folge von zwei gleich großen, aber entgegengesetzt gerichteten Drehungen heißt ein „*Rotationspaar*“; dieses ist also einer Translation äquivalent; die dazugehörigen „Rotationsvektoren“ sind gleich groß und antiparallel. Man gelangt leicht zu den folgenden Ergebnissen: Jede Translation läßt sich auf unendlich viele Arten in die Rotationen eines Rotationspaares zerlegen.

Jede Rotation $\mathfrak{R}(a, \varphi)$ um die Achse (a) ist durch eine Rotation $\mathfrak{R}(b, \varphi)$ um die Achse b und durch ein Rotationspaar von der gleichen Amplitude φ ersetzbar (Abb. 19b). Die Folge einer beliebigen Anzahl Rotationen $\mathfrak{R}(a_i, \varphi_i)$ um parallele Achsen a_i mit den Amplituden φ_i ist entweder einer einzigen Rotation in einer zu den Achsen a_i parallelen Achse b oder einem Rotationspaar äquivalent. Die resultierende Amplitude ist gleich der algebraischen Summe der Einzelamplituden φ_i. Im Falle der Reduktion auf ein Rotationspaar ist die ihm äquivalente Translation senkrecht zur Richtung der a_i. Die Analogie mit den Verfahren für die Zusammensetzung paralleler Kräfte ist leicht erkennbar.

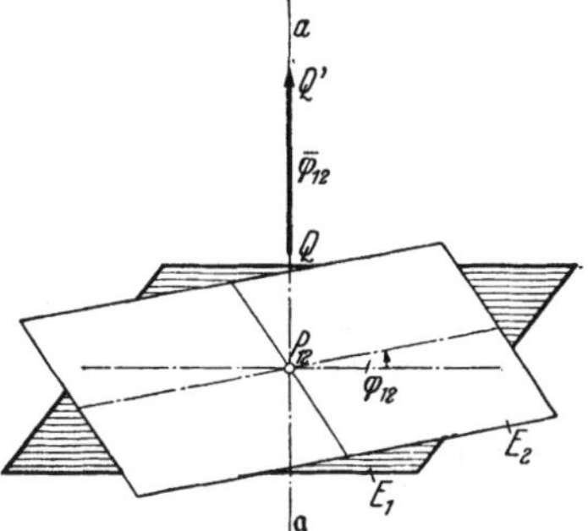

Abb. 20. Endliche Drehung von E um Achse a durch P_{12}, dargestellt durch den „Drehwinkel-Vektor $\bar{\varphi}_{12}$" (Rotationsvektor).

Abb. 20 zeigt die Bestimmungsstücke einer endlichen Drehung (Rotation) $\mathfrak{R}(a, \bar{\varphi}_{12})$, und zwar die Drehachse a durch P_{12}, die Amplitude φ_{12} und den in der Drehachse a liegenden Rotationsvektor $\bar{\varphi}_{12} = \overrightarrow{QQ'}$. Beim Übergang zu einer unendlich kleinen Drehung wird der Zusammenhang mit Abb. 13 leicht ersichtlich.

9. Drei endlich benachbarte Gliedlagen. Zugeordnete Punkte.

Sind in Abb. 21 drei beliebige endlich benachbarte Gliedlagen durch die Bestimmungsstrecken $\overline{A_1B_1}$, $\overline{A_2B_2}$, $\overline{A_3B_3}$ gegeben, so ist das Poldreieck P_{12}, P_{23}, P_{13} sofort konstruierbar, wenn die Verfahren von Nr. 2 auf die Gliedlagen *2* und *3* und die Gliedlagen *1* und *3* angewandt werden. P_{23} ist der Schnittpunkt der Mittelsenkrechten a_{23} zu A_2A_3 und b_{23} zu B_2B_3, und P_{13} ist der Schnittpunkt der Mittelsenkrechten a_{13} und b_{13}.

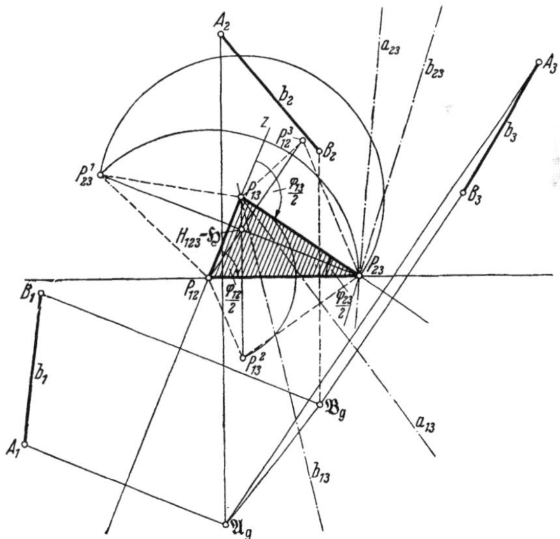

Abb. 21. Drei Gliedlagen b_1, b_2, b_3 mit Poldreieck. Die Spiegelpoldreiecke $P_{12}P_{13}P_{23}^1$, $P_{12}P_{23}P_{13}^2$, $P_{23}P_{13}P_{12}^3$. Grundpunkte $\mathfrak{A}_g$ und $\mathfrak{B}_g$ zu den zugeordneten Gliedpunkten A_1, A_2, A_3 bzw. B_1, B_2, B_3.

Der Pol P_{23} kann sowohl als Punkt der Lage *2*, als auch als Punkt der Lage *3* aufgefaßt werden. Als zur Lage *2* gehörig wird er nach Drehung um $P_{12} = P_{21}$ um den Winkel $\varphi_{21} = -\varphi_{12}$ in einen Punkt der Lage *1* übergeben, der, wie in Nr. 8 mit P_{23}^1 bezeichnet wird. P_{23}^1 liegt deshalb auf einem Kreisbogen um P_{12} mit dem Halbmesser $\overline{P_{12}P_{23}}$. Ebenso liefert P_{23} als Punkt der Lage *3* den Punkt P_{23}^1 auf einem Kreisbogen um $P_{13} = P_{31}$ mit dem Halbmesser $\overline{P_{13}P_{23}}$. Hieraus folgt P_{23}^1 als Spiegelpunkt von P_{23} bezüglich der

Poldreieckseite $P_{12}\,P_{13}$ und wegen

$$\sphericalangle\, P^1_{23}P_{12}P_{13} = \frac{\varphi_{12}}{2} \quad \text{auch} \quad \sphericalangle\, P_{13}P_{12}P_{23} = \frac{\varphi_{12}}{2}\,;$$

ferner sind

$$\sphericalangle\, P_{12}P_{13}P_{23} = 180 - \frac{\varphi_{13}}{2}$$

und der Außenwinkel $Z P_{13}\, P_{23}$ des Poldreiecks bei P_{13} gleich $\varphi_{13}/2$.

Mit Hilfe des Spiegelpoles P^2_{13} von P_{13} bezüglich $P_{12}\,P_{23}$ zeigt man analog $\sphericalangle\, P_{12}\,P_{23}\,P_{13} = \varphi_{23}/2$. Damit ist der *Satz vom Poldreieck* erneut bewiesen. In Abb. 21 sind auch die Spiegelpole P^2_{13} und P^3_{12} eingezeichnet, die durch Spiegelung von P_{13} an $P_{12}\,P_{23}$ bzw. von P_{12} an $P_{13}\,P_{23}$ gefunden werden.

Für drei endlich benachbarte Gliedlagen sind also das Poldreieck und die drei Spiegelpoldreiecke (Abb. 22) von grundlegender Bedeutung; die Geraden

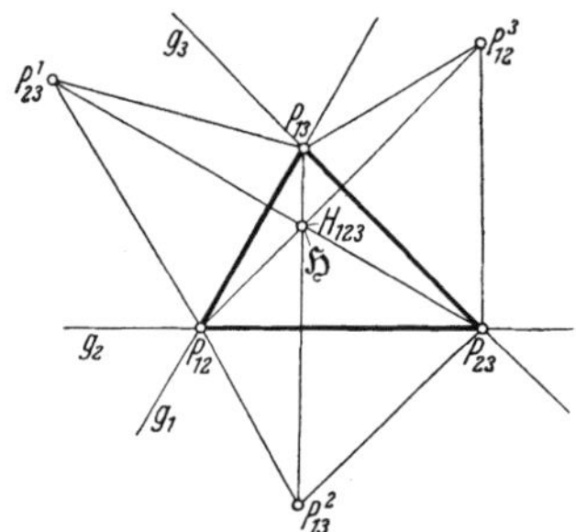

Abb. 22. Pol- und Spiegelpoldreiecke mit Höhenschnittpunkt $\mathfrak{H}$ des Poldreiecks.

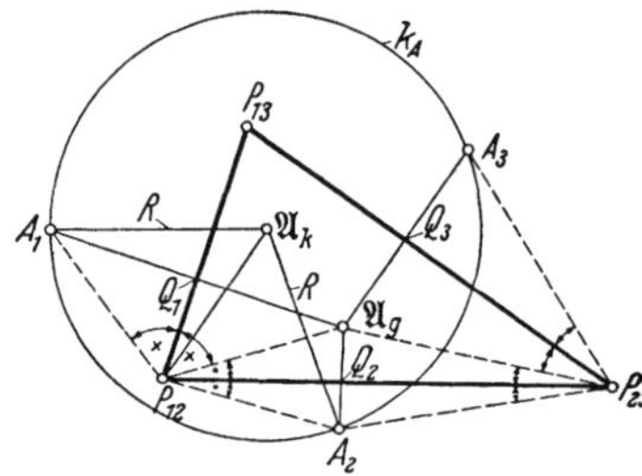

Abb. 23. Ermittlung zugeordneter Punkte A_2, A_3 aus A_1 durch Spiegelung an den Poldreieckseiten mit Hilfe des Grundpunktes $\mathfrak{A}_g$. Kreis k_A durch drei zugeordnete Punkte mit Kreismittelpunkt $\mathfrak{A}_k$.

durch P_{12}, P^3_{12}; P_{23}, P^1_{23} und $P_{13}\,P^2_{13}$ sind gleichzeitig die Höhen des Poldreiecks und schneiden sich im *Höhenschnittpunkt* $H_{123} = \mathfrak{H}$, der bei späteren Untersuchungen eine wichtige Rolle spielt.

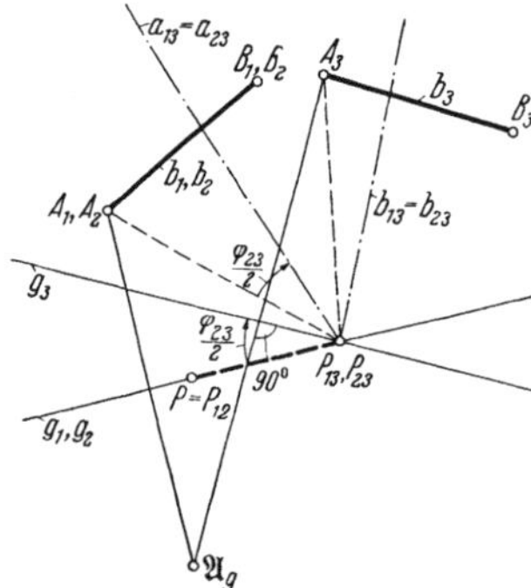

Abb. 24. Zwei infinitesimal benachbarte Gliedlagen b_1, b_2 und eine diesen endlich benachbarte Lage b_3. Ausartung des Poldreiecks in doppelt zu zählende Gerade $P_{13}\,P = P_{23}\,P$.

Der Satz vom Poldreieck gestattet eine besonders einfache *Konstruktion zugeordneter Punkte* (Abb. 23). Hier sind die drei Pole P_{12}, P_{23}, P_{13} und der Punkt A_1 der Lage *1* gegeben. Gesucht werden die zugeordneten Punkte A_2 und A_3 der Lagen *2* und *3*.

Lösung: Man spiegelt A_1 an der Poldreieckseite $P_{12}\,P_{13}$, also an der Seite, deren Pole den Index 1 gemeinsam haben, nach dem sogenannten „*Grundpunkt*“ $\mathfrak{A}_g$. Die Spiegelpunkte von $\mathfrak{A}_g$ an den Poldreieckseiten $P_{12}\,P_{23}$ und $P_{23}\,P_{13}$ sind dann die zu A_1 zugeordneten Punkte A_2 und A_3 der Lagen *2* und *3*.

Beweis für A_2:

$$\overline{A_1P_{12}} = \overline{\mathfrak{A}_g P_{12}}\,,$$

$$\overline{A_2P_{12}} = \overline{\mathfrak{A}_g P_{12}}\,, \quad \text{also} \quad \overline{A_1P_{12}} = \overline{A_2P_{12}}\,;$$

$$\sphericalangle\, A_1P_{12}A_2 = 2\,(\sphericalangle\, P_{13}P_{12}\mathfrak{A}_g + \sphericalangle\, \mathfrak{A}_g P_{12}P_{23}) = 2\,\sphericalangle\, P_{12}P_{13}P_{23} = 2\,\frac{\varphi_{12}}{2} = \varphi_{12}\,.$$

Sind von drei Gliedlagen zwei einander infinitesimal benachbart, wie die Lagen *1* und *2* der Abb. 24, so ist der zu diesen Lagen gehörige Momentanpol P

mit dem Pol P_{12} identisch, während P_{23} und P_{13} zusammenfallen. Die durch P_{23} und P_{13} gelegte Gerade g_3 (Abb. 22) ist nicht beliebig wählbar, sondern durch den Satz vom Poldreieck so festgelegt, daß g_3 mit der Geraden g_2 (durch P_{12} P_{23}) den Winkel $\varphi_{23}/2$ bilden muß; er ist als $^1/_2$ $\sphericalangle A_2 P_{23} A_3$ der Abb. 24 zu entnehmen. Man konnte auch A_1 an g_1 nach dem Grundpunkt $\mathfrak{A}_g$ spiegeln und g_3 als Lot von P_{23} auf $\mathfrak{A}_g A_3$ konstruieren.

10. Kreis durch drei zugeordnete Punkte. Quadratische Verwandtschaft.

Durch drei zugeordnete Punkte A_1, A_2, A_3 ist stets ein Kreis $k_A = a_{123}$ mit dem Mittelpunkt $\mathfrak{A}_k$ bestimmt, z. B. als Schnittpunkt der Mittelsenkrechten a_{12} zu A_1A_2 und a_{23} zu A_2A_3 (Abb. 25).

Die Halbmesser $\overline{\mathfrak{A}_k A_1}$, $\overline{\mathfrak{A}_k A_2}$, $\overline{\mathfrak{A}_k A_3}$ schneiden die Poldreieckgeraden g_1 bis g_3 in den Punkten L_1, L_2, L_3. Verbindet man die Punkte L_1, L_2, L_3 mit dem Grundpunkt $\mathfrak{A}_g$, so entsteht die bekannte Tangentenkonstruktion für eine Ellipse ε_{123} mit den Poldreieckseiten als Tangenten, den Brennpunkten $\mathfrak{A}_g$ und $\mathfrak{A}_k$, dem Leitkreis k_A um den Kreismittelpunkt (Brennpunkt) $\mathfrak{A}_k$ und dem Halbmesser $\overline{\mathfrak{A}_k A_1}$ als Länge der großen Achse der Ellipse. Es gilt also:

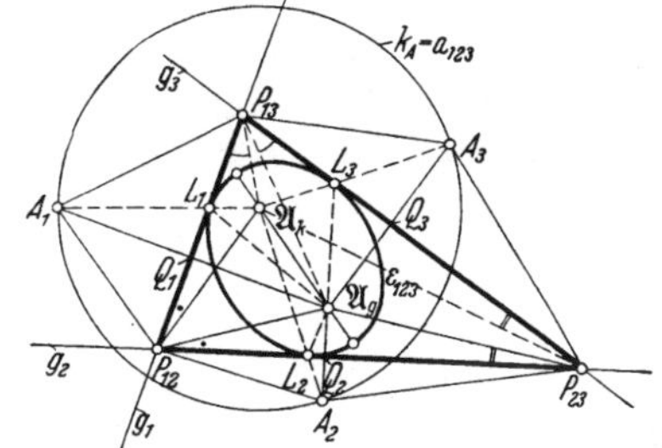

Abb. 25. Die drei Gliedlagen zugeordnete Ellipse ε_{123}. Fahrstrahlen vom Pol nach Kreismittelpunkt $\mathfrak{A}_k$ und Grundpunkt $\mathfrak{A}_g$ bilden mit den Poldreieckseiten gleiche Winkel.

Satz 8: Kreismittelpunkt $\mathfrak{A}_k$ und Grundpunkt $\mathfrak{A}_g$ dreier zugeordneten Punkte A_1, A_2, A_3 sind die Brennpunkte eines Kegelschnittes ε_{123}, der dem Poldreieck einbeschrieben ist und den Kreishalbmesser als Länge der Achse besitzt.

Da die von einem Punkt außerhalb eines Kegelschnittes gelegten Tangenten mit den Fahrstrahlen nach den Brennpunkten (Brennstrahlen) gleiche Winkel bilden, so folgt noch der für spätere Anwendungen besonders wichtige

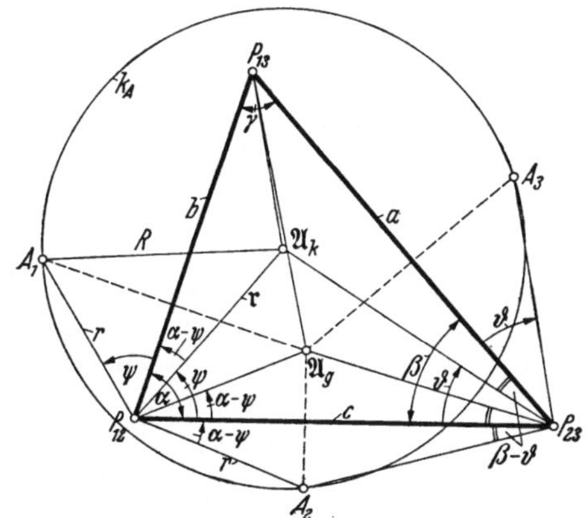

Abb. 26. Kreis durch drei zugeordnete Punkte. Punkt A_1 mit Polarkoordinaten r, ψ; zugeordneter Kreismittelpunkt $\mathfrak{A}_k$ mit Polarkoordinaten $\mathfrak{r}$, ψ.

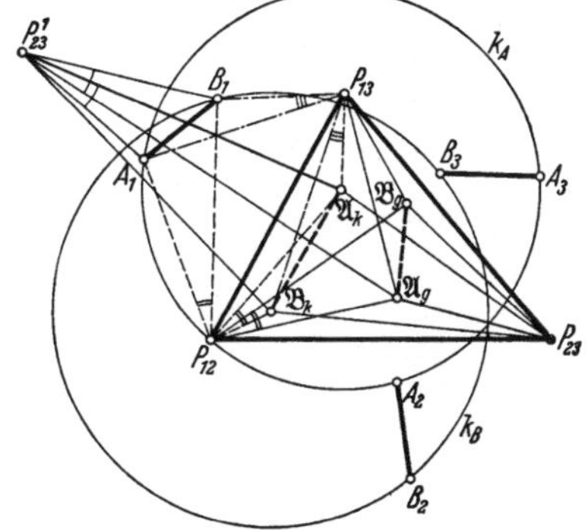

Abb. 27. Drei Gliedlagen: $A_1 B_1$ und $\mathfrak{A}_k \mathfrak{B}_k$ von den Polen P_{12}, P_{13} und P_{23}^1 unter je zwei gleichen Winkeln erscheinend.

Satz 9: Die Fahrstrahlen von einem Pol nach dem Grundpunkt $\mathfrak{A}_g$ und dem Kreismittelpunkt $\mathfrak{A}_k$ bilden mit den von diesem Pol ausgehenden Poldreieckseiten gleiche Winkel (Abb. 26).

Aus Abb. 25 folgt noch

$$\sphericalangle A_1 P_{12} \mathfrak{A}_k = \frac{\varphi_{12}}{2}, \qquad \sphericalangle A_1 P_{13} \mathfrak{A}_k = \left(180 - \frac{\varphi_{13}}{2}\right) \text{ usw.}$$

Mit diesen Winkelbeziehungen und auch nach Satz 2 erläutert Abb. 27 für die Kreismittelpunkte $\mathfrak{A}_k$ und $\mathfrak{B}_k$ den

Satz 10: Entsprechende Punktepaare $\overline{A_1 B_1}$ und $\overline{\mathfrak{A}_k \mathfrak{B}_k}$ erscheinen von je einem der Pole P_{12}, P_{13} aus sowie von dem Pol P_{23}^1 aus unter je zwei gleichen bzw. unter zwei sich zu 180° ergänzenden Winkeln.

Ebenso erscheinen auch $\overline{\mathfrak{A}_k \mathfrak{B}_k}$ und $\overline{\mathfrak{A}_g \mathfrak{B}_g}$ von den Ecken des Poldreiecks aus unter gleichen Winkeln, z. B. $\sphericalangle \mathfrak{A}_k P_{12} \mathfrak{B}_k = \sphericalangle \mathfrak{A}_g P_{12} \mathfrak{B}_g$. Den Punkten A_1, B_1, C_1, ... von E_1 ist demnach ein ganz bestimmtes System von Mittelpunkten $\mathfrak{A}_k$, $\mathfrak{B}_k$, $\mathfrak{C}_k$, ... (Mittelpunktsystem $\sum^{123}$) eindeutig zugeordnet und umgekehrt. Nur für die Punkte P_{12}, P_{13}, P_{23}^1 in E_1 und P_{12}, P_{23}, P_{13} in $\sum^{123}$ erleidet diese gegenseitige eindeutige Zuordnung eine Ausnahme. Ähnliches gilt für die Lagen E_2 und E_3. Die dabei auftretende „*quadratische Verwandtschaft*" (Hauptpunkte und Hauptgerade usw.) kann bei A. SCHOENFLIES[1] nachgelesen werden.

11. Technische Anwendung.

a) Fadengeber-Getriebe einer Zentralspulen-Nähmaschine[2]. Bei schnellaufenden Getrieben besteht oft die Notwendigkeit, die sonst angewandten Kurvengetriebe durch Kurbelgetriebe zu ersetzen. Die Vorzüge der Kurbelgetriebe liegen in solchen Fällen hauptsächlich in der größeren Genauigkeit der Bewegungen bei langer Lebensdauer und in ihrer geringeren Geräuschbildung. Vielfach kommt für diesen Ersatz erst dann eine Lösung zustande, wenn die auf Grund jahrelanger Erfahrungen entwickelten Kurvengetriebe einer kritischen Untersuchung unterzogen werden, wobei oft festgestellt werden kann, daß gewisse Abweichungen von den bisher üblichen Bewegungen des Kurvengetriebes keine Nachteile mit sich bringen.

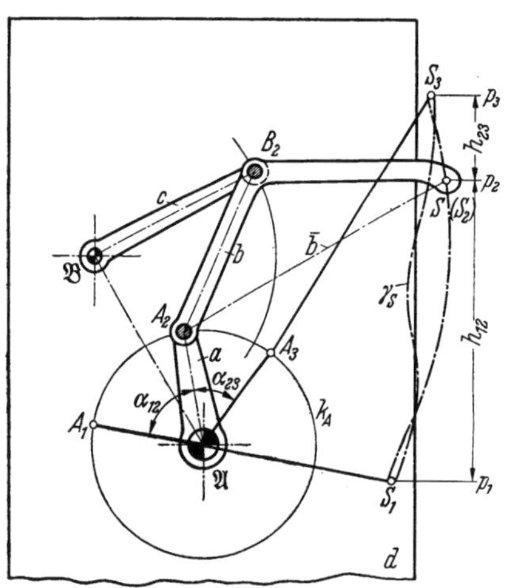

Abb. 28. Drei Gliedlagen der Koppel AB eines „Fadengeber-Getriebes für Nähmaschinen" bei vorgegebenen zugeordneten Drehwinkeln α_{12}, α_{23} der Antriebskurbel.

Im Beispiel der Abb. 28, die die Fadengebung an einer Zentralspulennähmaschine durch die Koppel b einer Kurbelschwinge $\mathfrak{A}AB\mathfrak{B}$ darstellt, war an Hand einer früher üblichen Fadengebung mittels eines Zylinderkurvengetriebes festgestellt worden, daß den Punktlagen S_1, S_2, S_3 der Fadenhebel-Öse S zweckmäßig die Winkel $\alpha_{12} = \sphericalangle A_1 \mathfrak{A} A_2$ und $\alpha_{23} = \sphericalangle A_2 \mathfrak{A} A_3$ entsprechen sollen, wobei die Einhaltung der Hubwege — etwa parallel zur Nadelstangenführung — für den Nähvorgang wichtig ist, während die Form der Koppelkurve eine geringere Rolle spielt.

Getrieblich gesehen liegt also die folgende Aufgabe vor. Um die im Maschinenkopf d gewählte Antriebswellenmitte $\mathfrak{A}$ werden Kurbelstellungen $\mathfrak{A}A_1$, $\mathfrak{A}A_2$ und $\mathfrak{A}A_3$ so angeordnet, daß $\sphericalangle A_1 \mathfrak{A} A_2 = \alpha_{12}$ und $\sphericalangle A_2 \mathfrak{A} A_3 = \alpha_{23}$ eingehalten werden. Dann wählt man eine beliebige Koppellänge für die Strecke $\bar{b}$ von

[1] SCHOENFLIES, A., [7], S. 14.

[2] BEYER, W.: Das Fadengeber-Getriebe bei Nähmaschinen. Getriebetechnik Bd. 7 (1939) S. 309/12 (Masch.-Bau/Der Betrieb).

Kurbelzapfen A bis Öse S und schlägt um die A_i mit Halbmesser $\overline{b}$ Kreisbögen, die von den Hubabstandsparallelen $p_i(p_1, p_2, p_3)$ in S_1, S_2, S_3 geschnitten werden.

Durch $\overline{A_1S_1}$, $\overline{A_2S_2}$, $\overline{A_3S_3}$ sind drei endlich benachbarte Lagen der Koppelebene b, dargestellt durch $\overline{b} = \overline{AS}$, vorgegeben, von der A längs des Kurbelkreises α durch A_1, A_2, A_3 geführt wird. Gesucht werden Kurbelschwingen $\mathfrak{A}AB\mathfrak{B}$, die $\overline{AS} = \overline{b}$ der Koppelebene b durch $\overline{A_1S_1}$, $\overline{A_2S_2}$, $\overline{A_3S_3}$ bewegen. Aus konstruktiven Gründen sei noch der Lagerpunkt $\mathfrak{B}$ im Maschinenkopf d gewählt (Abb. 29). Der Schwingenzapfen B, z. B. in der Lage B_1, ist zu ermitteln. Man zeichnet zunächst die Pole P_{12}, P_{23}, P_{13} in bekannter Weise. Nach Satz 10 müssen A_1B_1 und $\mathfrak{A}\,\mathfrak{B}$ (identisch mit $\mathfrak{A}_k\mathfrak{B}_k$) von P_{12} und P_{13} aus je unter zwei gleichen oder sich zu 180° ergänzenden Winkeln erscheinen. Man verbindet also P_{12} mit $\mathfrak{A}$, $\mathfrak{B}$ und A_1 und trägt in P_{12} an $P_{12}A_1$ den Winkel $\mathfrak{B}P_{12}\mathfrak{A}$ an, dessen freier Schenkel $P_{12}B_1'$ den ersten geometrischen Ort für den gesuchten Punkt B_1 darstellt. Ebenso macht man $\sphericalangle B_1''P_{13}\mathfrak{A} = \sphericalangle \mathfrak{B}P_{13}\mathfrak{A}'$ und gewinnt $P_{13}B_1''$ als zweiten geometrischen Ort für B_1. Damit sind der Schwingenzapfen B_1, die Schwingenlänge $\mathfrak{B}B_1$ und das Koppeldreieck $A_1B_1S_1$ gefunden. Die gesuchte Kurbelschwinge ist in Abb. 28 in der Getriebelage *2* herausgezeichnet. Die Fadenhebel-Öse beschreibt die Koppelkurve γ_S.

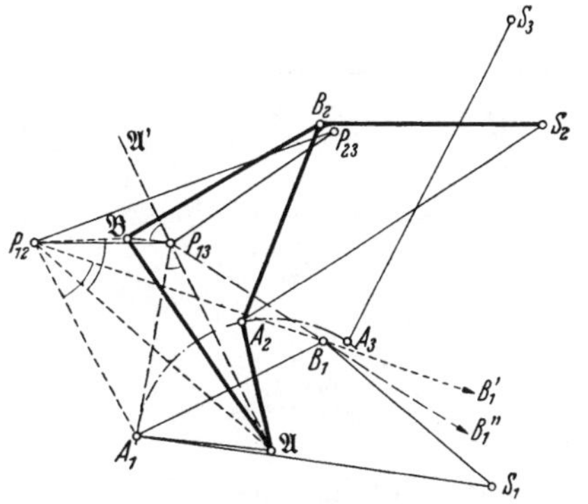

Abb. 29. Ermittlung von Kurbelschwingen $\mathfrak{A}AB\mathfrak{B}$ für das Fadengeber-Getriebe von Abb. 28.

b) Koppel-Rastgetriebe. Angenäherte Geradführung. In Abb. 30 wird von einer *zentrischen Geradschubkurbel* mit der Kurbel $\mathfrak{A}A$, der Schubstange (Koppel) $b = \overline{AC}$ und der Gleitbahn $\gamma\gamma'$ für den Schieber c ausgegangen. Ein im Maschinengestell d vorhandenes Lager $\mathfrak{B}$ soll dazu dienen, von dem Geradschubkurbelgetriebe eine angenäherte Geradführung des Punktes C abzuleiten, während die Antriebskurbel $\mathfrak{A}A$ den Kurbelwinkel $A_1\mathfrak{A}A_3$ durchläuft.

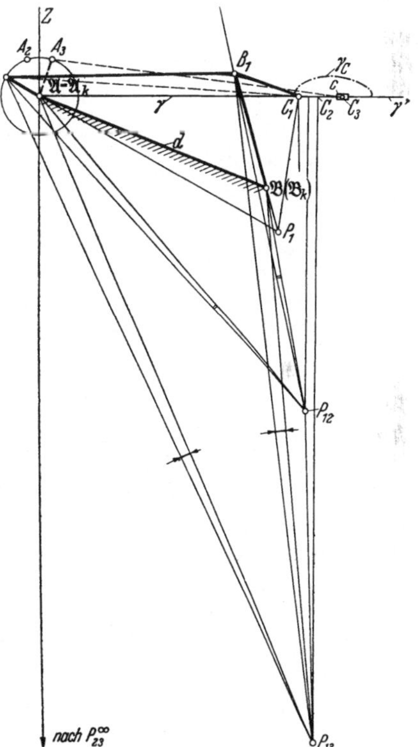

Abb. 30. Ableitung einer angenäherten Geradführung von C längs $\gamma\gamma'$ von der Koppelbewegung einer Schubkurbel $\mathfrak{A}AC$.

Man wählt eine Zwischenlage A_2 und erhält drei Koppellagen A_1C_1, A_2C_2, und A_3C_3 mit den Polen P_{12}, P_{13} und P_{23}^{∞} (A_2, A_3 zu $\mathfrak{A}Z$ symmetrisch angenommen). Aus $\mathfrak{A} = \mathfrak{A}_k$, $\mathfrak{B} = \mathfrak{B}_k$ und A_1 wird Koppelpunkt B_1 nach Satz 10 wie in Abb. 29 konstruiert. Die so erhaltene Kurbelschwinge $\mathfrak{A}AB\mathfrak{B}$ führt den Koppelpunkt C angenähert geradlinig durch die Lagen C_1, C_2, C_3, wie die Koppelkurve γ_C erkennen läßt.

Behält man nach Abb. 31 die Geradschubkurbel $\mathfrak{A}AC$ als Ausgangsgetriebe bei, so durchläuft der in Abb. 30 ermittelte Punkt B die Punktlagen B_1, B_2 und B_3 auf dem Kreis b_{123} um $\mathfrak{B}$ mit dem Halbmesser $e = \mathfrak{B}B_1$ bei guter Anschmiegung an die Koppelkurve γ_B. Die im beliebigen Punkt $\mathfrak{D}$ des Gestells d gelagerte Schwinge $f = \overline{\mathfrak{D}\mathfrak{B}}$, die durch den körperlich ausgebildeten Halbmesser $B_1\mathfrak{B}$ (Glied e) an den Koppelpunkt B angelenkt ist, wird so lange in der Stellung $\mathfrak{B}\mathfrak{D}$ bleiben, also in dieser Stellung einen angenäherten Stillstand, eine Rast, haben, als die Koppelkurve γ_B mit dem Kreisbogen b_{123} gut übereinstimmt. Im weiteren Verlauf der Kurbelumdrehung wird die Schwinge f um den Winkel φ bis $\overline{\mathfrak{D}\mathfrak{B}'}$ ausschlagen. Die Art der Anschmiegung von b_{123} an γ_B und damit die Güte der Rast kann mit Hilfe des Momentanpoles der Koppellagen überprüft werden. $A_1\mathfrak{A}$ und $v_{C_1} \perp \gamma\gamma'$ schneiden sich im Momentanpol P_1 der Koppellage $\overline{A_1C_1}$; $P_1B_1 = v_{B_1}$ bildet mit $\mathfrak{B}B_1$ den Winkel σ_1. Je kleiner σ_1 ist, um so besser ist die Rast in der betreffenden Getriebestellung. Entsprechend liefern $\overline{A_2C_2}$ und $\overline{A_3C_3}$ die Pole P_2, P_3 und die Winkelabweichungen σ_2, σ_3 von $\overline{\mathfrak{B}B_2}$ bzw. $\overline{\mathfrak{B}B_3}$. Dann wird die Summe S dieser Abweichungen also

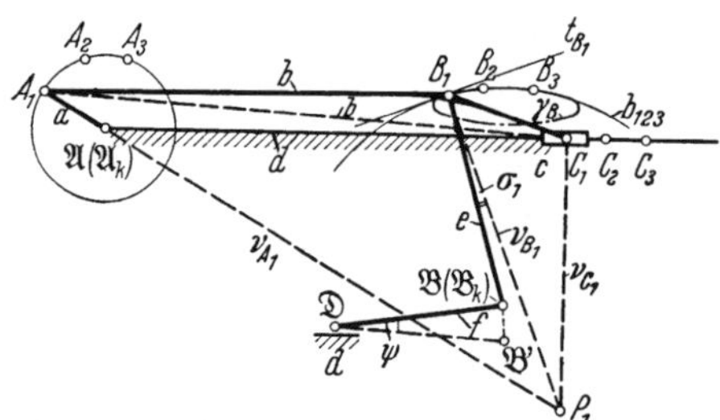

Abb. 31. Ableitung eines Koppel-Rastgetriebes von einer Schubkurbel. Rastschwinge f.

$$S = \sum \sigma_i^2$$

einen bestimmten Wert erhalten, der sich bei anderer Wahl der Koppelpunkte B_1', B_1'', ... ebenfalls ändern wird. Für den endgültigen Entwurf wird man dann einen solchen Punkt B_1^* wählen, für den S einen Kleinstwert S^* annimmt. (GAUSSsche Methode der kleinsten Quadrate.)

12. Die R_M-Kurve und die R^1-Kurve.

Ein gewisses getriebesynthetisches Interesse hat auch die Frage nach Kreisbahnen mit vorgeschriebener Größe des Halbmessers $R_{123} = \overline{A_1\mathfrak{A}_k}$. Der geometrische Ort der Punkte A_1 der verlangten Eigenschaft soll nach H. ALT[1] die R^1-Kurve genannt werden. Der geometrische Ort der zu diesen Punkten A_1 gehörigen Mittelpunkte $\mathfrak{A}_k$ heiße die *R_M-Kurve*. In Nr. 10 wurden die folgenden Winkelbeziehungen bewiesen:

$$\sphericalangle A_1 P_{12} \mathfrak{A}_k = \alpha, \qquad \sphericalangle A_2 P_{23} \mathfrak{A}_k = \beta, \qquad \sphericalangle A_1 P_{13} \mathfrak{A}_k = \gamma,$$

wobei

$$\alpha = \frac{\varphi_{12}}{2}, \qquad \beta = \frac{\varphi_{23}}{2} \quad \text{und} \quad 180° - \frac{\varphi_{13}}{2} = \gamma$$

gesetzt worden ist. Abb. 32 zeigt ferner die kongruenten Dreiecke

$$\triangle A_1 P_{12} \mathfrak{A}_k \cong \triangle A_2 P_{12} \mathfrak{A}_k, \quad \triangle A_2 P_{23} \mathfrak{A}_k \cong \triangle A_3 P_{23} \mathfrak{A}_k,$$

$$\triangle A_3 P_{13} \mathfrak{A}_k \cong \triangle A_1 P_{13} \mathfrak{A}_k$$

[1] ALT, H.: Zur Synthese der ebenen Mechanismen. Z. angew. Math. Mech. Bd. 1 (1921) S. 377 f., und [36b], S. 535/536.

mit den Mittelpunkten $M_1, M_2; M_2', M_3; M_3', M_1'$ ihrer Umkreise und den dazugehörigen Umkreishalbmessern

$$r_{12} = \overline{M_1 P_{12}} = \overline{M_2 P_{12}}, \quad r_{23} = \overline{M_2' P_{23}} = \overline{M_3 P_{23}}, \quad r_{13} = \overline{M_3' P_{13}} = \overline{M_1' P_{13}}.$$

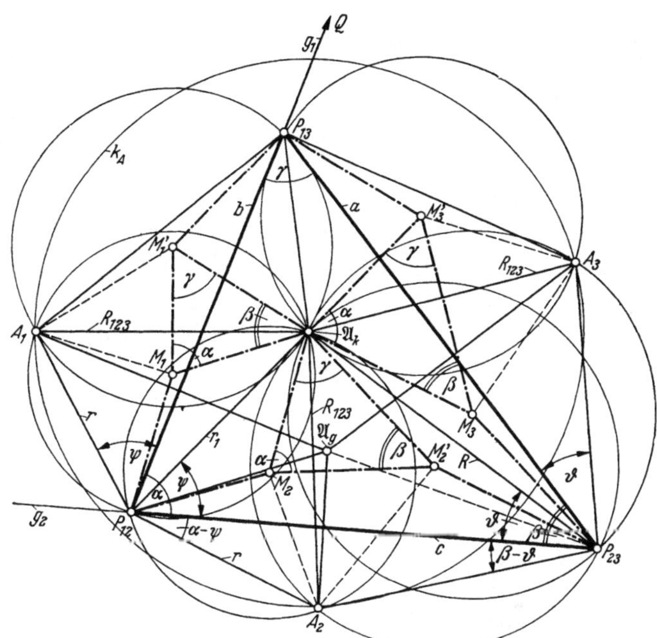

Abb. 32. Zugeordnete Punkte A_1, A_2, A_3 mit Kreisen k_A gleichen Halbmessers $R = R_{123}$. Dreifache Erzeugung des geometrischen Orts der dazugehörigen Kreismittelpunkte $\mathfrak{A}_k$ durch Kurbelgetriebe. Die R_M-Kurve als spezielle Koppelkurve.

Aus der Kongruenz der Dreiecke

$$\triangle M_1 M_1' A_1 \cong \triangle M_1 M_1' \mathfrak{A}_k, \quad \triangle M_2 M_2' A_2 \cong \triangle M_2 M_2' \mathfrak{A}_k,$$
$$\triangle M_3 M_3' A_3 \cong \triangle M_3 M_3' \mathfrak{A}_k$$

folgt

$$\sphericalangle \mathfrak{A}_k M_2 M_2' = \sphericalangle M_3' \mathfrak{A}_k M_3 = \sphericalangle M_1' M_1 \mathfrak{A}_k = \alpha$$

und

$$\sphericalangle \mathfrak{A}_k M_2' M_2 = \sphericalangle \mathfrak{A}_k M_3 M_3' = \sphericalangle M_1 \mathfrak{A}_k M_1' = \beta$$

und daraus die Ähnlichkeit der Dreiecke

$$\triangle M_1 \mathfrak{A}_k M_1' \sim \triangle M_2 M_2' \mathfrak{A}_k \sim \triangle \mathfrak{A}_k M_3 M_3' \sim \triangle P_{12} P_{23} P_{12}. \tag{30}$$

Ergebnis: Für gleichbleibenden Halbmesser R_{123} kann die R_M-Kurve, d. h. der geometrische Ort der Kreismittelpunkte $\mathfrak{A}_k$, auf dreifache Weise getrieblich erzeugt werden, und zwar durch das

Kurbelgetriebe $P_{12} P_{23} M_2' M_2$ mit dem Koppeldreieck $M_2 M_2' \mathfrak{A}_k$,
Kurbelgetriebe $P_{23} P_{13} M_3' M_3$ mit dem Koppeldreieck $M_3 M_3' \mathfrak{A}_k$,
Kurbelgetriebe $P_{13} P_{12} M_1 M_1'$ mit dem Koppeldreieck $M_1 M_1' \mathfrak{A}_k$.

Diese dreifache Erzeugung der R_M-Kurve durch spezielle Kurbelgetriebe mit den Kurbelabmessungen

$$r_{12} = \frac{R_{123}}{2\sin\alpha}, \quad r_{23} = \frac{R_{123}}{2\sin\beta}, \quad r_{13} = \frac{R_{123}}{2\sin\gamma} \tag{31}$$

ist der Sonderfall eines allgemeineren Satzes über die „*dreifache Erzeugung der Koppelkurve eines Viergelenkgetriebes*", der als *Satz von* ROBERTS grundlegende Bedeutung besitzt (Nr. 94.)

Die zeichnerische Ermittlung der Abmessungen dieser speziellen Kurbelgetriebe (zwei Seiten des Koppeldreiecks gleich den Kurbelarmen) ist in Abb. 33 gezeigt; aus der beigefügten Beschriftung sind auch die Koppeldreiecke ersichtlich.

In Abb. 34 sind die R_M-Kurve und die R^1-Kurve durch das Kurbelgetriebe $P_{12}P_{13}M_1'M_1$ mit dem Koppeldreieck $M_1M_1'\mathfrak{A}_k$ bzw. $M_1M_1'A_1$ getrieblich erzeugt. Die Konstruktion der R_M-Kurve ist bezüglich des Halbmessers R_{123} an keine obere Grenze gebunden; dagegen darf R_{123} eine bestimmte untere Grenze nicht unterschreiten. Dies besagt

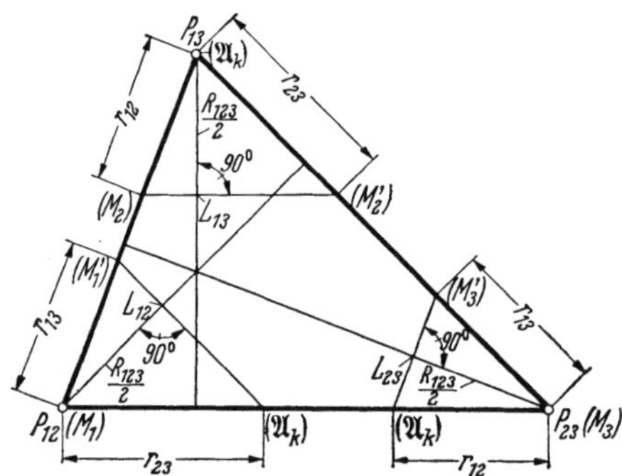

Abb. 33. Abmessungen der speziellen Kurbelgetriebe für R_M-Kurve gemäß Abb. 32.

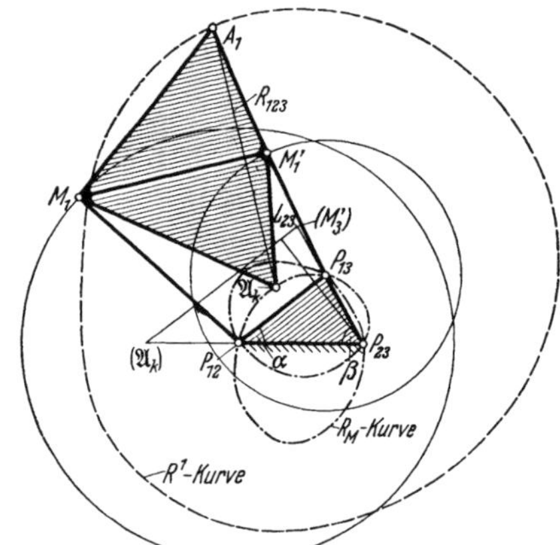

Abb. 34. Punkte A_1 der in der Koppelebene $M_1 M_1'$ liegenden R^1-Kurve liegen mit zugeordneten Punkten A_2, A_3 auf Kreisen k_A mit Mittelpunkt $\mathfrak{A}_k$ auf der R_M-Kurve.

Satz 11: Bei drei Lagen eines starren ebenen Systems gibt es immer einen und nur einen kleinsten Kreis durch drei zugeordnete Punkte, dessen Mittelpunkt mit dem Mittelpunkt des Inkreises des Poldreiecks zusammenfällt. Der kleinstmögliche Halbmesser R_{123} ist gleich dem doppelten Inkreishalbmesser.

Die R_M-Kurve ist eine trizirkulare Kurve sechsten Grades mit drei Doppelpunkten P_{12}, P_{23}, P_{13}. Man stellt ferner fest, daß die von A_2 und A_3 beschriebenen R^2- bzw. R^3-Kurven zur R^1-Kurve kongruent sind.

Sind von drei Gliedlagen zwei einander parallel, so zerfallen, wie H. ALT[1] gezeigt hat, die R_M-Kurve und die R^1-, R^2-, R^3-Kurven in je zwei Kreise.

13. Kreis durch drei zugeordnete Punkte. Rechnerische Behandlung.

Für die weiteren Untersuchungen (Nr. 23) ist es erwünscht, einen rechnerischen Zusammenhang zwischen den Polarkoordinaten $\sphericalangle P_{13}P_{12}A_1 = \psi$, $\overline{P_{12}A_1} = r$ eines Punktes A_1 der Lage *1* und den Polarkoordinaten $\sphericalangle P_{23}P_{12}\mathfrak{A}_k = \psi$, $\overline{P_{12}\mathfrak{A}_k} = \mathfrak{r}$ des dazugehörigen Kreismittelpunktes $\mathfrak{A}_k$ abzuleiten (Abb. 26). Mit den Abkürzungen

$$\frac{\varphi_{12}}{2} = \alpha, \quad \frac{\varphi_{23}}{2} = \beta, \quad 180 - \frac{\varphi_{13}}{2} = \gamma, \quad \overline{P_{12}P_{23}} = c, \quad \overline{P_{23}P_{13}} = a,$$

$$\overline{P_{12}P_{13}} = b, \quad \overline{A_1\mathfrak{A}_k} = R_{123} = R, \quad \sphericalangle \mathfrak{A}_k P_{12}P_{23} = \psi, \quad \sphericalangle \mathfrak{A}_k P_{23}P_{12} = \vartheta$$

[1] ALT, H.: [36f.].

folgt aus $\triangle P_{12} P_{23} \mathfrak{A}_k$

$$\frac{c}{\mathfrak{r}} = \frac{\sin(\psi + \vartheta)}{\sin\vartheta} \tag{32}$$

und aus $\triangle P_{12} P_{23} \mathfrak{A}_g$

$$\operatorname{tg}(\beta - \vartheta) = \frac{r \sin(\alpha - \psi)}{c - r\cos(\alpha - \psi)}\,. \tag{33}$$

Elimination von ϑ liefert

$$\frac{c}{\mathfrak{r}} = \frac{c\sin(\beta + \psi) - r\sin\gamma}{c\sin\beta - r\sin(\gamma + \psi)} \tag{34}$$

und bei geeigneter Anordnung

$$\left(\frac{\cos\beta}{r} + \frac{\cos\gamma}{\mathfrak{r}}\right)\sin\psi = \frac{\sin\gamma}{c} - \left(\frac{\sin\beta}{r} + \frac{\sin\gamma}{\mathfrak{r}}\right)\cos\psi + \frac{c\sin\beta}{r\mathfrak{r}}\,, \tag{35}$$

ferner aus $\triangle A_1 P_{12} \mathfrak{A}_k$

$$R = \sqrt{r^2 + \mathfrak{r}^2 - 2r\mathfrak{r}\cos\alpha}\,. \tag{36}$$

14. Drei zugeordnete Punkte auf einer Geraden.

Es sind diejenigen Punkte A_1 der Gliedlage *1* zu ermitteln, die mit A_2 und A_3 auf einer Geraden g liegen, also für den Zweck einer angenäherten Geradführung geeignet sein können. Dann muß k_A in einen Kreis von unendlich großem Halbmesser übergehen, also $\mathfrak{r} = \infty$ werden. Gl. (34) liefert für diesen Fall

$$c\sin(\beta + \psi) - r\sin\gamma = 0$$

oder

$$r = \frac{c}{\sin\gamma}\sin(\beta + \psi) = \frac{b}{\sin\beta}\sin(\beta + \psi)\,. \tag{37}$$

Der Ort der Punkte A_1 ist nach Abb. 35 der Umkreis K_1 des Spiegelpoldreiecks $P_{12} P_{13} P_{23}^1$, der auch durch den Höhenschnittpunkt $\mathfrak{H}$ des Poldreiecks $P_{12} P_{23} P_{13}$ geht.

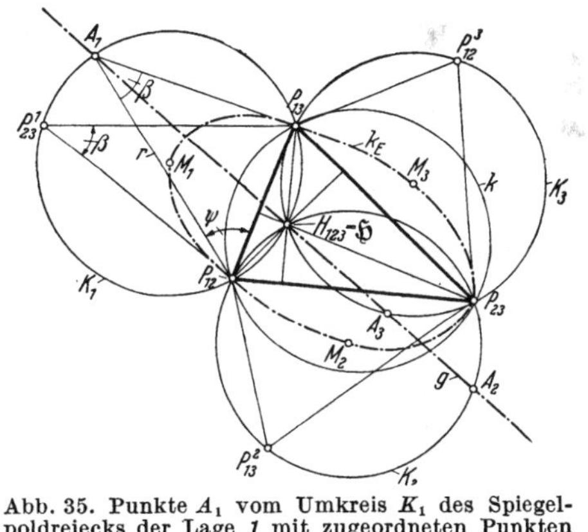

Die zugeordneten Punkte A_2, A_3 von Punkten A_1 des Kreises K_1 liegen auf einer Geraden g durch den Höhenschnittpunkt $\mathfrak{H}$ des Poldreiecks $P_{12} P_{23} P_{13}$.

Entsprechend kann gezeigt werden, daß A_2 auf dem Umkreis K_2 des Spiegelpoldreiecks $P_{12} P_{23} P_{13}^2$ und A_3 auf dem Umkreis K_3 des Spiegelpoldreiecks $P_{13} P_{23} P_{12}^3$ angeordnet sind, wobei sich die Kreise K_1, K_2, K_3 in $\mathfrak{H}$ schneiden. Die Mittelpunkte M_1, M_2, M_3 dieser Kreise liegen auf einem Kegelschnitt k_E, der durch die Eckpunkte des Poldreiecks geht.

Abb. 35. Punkte A_1 vom Umkreis K_1 des Spiegelpoldreiecks der Lage *1* mit zugeordneten Punkten A_2, A_3 auf einer Geraden durch Höhenschnittpunkt $\mathfrak{H}$ des Poldreiecks.

Abb. 36 bringt eine Anwendung dieser Ergebnisse. Hier sind drei Gliedlagen durch das Poldreieck $P_{12} P_{23} P_{13}$ vorgegeben. Zwei Punkte A_1 und B_1 des Kreises K_1 liegen mit ihren zugeordneten Punkten A_2, A_3 bzw. B_2, B_3 auf den Geraden g_A und g_B durch den Höhenschnittpunkt $\mathfrak{H}$ des Poldreiecks.

Der Übergang aus der Lage *1* in die Lagen *2* und *3* gelingt also mit Hilfe der in der Abbildung eingezeichneten „schiefwinkligen Kreuzschleife", bestehend aus den beiden Gestellführungen g_A und g_B (Standglied *d*), den Gleitsteinen *a* und *c* und der Koppel *b*. Die Abbildung besitzt noch weitere bemerkenswerte Eigenschaften. So liegen die Momentanpole der Koppel *b* in den Lagen *1* bis *3*, also die Pole P_1, P_2, P_3 auf einem Kreis k_d, der den Höhenschnittpunkt des Poldreiecks zum Mittelpunkt hat und die Umkreise K_1, K_2, K_3 der Spiegelpoldreiecke berührt. Die Kreise $K_1 = k_b$, fest verbunden mit *b*, und k_d, fest verbunden mit dem Gestellglied *d*, sind, wie spätere Untersuchungen zeigen, die *beiden Polkurven der schiefwinkligen Kreuzschleife* für die Relativbewegung der Glieder *b* und *d* gegeneinander (*Kardankreispaar*).

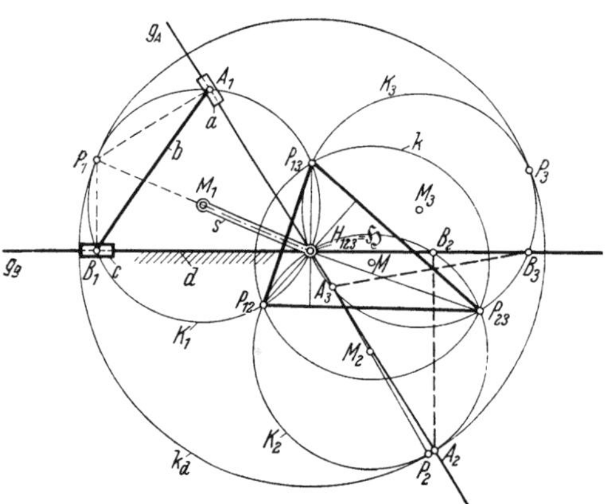

Abb. 36. Führung eines Getriebegliedes durch drei endlich benachbarte Gliedlagen mit Hilfe eines Scharkreuzschleifengetriebes. Zusammenhang mit dem Kardankreispaar.

In Abb. 37 ist von einer zentrischen Geradschubkurbel *a, b, c, d* aus den Koppelstellungen $\overline{A_1B_1}$, $\overline{A_2B_2}$, $\overline{A_3B_3}$, dem Spiegelpoldreieck $P_{12}P_{13}P_{23}^1$ und dem dazugehörigen Umkreis K_1 durch die Wahl des Punktes C_1 von K_1 ein Koppelrastgetriebe abgeleitet worden, das den teilweise geradlinigen Verlauf der Koppelkurve γ_C zur Verwirklichung eines angenäherten Stillstandes der Kulisse *f* benutzt.

Anmerkung: In dem Sonderfall, bei dem von drei Gliedlagen zwei einander parallel sind, z. B. die Lagen *1* und *3*, werden die Kreise K_1, K_2, K_3 zu Geraden durch $P_{12}P_{23}^1$, $P_{12}P_{23}$ bzw. $P_{23}P_{12}^3$, und der Höhenschnittpunkt $\mathfrak{H}$ rückt ins Unendliche.

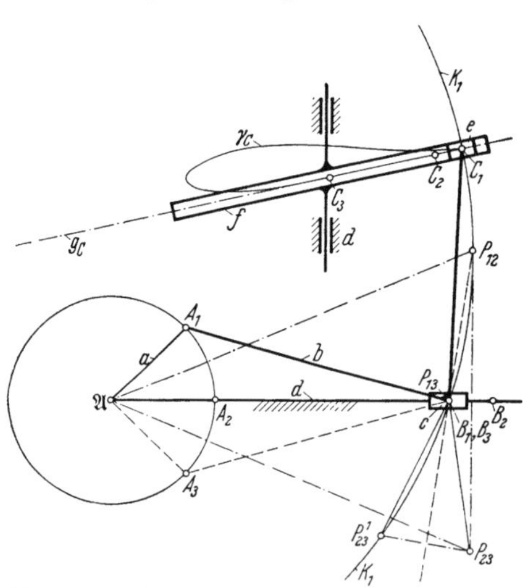

Abb. 37. Ableitung einer Hubbewegung von *f* mit angenähertem Stillstand von der Koppelbewegung einer Schubkurbel. Angenäherter Stillstand *f*, während *a* den Kurbelwinkel $A_1\mathfrak{A}A_3$ durchläuft.

15. Drei zugeordnete Gerade durch einen Punkt.

Die Frage nach dem geometrischen Ort der Kreismittelpunkte $\mathfrak{A}_k$, deren zugeordneten Punkte A_1, A_2, A_3 im Unendlichen liegen, führt mit $r = \infty$ gemäß Gl. (34) zu

$$\frac{c}{\mathfrak{r}} = \frac{\sin\gamma}{\sin(\gamma + \psi)} \tag{38a}$$

oder

$$\mathfrak{r} = \frac{c\sin(\gamma + \psi)}{\sin\gamma}. \tag{38}$$

Dies ist aber die Polargleichung des Umkreises *k* des Poldreiecks $P_{12}P_{23}P_{13}$, wie ohne weiteres aus $\triangle P_{12}P_{23}\mathfrak{A}_k$ ersichtlich ist (Abb. 38). Also gilt

Satz 12: Der geometrische Ort der Kreismittelpunkte $\mathfrak{A}_k$ von drei zugeordneten unendlich fernen Punkten A_1^∞, A_2^∞, A_3^∞ ist der Umkreis *k* des Poldreiecks.

Zur Richtung $P_{12}A_1^\infty$ mit Winkel $A_1^\infty P_{12}P_{13} = \psi$ wird der dazugehörige Kreismittelpunkt $\mathfrak{A}_k$ als Schnittpunkt des freien Schenkels des in P_{12} an $P_{12}A_1^\infty$ angetragenen Winkels $\alpha = \sphericalangle P_{13}P_{12}P_{23}$ mit k gefunden.

Dem Fragenkomplex von Nr. 14 (drei zugeordnete Punkte auf einer Geraden) kann die dazu „duale" Frage gegenübergestellt werden, in der Gliedlage *1* diejenigen Geraden g_1 zu finden, die sich mit ihren zugeordneten Geraden g_2, g_3 der Lagen *2* und *3* in einem Punkt schneiden (Dualitätsprinzip). Problemstellungen dieser Art wurden vom Verfasser[1] ausführlich behandelt.

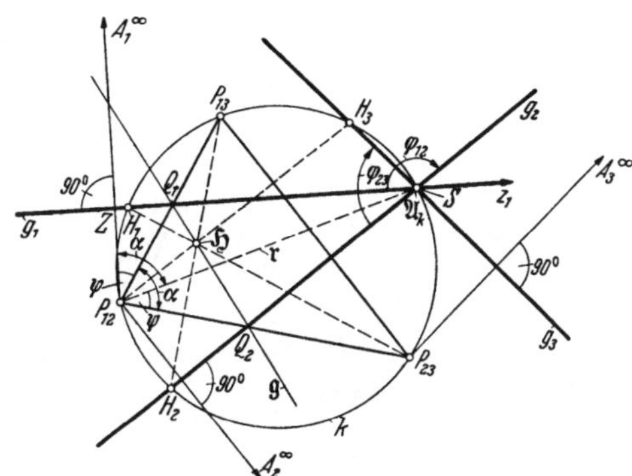

Abb. 38. Gerade g_1 der Lage *1*, die sich mit den zugeordneten Geraden-Lagen g_2, g_3 in S des Umkreises k des Poldreiecks $P_{12}P_{23}P_{13}$ schneiden, gehen durch den Spiegelpunkt H_1 des Höhenschnittpunktes $\mathfrak{H}$ bzw. durch den Höhenschnittpunkt H_1 des Spiegelpoldreiecks der Lage *1*.

Die Spiegelpunkte H_1, H_2, H_3 des Höhenschnittpunktes $\mathfrak{H}$ des Poldreiecks $P_{12}P_{23}P_{13}$ an den Poldreieckseiten $\overline{P_{12}P_{13}}$, $\overline{P_{12}P_{23}}$, $\overline{P_{23}P_{13}}$ liegen, wie man leicht zeigen kann, auf dem Umkreis k des Poldreiecks und sind als Spiegelpunkte von $\mathfrak{H}$ gleichzeitig zugeordnete Gliedpunkte der Lagen *1*, *2* und *3*. Sie sollen im folgenden als die „*Gegenpunkte*" von $\mathfrak{H}$ bezeichnet werden.

Legt man durch $\mathfrak{A}_k$ und die Gegenpunkte H_1, H_2, H_3 die Geraden g_1, g_2, g_3 (Abb. 38), so sind diese Geraden einander zugeordnet und stellen damit eine Lösung der verlangten Aufgabe dar.

So ist zum Beweis beispielsweise $\sphericalangle H_1\mathfrak{A}_kP_{12} = 90 - \alpha$, $\sphericalangle P_{12}\mathfrak{A}_kH_2 = 90 - \alpha$, $\sphericalangle H_1\mathfrak{A}_kH_2 = 180 - 2\alpha = 180 - 2\cdot\frac{\varphi_{12}}{2} = 180 - \varphi_{12}$, also $\sphericalangle g_1\mathfrak{A}_kg_2 = \varphi_{12}$; entsprechend folgt $\sphericalangle g_2\mathfrak{A}_kg_3 = \varphi_{23}$. Ferner schneidet g_1 den Strahl $P_{12}A_1^\infty$ in Z, und $\sphericalangle A_1^\infty Z\mathfrak{A}_k = \sphericalangle ZP_{12}\mathfrak{A}_k + \sphericalangle Z\mathfrak{A}_kP_{12} = \alpha + (90° - \alpha) = 90°$, also $g_1 \perp P_{12}A_1^\infty$; ebenso findet man $g_2 \perp B_2A_2^\infty$ und $g_3 \perp P_{23}A_3^\infty$. Das Spiegelbild von g_1, g_2, g_3 an den Poldreiecksseiten $P_{12}P_{13}$, $P_{12}P_{23}$, $P_{23}P_{13}$, die sogenannte „*Grundgerade*" $\mathfrak{g}$ geht durch den Höhenschnittpunkt $\mathfrak{H}$. Zusammenfassend gilt demnach

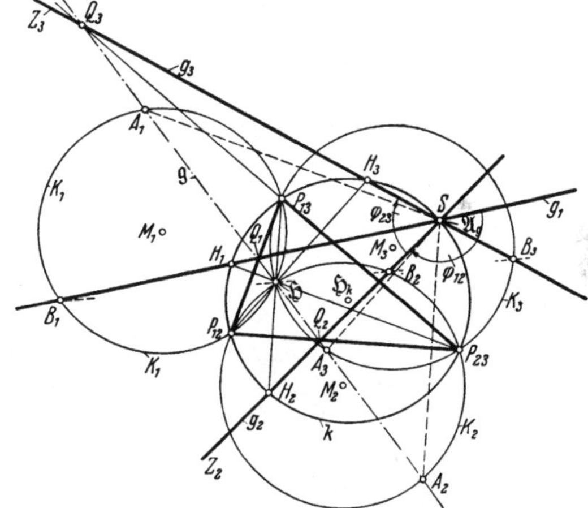

Abb. 39. Dualer Zusammenhang zwischen drei Geraden durch einen Punkt und drei Punkten auf einer Geraden. Grundgerade $\mathfrak{g}$ von g_1 schneidet K_1 in A_1; A_1, A_2, A_3 auf $\mathfrak{g}$ durch $\mathfrak{H}$.

Satz 13: Die durch die Gegenpunkte H_1, H_2, H_3 des Höhenschnittpunktes $\mathfrak{H}$ des Poldreiecks dreier Gliedlagen nach einem beliebigen Punkt $S \equiv \mathfrak{A}_k$ des Poldreiecks-Umkreises k gezogenen Geraden g_1, g_2, g_3 sind einander zugeordnet. Ihre Grundgerade $\mathfrak{g}$ geht durch $\mathfrak{H}$.

[1] BEYER, R.: Beiträge zur Synthese ebener und räumlicher Kurbeltriebe. Habil.-Schrift T. H. Dresden 1937, erschienen als VDI-Forschungsheft 394. Beilage zur Forschung auf dem Gebiete des Ingenieurwesens, Bd. 10 (1939) Nr. 1. Vgl. auch A. SCHOENFLIES: [7], S. 15.

Alle Geraden (g_1) der Lage *1*, die sich mit den zugeordneten Geraden (g_2), (g_3) in einem Punkt $S \equiv \mathfrak{A}_k$ schneiden, bilden ein Strahlenbüschel.

Wird S auf k als Grundpunkt $\mathfrak{A}_g$ angesprochen, so liegen die zugeordneten Punkte A_1, A_2, A_3 auf den Umkreisen K_1, K_2, K_3 der Spiegelpoldreiecke, die H_1, H_2, H_3 als Höhenschnittpunkte besitzen, und auf einer Geraden $\mathfrak{g}$ (Abb. 39).

Damit ist der folgende duale Zusammenhang festgestellt.

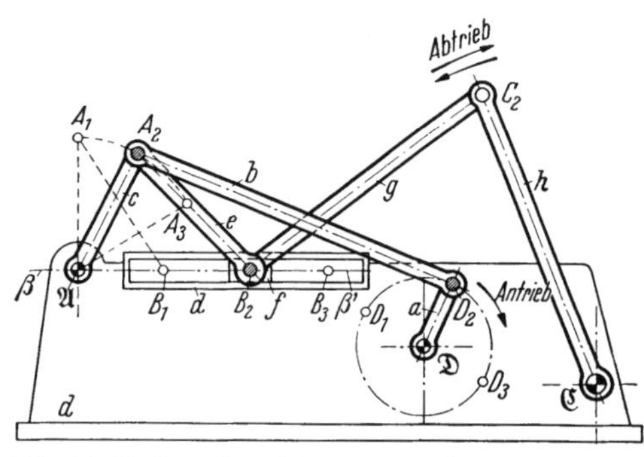

Abb. 40. Umbau eines Zehngelenkgetriebes. Ersatz des Schubgelenks zwischen f und d durch angenäherte Geradführung von B des Gliedes e.

Satz 14: Liegen drei zugeordnete Punkte A_1, A_2, A_3 auf einer Geraden $\mathfrak{g}$ durch den Höhenschnittpunkt $\mathfrak{H}$ des Poldreiecks, so ist diese Gerade gleichzeitig die Grundgerade von drei zugeordneten Geraden g_1, g_2, g_3, die sich auf dem Umkreis k in einem Punkt S schneiden, der mit dem Grundpunkt $\mathfrak{A}_g$ von A_1, A_2, A_3 zusammenfällt.

Ohne Verwendung des Umkreises k können also zugeordnete, sich in einem Punkt S schneidende Gerade g_1, g_2, g_3 gezeichnet werden, indem eine beliebig durch $\mathfrak{H}$ gelegte Gerade $\mathfrak{g}$ an den Poldreieckseiten gespiegelt wird.

16. Umbau eines Getriebes.

Als Anwendung von Nr. 15 diene ein Getriebe nach Abb. 40. Bei diesem achtgliedrigen Kurbelgetriebe wird durch die zentrische Kurbelschwinge $\mathfrak{D}DA\mathfrak{A}$ (a, b, c, d) über die Schwinge $\overline{\mathfrak{A}A}$ und die Koppel e der Gleitstein f schwingend bewegt. Dieser überträgt die Bewegung durch die Koppel $g = \overline{BC}$ auf die Abtriebsschwinge $\overline{\mathfrak{C}C} = h$. In der äußeren Totlage $\mathfrak{A}A_1$ ist die Kraftübertragung von c auf e wegen des kleinen Übertragungswinkels ungünstig.

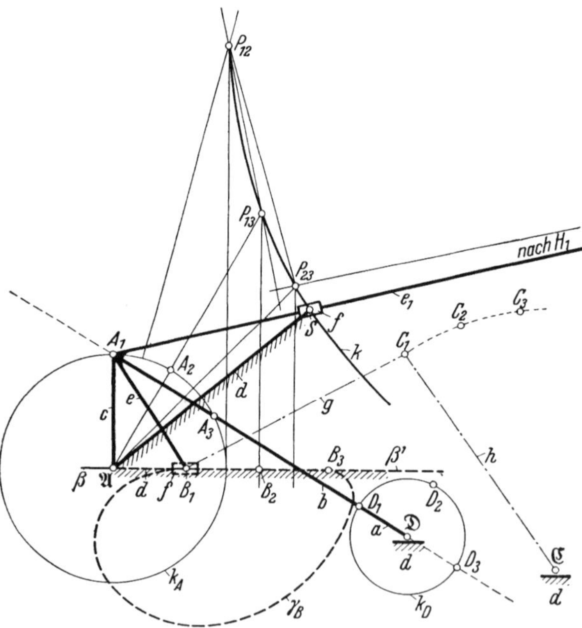

Abb. 41. Koppelbewegung e des Getriebes von Abb. 40 ersetzt durch solche einer schwingenden Kurbelschleife. Gerade e_1 der Koppellage *1* durch S des Gestells d geführt.

Bei Einhaltung der Gliedlagen A_1B_1, A_2B_2, A_3B_3 soll deshalb unter Verzicht auf die genaue Geradführung von B längs $\beta\beta'$ die Schubstange e anders geführt werden, aber so, daß auch in dem neuen Getriebe die Lagen B_1, B_2, B_3 mit ihren Abständen beibehalten werden.

Zu den drei Gliedlagen A_1B_1, A_2B_2, A_3B_3 der Koppel e wird zunächst das Poldreieck $P_{12}P_{23}P_{13}$ in Abb. 41 ermittelt. Das von P_{23} auf $P_{12}P_{13}$ gefällte Lot trifft den Umkreis k des Poldreiecks im

Gegenpunkt H_1. Jede Gerade e_1 durch H_1 schneidet sich nach Nr. 15 mit den zugeordneten Geraden e_2 und e_3 in einem Punkt S des Kreises k. Im vorliegenden Beispiel ist als Gerade e_1 diejenige gewählt, die außer durch H_1 noch durch A_1 geht und k in S schneidet. In S des Maschinengestells d wird der Gleitstein f drehbar gelagert, durch den die als Stange ausgebildete Koppel e_1 gleitet. An die Stelle der Geradschubkurbel $\mathfrak{A}AB$ tritt somit die schwingende Kurbelschleife mit den Gliedern c, e_1, f, d, deren Koppel e_1 durch S geführt wird und mit ihrem Koppelpunkt B über die Koppel g die Schwinge h antreibt. Das neue Getriebe der Abb. 42 führt — wie die eingetragene Koppelkurve γ_B erläutert — den Punkt B auch annähernd geradlinig längs $\beta\beta'$.

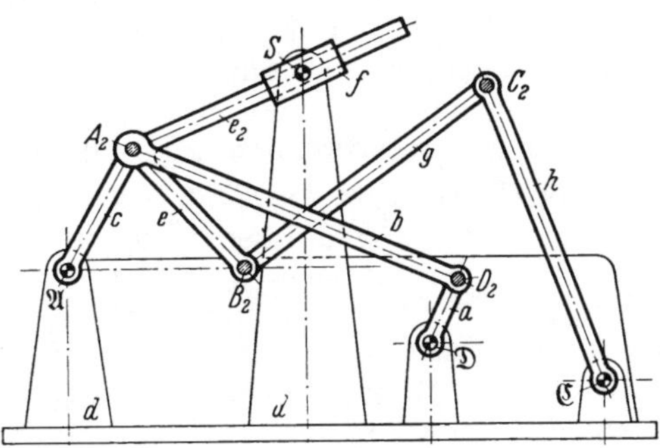

Abb. 42. Bauliche Ausführung des gemäß Abb. 40 umgebauten Getriebes.

17. Koppel-Rastgetriebe und Schmiegungskurven.

Die Frage nach „zugeordneten Geraden durch einen Punkt“ kann auch für den Entwurf von Stillstandgetrieben, insbesondere Koppel-Rastgetrieben, ausgewertet werden. Abb. 43 besitzt als Ausgangsgetriebe eine schwingende Kurbel-

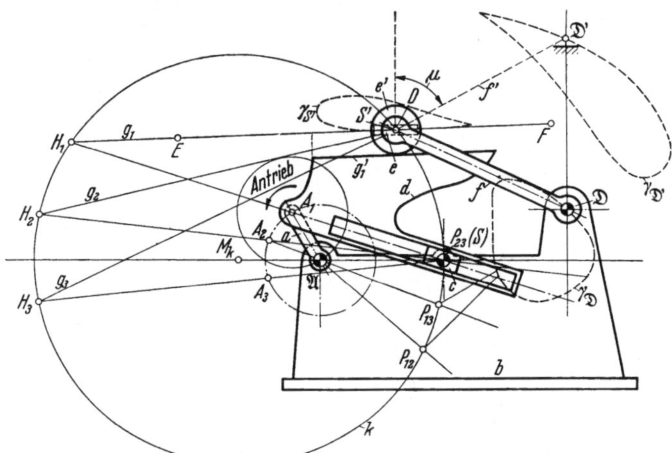

Abb. 43. Schwingbewegung f mit zeitweise angenähertem Stillstand, abgeleitet von der Koppelbewegung einer schwingenden Kurbelschleife a, b, c, d.

schleife mit den Gliedern a, b, c, d, von deren Koppel d die Bewegung eines Schwinghebels f mit einem Stillstand in der äußeren Schwingenstellung abgeleitet werden soll, wobei die Zeitdauer des angenäherten Stillstandes zumindest dem Kurbelwinkel $\alpha = \sphericalangle A_1 \mathfrak{A} A_3$ entsprechen möge.

Um mit den bisher bereitgestellten Grundlagen mindestens drei Gliedlagen zu beherrschen, ist eine Zwischenstellung so angenommen, daß A_2 zu $\mathfrak{A}S$ symmetrisch angeordnet und außerdem $\overline{A_2A_3} = \overline{A_1A_2}$ ist.

Man zeichnet die Pole P_{12}, P_{13} und P_{23}, wobei P_{23} infolge der besonderen Wahl der Gliedlagen mit dem Zapfenmittelpunkt S des Gleitsteins c zusammenfällt. Aus Symmetriegründen und der Tatsache, das $\overline{A_1 S}$, $\overline{A_2 S}$, $\overline{A_3 S}$ zugeordnete Geraden der drei Gliedlagen sind, folgt die Symmetrie des Umkreises k des Poldreiecks bezüglich $\mathfrak{A}S$ mit dem Mittelpunkt M_k auf $\mathfrak{A}S$. Die Schnittpunkte von SA_1, SA_2 und SA_3 mit k liefern die Gegenpunkte H_1, H_2, H_3. Die durch den auf k beliebig angenommenen Punkt S' und die Gegenpunkte H_1, H_2, H_3 gelegten Geraden g_1, g_2, g_3 sind einander zugeordnet.

Wird die Gerade g_1 der Koppelebene d in der Lage *1* als Gleitstange mit dem Gleitstein e körperlich ausgebildet und die Zapfenmitte S' dieses Gleitsteins durch den Hebel $f = \overline{S'\mathfrak{D}} = \overline{D\mathfrak{D}}$ an das Maschinengestell b in $\mathfrak{D}$ angelenkt, so wird f beim Durchlaufen der Lagen *1*, *2*, *3* in der gleichen Richtung verharren und auch in den Zwischenlagen zwischen *1* und *2* und *2* und *3* wenig von dieser Stellung abweichen. Der Schwinghebel f wird mit anderen Worten zwischen den Lagen *1* und *3* eine angenäherte Rast besitzen, die im allgemeinen um so besser sein wird, je kleiner der dazugehörige Winkel α ist.

An die Stelle der Gleitstange g_1 mit dem Gleitstein e kann auch die geradlinige Kurvenflanke g_1' und an die Stelle des Gleitsteines e die Kurvenrolle e' treten, die sich kraftschlüssig mit dem Kurvenkörper d längs g_1' paaren muß. Auf diese Weise ist ein Kurvengetriebe (Schwingdaumengetriebe) entstanden, das den gewünschten angenäherten Stillstand des Schwinghebels f bewirkt.

Denkt man sich in Abb. 43 die Koppel d festgehalten (kinematische Umkehrung nach F. Reuleaux, Standwechsel nach R. Franke) und die Kurbel $\mathfrak{A}A$ um A im Gegensinne des Uhrzeigers gedreht, so beschreiben $\mathfrak{D}$ und S' als Punkte von b gegenüber dem Kurventräger d die Koppelkurven γ_D und $\gamma_{S'}$ der umlaufenden zentrischen Geradschubkurbel, während D von f die Gerade g_1 durchläuft. Die Koppelkurve $\gamma_{S'}$ zeigt einen mit der Geraden g_1 teilweise zusammenfallenden (angenähert) geradlinigen Verlauf. Dieses g_1 und $\gamma_{S'}$ gemeinsame bzw. annähernd gemeinsame Kurvenstückkennzeichnet den Stillstand von f gegenüber b. Durch andere Wahl des Lagers $\mathfrak{D}$, z. B. $\mathfrak{D}'$ können für den Schwinghebel f' günstigere Übertragungswinkel erzielt werden.

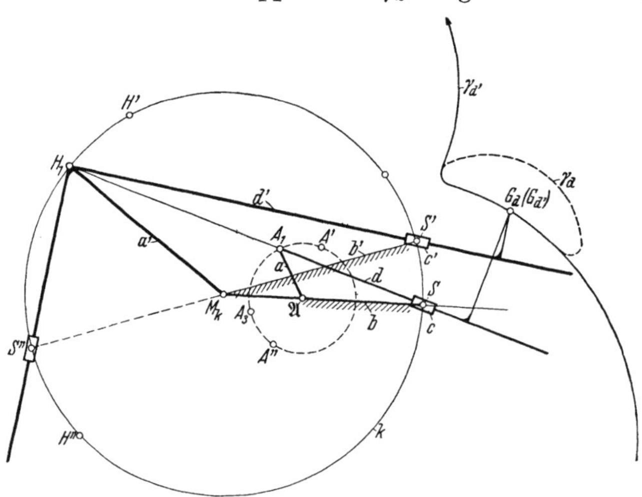

Abb. 44. Die schwingenden Kurbelschleifen a, b, c, d und a', b', c', d' erzeugen Koppelkurven γ_a, $\gamma_{a'}$, die sich innerhalb eines gewissen Bewegungsgebietes der Antriebskurbeln gut aneinander anschmiegen (Teil-Ersatzgetriebe).

Bisweilen tritt im Maschinenbau aus konstruktiven oder anderen Gründen die Aufgabe auf, Teile eines Getriebes durch ein anderes Getriebe zu ersetzen oder — wie in Abb. 44 ausgeführt ist — ein Lager, z. B. der hier vorliegenden schwingenden Kurbelschleife a, b, c, d, nach einem anderen Punkt, z. B. S', zu verlegen, ohne daß sich in einem gewissen Bewegungsgebiet wesentliche Änderungen bei einer Abtriebsbewegung, z. B. bei G, ergeben. Der Abb. 44 liegen dieselben Annahmen wie bei Abb. 43 zugrunde. An Stelle der schwingenden Kurbelschleife a, b, c, d ist hier die gleichschenklige Kurbelschleife a', b', c', d' mit S' auf k verwendet worden. G_d der Koppel d des ersten Getriebes beschreibt die Koppelkurve γ_d, während $G_{d'}$ der Koppel d' die Koppelkurve $\gamma_{d'}$ durchläuft. Diese Perikardioide (PASCALsche Kurve) schmiegt sich, während die Kurbel $M_k H$ den Winkel $H' M_k H''$ durchläuft, sehr gut an den von G_d beschriebenen Teil der Koppelkurve γ_d an, entsprechend dem Kurbelwinkel $A' \mathfrak{A} A''$. Innerhalb des betrachteten Teilgebietes kann also die Kurbelschleife a, b, c, d sehr gut durch die Kurbelschleife a', b', c', d' ersetzt werden, wenn es sich darum handelt, Teilbögen der beiden Koppelkurven zu erzeugen.

Die getriebesynthetische Auswertung solcher Schmiegungskurven, wie wir sie nennen wollen, wird im Verlauf der weiteren Untersuchungen (Krümmungskreis, Schmiegungskegelschnitte) noch gezeigt werden.

Man kann — zur Ergänzung von Nr. 15 — auch nach den Geraden g_1 fragen, die mit g_2 und g_3 Hüllkreise gleichen Halbmessers besitzen.

Zu jeder Geraden $\bar{g}_1$, die zu $H_1 \mathfrak{A}_k$ (Abb. 38) parallel ist, gehören Mittelpunkte der In- und Ankreise, die, wie vom Verfasser gezeigt wurde, entweder auf dem Umkreis k oder auf Kreiskonchoiden liegen, erzeugt von Geraden durch die Pole P_{ik} mit k als Erzeugerkreis (vgl. Fußn. 1, S. 25).

18. Sonderfall dreier Gliedlagen.

Sind von drei vorgegebenen Gliedlagen zwei einander infinitesimal benachbart, wie z. B. *1* und *2* in Abb. 45, dargestellt durch die im Bild zusammenfallenden Strecken $\overline{A_1 B_1}$, $\overline{A_2 B_2}$, denen der Momentanpol $P = P_{12}$ zugeordnet ist, so artet das Poldreieck in die Doppelstrecke $P_{13} P_{12} = P_{23} P_{12}$ aus. Die Hauptgerade $p_3 p_3'$ ist nach Abb. 24 ermittelt.

Der Umkreis k des Poldreiecks tangiert $p_3 p_3'$ in $P_{13} = P_{23}$. Das von P auf $p_3 p_3'$ gefällte Lot schneidet die in P_{13} zu $P_{13} P_{12}$ gezeichnete Senkrechte im Höhenschnittpunkt $\mathfrak{H}$ des Poldreiecks. Damit sind auch die Gegenpunkte $H_1 = H_2$ und H_3 auf k bestimmt.

Kontrolle: $A_1 H_1 = A_2 H_2$ schneiden sich mit $A_3 H_3$ auf k in S'. Dieser Sonderfall tritt beispielsweise bei Untersuchungen über die Totlagen von Getriebegliedern[1] auf. Geht die Lage *2* aus der Lage *1* durch eine infinitesimale Verschiebung hervor, so liegt $P = P_{12}$ im Unendlichen, wobei die Richtung von A_1 nach $P_{12}^{\infty} = P^{\infty}$ gegeben sein muß. Dieser Sonderfall liegt z. B. bei einer Kurbelschwinge in derjenigen Getriebestellung vor, in der die Kurbel zur Schwinge parallel ist.

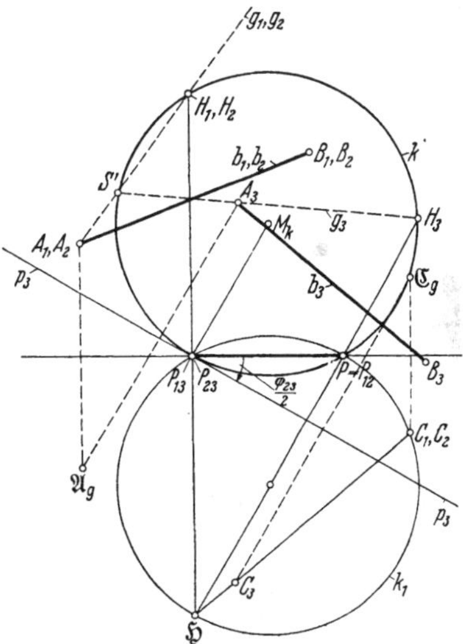

Abb. 45. Von drei Gliedlagen b_1, b_2, b_3 sind die beiden ersten einander infinitesimal benachbart. Drei zugeordnete Gerade durch einen Punkt.

III. Drei infinitesimal benachbarte Lagen eines Getriebegliedes.

19. Die Polkurven. Allgemeines.

In Abb. 46 sind — etwas vorausgreifend — zu vier Gliedlagen *1* bis *4* die sechs Pole P_{12}, P_{13}, P_{14}, P_{23}, P_{24}, P_{34} als Schnittpunkte je zweier Mittel-

[1] ALT, H.: [361], S. 174f.

senkrechten (Normalstrahlen) gezeichnet und die Spiegelpole P_{23}^1 zum Poldreieck $P_{12}P_{23}P_{13}$ und P_{34}^1 zum Poldreieck $P_{13}P_{14}P_{34}$ ermittelt worden. Das so gefundene Dreieck $P_{12}P_{23}^1P_{34}^1$ und die fünfeckige Scheibe $P_{12}P_{23}^1P_{34}^1\,B_1A_1 = E_1$ gehören der Gliedlage *1* an, und es ist $\overline{P_{12}P_{23}^1} = \overline{P_{12}P_{23}}$, $\overline{P_{23}^1P_{34}^1} = \overline{P_{23}P_{34}}$. Beim Übergang von 1 nach 2 (Drehung um P_{12}) kommt $P_{12}P_{23}^1$ zur Deckung mit $P_{12}P_{23}$, bei der anschließenden Drehung um P_{23} verbleibt P_{23}^1 in P_{23}, und P_{34}^1 gelangt nach P_{34}, so daß $P_{23}^1P_{34}^1$ mit $P_{23}P_{34}$ zur Deckung kommt. Der starre Linienzug des Getriebegliedes E in der Lage *1* (schraffiert), d. h. $c_E = P_{12}P_{23}^1P_{34}^1$ rollt auf dem Linienzug $c_{E_0} = P_{12}P_{23}P_{34}$ des festen Bezugssystems E_0 ab. Der Linienzug c_E ist also ein Polygon des bewegten Getriebegliedes, kurz gesagt das *„bewegte“ Polpolygon*, das auf dem mit der Bezugsebene E_0 fest verbundenen *„ruhenden“ Polpolygon* bei den aufeinanderfolgenden endlich großen Drehungen um P_{12}, P_{23}, ... abrollt.

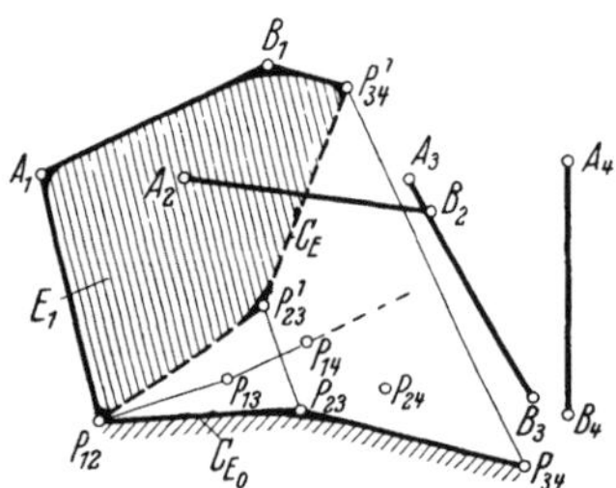

Abb. 46. Vier endlich benachbarte Lagen eines Getriebegliedes. Pol-Polygon P_{12}, P_{23}, P_{34} wird beim Übergang zu infinitesimal benachbarten Gliedlagen zur ruhenden Polkurve, Polygon P_{12}, P_{23}^1, P_{34}^1 zur bewegten Polkurve.

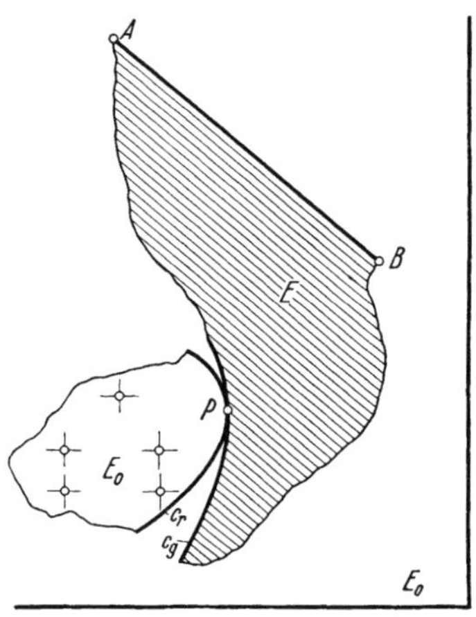

Abb. 47. Abrollen der mit E fest verbundenen bewegten Polkurve c_g auf der ruhenden Polkurve c der gestellfesten Ebene E_0.

Bei *kontinuierlicher Bewegung* eines Getriebegliedes E gegen ein anderes Glied E_0 aus der Ausgangslage E_1 in die ihr infinitesimal aufeinanderfolgenden Lagen *2, 3, 4*, ... geht der Linienzug c_E in die sogenannte *„bewegte Polkurve“* c_g über; der Linienzug c_{E_0} wird zur *„ruhenden Polkurve“* c_r (Abb. 47). Für die kontinuierliche komplane Bewegung gilt somit der grundlegende

Satz 15: Die Bewegung eines Getriebegliedes E gegen ein anderes E_0 kann durch das Abrollen der mit E verbundenen Polkurve c_E auf der mit E_0 verbundenen Polkurve c_{E_0} ersetzt werden.

Ist E_0 das Standglied, so heißt c_{E_0} auch die *Rastpolbahn* und c_E die *Gangpolbahn*. Sind beide Systeme bewegt, z. B. bei der Relativbewegung der Kurbel a gegen die Schwinge c einer Kurbelschwinge (Abb. 9), so spricht man von *Relativpolbahnen* oder *Relativpolkurven*; die mit a verbundene *Polkurve* c_a rollt dabei auf der mit der Schwinge c verbundenen Polkurve c_c ab.

Zeichnerische Ermittlung der Polkurven. Diese sei an der „Zweipunktführung“ der Abb. 48 erläutert, bei der die Stange $E = \overline{AB}$ mit A und B längs der gestellfesten Kurven $\alpha\alpha'$ und $\beta\beta'$ gleitet. Die Punkte P, P_r', P_r'', ... der ruhenden Polkurve c_{E_0}, hier mit c_r bezeichnet, werden in bekannter Weise als Schnittpunkte der Bahnnormalen ν_A, ν_B; ν_A', ν_B', ... von $\alpha\alpha'$ in A, A', A'', ... bzw. von $\beta\beta'$ in B, B', B'', ... gefunden. Dabei sind P, P_r', P_r'', ... diejenigen Punkte von E_0, die nacheinander zu Momentanpolen werden. Der Punkt P_g' der bewegten, d. h. mit E fest verbundenen Polkurve (Gangpolbahn) c_g wird als Eckpunkt des zum Dreieck $A'B'P_r'$ kongruenten Dreiecks ABP_g' ermittelt; ebenso ist $\triangle ABP_g'' \cong \triangle A''B''P_r''$ usw. Die Gangpolbahn c_g ist also der geometrische Ort aller Punkte P, P_g', P_g'', ... der bewegten Ebene E, die nacheinander zu Momentanpolen werden. Das Abrollen der Polkurve c_g auf der Polkurve c_r (Abb. 47) ersetzt die „Zweipunktführung" der Abb. 48.

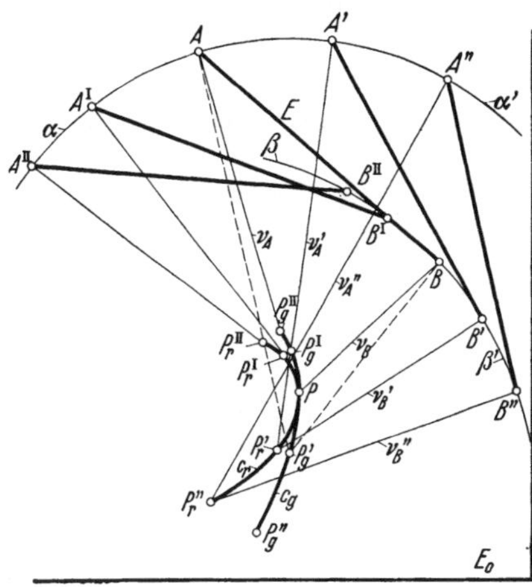

Abb. 48. Zweipunktführung eines Getriebegliedes AB längs der Kurven $\alpha\alpha'$, $\beta\beta'$. Zeichnerische Ermittlung der Polkurven c_g und c_r.

Das „Verfahren der Übertragung kongruenter Dreiecke" ist für jede Führungsart einer bewegten Ebene E anwendbar und kennzeichnet die bewegte Polkurve c_g als den geometrischen Ort derjenigen Punkte von E, die nacheinander zu Momentanpolen werden; c_g ist auch diejenige in E liegende Aufeinanderfolge der Pole, wie sie einem mit der Ebene E mitgeführten Beobachter erscheint. Das Übertragen kongruenter Dreiecke mit Hilfe des Schlagens von Kreisbögen kann zweckmäßig durch die Benutzung eines Bogens Transparentpapier ersetzt werden, auf dem man die durchscheinenden Punkte A und B als Punkte A_T und B_T einträgt, das Transparentpapier dann so verschiebt, daß $\overline{A_T, B_T}$ nacheinander mit $\overline{A'B'}$, $\overline{A''B''}$ zur Deckung kommt, wobei man jedesmal den durchscheinenden Punkt P_r, P_r', P_r'', ... der Rastpolbahn c_r als Punkte P, P_g', P_g'' auf dem Transparentpapier einträgt. Auf dem Transparentpapier entsteht so die Gangpolbahn, die noch in die Lage AB gebracht werden kann. Zu diesem Zweck bringt man $\overline{A_T B_T}$ mit $\overline{AB}$ zur Deckung und sticht die einzelnen Punkte von c_g des Transparentpapiers auf das darunterliegende Zeichenblatt durch.

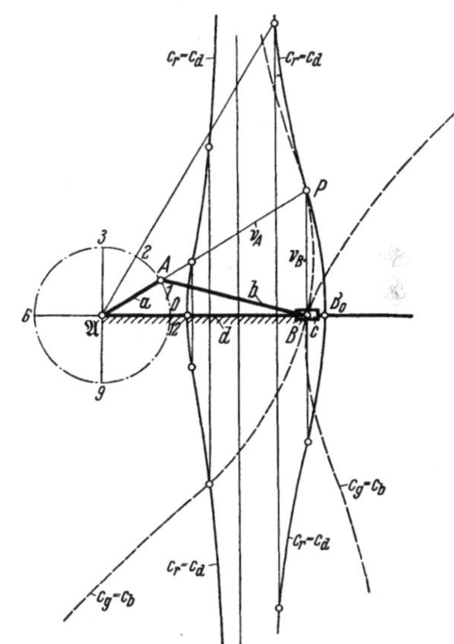

Abb. 49. Polkurven für Koppelbewegung b gegen d der Schubkurbel a, b, c, d; bewegte Polkurve c_b rollt auf der ruhenden Polkurve c_d.

Ein *zweites Verfahren* zum Aufzeichnen der Polkurven beruht auf dem Prinzip der „*kinematischen Umkehrung*"; es sei an der zentrischen Schubkurbelkette der Abb. 49 erläutert, für welche die mit der Koppel b (E) und mit dem Gestellglied d (E_0) verbundenen Polkurven zu ermitteln sind.

Die mit d verbundene ruhende Polkurve c_d ergibt sich für die verschiedenen Getriebestellungen *0* bis *12* als Ort der Schnittpunkte der Bahnnormalen ν_A, als Gerade durch $\mathfrak{A}A$, und ν_B als Gerade, senkrecht zu $\mathfrak{A}B$. Die Polkurve c_d besteht aus zwei Zweigen mit ν_B in der Stellung *3* als gemeinsamer Asymptote.

Die mit der Koppel b verbundene Polkurve c_b — bei Feststellung von d also die bewegte Polkurve — kann als ruhende Polkurve c_b gezeichnet werden, indem man die Koppel b zum Gestellglied macht, mit anderen Worten also die schwingende Kurbelschleife der Abb. 50 zugrunde legt und die Kurbel $\mathfrak{A}A$ um A umlaufen läßt. So ergibt sich P_1' als Schnittpunkt der Normalen $\nu_{\mathfrak{A}^1}$ und ν_{B_1} (Gerade durch $A\mathfrak{A}^1$ bzw. Senkrechte in B zu $\mathfrak{A}^1B$). Die Polkurve c_b besteht aus zwei Zweigen (Ästen), die sich in B schneiden, und hat Asymptoten in denjenigen Getriebestellungen, in denen d auf a senkrecht steht. Die Polkurve c_b wurde zur größeren Anschaulichkeit in die Abb. 49 übertragen, indem man AB von Abb. 50 mit AB von Abb. 49 zur Deckung bringt und die Punkte P' von c_b der Abb. 50 einzeln nach Abb. 49 durchsticht.

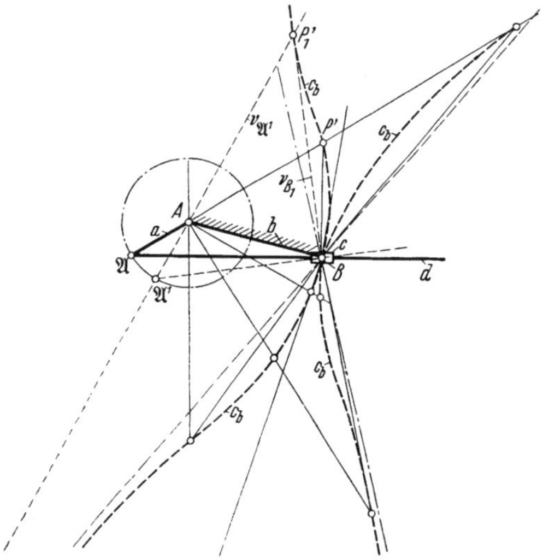

Abb. 50. Bewegte Polkurve c_b der Schubkurbel a, b, c, d von Abb. 49, als ruhende Polkurve der hier dargestellten schwingenden Kurbelschleife mit b als Standglied.

Die Polkurven können zur Ableitung von *Wälzhebelgetrieben* dienen, wie Abb. 51 veranschaulicht, in der die Polkurven c_b und c_d der zentrischen Geradschubkurbel (Abb. 49) als Wälzhebel ausgebildet sind und die Umwandlung einer Schwingung (Glied b) in eine Schiebung (Glied d) bewirken. Bei dieser Anordnung ist „*Kraftschluß*" zwischen c_b und c_d vorzusehen. Der Hebel b ist im Punkt B von c drehbar gelagert. Die beiden Polkurven arbeiten im vorliegenden Falle als „Relativpolkurven". Für solche als Wälzhebelgetriebe bezeichneten Wechselumformer bestehen vom Standpunkt der Bewegungsgeometrie aus die nachstehenden drei Hauptforderungen:

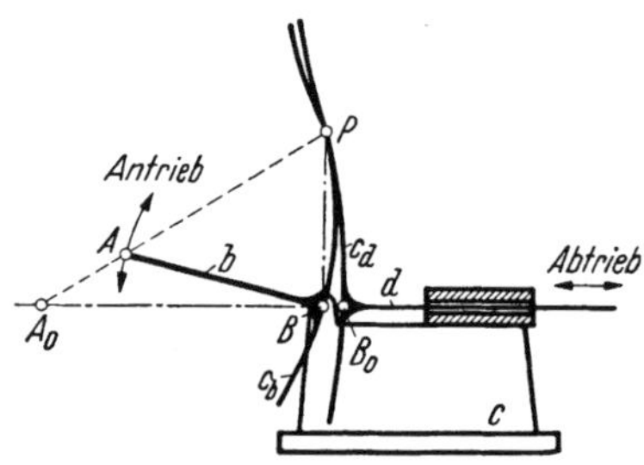

Abb. 51. Wälzhebelgetriebe, abgeleitet aus den Polkurven der Schubkurbel von Abb. 49.

a) die veränderliche Übersetzung,
b) die Bewegung gegeneinander ohne Gleiten, d. h. reines Rollen,
c) der Lauf der An- und Abtriebspunkte auf vorgeschriebenen Bahnen.

Eine systematische Übersicht der Wälzhebelgetriebe wurde von R. Klaus[1] gegeben.

Ist für ein Wälzhebelgetriebe die Bedingung b) nicht erfüllt, sind also die sich berührenden Kurven nicht die Relativpolbahnen zweier gegeneinander bewegten Getriebeglieder, so findet außer dem Rollen noch ein Gleiten statt. Die Kontaktstelle oder Berührungsstelle der beiden Kurven (höheres Elementenpaar nach F. Reuleaux) wird dann nach R. Franke als ein „*Wälzzwiegelenk*" und die durch dieses Wälzzwiegelenk erzeugte Kopplung als „*Wälzkopplung*" bezeichnet, die formschlüssig und kraftschlüssig sein kann. Jede Kopplung im Vier-

[1] Klaus, R.: Die Hebelumformer als „Wechselumformer". Aus den Polbahnen des Gelenkvierecks ableitbare Wälzhebel. Reuleaux-Mitt. Arch. f. Getriebetechnik Bd. 3 (1935) S. 457/461.

gelenkgetriebe ist also „zweigelenkig“ oder „zwiegelenkig“. Das Abrollen der Polbahnen ist ein Sonderfall des Wälzzwiegelenkes, gekennzeichnet durch den Freiheitsgrad 1, während das Wälzzwiegelenk den Freiheitsgrad 2 besitzt.

20. Polkurven der Antiparallelkurbelgetriebe.

Bei spezieller Wahl der Gliederabmessungen des ebenen Viergelenkgetriebes werden oft sehr einfache Polkurven erhalten. Das in Abb. 52 dargestellte *Antiparallelgelenkviereck* $\mathfrak{A}AB\mathfrak{B}$ mit $\overline{\mathfrak{A}A} = \overline{\mathfrak{B}B} = c$, $\overline{\mathfrak{A}\mathfrak{B}} = \overline{AB} = d$ liefert bei $d < c$ und mit $\overline{\mathfrak{A}\mathfrak{B}} = d$ als Standglied das „*gleichläufige Antiparallelkurbelgetriebe*“ oder kurz „*gleichläufige Antiparallelkurbeln*“. Wegen $\overline{PA} = \overline{P\mathfrak{B}}$ und $\overline{P\mathfrak{A}} = \overline{PB}$ folgt für den Momentanpol der Koppel $\overline{AB}$ gegenüber dem Gestell $\overline{\mathfrak{A}\mathfrak{B}}$

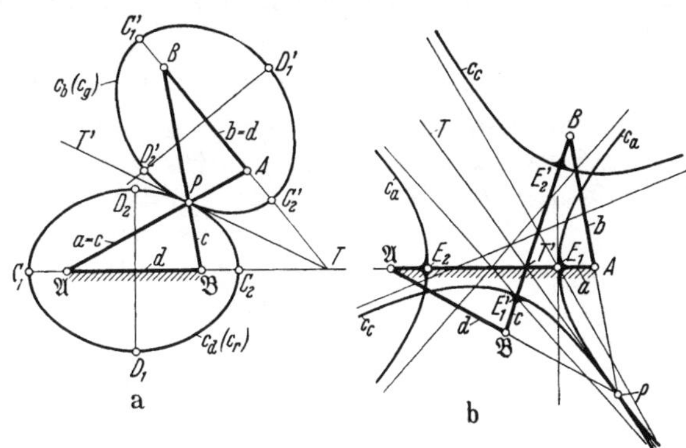

Abb. 52. Polkurven der Antiparallelkurbelgetriebe. a gleichläufig (kongruente Ellipsen); b gegenläufig (kongruente Hyperbeln).

$$\overline{P\mathfrak{A}} + \overline{P\mathfrak{B}} = \overline{\mathfrak{A}P} + \overline{PA} = \overline{\mathfrak{A}A} = c$$

und mit AB als Standglied, d. h. bei kinematischer Umkehrung

$$\overline{PA} + \overline{PB} = \overline{AP} + \overline{P\mathfrak{A}} = \overline{A\mathfrak{A}} = c.$$

Die mit d verbundene Polkurve c_d (Rastpolbahn) und die mit $\overline{AB} = b = d$ verbundene Polkurve c_b sind also kongruente Ellipsen mit den Brennpunkten $\mathfrak{A}$, $\mathfrak{B}$ bzw. A, B und mit $\overline{\mathfrak{A}A} = \overline{\mathfrak{B}B} = c$ als Länge der großen Achse. Für $a = c$ als Standglied, das Antiparallelgelenkviereck also auf das große Glied gestellt, folgt aus Abb. 52b

$$\overline{P\mathfrak{A}} - \overline{PA} = \overline{P\mathfrak{A}} - \overline{P\mathfrak{B}} = \overline{\mathfrak{A}\mathfrak{B}} = d,$$

$$\overline{PB} - \overline{P\mathfrak{B}} = \overline{PB} - \overline{PA} = \overline{AB} = b = d;$$

die mit $\overline{\mathfrak{A}A} = a$ verbundene Polkurve c_a (Rastpolbahn) und die mit $\overline{\mathfrak{B}B} = c$ verbundene bewegte Polkurve c_c (Gangpolbahn) sind demnach kongruente Hyperbeln mit den Brennpunkten $\mathfrak{A}$, A bzw. $\mathfrak{B}$, B und der Strecke $b = d$ als Länge der reellen Achse (*gegenläufiges Antiparallelkurbelgetriebe*) oder „*gegenläufige Antiparallelkurbeln*“.

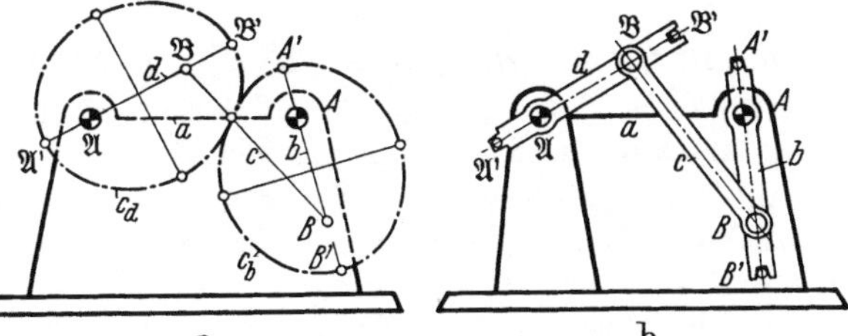

Abb. 53. Ellipsenräder (Abb. 53a), ersetzt durch gegenläufiges Antiparallelkurbelgetriebe (Abb. 53b).

Die *Polbahntangenten* PT, kurz *Poltangenten*, d. h. die gemeinsame Tangente beider Polbahnen im Berührungspunkt P, gehen durch den Schnittpunkt von $\mathfrak{A}\mathfrak{B}$ mit AB bzw. von $\mathfrak{A}A$ mit $\mathfrak{B}B$.

Nach Abb. 53a besitzt das hier dargestellte „*Ellipsenrädergetriebe*“ dieselbe Relativbewegung der Glieder b gegen d wie Koppel und Standglied des gleichläufigen Antiparallelkurbelgetriebes von Abb. 52a. Derartige Ellipsenräder werden beispielsweise bei einer Strohpresse als Vorgelege verwendet, um Zeit zum Füllen des Preßkanals zu gewinnen. Die in ihrer Wirkungsweise so brauchbaren Ellipsenräder lassen sich jedoch schwer mit einer korrekten Verzahnung herstellen. Diese Schwierigkeiten werden vermieden, wenn das elliptische Rädervorgelege durch das gleichwertige gegenläufige Antiparallelkurbelgetriebe ersetzt wird. Für die Überwindung der *Verzweigungslagen*[1] (zwanglose Lagen, Durchschlagslagen) dient eine Hilfsverzahnung bei $\mathfrak{A}'$, $\mathfrak{B}'$, A', B' in den Ellipsenscheiteln mit dem Krümmungskreis als Teilkreis[2].

21. Das kardanische Problem.

Ein für spätere Untersuchungen grundlegendes Beispiel sind die Polkurven der „*schwingenden Kreuzschleifenkurbel*" (*Doppelschieber*) von Abb. 54. Der Momentanpol $P = P_{ac}$ der Koppel a, die mit den Gleitsteinen b und d gelenkig

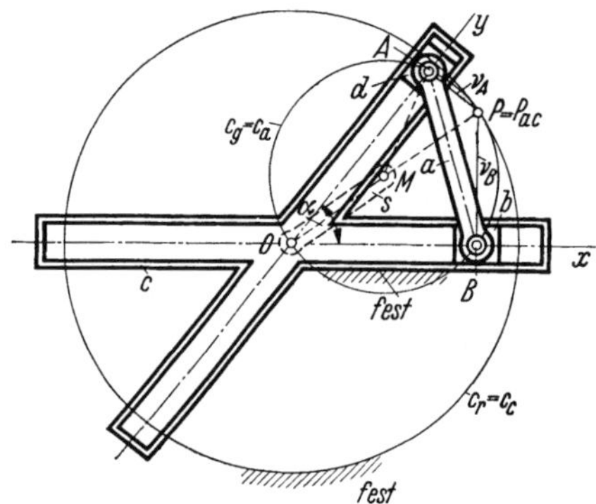

Abb. 54. Kardankreispaar c_a, c_c als Polkurven des Scharkreuzschleifengetriebes; c_a rollt in c_c.

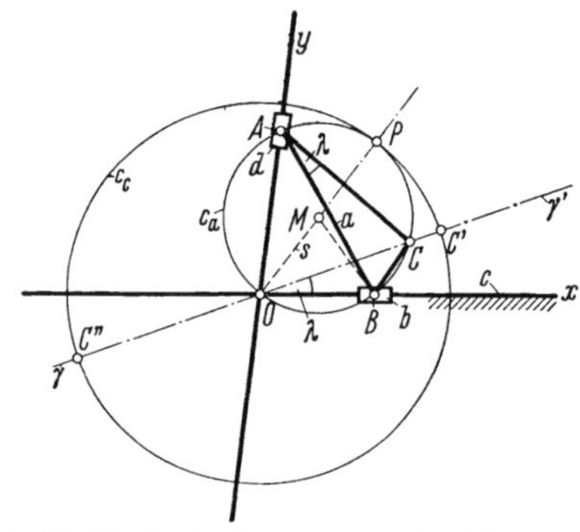

Abb. 55. Kardankreispaar c_a, c_c wie Abb. 54. Jeder Punkt C des kleinen Kardankreises c_a beschreibt als Koppelkurve eine Gerade $\gamma\gamma'$ durch O.

verbunden ist (*Lenkerkopplung*), mit B längs Ox, mit A längs Oy geführt wird, ist der Schnittpunkt der Normalen $v_A \perp Oy$ und $v_B \perp Ox$. Aus dem Kreisviereck $OAPB$ folgt mit

$$\sphericalangle\, xOy = \alpha, \qquad \overline{AB} = a;$$

$$\mathfrak{R} = \overline{OP} = 2\,\overline{OM} = 2\,\overline{AM} = \frac{a}{\sin\alpha}; \qquad R = \overline{MP} = \frac{a}{2\sin\alpha}; \qquad \mathfrak{R} = 2R.$$

Die mit der „*schiefen Kreuzschleife*" c, auch „*Kreuzschieber*" genannt, verbundene Polkurve c_c (Rastpolbahn) ist der um O mit dem Halbmesser $\mathfrak{R} = \overline{OP} = a/\sin\alpha$ geschlagene Kreis. Die mit der Koppel a verbundene Polkurve c_a (Gangpolbahn) ist der über $\overline{OP}$ als Durchmesser geschlagene Thaleskreis vom Halbmesser $R = R_a = a/2\sin\alpha$. Die Halbmesser dieser Polkurven (*Kardankreise* genannt) verhalten sich wie $R : \mathfrak{R} = 1 : 2$.

Die Bewegung von a gegen c kann also durch das Abrollen des kleinen Kardankreises c_a, innerhalb des großen Kardankreises c_c ersetzt und durch ein Umlaufrädergetriebe (Planetengetriebe) mit dem festen Hohlrad c_c, dem Planetenrad c_a und dem Steg $s = \overline{OM}$ getrieblich erzeugt werden.

---

[1] MÜLLER, R.: [19], S. 28/30.
[2] REULEAUX: [1], II. Teil, S. 428/429.

Das so gefundene „*Kardankreispaar*“ hat wertvolle bewegungsgeometrische Eigenschaften, die sowohl für die Getriebeanlayse (Ersatz für das Durchlaufen dreier infinitesimal-benachbarten Gliedlagen) als auch für die Getriebesynthese (z. B. für die von H. ALT definierten *Kardanlagen* eines Getriebegliedes gemäß Schrifttum [36e] und [78] bedeutungsvoll sind.

Für den beliebigen Punkt C von c_a (Abb. 55) folgt z. B. aus der Winkelgleichheit $\sphericalangle xOC = \sphericalangle BAC$, daß die Koppelkurve von C in den doppelt zu zählenden Durchmesser $C'C''$ des Kreises c_c ausartet, daß also die Bahnkurven aller Punkte des Umfanges des kleinen Kardankreises gerade Linien, d. h. Durchmesser des großen Kardankreises sind.

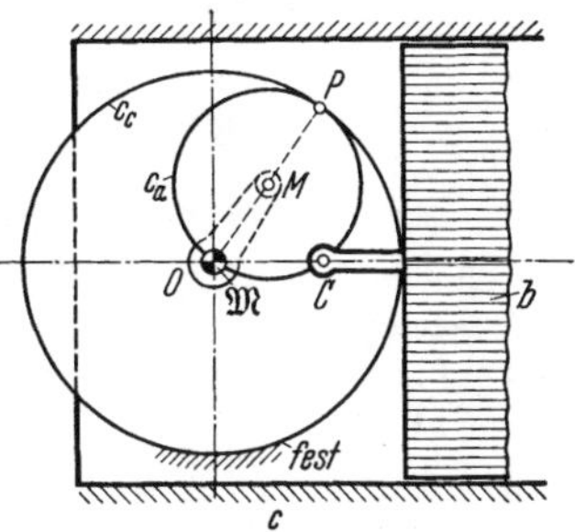

Abb. 56. Exakte Geradführung gemäß Abb. 55, angewandt in Schnellpresse der Fa. König und Bauer.

Diese Art einer „*exakten Geradführung*“, im vorliegenden Falle einer *Hypozykloiden-Geradführung*, wird beispielsweise bei der Schnellpresse der Firma König & Bauer (Abb. 56) angewandt, bei der der geradlinige Vorschub des Tisches b dadurch erzeugt wird, daß einer seiner Punkte in C an einen Punkt des Teilkreises c_a des Planetenrades a angelenkt wird, das in dem festen Hohlrad c_c abrollt.

Das Kardankreispaar kann auch als Wälzhebelgetriebe der Gruppe b) ausgebildet werden. Der Polkurventeil c_c wird als Wälzbank zum Standglied gemacht, während das Glied b, z. B. als Ventilstössel, geradlinig geführt wird.

Daß die Führung von $\overline{AB}$ längs Ox, Oy auch durch die zentrische *gleichschenklige Schubkurbel* erreicht werden kann, erläutert Abb. 57 mit $\overline{OM}$ als Kurbel, $\overline{MB}$ als Koppel und b als Gleitstein. Bei gleichschenkligem Koppeldreieck BMA wird A auf einer Geraden durch O geführt.

Dasselbe zeigt der „*Doppelschieber*“ (*rechtwinklige feststehende Kreuzschleife*) der Abb. 58 für Punkte C von c_a. Die kombinierte Anordnung der Abb. 59 liefert eine Wellenkupplung mit dem Übersetzungsverhältnis

$$n_a : n_c = 2 : 1 .$$

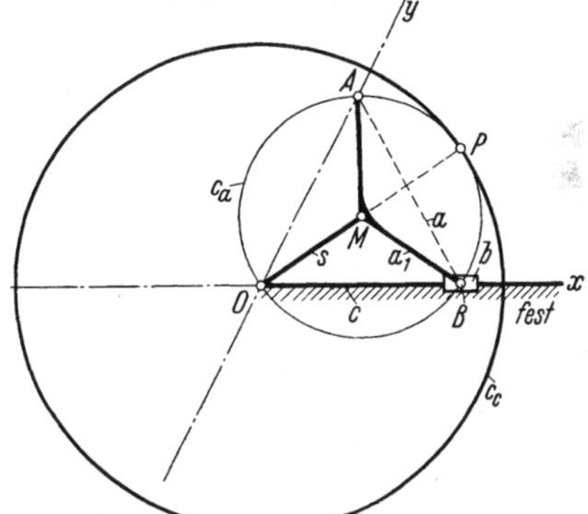

Abb. 57. Kardankreispaar als Polkurven der Koppelbewegung a gegen c einer zentrischen gleichschenkligen Schubkurbel s, a, b, c; Geradführung A längs Oy.

Bekannt ist ferner die Anwendung des Doppelschiebers als „*Ellipsenzirkel*“, da, mit Ausnahme der Umfangspunkte von c_a, jeder Punkt der Ebene des kleinen Kardankreises (Glied a) gegenüber der Ebene des großen Kardankreises eine Ellipse beschreibt, wie aus Abb. 60 erkennbar ist. Das gleiche gilt auch für die Koppelkurven von a der in den Abb. 54, 57 und 58 dargestellten Getriebe.

Abb. 61 stellt die Bedeutung des Kardankreispaares für das Studium der Bewegungsvorgänge in sogenannten selbständigen höheren Elementenpaaren heraus (REULEAUX), wie z. B. in dem hier gezeichneten *Bogenzweieck E im gleichseitigen Dreieck* E_0 (Abb. 61b) und dem gleichseitigen Bogendreieck im Quadrat (Abb. 61a).

Bei Linksdrehung von E wandert zunächst P — als Punkt von E — auf PD bis G und H — als Punkt von E — auf HF. Zwei Punkte von E gleiten also

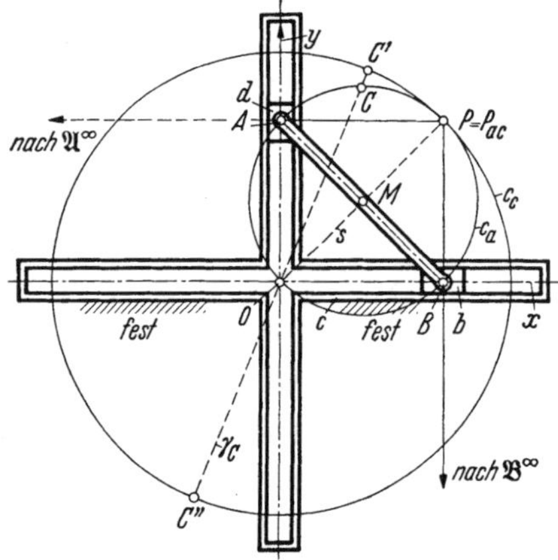

Abb. 58. Schwingende Kreuzschleifenkurbel (Kreuzschiebergetriebe) mit Kardankreispaar als Polbahnen c_a, c_c. Jeder Punkt der Koppelebene a beschreibt in c eine Ellipse, ausgenommen Punkte C auf c_a.

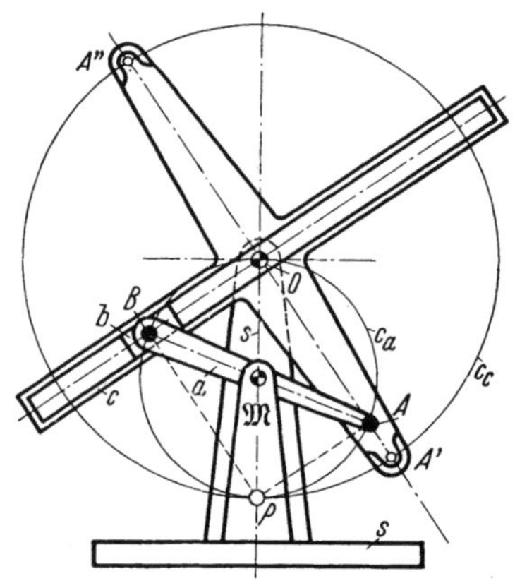

Abb. 59. Übersetzungsgetriebe ($i = n_a/n_c = 2/1$), abgeleitet aus dem Kardankreispaar mit Hilfsverzahnung bei A' und A'' am Glied c.

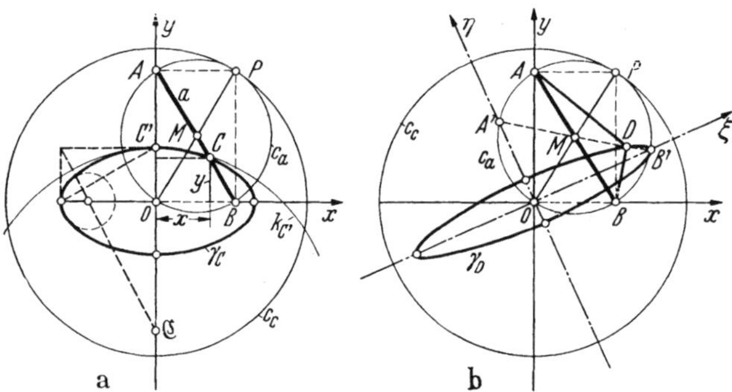

Abb. 60. C von a beschreibt Ellipse γ_C (Abb. 60a). Ellipse γ_D, erzeugbar durch Gleitbewegung von AB bzw. $A'B'$.

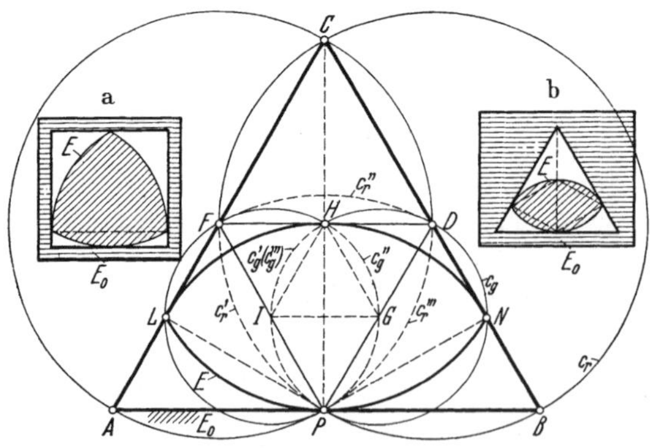

Abb. 61. Bogenzweieck im gleichseitigen Dreieck. Polkurven sind Teilbögen von Kardankreisen. a Gleichseitiges Bogendreieck im Quadrat.

auf den sich in D schneidenden Geraden PD und FD (kardanisches Problem); c_g und c_r sind die dazugehörigen Polkurven (Kardankreise), von denen allerdings nur die gestrichelten Teile c_g' und c_r' in Frage kommen. Die weitere Untersuchung ergibt für den gesamten Bewegungsvorgang als Rastpolbahn das gleichseitige Bogendreieck c_r', c_r'', c_r''' und als Gangpolbahn das zu E ähnliche Bogenzweieck c_g', c_g'' (c_g'''), wobei c_g' auf c_r', c_g'' auf c_r'', $c_g''' = c_g'$ auf c_r''' abrollt usw.

Die Punktbahnen von E gegen E_0 setzen sich also gemäß Abb. 60 aus sechs Ellipsenbögen zusammen und ergeben in bezug auf ihre Gestalt einen überraschenden Formenreichtum. Bei kinematischer Umkehrung, wenn das gleichseitige Bogendreieck c_r', c_r'', c_r''' der Ebene E_0 um das Bogenzweieck $c_g' c_g''$ rollt, sind die Punktbahnen von E_0 in E sechs Perikardioidenbögen.

Weitere Beispiele von Figuren konstanter Breite findet man bei F. REULEAUX[1] u. a. auch das gleichseitige Bogendreieck im Quadrat der Abb. 61a, das als Werkzeug zur Herstellung von Vierkantlöchern dienen kann.

22. Polkurven. Rückblick und Ausblick.

Die Rastpolbahn hüllt sämtliche Lagen der Gangpolbahn ein; sie ist also die „*Hüllbahn*" der den Charakter einer „*Hüllkurve*" besitzenden Gangpolbahn. Bei den technischen Anwendungen sind die Polkurven oft in der Art gegeben, daß c_g die Begrenzung des bewegten Systems darstellt, während c_r die Begrenzung des festgehaltenen Körpers (Standgliedes) bildet.

Die Bahnen der Punkte des bewegten Systems E in E_0 heißen Rollkurven oder zyklische Kurven, die für die Technik dann besonders wertvoll sind, wenn die Begrenzungen der rollenden Körper Gerade oder Kreise sind.

Rollt die Kurve c_g auf der Kurve c_r, so ist der gemeinsame Berührungspunkt der augenblickliche Drehpol (Momentanpol) bzw. der relative Momentanpol[2], wenn die beiden mit diesen Kurven verbundenen Getriebeglieder in Bewegung sind.

Die Polkurven sind von grundlegender Bedeutung für die Untersuchung dreier infinitesimal benachbarten Gliedlagen. Diejenigen Gliedstellungen, bei denen die Polkurven Krümmungskreise kleinsten oder größten Halbmessers besitzen, gestatten zahlreiche getriebesynthetische Anwendungen. Zusammenfassend möge die klassische REULEAUXsche Darstellungsweise des Satzes über das Abrollen der Polkurven[3] in der Form des folgenden Auszuges dienen:

„So wie der Philosoph die stetige allmähliche Veränderung der Dinge einem Fließen verglich und sie in den Spruch zusammendrängte: ‚Alles fließt', so können wir die zahllosen Bewegungserscheinungen in dem wunderbaren Erzeugnis des Menschenverstandes, welches wir Maschine nennen, zusammenfassen in das eine Wort: ‚Alles rollt!' ... Für den praktischen Mechaniker, welcher sich mit der neueren Phoronomie vertraut gemacht hat, und mehr noch für den theoretischen, ist deshalb die Maschine auf besondere Art belebt durch die überall in ihr rollenden geometrischen Gebilde. Einzelne derselben treten leibhaftig hervor, wie an den Riemenscheiben, den Reibungsrädern, andere, wie die Zahnräder, sind leicht umschleiert von gitterartigen Hüllen; wiederum andere sind eng zusammengezogen auf das Innere massiger Körper, welche in ihrer Außenform kaum etwas von jenen verraten, wie diejenigen in den Bogenscheiben u. dgl.; noch andere endlich, wie die aus Kurbeln und Gestängen gebildeten Mechanismen, sind ausgedehnte, die Körper weitumspannende, ja ihre Äste ins Unendliche streckende, äußerlich ganz unerkennbare Gebilde. Sie alle vollführen, teils vor dem leiblichen, teils vor dem geistigen Auge des Kinematikers, ihr seltsames unermüdliches Spiel. Inmitten des oft sinnverwirrenden Geräusches ihrer körperlichen Vertreter vollziehen sie ihre geräuschlose Lebensfunktion des Rollens. Sie sind gleichsam die Seele der Maschine, den körperlichen Bewegungsäußerungen derselben gebietend und sie in einem reinen Lichte widerspiegelnd. Sie sind die geometrische Abstraktion der Maschine und verleihen dieser neben ihrer äußeren eine innere Bedeutung, welche dieselbe unserem geistigen Interesse ungleich näherbringt, als es ohne sie möglich wäre."

23. Übergang zu drei infinitesimal benachbarten Gliedlagen.

Beim Übergang von drei endlich benachbarten Gliedlagen zu drei einander infinitesimal benachbarten Gliedlagen ist vor allem derjenige Kreis von Interesse, der durch drei konsekutive (infinitesimal benachbarte) Punkte geht, mit

[1] REULEAUX, F.: [1], 1. Teil, S. 119/139. Vgl. auch BEYER, R.: [11], S. 17/19.

[2] Zuerst von CAUCHY angegeben. Exercises the math. Bd. 2 (1827) S. 75. Zwei Jahre später fand ihn auch CHASLES, Mémoire de Géométrie sur la construction des normales à plusieurs courbes mécaniques.

[3] REULEAUX, F.: [1], Bd. I, S. 87ff.

anderen Worten der „*Krümmungskreis*" oder „*Oskulationskreis*" des Punktes A an der betreffenden Stelle seiner Punktbahn.

Mit den in Abb. 32 eingeführten Bezeichnungen liefert der Grenzübergang für die Winkel des Poldreiecks $P_{12} P_{23} P_{13}$ die nachstehenden Beziehungen:

$$\lim \left(\sphericalangle P_{13} P_{12} P_{23} = \alpha = \frac{\varphi_{12}}{2} \right) = \frac{d\varphi}{2}, \tag{39a}$$

$$\lim \left(\sphericalangle P_{12} P_{23} P_{13} = \beta = \frac{\varphi_{23}}{2} \right) = \frac{d\varphi}{2} + d\left(\frac{d\varphi}{2}\right) = \frac{d\varphi + d^2\varphi}{2}, \tag{39b}$$

$$\lim \left(\sphericalangle P_{23} P_{13} Q \quad = \pi - \gamma = \frac{\varphi_{13}}{2} \right) = d\varphi + \frac{d^2_\varphi}{2}, \tag{39c}$$

worin $d\varphi$ den unendlich kleinen Drehwinkel um den Momentanpol P der betrachteten Gliedlage bedeutet, der zwei weitere ihr infinitesimal benachbarte Lagen folgen.

Die Poldreieckseite $\overline{P_{12} P_{23}}$ wird zum Bogendifferential ds der ruhenden Polkurve c_r. Beim Abrollen der bewegten Polkurve c_g auf der ruhenden Polkurve c_r wird jeweils ein anderer Punkt von c_r zum Momentanpol. Nennen wir die Geschwindigkeit, mit der der Momentanpol P auf der ruhenden Polkurve seine Lage wechselt bzw. längs c_r wandert, die „*Polwechselgeschwindigkeit*" $\mathfrak{u}$ vom Betrag $|\mathfrak{u}| = u$, so gilt nach Ablauf des unendlich kleinen Zeitteilchens dt

$$\lim \overline{P_{12} P_{23}} = \lim c = ds = u\,dt. \tag{40}$$

Die zwischen r, $\mathfrak{r}$ und ψ bestehende Gl. (35) geht bei Vernachlässigung von unendlich kleinen Größen zweiter oder höherer Ordnung über in

$$\left(\frac{1}{r} - \frac{1}{\mathfrak{r}}\right) \sin\psi = \frac{d\varphi}{u\,dt}. \tag{41}$$

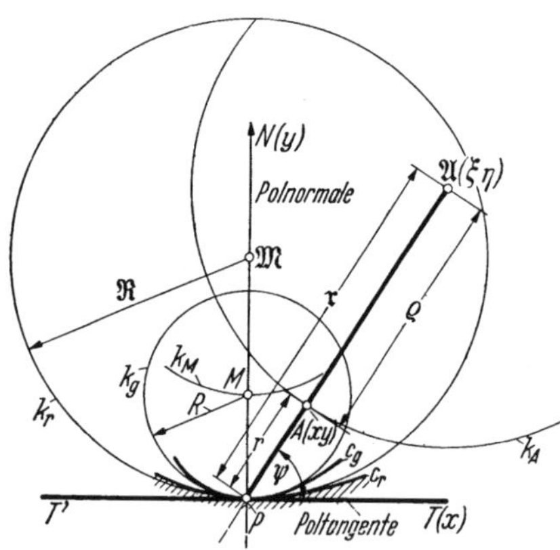

Abb. 62. Grundfigur zur Ermittlung der Krümmungsverhältnisse eines komplan bewegten Getriebegliedes. c_r = ruhende Polkurve, k_r ihr Krümmungskreis mit Halbmesser $\mathfrak{R}$, c_g = bewegte Polkurve, k_g ihr Krümmungskreis mit Halbmesser R, A = Gliedpunkt, $\mathfrak{A}$ = Mittelpunkt des Krümmungskreises k_A der von A beschriebenen Bahnkurve.

Wegen

$$\frac{d\varphi}{dt} = \omega, \tag{42}$$

worin ω die momentane Winkelgeschwindigkeit um P bedeutet, liefert Gl. (41) das wichtige Ergebnis

$$\left(\frac{1}{r} - \frac{1}{\mathfrak{r}}\right) \sin\psi = \frac{\omega}{u} = \frac{1}{\left(\frac{u}{\omega}\right)}. \tag{43}$$

Setzt man

$$\frac{u}{\omega} = \delta, \tag{44}$$

worin die Größe δ die Dimension einer Strecke besitzt, so ergibt Gl. (43) die für die weiteren Untersuchungen grundlegende Beziehung

$$\left(\frac{1}{r} - \frac{1}{\mathfrak{r}}\right) \sin\psi = \frac{1}{\delta}. \tag{45}$$

Gemäß Gl. (39a) wird in Abb. 32 $\lim(\sphericalangle A_1 P_{12} \mathfrak{A}_k) = 0$; die Punkte A_1, P_{12} und $\mathfrak{A}_k$ liegen also nach der Durchführung des Grenzüberganges in einer Geraden. Aus Abb. 32 entsteht so Abb. 62, in der der Einfachheit halber der Punkt A_1 mit A, der Mittelpunkt $\mathfrak{A}_k$ des Kreises k_A durch drei konsekutive Punkte mit $\mathfrak{A}$ und P_{12} mit P bezeichnet worden sind.

Der Kreis k_A durch die drei zugeordneten Punkte A_1, A_2, A_3 der Abb. 32 ist zum *Krümmungskreis* k_A geworden, der die von A beschriebene Punktbahn (Bahnkurve) in drei infinitesimal benachbarten Punkten berührt, weshalb im Schrifttum auch von einem *„dreipunktig" berührenden Krümmungskreis* gesprochen wird. Der Halbmesser $R = R_{123}$ ist in den Halbmesser ϱ des Krümmungskreises übergegangen. Für den Krümmungshalbmesser gilt die Formel

$$\varrho = \overline{A\mathfrak{A}} = \mathfrak{r} - r \tag{46}$$

mit $r = \overrightarrow{PA}$ und $\mathfrak{r} = \overrightarrow{P\mathfrak{A}}$. Damit erhält Gl. (45) die Form

$$\left(\frac{1}{PA} - \frac{1}{P\mathfrak{A}}\right) \sin\psi = \frac{1}{\delta}\,. \tag{45a}$$

Die Hauptgerade g_2 durch $P_{12}P_{23}$ ist beim Grenzübergang zur *„Poltangente"* TT' geworden, die mit PA und $P\mathfrak{A}$ den Winkel ψ bildet. Die in P zu PT errichtete Senkrechte PN heißt die Polbahnnormale, kurz die *„Polnormale"*, ferner soll jeder beliebige Strahl durch P als *„Polstrahl"* bezeichnet werden. Der Mittelpunkt $\mathfrak{A}$ des Krümmungskreises k_A der Bahnkurve im Punkt A liegt also auf dem Polstrahl durch A.

24. Die EULER-SAVARYsche Formel.

Ersetzt man in Abb. 62 die Polkurven c_g und c_r durch ihre Krümmungskreise k_g und k_r mit den Krümmungsmittelpunkten M bzw. $\mathfrak{M}$ und den Krümmungshalbmessern

$$\overline{PM} = R, \qquad \overline{P\mathfrak{M}} = \mathfrak{R}, \tag{47), (48}$$

so rollt in zwei unendlich kleinen Zeitteilchen dt der Kreis k_g ebenfalls auf dem Kreis k_r. Der um $\mathfrak{M}$ mit Halbmesser $\overline{\mathfrak{M}M}$ geschlagene Kreis k_M ist also der Krümmungskreis der vom Punkt M (als Punkt von E) beschriebenen Bahnkurve; $\mathfrak{M}$ ist der dazugehörige Krümmungsmittelpunkt. Die Punkte M und $\mathfrak{M}$ der Polnormale PN müssen deshalb gleichfalls der Gl. (45) genügen, wobei $\psi = 90°$ zu setzen ist. Man erhält so in

$$\frac{1}{R} - \frac{1}{\mathfrak{R}} = \frac{1}{\delta} \tag{49}$$

einen wichtigen Zusammenhang zwischen den Krümmungshalbmessern der Polkurven und der durch Gl. (44) eingeführten Strecke δ. Die Elimination von δ aus den Gl. (45) und (49) führt zur EULER-SAVARYschen Formel[1]

$$\left(\frac{1}{r} - \frac{1}{\mathfrak{r}}\right) \sin\psi = \frac{1}{R} - \frac{1}{\mathfrak{R}} \tag{50}$$

oder

$$\left(\frac{1}{PA} - \frac{1}{P\mathfrak{A}}\right) \sin\psi = \frac{1}{PM} - \frac{1}{P\mathfrak{M}}\,. \tag{50a}$$

Bei der Ableitung der Gl. (43) wurde stillschweigend vorausgesetzt, daß der Pol im Endlichen liegt und daß keine der unendlich kleinen Größen ds und $d\varphi$ gleich Null werden, daß also weder u noch δ verschwinden. Außerdem wurde angenommen, daß der Punkt A nicht mit P zusammenfällt. Die Gl. (43) gilt folglich nicht ohne weiteres[2] für den Krümmungsmittelpunkt derjenigen Bahnstelle, die der Pol P — als Punkt des bewegten Getriebegliedes betrachtet — in der Ebene E_0 beschreibt.

[1] EULER, L.: Novi Comm. Petrop. Bd. 21 (1765) S. 207; die von EULER aufgestellte Formel wurde viel später von SAVARY wiedergefunden und benutzt.

[2] Vgl. Nr. 87.

Anmerkung: In den Gl. (50) bzw. (50a), desgleichen in Gl. (45) sind die Größen r, $\mathfrak{r}$, R bzw. $\mathfrak{R}$, PA, $P\mathfrak{A}$, PM, $P\mathfrak{M}$ als gerichtete Größen aufzufassen, also erforderlichenfalls mit den entsprechenden Vorzeichen zu versehen und in diese Gleichungen einzusetzen.

Im Beispiel der Abb. 62 besitzen die Strahlen PA und $P\mathfrak{A}$, ebenso PM und $P\mathfrak{M}$ gleichen Richtungssinn; A, $\mathfrak{A}$, M, $\mathfrak{M}$ liegen mit anderen Worten auf derselben Seite von P.

Liegen jedoch A, $\mathfrak{A}$ und auch M, $\mathfrak{M}$ auf verschiedenen Seiten von P, wie beispielsweise A', $\mathfrak{A}'$ und M, $\mathfrak{M}$ in Abb. 63, so müssen $P\mathfrak{A}'$ und $P\mathfrak{M}$ mit dem negativen Vorzeichen eingesetzt werden, so daß die Gl. (50) und (50a) in

$$\left(\frac{1}{r} + \frac{1}{\mathfrak{r}}\right)\sin\psi = \frac{1}{R} + \frac{1}{\mathfrak{R}}, \tag{51}$$

ferner Gl. (49) in

$$\frac{1}{R} + \frac{1}{\mathfrak{R}} = \frac{1}{\delta} \tag{49a}$$

übergehen.

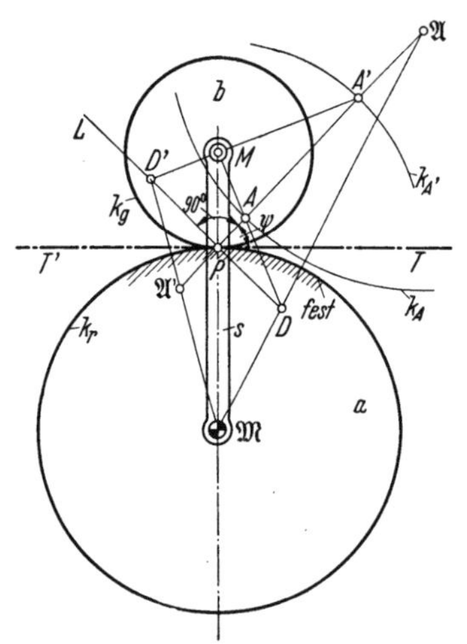

Abb. 63. Krümmungsverhältnisse bei epizykloidischer Bewegung von b gegen a. BOBILLIERsche Konstruktion.

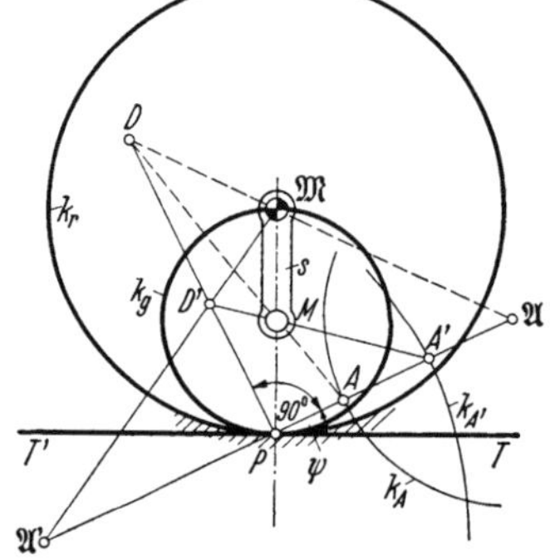

Abb. 64. Krümmungsverhältnisse bei hypozyklodischer Bewegung, k_g rollt in k_r; A, $\mathfrak{A}$ und A', $\mathfrak{A}'$ zugehörige Krümmungsmittelpunkte.

Weitere Möglichkeiten für die Lagen A, $\mathfrak{A}$ und M, $\mathfrak{M}$ sind in den Abb. 63 und 64 dargestellt. Auf die dort eingetragenen Konstruktionen zusammengehöriger Punkte A, $\mathfrak{A}$ bzw. A', $\mathfrak{A}'$ wird an späterer Stelle (Satz von BOBILLIER) eingegangen.

Wenn der Richtungssinn der Strecken PM, $P\mathfrak{M}$, PA, $P\mathfrak{A}$ beachtet wird, genügt es also, den weiteren Untersuchungen die Gl. (50) und (50a) bzw. (45) und (49) zugrunde zu legen.

25. Der Wendekreis.

Analog Nr. 14 für drei endlich benachbarte Lagen kann nach dem geometrischen Ort derjenigen Punkte des bewegten Systems gefragt werden, die Krümmungskreise von unendlich großem Halbmesser besitzen (drei infinitesimal benachbarte Punkte auf einer Geraden).

Für $\mathfrak{r} = \infty$ folgt aus Gl. (45)

$$r = \delta \sin\psi. \tag{51'}$$

Das ist die Gleichung eines Kreises k_W, der die Poltangente in P berührt und den Durchmesser $\overline{PW} = \delta$ besitzt, der gemäß Gl. (49) bzw. Gl. (49a) konstruiert werden kann, je nachdem sich die Krümmungskreise der beiden Polbahnen von innen oder von außen berühren (Abb. 65 und 66). In beiden Fällen macht man $\overline{MM'} = R$ und parallel PT, verbindet M' mit $\mathfrak{M}$ und schneidet $M'\mathfrak{M}$ mit PT in P'; dann ist $\overline{PP'} = \delta$.

Der über $\overline{PW} = \delta$ als Durchmesser geschlagene Kreis k_W ist der geometrische Ort derjenigen Punkte A des bewegten Systems, die in der betreffenden Gliedlage Bahnstellen mit *Wendepunkten* durchlaufen. Der Kreis k_W wird deshalb der „*Wendekreis*" genannt. Sein Schnittpunkt W mit der Polnormale PN heißt der „*Wendepol*" der betrachteten Gliedlage. Der Wendekreis k_W ist der Grenzfall

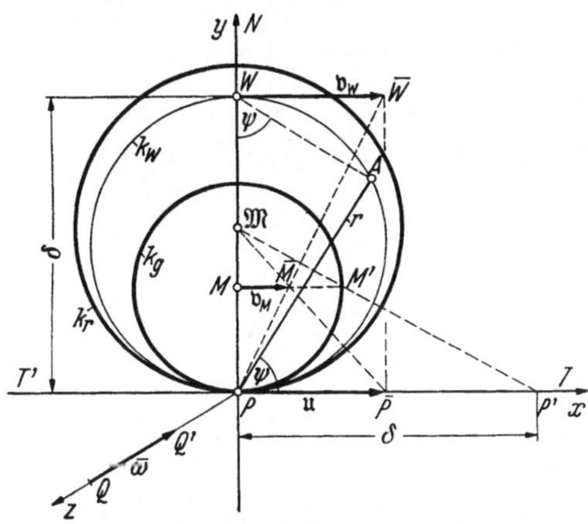

Abb. 65. Wendekreis k_W und Wendepol W, ermittelt aus den Krümmungshalbmessern $\mathfrak{R}$ und R der ruhenden bzw. bewegten Polkurve; $\mathfrak{u}$ = Polwechselgeschwindigkeit, ermittelt aus $\mathfrak{v}_M$.

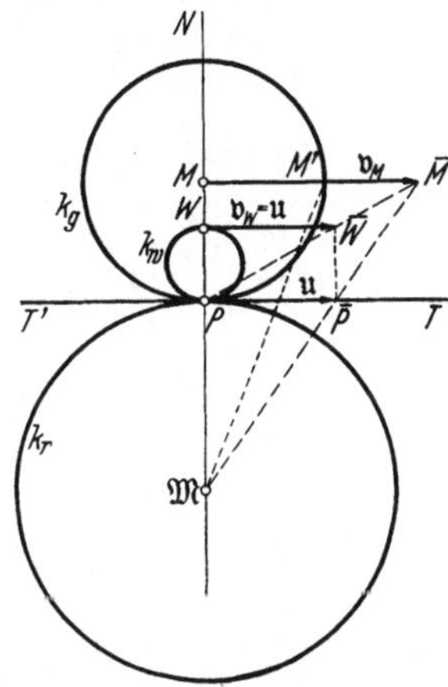

Abb. 66. Erläuterung wie Abb. 65; Polkurvenkrümmungskreise berühren sich von außen. Schnittpunkt $M'\mathfrak{M}$ mit PT ist P'.

des Umkreises K_1 des Spiegelpoldreiecks $P_{12}P_{13}P_{23}^1$ (vgl. Nr. 14). Der Kreis K_1 (Abb. 35) ging durch den Höhenschnittpunkt $\mathfrak{H}$ des Poldreiecks. Dieser Punkt $\mathfrak{H}$ geht wegen

$$\overline{P_{12}\mathfrak{H}} = \frac{c \sin\alpha \cos\alpha}{\sin\gamma \sin\beta} \quad \text{und} \quad \sphericalangle\, \mathfrak{H} P_{12} P_{23} = \frac{\pi}{2} - \frac{\varphi_{23}}{2}$$

beim Grenzübergang nach Gl. (39a, b, c) in den Wendepol W über.

Die Polwechselgeschwindigkeit $\mathfrak{u} = \overrightarrow{P\overline{P}}$ ist durch Angabe der Winkelgeschwindigkeit ω bzw. des ω-Vektors $\overline{\omega} = \overrightarrow{QQ'}$ und durch R und $\mathfrak{R}$ bestimmt (Abb. 65). Beim Durchlaufen der drei infinitesimal benachbarten Gliedlagen beschreibt M von k_g einen Kreis um $\mathfrak{M}$ mit der Geschwindigkeit $\mathfrak{v}_M = \overrightarrow{M\overline{M}}$ vom Betrag $v_M = \omega\, R$ und P — wandernd auf k_r — verhält sich so, als ob P Zapfen einer Kurbel $\overline{\mathfrak{M}P} = \mathfrak{R}$ wäre; er wechselt deshalb seine Lage längs k_r mit der Polwechselgeschwindigkeit $\mathfrak{u}$ vom Betrag u

$$u = \frac{\omega\, R\, \mathfrak{R}}{\mathfrak{R} - R} = \omega\, \delta \tag{52a}$$

oder in vektorieller Schreibweise

$$\mathfrak{u} = [\overline{\omega}\, \overline{\delta}], \tag{52}$$

wobei $\overline{\delta} = \overrightarrow{PW}$ darstellt.

Der Wendepol W hat deshalb die Geschwindigkeit $\mathfrak{v}_W = \overrightarrow{W\overline{W}}$ vom Betrag $v_W = \omega\, \delta = u$, wie die Abb. 65 und 66 anschaulich erkennen lassen. Zusammenfassend gilt

Satz 16: Drei einander infinitesimal benachbarte Lagen eines Getriebegliedes sind durch Angabe des Momentanpols P und des Wendepols W festgelegt. Es können auch die Lagen der Poltangente TT' und des Wendepols W vorgegeben werden.

Zur Festlegung des Geschwindigkeitszustandes sind entweder die Winkelgeschwindigkeit ω oder die Polwechselgeschwindigkeit $\mathfrak{u}$ zusätzlich anzunehmen, die gleich der Geschwindigkeit des Wendepols ist.

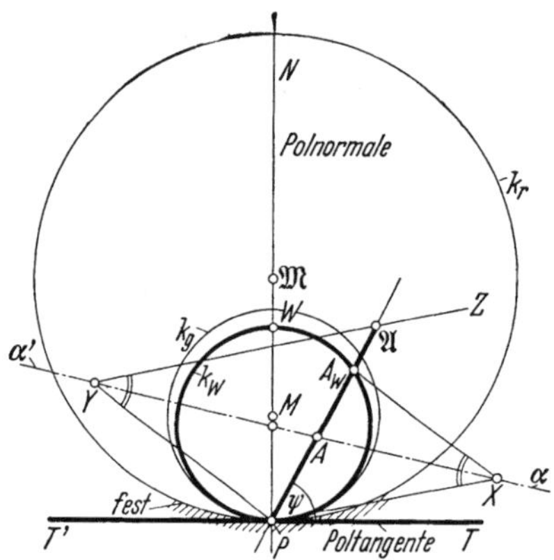

Abb. 67. Zeichnerische Ermittlung von $\mathfrak{A}$ aus A mit Hilfe des Wendekreises k_W.

Beispiel: *Kardanisches Problem.* Nach Nr. 21 sind die Halbmesser $\mathfrak{R}$ und R der Polbahnkrümmungskreise konstant, außerdem $\mathfrak{R} = 2R$ nach Gl. (49) $\delta = 2R = \mathfrak{R}$, also ebenfalls konstant. In diesem beachtenswerten Sonderfall ist der Wendekreis k_W mit dem kleinen Kardankreis c_g identisch, und der Wendepol W der Getriebeebene a fällt mit dem Mittelpunkt $\mathfrak{M} = 0$ des großen Kardankreises c_g zusammen. Die Punkte C von $k_W = c_g$ müssen in diesem Falle ständig Wendepunkte ihrer Punktbahn durchlaufen, also Gerade g_c durch W beschreiben.

Abb. 67 gibt ein Verfahren zur Konstruktion des Krümmungsmittelpunktes $\mathfrak{A}$ von A, wenn von dem bewegten System die Poltangente TT', der Momentanpol P und der Wendepol W gegeben sind. Man zieht durch A die beliebige Gerade $\alpha\alpha'$, verbindet den beliebigen Punkt X dieser Geraden mit P und dem Schnittpunkt A_W des Polstrahls PA mit dem Wendekreis k_W, zeichnet PY parallel XA_W, YZ parallel PX und findet so den Krümmungsmittelpunkt $\mathfrak{A}$ auf dem Polstrahl PA. Der Beweis geschieht mit Hilfe der ähnlichen Dreiecke $\triangle AA_WX \sim \triangle APY$, $\triangle PA_WX \sim \triangle \mathfrak{A}PY$ und Gl. (45a). Hieraus folgt noch

$$\overline{AA_W}\,\overline{A\mathfrak{A}} = \overline{PA}^2. \tag{53}$$

Diese Beziehung kann dazu dienen, den Punkt A_W des Wendekreises k_W aus dem Momentanpol P und zwei zusammengehörigen Punkten A, $\mathfrak{A}$ zu ermitteln, wie Abb. 68 erläutert. Die Gerade $aa' \perp PA$ durch den gefundenen Punkt A_W ist ein geometrischer Ort für den Wendepol W.

Durch zweimalige Anwendung der Abb. 68 für die zugehörigen Punkte A, $\mathfrak{A}$ und B, $\mathfrak{B}$ der Koppelebene $\overline{AB}$ der in Abb. 69 dargestellten Doppelschwinge

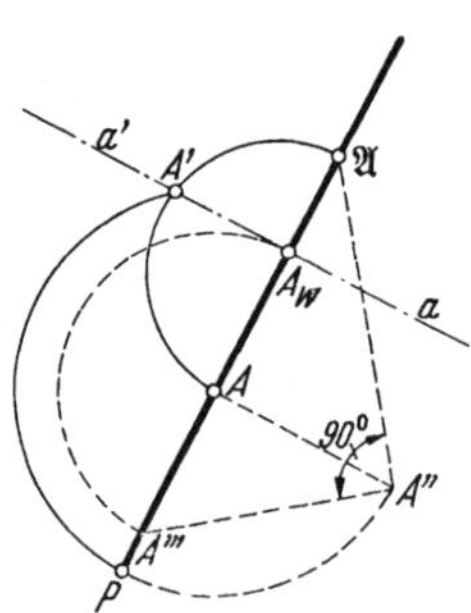

Abb. 68. Geometrischer Ort aa' für Wendepol W bei gegebenen P, A und $\mathfrak{A}$.

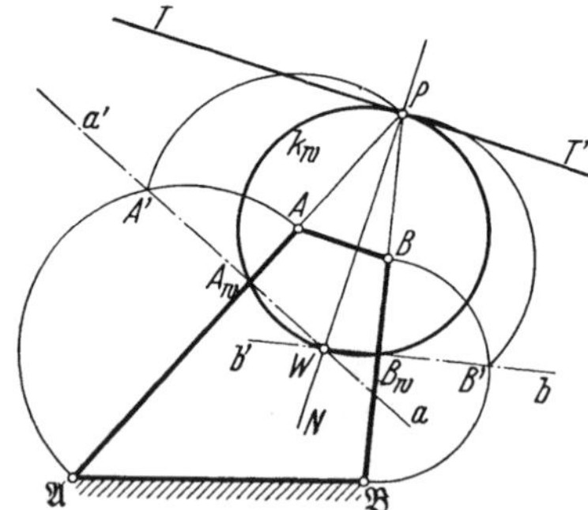

Abb. 69. Wendekreis k_W und Wendepol W für Koppelbewegung AB der Doppelschwinge $\mathfrak{A}AB\mathfrak{B}$.

wird der Wendepol W als Schnitt der Geraden aa' und bb' gefunden. Damit sind auch die Polnormale PN und die Poltangente TT' für ein Viergelenkgetriebe ermittelt; die gestellfesten Punkte $\mathfrak{A}$ und $\mathfrak{B}$ sind ja die zu A bzw. B gehörigen Krümmungsmittelpunkte.

Hinweise: Wird ein Punkt A des bewegten Systems längs einer Geraden $\alpha\alpha'$ geführt (Schubgelenk), so geht wegen $A\mathfrak{A} = \infty$ und $\overline{AA_W} = 0$, also $A_W \equiv A$, der Wendekreis k_W durch A, und der Wendepol W liegt auf $\alpha\alpha'$. Der Wendekreis wurde 1706 von DE LA HIRE[1] gefunden[2].

26. Die Bobilliersche Konstruktion.

Sind in Abb. 70 die Poltangente PT und der Wendepol W gegeben und zu den Punkten A und B die dazugehörigen Krümmungsmittelpunkte $\mathfrak{A}$ bzw. $\mathfrak{B}$ gezeichnet worden, so folgt für den Schnittpunkt D von $\mathfrak{A}\mathfrak{B}$ mit AB und die eingetragenen Bezeichnungen

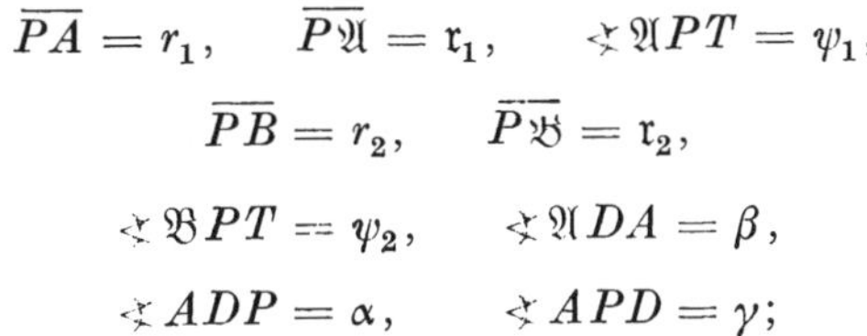

$$\overline{PA} = r_1, \quad \overline{P\mathfrak{A}} = \mathfrak{r}_1, \quad \sphericalangle \mathfrak{A}PT = \psi_1,$$

$$\overline{PB} = r_2, \quad \overline{P\mathfrak{B}} = \mathfrak{r}_2,$$

$$\sphericalangle \mathfrak{B}PT = \psi_2, \quad \sphericalangle \mathfrak{A}DA = \beta,$$

$$\sphericalangle ADP = \alpha, \quad \sphericalangle APD = \gamma;$$

$$\frac{\overline{PD}}{r_1} = \frac{\sin(\alpha+\gamma)}{\sin\alpha} = \cos\gamma + \operatorname{ctg}\alpha \sin\gamma,$$

$$\frac{\overline{PD}}{\mathfrak{r}_1} = \frac{\sin(\alpha+\beta+\gamma)}{\sin(\alpha+\beta)} = \cos\gamma + \operatorname{ctg}(\alpha+\beta)\sin\gamma$$

Abb. 70. Grundlagen für die BOBILLIERsche Konstruktion; PT Poltangente, PD Kollineationsachse, $\sphericalangle\gamma = \sphericalangle\psi_2$.

oder

$$\overline{PD}\left(\frac{1}{r_1} - \frac{1}{\mathfrak{r}_1}\right) = \sin\gamma\,[\operatorname{ctg}\alpha - \operatorname{ctg}(\alpha+\beta)]\,. \tag{54}$$

Unter Beachtung von Gl. (45), also

$$\frac{1}{r_1} - \frac{1}{\mathfrak{r}_1} = \frac{1}{\delta \sin\psi_1}$$

ergibt Gl. (54)

$$\overline{PD} = \delta \sin\psi_1 \sin\gamma\,[\operatorname{ctg}\alpha - \operatorname{ctg}(\alpha+\beta)]\,. \tag{55a}$$

Entsprechend gilt für das Punktepaar B, $\mathfrak{B}$, wenn ψ_1 durch ψ_2 und γ durch $(\gamma + \psi_1 - \psi_2)$ ersetzt werden,

$$\overline{PD} = \delta \sin\psi_2 \sin(\gamma + \psi_1 - \psi_2)\,[\operatorname{ctg}\alpha - \operatorname{ctg}(\alpha+\beta)]\,. \tag{55b}$$

Die rechten Seiten der Formeln (55a, b) stimmen offenbar nur dann überein, wenn

$$\gamma = \psi_2\,. \tag{56}$$

Diese Winkelbeziehung ist der wesentlichste Inhalt des von E. BOBILLIER[3] gefundenen Satzes. Die Gerade durch P und D heißt aus geometrischen Gründen die zu den Polstrahlen PA und PB gehörige „*Kollineationsachse*". Nach (56) ist also:

$$\sphericalangle TPB = \sphericalangle DPA \quad \text{oder} \quad \sphericalangle TPA = \sphericalangle DPB\,. \tag{57a, b}$$

Satz 17 (Satz von BOBILLIER): Die Bahnnormalen (Polstrahlen) zweier Punkte des bewegten Systems bilden mit der Kollineationsachse bzw. mit der Poltangente gleiche Winkel.

---

[1] Traité des roulettes, S. 348.

[2] Vgl. A. TRANSON, J. d. Math. Bd. 10 (1840) S. 154.

[3] BOBILLIER, E.: Cours de géométrie (1870), 12. Aufl., S. 232.

Man beachte dabei, daß die Poltangente und die Kollineationsachse stets auf verschiedenen Seiten der entsprechenden Bahnnormalen liegen. Betrachtet man in Abb. 70 das Viereck $\mathfrak{A} A B \mathfrak{B}$ als ein auf $\overline{\mathfrak{A}\mathfrak{B}}$ gestelltes Viergelenkgetriebe, so liefert der BOBILLIERsche Satz eine Konstruktion der Poltangente $T T'$ der Koppel $\overline{AB}$ (Ebene E) in ihrer Bewegung gegen $\overline{\mathfrak{A}\mathfrak{B}}$ (Ebene E_0).

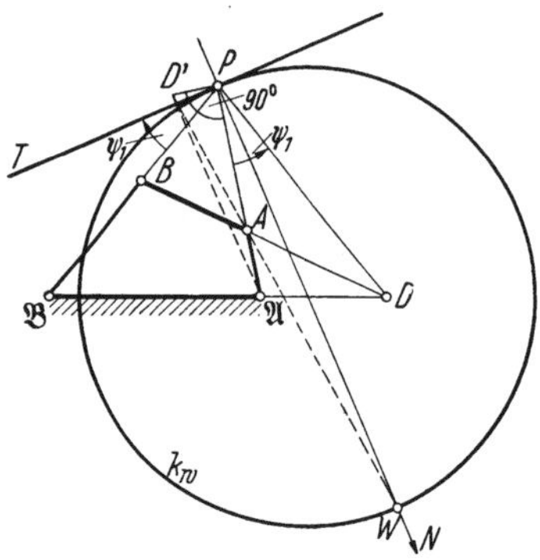

Abb. 71. Poltangente PT der Koppelbewegung AB gegen $\mathfrak{A}\mathfrak{B}$ nach BOBILLIER: $\sphericalangle TPB = \sphericalangle DPA$.

Man schneidet in Abb. 71 $\mathfrak{A}\mathfrak{B}$ und AB in D, verbindet P mit D (Kollineationsachse), zeichnet $\sphericalangle TPB = \sphericalangle DPA = \psi_1$, findet so die Poltangente TP' und auch die Polnormale PN.

27. Konstruktion von Krümmungsmittelpunkten nach BOBILLIER.

Eine für die getriebesynthetischen Anwendungen wichtige Aufgabe ist in Abb. 72 gelöst. Hier ist zu dem Punkt C der Koppelebene b der Kurbelschwinge a, b, c, d der Krümmungsmittelpunkt $\mathfrak{C}$ zu ermitteln.

Man zeichnet D_{AB} als Schnittpunkt von AB und $\mathfrak{A}\mathfrak{B}$, macht $\sphericalangle TPB = \sphericalangle D_{AB}PA$ und findet die Poltangente PT. Dann trägt man in P an AP den $\sphericalangle APZ = \sphericalangle TPC$ an, dessen freier Schenkel PZ von AC in D_{AC} geschnitten wird. Der gesuchte Krümmungsmittelpunkt $\mathfrak{C}$ ist dann der Schnittpunkt von PC mit der durch D_{AC} und $\mathfrak{A}$ gelegten Geraden.

Noch einfacher, und zwar ohne Benutzung der Poltangente, zeich-

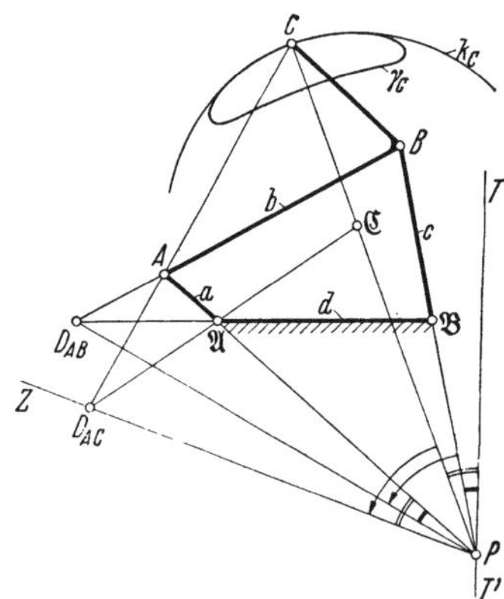

Abb. 72. Krümmungsmittelpunkt $\mathfrak{C}$ der Koppelkurve γ_C in C nach BOBILLIER.

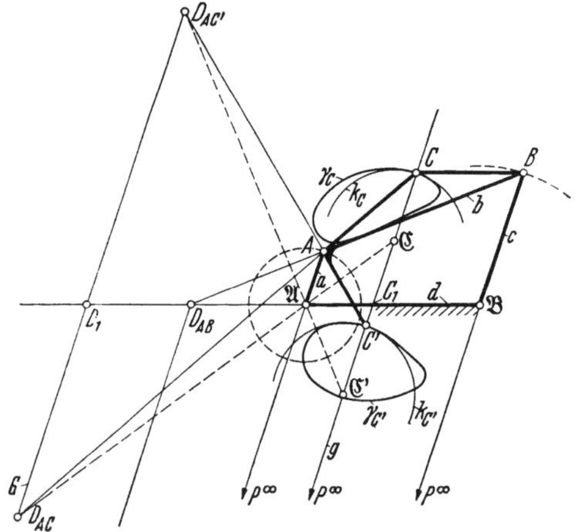

Abb. 73. Krümmungsverhältnisse der Koppelbewegung bei Kurbelschwinge $\mathfrak{A} A B \mathfrak{B}$ in Sonderlage: Kurbel und Schwinge parallel. Koppelpunkte C, C' von $g \| a$ der Koppel b haben gleiche Krümmungshalbmesser.

net man — wie oben — D_{AB}, macht $\sphericalangle ZPC = \sphericalangle D_{AB}PB$, schneidet ZP mit AC in D_{AC} und zieht die Gerade $D_{AC}\mathfrak{A}$, die PC in $\mathfrak{C}$ trifft. Abb. 72 läßt die gute Anschmiegung des Krümmungskreises k_C an die Koppelkurve γ_C in der Nähe der Bahnstelle C erkennen.

Der Sonderfall, daß in einer Getriebestellung der Kurbelschwinge $\mathfrak{A} A B \mathfrak{B}$ die Kurbel $\overline{\mathfrak{A} A}$ zur Schwinge $\overline{\mathfrak{B} B}$ parallel ist, der Pol $P = P_{bd}$ also in der Richtung von $\mathfrak{A} A$ bzw. $\mathfrak{B} B$ im Unendlichen liegt, ist in Abb. 73 gelöst. Die Winkelgleichheiten des BOBILLIERschen Satzes gehen in diesem Sonderfall in die Gleichheit der Strecken $\overline{\mathfrak{B}D_{AB}} = \overline{C_1D_1}$ über. $GD_1 \parallel \mathfrak{A}A \parallel \mathfrak{B}B$ schneidet AC in D_{AC}, wodurch $\mathfrak{C}$ als Schnittpunkt von $\mathfrak{A}D_{AC}$ mit $CP^\infty \parallel \mathfrak{A}A$ gefunden wird.

Für den Punkt C' desselben Polstrahles CP^∞ ergibt sich in entsprechender Weise $\mathfrak{C}'$, und es ist $\overline{C'\mathfrak{C}'} = \overline{C\mathfrak{C}}$. Sämtliche Punkte desselben Polstrahles beschreiben also Bahnstellen mit gleich großem Krümmungshalbmesser.

Bei der Benutzung der Krümmungsmittelpunkte M und $\mathfrak{M}$ der Polkurvenkrümmungskreise k_g und k_r ergibt das BOBILLIERsche Verfahren besonders einfache Lösungen, wie in den Abb. 63 und 64 ausgeführt ist. Aus $\sphericalangle TPM = 90°$ folgt $\sphericalangle DPA = 90°$; in diesem Sonderfall steht also die Kollineationsachse zu MA auf dem Polstrahl PA senkrecht. Nach Abb. 63 zeichnet man $PL \perp PA$, schneidet MA mit PL in D, zieht $\mathfrak{M}D$ bis $\mathfrak{A}$ auf PA. Die Untersuchung der Krümmungsverhältnisse der zyklischen Kurven ist demnach besonders leicht und entsprechend Abb. 63 und 64 durchzuführen, auch für den gesamten Verlauf der Rollbewegung von Kreis auf Kreis oder Kreis in Kreis, einschließlich der Ausartungen des einen Kreises in eine Gerade.

Beachtet man, daß der Krümmungsmittelpunkt $\mathfrak{W}$ des Wendepols W auf der Polnormale PN im Unendlichen liegt ($\mathfrak{W}^\infty$), so folgt wegen $WP \perp PT$, daß die Kollineationsachse PD, die den Punkten W und A zugeordnet ist, wiederum auf PA senkrecht steht (Abb. 74). Nach dem BOBILLIERschen *Satz* zieht man die Gerade AW, welche die in P zu AP errichtete Senkrechte (Kollineationsachse) in D trifft. Verbindet man D mit $\mathfrak{W}^\infty$, d. h., zieht man durch D die Parallele zu PW, so schneidet diese AP im gesuchten Krümmungsmittelpunkt $\mathfrak{A}$. In der gleichen Weise kann W von AB in Abb. 71 gefunden werden. Das von $\mathfrak{A}$ auf PT gefällte Lot schneidet die in P zu PA gezeichnete Senkrechte in D'. Dann trifft die Gerade durch D', A die Polnormale in W. In Abb. 74 ist ferner aus der Geschwindigkeit $\mathfrak{v}_A = A\overline{A} = r\omega$ des Punktes A die Geschwindigkeit $\mathfrak{v}_W = W\overline{W}$ des Wendepols W mit Hilfe der gedrehten Geschwindigkeiten ermittelt worden. Da $\mathfrak{W}$ im Unendlichen liegt, ist die Polwechselgeschwindigkeit $\mathfrak{u} = P\overline{P} = W\overline{W}$.

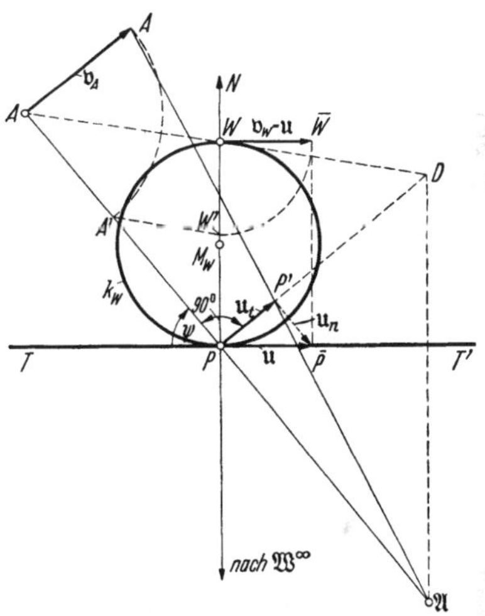

Abb. 74. Grundfigur für HARTMANNsches Verfahren zur Ermittlung des Krümmungsmittelpunktes $\mathfrak{A}$ von A. Pfeilspitze von $\mathfrak{v}_A$ ist $\overline{A}$.

Zerlegt man $\mathfrak{u} = P\overline{P}$ in die Komponenten $PP' = \mathfrak{u}_t$ und $P'\overline{P} = \mathfrak{u}_n$, so ist

$$\overline{PP'} = u \sin\psi$$

und nach Gl. (51), (44) und (49a)

$$\left(\frac{1}{r} + \frac{1}{\mathfrak{r}}\right) \sin\psi = \frac{\omega}{u}.$$

Aus beiden Gleichungen ergibt sich nach Umformung die Proportion

$$\overline{A\overline{A}} : \overline{PP'} = \overline{A\mathfrak{A}} : \overline{P\mathfrak{A}},$$

d. h., die Punkte $\bar{A}$ (Pfeilspitze von $\mathfrak{v}_A$), P' und $\mathfrak{A}$ liegen auf einer Geraden. Damit ist gleichzeitig die Grundlage des „HARTMANN*schen Verfahrens*"[1] für die zeichnerische Ermittlung der Krümmungskreise bereitgestellt.

28. Das HARTMANNsche Verfahren.

Dieses beruht also im wesentlichen darauf, daß aus der Geschwindigkeit $\mathfrak{v}_A = A\bar{A}$ eines Punktes A zunächst die Polwechselgeschwindigkeit $P\bar{P} = \mathfrak{u}$ ermittelt und in die Komponenten $PP' = \mathfrak{u}_t$ und $P'\bar{P} = \mathfrak{u}_n$ zerlegt wird. Die durch $\bar{A}$, P' gelegte Gerade schneidet dann den Polstrahl PA im Krümmungsmittelpunkt $\mathfrak{A}$ von A.

Als Beispiel diene das Abrollen des Kreises $k_g = c_g$ auf der Geraden $gg' = c_r$. Der Mittelpunkt M von k_g wandert auf der durch M zu gg' gezogenen Parallele,

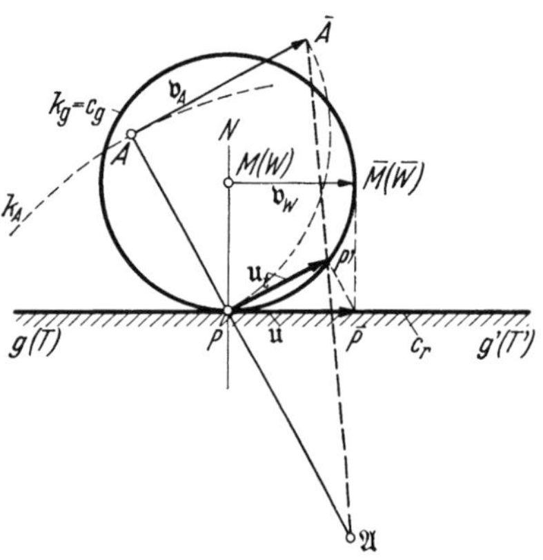

Abb. 75. Sonderfall zu Abb. 74. Abrollen des Kreises k_g auf der Geraden $g\ g'$. $\mathfrak{A}$ von A aus $\mathfrak{v}_M$.

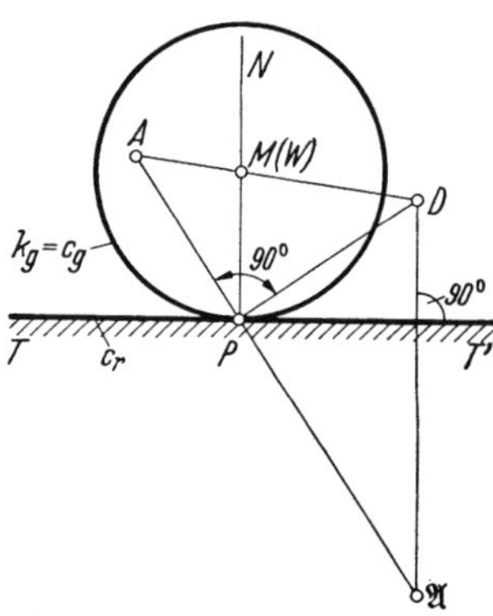

Abb. 76. Vereinfachte Konstruktion zum Sonderfall der Abb. 75.

ist demnach der Wendepol W. Macht man $\mathfrak{v}_M = M\bar{M} = R$, so ist $\mathfrak{u} = P\bar{P} = R$, und $\mathfrak{v}_A = A\bar{A}$ besitzt die Länge $\bar{A}P$. Man zeichnet dann $\mathfrak{v}_t = PP'$ und die Gerade $\bar{A}P'$, die PA in $\mathfrak{A}$ schneidet.

Abb. 76 zeigt die im vorliegenden Falle einfachere Lösung nach BOBILLIER.

Das HARTMANNsche Verfahren besitzt wegen seiner anschaulichen Herleitung aus den Geschwindigkeitsverhältnissen gewisse Vorteile und kann auch zur Konstruktion der Poltangente und der Polwechselgeschwindigkeit bei Vier- und Mehrgelenkgetrieben dienen.

29. Hüllkurve und Hüllbahn.

Die konsekutiv aufeinanderfolgenden Lagen einer dem bewegten System E angehörenden Kurve h_k umhüllen in der ruhenden Ebene E_0 eine gewisse Kurve h_b, die sogenannte „*Hüllbahnkurve*" oder — kürzer ausgedrückt — die „*Hüllbahn*" der *Hüllkurve*" oder „*Systemkurve*" h_k (Abb. 77a). Im Beispiel der in Abb. 77 vorliegenden zentrischen Schubkurbel a, b, c, d ist h_k als Halbkreis über der Koppel $b = \overline{AB}$ gewählt, also E mit b identisch und E_0 mit der Gestellebene d zusammenfallend.

Der Berührungspunkt der Hüllkurve h_k und der Hüllbahn h_b sei als Punkt von h_k mit H_k, als Punkt von h_b mit H_b bezeichnet.

[1] HARTMANN, W.: Ein neues Verfahren zur Aufsuchung des Krümmungskreises. Z. VDI (1893) S. 95.

Sind h_k und h_k^* zwei infinitesimal benachbarte Lagen der Hüllkurve, so entspricht ihrem Schnittpunkt H_k^*, wenn er zu h_k gerechnet wird, auf h_k ein infinitesimal benachbarter Punkt H_k. Dieser beschreibt eine Bahnkurve (H_k), die

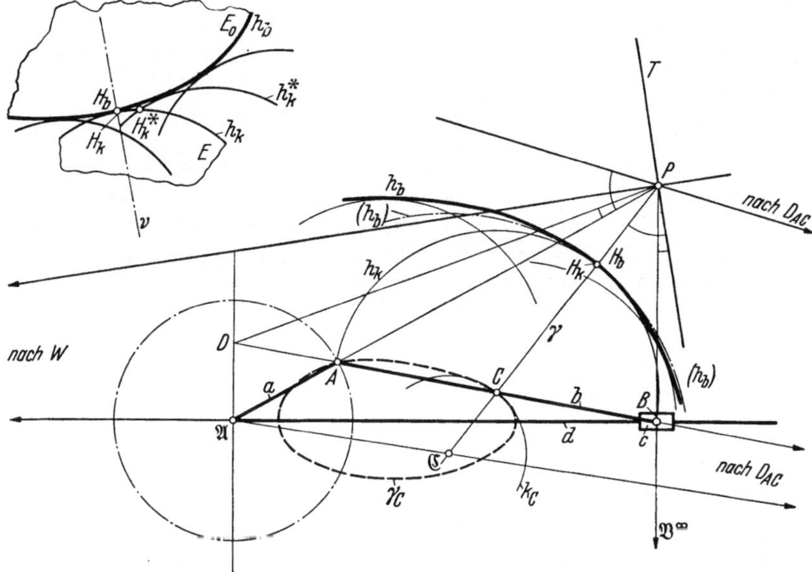

Abb. 77. Hüllkurve h_k und Hüllbahn h_b (links oben, Abb. 77a): allgemein, unten Hüllkurve h_k Thaleskreis über AB der Koppel b; $\mathfrak{C}$ von γ_C in C ist Krümmungsmittelpunkt von h_b in H_b.

mit h_k das Bahnelement $\overline{H_k H_k^*}$, d. h. die Tangente in H_k gemeinsam hat. Die Normale v von (H_k) in H_k ist zugleich Normale von h_k und geht durch den Momentanpol P von E gegen E_0. Es gilt also

Satz 18: Die Normale des Punktes, in dem eine Hüllkurve[1] h_k in der betreffenden Gliedlage ihre Hüllbahn[2] h_b berührt, geht durch den Momentanpol der Gliedlage.

Derjenige Punkt $[H_k]$ von h_k, der sich soeben in der Tangente von h_k bewegt, heißt der augenblickliche „*Gleitpunkt*" der Hüllkurve. Jede Hüllkurve hat also so viele Gleitpunkte, wie Normalen aus dem Momentanpol P auf h_k vorhanden sind.

Da der momentane Gleitpunkt $[H_k]$ im allgemeinen seine Lage auf der Hüllkurve wechselt, so kann die Hüllbahn auch als die Einhüllende der *Bahnen* aller Punkte der Hüllkurve aufgefaßt werden.

Schrumpft die Hüllbahn h_b auf einen Punkt H_b' zusammen (Abb. 78), so gilt

Satz 19: Ist eine Hüllkurve h_k gezwungen, beständig durch einen festen Druck H_b' zu gleiten, so geht für jede Lage von h_k ihre Normale in diesem Punkte H_b' durch den Momentanpol.

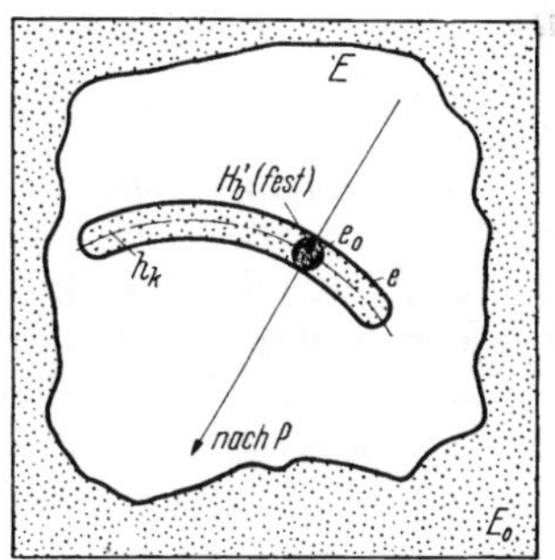

Abb. 78. Führung eines Getriebeglieds E durch einen festen Punkt H_b' von Zapfenmitte e_0.

Ein solches Gelenk heißt nach R. FRANKE ein „*Gleitzwiegelenk*". Dieses besitzt den Freiheitsgrad $f = 2$.

[1] Bei R. MÜLLER: [19], S. 4.
[2] Ebenda als Hüllkurve bezeichnet.

Die Bewegung der Ebene E gegen die Ebene E_0 ist in allgemeiner Weise bestimmt, wenn — wie in Abb. 79 — zu zwei System- oder Hüllkurven h_k und h_k' die dazugehörigen Hüllbahnen h_b und h_b' gegeben sind. Der Momentanpol P ist dann der Schnittpunkt der Normalen in den Berührungspunkten der beiden sich berührenden Kurvenpaare.

In Abb. 79 sind diese Kurven z. B. als Kreisbögen mit den Mittelpunkten (Krümmungsmittelpunkten) $\mathfrak{H}_k$, $\mathfrak{H}_b$ bzw. $\mathfrak{H}_k'$, $\mathfrak{H}_b'$ ausgebildet. Die Bewegung von E gegen E_0 könnte also durch die Bewegung der Koppel $\overline{\mathfrak{H}_k \mathfrak{H}_k'}$ des in $\mathfrak{H}_b$, $\mathfrak{H}_b'$ gelagerten Viergelenkgetriebes $\mathfrak{H}_b \mathfrak{H}_k \mathfrak{H}_k' \mathfrak{H}_b'$ ersetzt werden, was für die Ermittlung der Geschwindigkeits- und Beschleunigungsverhältnisse wesentliche Vorteile bietet (Ersatzgetriebe!). Sind die Kurven der Abb. 79 von beliebiger Form, so gilt das gleiche Verfahren, jedoch nur für zwei aufeinanderfolgende Zeitelemente, wobei für die Kreismittelpunkte die Krümmungsmittelpunkte zu benutzen sind. Schrumpft die Hüllkurve h_k' zu einem Punkt zusammen, z. B. in

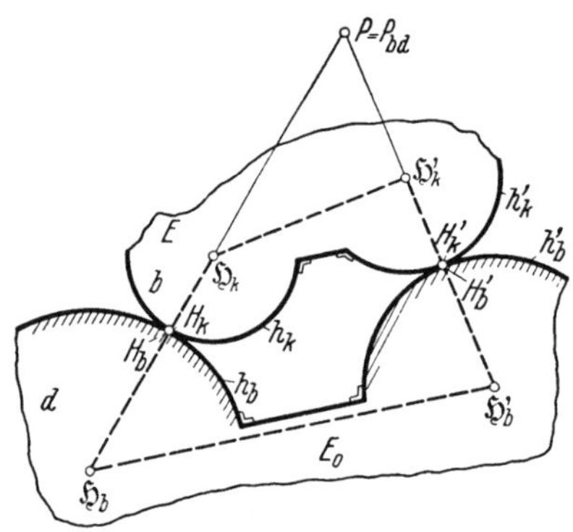

Abb. 79. Zweikurvenführung mit Ersatz-Viergelenkgetriebe.

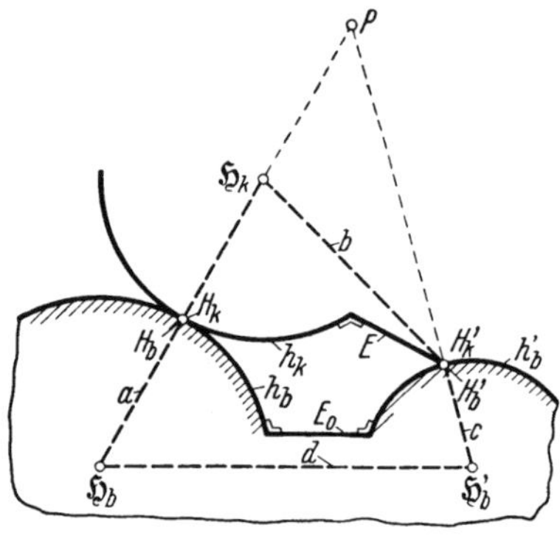

Abb. 80. Punkt-Kurvenführung mit Ersatz-Viergelenkgetriebe.

H_k' von Abb. 80, so wird E mit einem ihrer Punkte H_k' längs h_b' geführt; es entsteht eine „Punktkurvenführung", bestehend aus einem *Wälzzwiegelenk* (h_b, h_k) und einem *Gleitzwiegelenk* (h_b', H_k'). Entsprechend konnte die Bewegung der Koppel b einer Schubkurbel (Abb. 77) als „*Zweipunktführung*" bezeichnet werden.

Die Abbildungstafeln 81 und 82 zeigen Führungsmöglichkeiten[1, 2] eines eben bewegten Getriebegliedes E gegen E_0 mit den dazugehörigen Ersatzgetrieben in Form von Viergelenk-, Schubkurbel-, Kreuzschleifen- und Winkelschleifengetrieben unter Angabe der jeweiligen Lage des Momentanpoles P. Dabei wurden die Kurven der Einfachheit halber als Kreise gezeichnet. In diesem Falle gilt das Ersatzgetriebe für den gesamten Bewegungsverlauf. Sind die Hüllkurven und Hüllbahnen beliebige Kurven, so sind die eingezeichneten Kreise als deren Krümmungskreise an den das Gleit- oder Wälzzwiegelenk bildenden Stellen (Gelenken) anzusprechen. Das Ersatzgetriebe gilt dann nur für das Durchlaufen dreier infinitesimal benachbarten Getriebestellungen.

In diesem Zusammenhang sei noch auf die R. FRANKEsche[3] Aufbaulehre in Form einer Entwicklungs- und Baulehre der Getriebe, insbesondere auf

[1] KREUTZINGER, R.: H.D.I. Mitteilungen (1929), Heft 2, Beiträge zu den Elementen der Bewegungsgeometrie, S. 202.

[2] WITTENBAUER, F.: [9], S. 82/85.

[3] FRANKE, R.: [21] und [22].

die verschiedenen Bauformen der Viergelenkgetriebe hingewiesen, aufgebaut aus *Einzelgelenken* (Drehgelenk E_d, Schubgelenk E_s), aus *Zweigelenkketten* (*Z*),

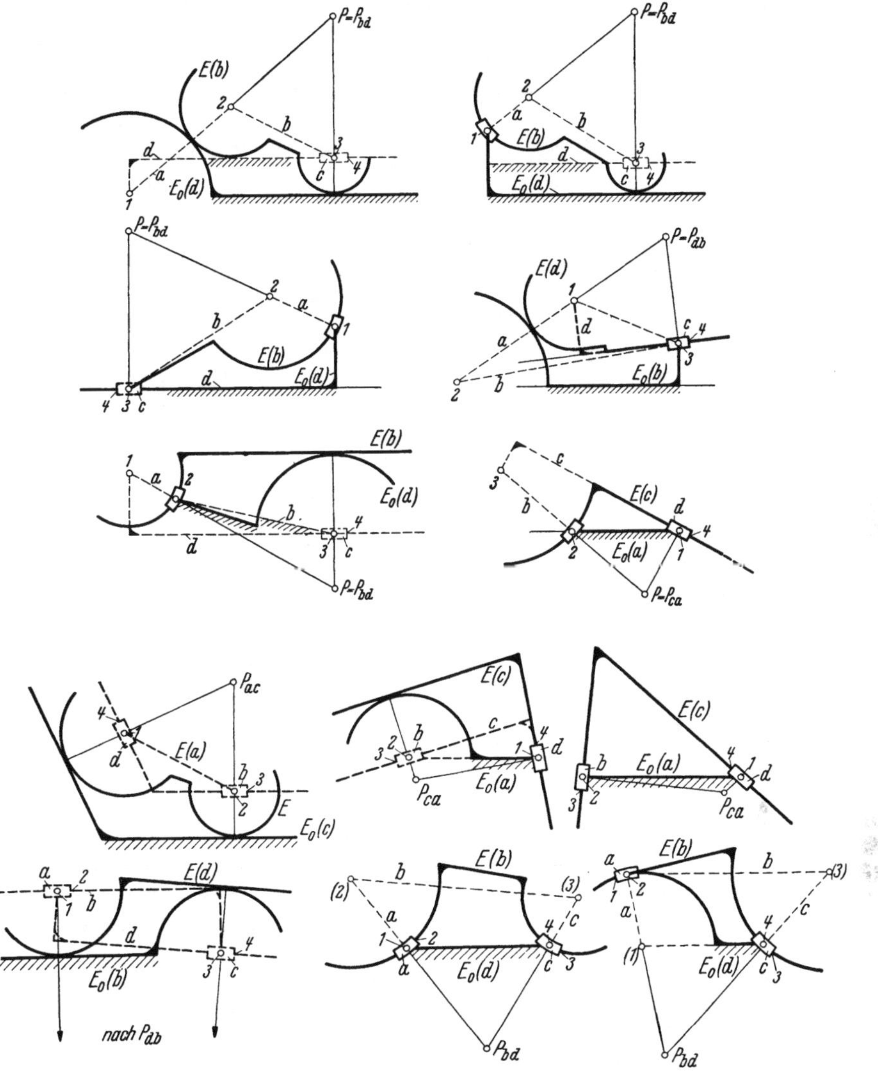

Abb. 81 und Abb. 82. Verschiedene Arten der Führung eines komplan zu bewegenden Getriebegliedes. Ersatz-Viergelenkgetriebe.

Dreigelenkketten (*D*) usw., wobei die Zweigelenkkette auch in der Bauform eines Gleit- oder Wälzzwiegelenks und die Dreigelenkkette als „*Kraft-*, ***Reibungs-*** und *Beschleunigungskette*" auftreten kann

30. Der Rückkehrkreis.

Beim Übergang zu drei infinitesimal benachbarten Gliedlagen wird aus dem in Nr. 15, Satz 12, gefundenen Umkreis k des Poldreiecks $P_{12}P_{23}P_{13}$ der Kreis k_R von der Gleichung

$$\mathfrak{r} = -\delta \sin \psi \qquad (58)$$

erhalten, d. h. ein Kreis, der die Poltangente TT' in P berührt, den Durchmesser $\delta = \overline{PR}$ besitzt und wegen des negativen Vorzeichens das Spiegelbild des Wendekreises k_W bezüglich der Poltangente darstellt (Abb. 83). Zu demselben Ergebnis gelangt man bei der Frage nach denjenigen Punkten $\mathfrak{A}$, die als Krümmungsmittelpunkte der unendlich fernen Punkte A^∞ der bewegten Ebene E anzusprechen sind. Mit $r = \infty$ folgt so aus Gl. (45) wiederum $\mathfrak{r} = -\delta \sin\psi$.

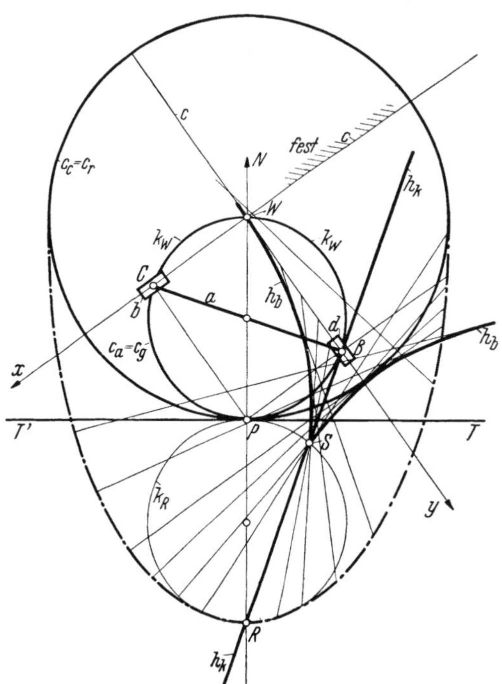

Abb. 83. Kardanbewegung: c_g rollt in c_c. Kleiner Kardankreis als Wendekreis k_W, Rückkehrkreis k_R Spiegelbild von k_W bezüglich Poltangente PT. Gerade h_k durch Rückkehrpol R erzeugt Hüllbahn h_b mit Rückkehrpunkt S auf k_R.

Der Kreis k_R schneidet die Polnormale PN im sogenannten „*Rückkehrpol R*" und heißt der „*Rückkehrkreis*" der betreffenden Getriebegliedlage.

Der Rückkehrpol R ist derjenige Punkt der Gliedlage, der bei drei endlich benachbarten Lagen dem *Gegenpunkt* H_1 der Ausgangsgliedlage entspricht; H_1 als Spiegelbild des Höhenschnittpunktes $\mathfrak{H}$ bleibt beim Grenzübergang spiegelsymmetrisch zu $\mathfrak{H}$ bezüglich $P_{12}P_{13}$, wird also das Spiegelbild von $\lim \mathfrak{H} = W$ bezüglich der Poltangente PT.

Alle Geraden h_k von E durch R werden sich also beim Durchlaufen von drei infinitesimal benachbarten Lagen in einem Punkt S des Rückkehrkreises schneiden. Die sich bei kontinuierlicher Bewegung von h_k ergebende Hüllbahn h_b der Hüllgeraden h_k wird demnach in S eine Spitze, mit anderen Worten einen „*Rückkehrpunkt*" besitzen.

Auf diese Eigenschaft ist der Name „*Rückkehrkreis*"[1] für den Kreis k_R zurückzuführen. Zusammenfassend gilt

Satz 20: Alle durch den Rückkehrpol R gehenden Geraden h_k des bewegten Getriebegliedes erzeugen im allgemeinen einen auf dem Rückkehrkreis k_R liegenden Rückkehrpunkt S ihrer Hüllbahn h_b mit h_k als Tangente.

Zur Erläuterung dieses Satzes ist in Abb. 83 ein *Doppelschieber* (feststehende Kreuzschleife) a, b, c, d zugrunde gelegt mit dem Kardankreispaar c_a, c_c, wobei $k_W = c_a$ ist. B wurde mit R durch die Gerade h_k verbunden, die k_R in S schneidet. Als Gerade der Koppelebene von a umhüllt sie die Hüllbahn h_b. Diese hat in S einen Rückkehrpunkt mit h_k als Tangente.

31. Kinematische Umkehrung. Krümmungsverhältnisse der Hüllbahnen.

Wenn bisher die Ebene bzw. das System E_0, in der sich die Ebene oder das System E bewegt, als fest angenommen wurde, so war damit nur ausgedrückt, daß die Bewegung des Systems von E_0 aus beurteilt wurde. Für einen

[1] L. Burmester nannte die Kreise k_W und k_R die De La Hireschen Kreise. Vg. Anm. 1, S. 43.

sich in der Ebene E befindlichen Beobachter erscheint umgekehrt diese Ebene E als fest und die Ebene E_0 als bewegt. Beschreibt der Punkt A von E die Bahnkurve α, so gleitet — von E aus gesehen — die Kurve α beständig durch den Punkt A. Besitzt A augenblicklich die Geschwindigkeit $\mathfrak{v}$, so bewegt sich der mit A zusammenfallende Punkt von E_0 gegen E in entgegengesetzter Richtung mit der Geschwindigkeit $-\mathfrak{v}$. Für den in E befindlichen Beobachter vertauschen die Hüllkurve und deren Hüllbahn ihre Rollen. Insbesondere rollt jetzt die Polkurve c_r der Ebene E_0 auf der Polkurve c_g der Ebene E.

Die hier festgestellte Wechselbeziehung zwischen zwei verschiedenen Bewegungsarten (E gegen E_0, E_0 gegen E) ist ein wichtiges Hilfsmittel der kinematischen Untersuchungsmethoden und liefert, wenn die Gesetze einer bestimmten Bewegung bekannt sind, sofort auch die der anderen. Diese neue Bewegung heißt die „*Umkehrung*" der ersten.

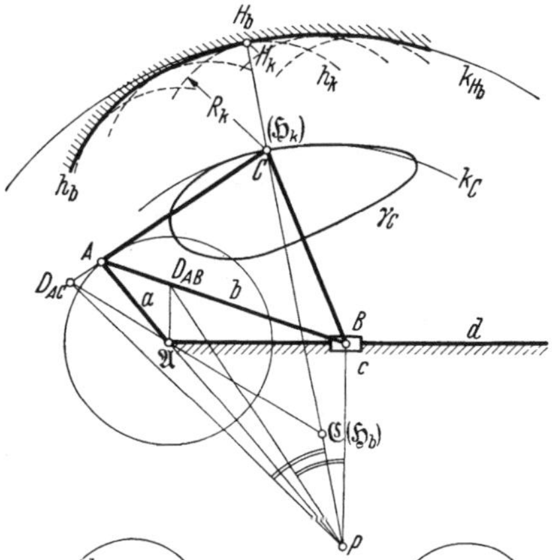

Folgerungen. a) Wenn der Punkt A des Systems E eine Bahnstelle vom Krümmungsmittelpunkt $\mathfrak{A}$ beschreibt, so erzeugt bei der umgekehrten Bewegung der Punkt $\mathfrak{A}$ von E_0 eine Bahnstelle vom Krümmungsmittelpunkt A. Die Punkte A und $\mathfrak{A}$ werden deshalb als *ein Paar entsprechender Krümmungsmittelpunkte* bezeichnet.

b) Der Krümmungsmittelpunkt der von einer Hüllkurve erzeugten Hüllbahnstelle fällt mit dem Krümmungsmittelpunkt derjenigen Bahnkurve zusammen, die der dazugehörige Krümmungsmittelpunkt der Hüllkurve beschreibt.

Abb. 84. Hüllkurve h_k von Koppelebene b der Schubkurbel a, b, c, d besitzt Krümmungsmittelpunkt $C = (\mathfrak{H}_k)$, der Koppelkurve γ_σ mit Krümmungsmittelpunkt $\mathfrak{C}$ beschreibt; $\mathfrak{C} = (\mathfrak{H}_b)$ ist Krümmungsmittelpunkt der Hüllbahn h_b in H_b.

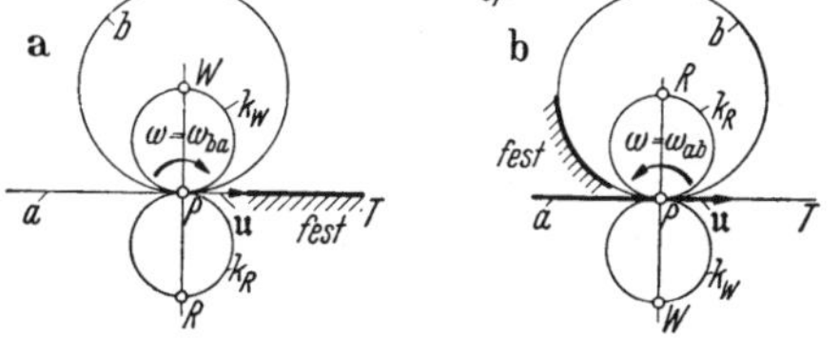

Abb. 84a u. b. Austausch von Wendekreis und Rückkehrkreis bei kinematischer Umkehrung: a) b rollt auf a; b) a rollt auf b.

Zur näheren Erläuterung ist in Abb. 84 zu dem Punkt C der Koppel ABC für die hier dargestellte Schubkurbel a, b, c, d der Krümmungsmittelpunkt $\mathfrak{C}$ gemäß Abb. 72 gezeichnet. In der Koppelebene ABC befindet sich die mit ihr verbundene Hüllkurve h_k (Kreis um C mit Halbmesser R_k), die in der Gestellebene d die Hüllbahn h_b erzeugt. Die Folgerung b) besagt: Koppelpunkt C ist nach der Annahme Krümmungsmittelpunkt $\mathfrak{H}_k$ des Punktes H_k der Hüllkurve h_k. Der Krümmungsmittelpunkt $\mathfrak{C}$ der Bahnstelle C von γ_c ist der Krümmungsmittelpunkt $\mathfrak{H}_b$ der Bahnstelle H_b der Hüllbahn h_b. In Abb. 77 gilt das gleiche für die als Halbkreis über der Koppel AB gezeichnete Hüllkurve h_k, die die Hüllbahn h_b erzeugt.

c) Entsprechende Krümmungsmittelpunkte $C, \mathfrak{C}$ können also aufgefaßt werden als die Krümmungsmittelpunkte einer Hüllkurve und ihrer Hüllbahn im Berührungspunkt beider Kurven. Jede Hüllkurve, die ihre Hüllbahn in irgendeinem Punkt der Geraden durch $C, \mathfrak{C}$ berührt und die an dieser Stelle den Krümmungsmittelpunkt C besitzt, erzeugt eine Hüllbahn vom Krümmungsmittelpunkt $\mathfrak{C}$.

d) Die Poltangente TT' und ein Paar entsprechender Krümmungsmittelpunkte $C, \mathfrak{C}$ bilden ein Äquivalent für drei infinitesimal benachbarte Gliedlagen.

e) Für den Wendekreis und den Rückkehrkreis gelten die nachstehenden Sätze:

Satz 21: Bei kinematischer Umkehrung vertauschen der Wendekreis und der Rückkehrkreis ihre Rollen; der Rückkehrkreis ist der Wendekreis der umgekehrten Bewegung.

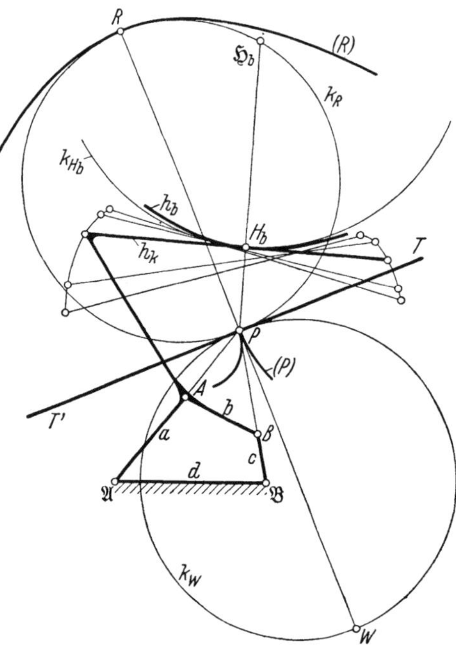

Abb. 85. Koppelgerade h_k von Koppel b liefert Hüllbahn h_b mit Krümmungsmittelpunkt $\mathfrak{H}_b$ auf Rückkehrkreis k_R.

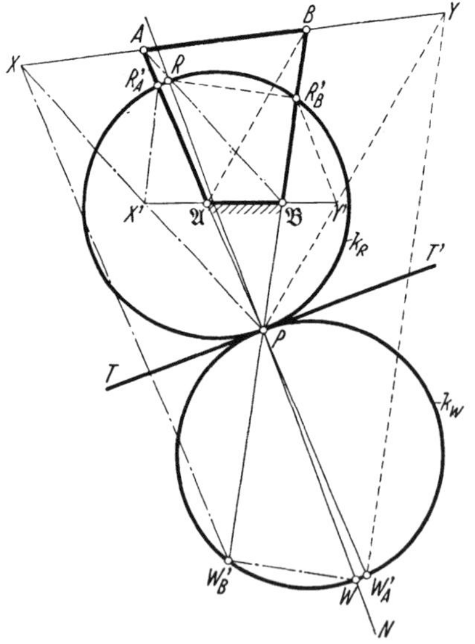

Abb. 86. Wende- und Rückkehrkreis-Konstruktion für Koppelbewegung AB (Verfasser).

In Abb. 84a rollt Rad b auf der feststehenden Geraden a (Orthozykloide); in Abb. 84b ist dagegen Rad b festgehalten, und Gerade a rollt auf b (Evolvente).

Satz 22: Die Krümmungsmittelpunkte aller Hüllbahnen h_b, die von Geraden h_k des bewegten Getriebegliedes erzeugt werden, liegen auf dem Rückkehrkreis.

So zeigt Abb. 85 die Gerade h_k der Koppel AB des Viergelenkgetriebes $\mathfrak{A}AB\mathfrak{B}$; sie besitzt h_b als Hüllbahn, deren Krümmungsmittelpunkt $\mathfrak{H}_b$ für die Bahnstelle H_b auf k_R liegt.

Außerdem sind noch Teile der Koppelkurven (R) und (P) eingetragen, die der Rückkehrpol R bzw. der Momentanpol P als Punkte der Koppelebene AB beschreiben. Die Bahnkurve (P) des mit dem Momentanpol P zusammenfallenden Koppelpunktes hat im allgemeinen einen Rückkehrpunkt in P mit der Polnormale als Tangente.

Da die Punkte der bewegten Polkurve (Gangpolbahn) bei ihrer Berührung mit der ruhenden Polkurve zum Momentanpol werden, hat die dazugehörige Koppelkurve an diesen Stellen einen Rückkehrpunkt, mit anderen Worten eine Spitze.

32. Wendepol- und Rückkehrpolkonstruktionen bei Kurbelgetrieben.

Bei getriebetechnischen Anwendungen des Viergelenkgetriebes und seiner Sonderfälle werden oft der Wendekreis oder der Rückkehrkreis benötigt. Für diesen Zweck seien noch einige einfache Konstruktionen bereitgestellt[1]. In Abb. 86 sind die bereits früher benutzten Zickzackparallelenzüge unter zweckmäßiger Einbeziehung

[1] Beyer, R.: Zur Konstruktion des Wendepols. Masch.-Bau/Der Betrieb, Getriebetechnik, Reuleaux-Mitteilungen Bd. 7 (1939) S. 469.

der Diagonalen $\mathfrak{A}B$ und $\mathfrak{B}A$ eingetragen, und zwar ohne Verwendung der Poltangente und der Kollineationsachse.

Man zieht durch den Momentanpol P zu den Diagonalen $A\mathfrak{B}$ und $\mathfrak{A}B$ die Parallelen, die AB und $\mathfrak{A}\mathfrak{B}$ in X, X' bzw. Y, Y' schneiden. Die durch X und Y zu $A\mathfrak{A}$ bzw. $\mathfrak{B}B$ gezeichneten Parallelen treffen $\mathfrak{B}B$ und $\mathfrak{A}A$ in den Punkten W'_A und W'_B des Wendekreises k_W, und die in W'_A und W'_B zu $\mathfrak{A}A$ bzw. $\mathfrak{B}B$ errichteten Senkrechten schneiden sich im gesuchten Wendepol W. Die durch X'

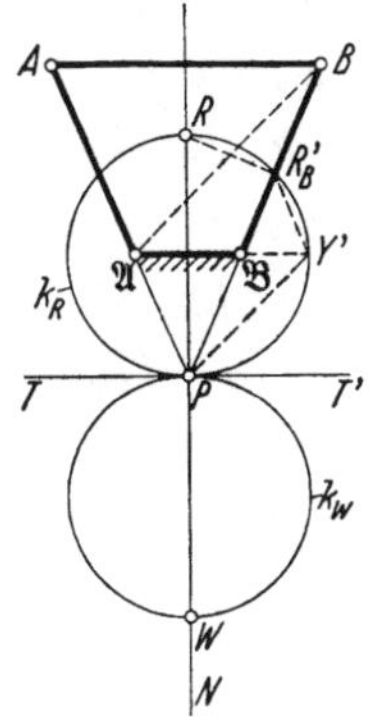

Abb. 87. Sonderfall für symmetrische Vierecklage einer gleichschenkligen Doppelkurbel.

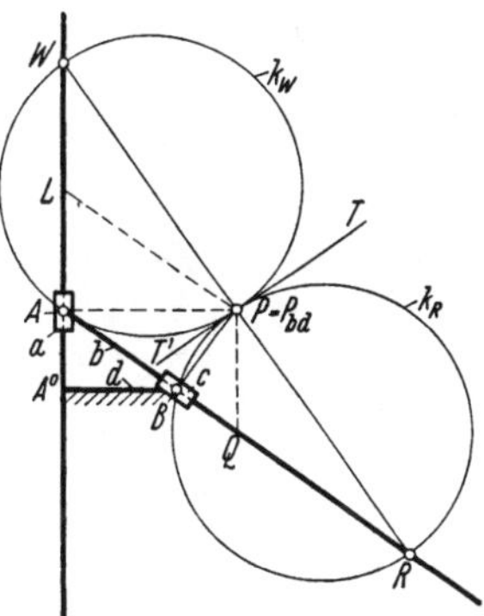

Abb. 88. Wendekreis und Rückkehrkreis für Koppelbewegung b eines Winkelschleifengetriebes.

und Y' zu $\mathfrak{B}B$ bzw. $\mathfrak{A}A$ gezeichneten Parallelen schneiden $\mathfrak{A}A$ in R'_a und $\mathfrak{B}B$ in R'_B des Rückkehrkreises k_R, und $R'_A R \perp \mathfrak{A}A$, $R'_B R \perp \mathfrak{B}B$ ergeben den Rückkehrpol R. *Kontrollen:* $\overline{PR'_B} = \overline{PW'_B}$, $\overline{PR'_A} = \overline{PW'_A}$. Die Konstruktion versagt auch dann nicht, wenn die Koppel AB zum Steg $\mathfrak{A}\mathfrak{B}$ parallel ist, wie Abb. 87 für eine gleichschenklige Doppelkurbel $\mathfrak{A}AB\mathfrak{B}$ beweist.

Nicht minder einfach ist das Verfahren für das in Abb. 88 gezeigte *zentrische Winkelschleifengetriebe* (Schubschleife) a, b, c, d (*Konchoidenproblem*). Man zeichnet den Momentanpol $P = P_{bd}$, macht PL parallel AB, $\overline{LW} = \overline{LA}$. Die Konstruktion beruht im wesentlichen darauf, daß k_W durch A und k_R durch B gehen muß und daß $\overline{PW} = \overline{PR}$ ist.

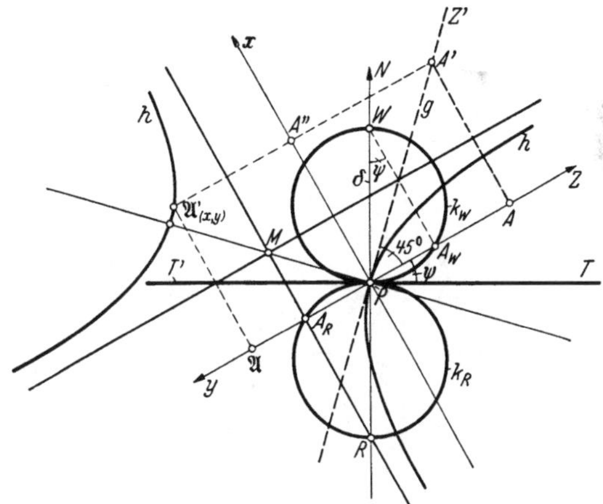

Abb. 89. Schaubild zu EULER-SAVARYschen Formel nach N. ROSENAUER.

33. Schaubilder zur EULER-SAVARYschen Formel. Quadratische Verwandtschaft.

Die Hauptschwierigkeit für eine Gesamtdarstellung des Zusammenhangs A, $\mathfrak{A}$ für die Punkte eines Polstrahls PZ wird nach N. ROSENAUER[1] vermieden, wenn man nach Abb. 89 die Gerade PZ' einführt, die mit dem Polstrahl PZ den $\sphericalangle ZPZ' = 45°$ bildet, an Stelle der Punkte A die Punkte A' auf PZ' betrachtet und A' auf die in P zu PZ errichtete Senkrechte Px nach A'' projiziert. Die in $\mathfrak{A}$ zu

[1] ROSENAUER, N.: [65q].

PZ gezeichnete Senkrechte schneidet dann $A'A''$ in einem Punkte $\mathfrak{A}'$, wobei $\overline{\mathfrak{A}A} = \overline{A'\mathfrak{A}'} = \varrho$ ist. Mit Hilfe des eingetragenen rechtwinkligen Achsenkreuzes $x = \overline{PA''} = \overline{AA'} = \overline{PA} = r$, $y = \overline{A''\mathfrak{A}'} = \overline{P\mathfrak{A}} = \mathfrak{r}$ folgt nach Gl. (51) und (49a) $1/x + 1/y = 1/r_w$, wobei $\overline{PA_W} = \delta \sin\psi = r_w$ gesetzt worden ist. Der geometrische Ort der Punkte $\mathfrak{A}'$ ist also die gleichseitige Hyperbel h von der Gleichung

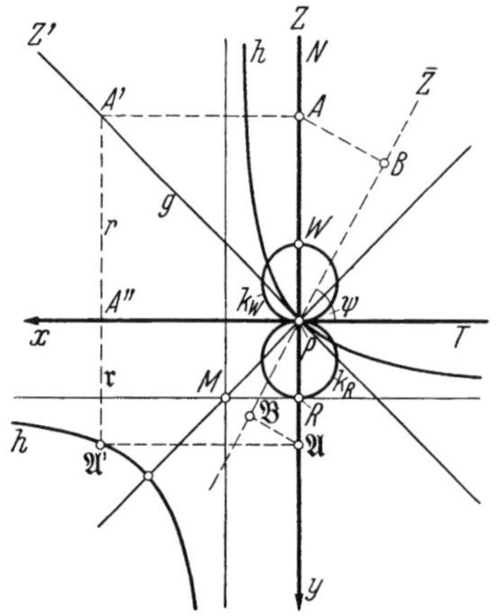

$$(x - r_w)\,(y - r_w) - r_w^2 = 0,$$

die den Mittelpunkt $M(r_w/r_w)$ besitzt, durch den Momentanpol geht und die Gerade $g = PZ'$ als Scheiteltangente hat.

Abb. 90. Schaubild gemäß Abb. 89 für Punkte der Polnormale PN.

In Abb. 90 ist das ROSENAUERsche Verfahren auf die Punkte A der Polnormale PN angewandt. Aus A, $\mathfrak{A}$ werden zusammengehörige Krümmungsmittelpunkte B, $\mathfrak{B}$ eines beliebigen Strahles $P\overline{Z}$ gefunden, indem man A und $\mathfrak{A}$ auf PZ nach B und $\mathfrak{B}$ projiziert (Projektionssatz).

Das Verfahren kann auch dazu dienen, auf einem Polstrahl PZ diejenigen Punkte A aufzusuchen, die gleiche Krümmungshalbmesser ϱ besitzen.

Die EULER-SAVARYsche Gleichung

$$\left(\frac{1}{r} - \frac{1}{\mathfrak{r}}\right) \sin\psi = \frac{1}{\delta}$$

vermittelt eine sogenannte „*quadratische Verwandtschaft*“. Werden die Koordinaten von A mit x, y, die von $\mathfrak{A}$ mit ξ, η bezeichnet, so bestehen die folgenden Gleichungen (Abb. 62)

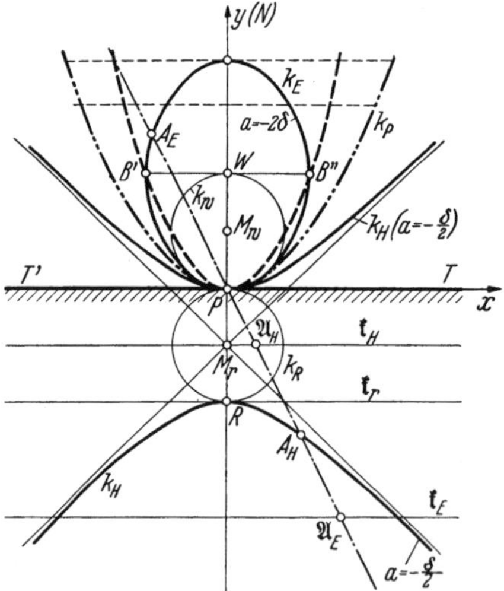

Abb. 91. Schaubild zur quadratischen Verwandtschaft zwischen $\mathfrak{A}$ und A der EULER-SAVARYschen Formel.

$$\xi = -\frac{\delta\, x\, y}{x^2 + y^2 - \delta\, y}, \quad \eta = -\frac{\delta\, y^2}{x^2 + y^2 - \delta\, y} \qquad (59\text{a, b})$$

bzw.

$$x = \frac{\delta\,\xi\,\eta}{\xi^2 + \eta^2 + \delta\eta}, \quad y = \frac{\delta\eta^2}{\xi^2 + \eta^2 + \delta\eta}. \qquad (60\text{a, b})$$

Besonders einfache geometrische Örter für Punkte A (Abb. 91) werden bei der Betrachtung aller Punkte $\mathfrak{A}$ erhalten, die auf einer Parallele $\eta = a$ zur Poltangente TT' liegen. Aus Gl. (59b) folgt für $\eta = a$

$$(x^2 + y^2 - \delta y)\, a + \delta y^2 = 0. \qquad (61)$$

Dieses Kegelschnittbüschel enthält für $a = \pm\infty$ den Wendekreis k_W von der Gleichung

$$k_W \equiv x^2 + y^2 - \delta\, y = 0 \qquad (62)$$

und für $a = 0$ die Poltangente TT' von der Gleichung $y = \pm 0$.

Für $a = -\delta$, d. h. für die Parallele $\mathfrak{k}_r$ durch den Rückkehrpol R, ergibt sich die Parabel

$$k_p = x^2 - \delta y = 0 . \tag{63}$$

Sämtliche Kegelschnitte des Büschels (61) besitzen im Momentanpol P den Wendekreis als Krümmungskreis, und die Nebenscheitel der Ellipsen k_E liegen sämtlich auf einer Parabel

$$(k_p) \equiv x^2 - \frac{\delta}{2} y = 0 .$$

Allgemein liefert eine beliebige Gerade $y = mx + n$ als Ort der Punkte A für den geometrischen Ort der Krümmungsmittelpunkte $\mathfrak{A}$ den Kegelschnitt

$$n\xi^2 + m\delta\xi\eta + (n - \delta)\eta^2 + n\delta\eta = 0 \tag{64}$$

oder umgeformt

$$(\xi^2 + \eta^2 + \delta\eta)\, n - \eta(\eta - m\xi)\,\delta = 0 . \tag{64a}$$

Ein Kegelschnitt von der Gleichung

$$k \equiv a_{11} x^2 + 2a_{12} xy + a_{22} y^2 + 2a_{23} y = 0 , \tag{A}$$

der die Poltangente TT' in P berührt, hat als geometrischen Ort der Punkte $\mathfrak{A}$ einen Kegelschnitt von der Gleichung

$$\mathfrak{k} \equiv (a_{11}\xi^2 + 2a_{12}\xi\eta + a_{22}\eta^2 + 2a_{23}\eta)\,\delta + 2a_{23}(\xi^2 + \eta^2) = 0 , \tag{$\mathfrak{A}$}$$

der ebenfalls die Poltangente in P berührt und dem durch Gl. (A) und $x^2 + y^2 = 0$ bestimmten Kegelschnittbüschel angehört (Abb. 92).

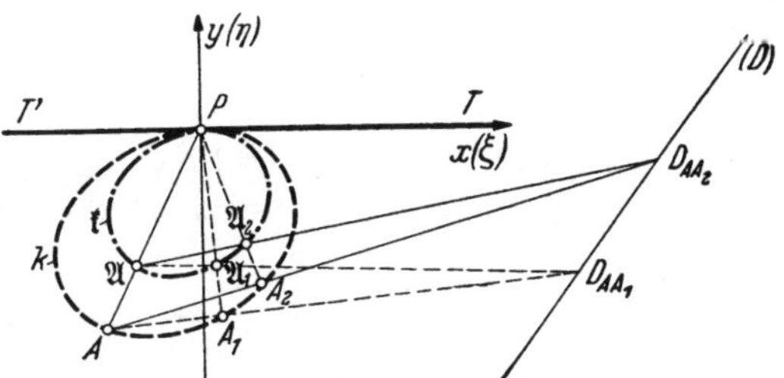

Abb. 92. Quadratische Verwandtschaft zwischen A und $\mathfrak{A}$. Einem PT berührenden Kegelschnitt k entspricht Kegelschnitt $\mathfrak{k}$ mit PT als Tangente in P.

Zerfällt k in das Geradenpaar k_1, k_2, wobei k_2 die Poltangente PT bedeutet, so ergibt die BOBILLIERsche Konstruktion den bereits durch (Gl. 64) nachgewiesenen Kegelschnitt (Abb. 93), wobei außerdem jedem Punkt Q der Poltangente (als Punkt der Ebene E) der Krümmungsmittelpunkt $\mathfrak{Q}$ entspricht, der mit dem Momentanpol P zusammenfällt.

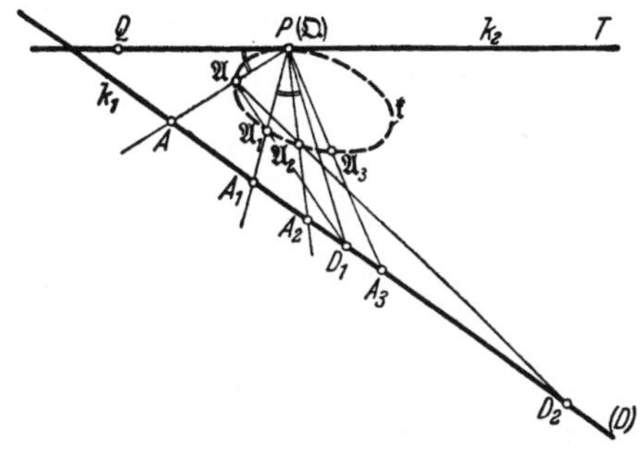

Abb. 93. Sonderfall gemäß Abb. 92; k ein Geradenpaar k_1, k_2. Den Punkten Q von PT entspricht P als Krümmungsmittelpunkt.

Ferner entspricht einem die Poltangente in P berührenden Kreis k von E in der Ebene E_0 ein die Poltangente ebenfalls berührender Kreis. Durch die EULER-SAVARYsche Gleichung wird die bewegte Ebene E, die r-Ebene der Abb. 94a, in eindeutiger Weise auf die feste Ebene E_0, die $\mathfrak{r}$-Ebene der Abb. 94b abgebildet[1]. Den Gebieten der Punkte A von Abb. 94a entsprechen in Abb. 94b die gleichartig gekennzeichneten Gebiete der dazugehörigen Krümmungsmittelpunkte $\mathfrak{A}$.

[1] MEYER zur CAPELLEN, W.: Die Abbildung durch die EULER-SAVARYsche Formel. Z. angew. Math. Mech. Bd. 17 (1937) S. 288/295.

W. MEYER ZUR CAPELLEN[1] entwickelte Nomogramme zur EULER-SAVARYschen Formel, z. B. ein solches für r, $\mathfrak{r}$, $w = \delta \sin \psi$, δ und ψ, ein anderes für r, $\mathfrak{r}$, w. Auf die Krümmungsverhältnisse der ersten und höheren Evoluten der Hüllbahnen, auf höhere Singularitäten der Bahn- und Polkurven soll hier nicht eingegangen werden.

R. MÜLLER, R. MEHMKE und L. ALLIEVI[2] leisteten für diese Fragen sehr wertvolle Forschungsarbeit.

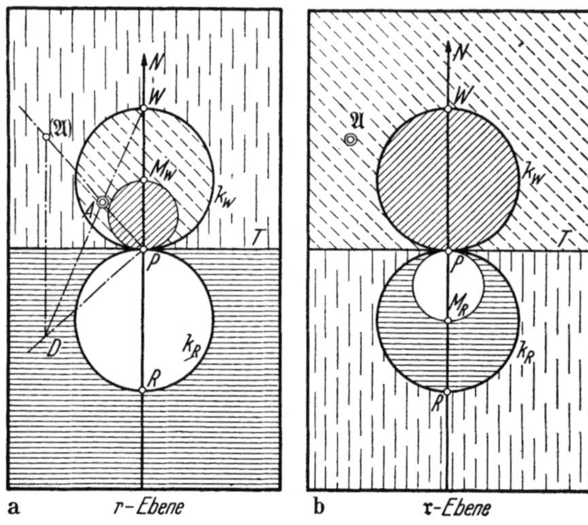

Abb. 94. Den Punkten A der r-Ebene entsprechen Punkte $\mathfrak{A}$ der $\mathfrak{r}$-Ebene in den durch gleiche Schraffur gekennzeichneten Bereichen.

34. Krümmungsverhältnisse und Koppel-Rastgetriebe.

Die Verfahren zur Ermittlung der Krümmungskreise der Punktbahnen gestatten viele getriebesynthetische Anwendungen, insbesondere beim Entwurf von Stillstandgetrieben, die von der Koppelbewegung eines Kurbel- oder Koppelgetriebes abgeleitet werden (Koppel-Rastgetriebe).

So zeigt Abb. 95 die Kurbelschwinge $\mathfrak{A}AB\mathfrak{B}$, deren Koppelpunkt C den Krümmungsmittelpunkt $\mathfrak{C}$ besitzt. Der Krümmungskreis k_C schmiegt sich gut an die Koppelkurve des Punktes C an, kann also in dem dazugehörigen Bewegungsgebiet $C'C''$ die Koppelkurve γ_c ersetzen.

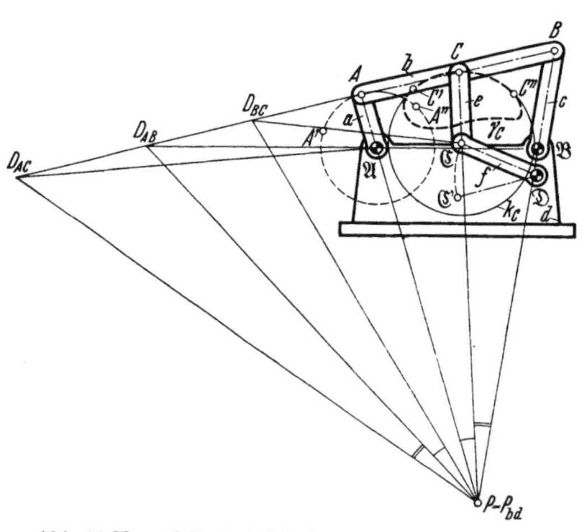

Abb. 95. Koppel-Rastgetriebe für Schwinghebel f, abgeleitet durch Zweischlag e, f vom Punkt C der Koppel b einer Kurbelschwinge.

Bildet man den Krümmungshalbmesser $\overline{C\mathfrak{C}}$ als Lenker e körperlich aus und lenkt man ihn bei $\mathfrak{C}$ durch den Schwinghebel f in $\mathfrak{D}$ an das Maschinengestell an, so führen die bereits in Abb. 31 entwickelten Gedankengänge zu dem sechsgliedrigen Kurbelgetriebe (Siebengelenkgetriebe) a bis f, dessen Schwinge $\overline{\mathfrak{C}\mathfrak{D}} = f$ so lange in Ruhe bleibt, als sich k_C an die Koppelkurve γ_c hinreichend gut anschmiegt. Im weiteren Verlauf der Kurbelbewegung a wird dann f bis zur Lage $\overline{\mathfrak{C}'\mathfrak{D}}$ ausschwingen, um dann nach der

[1] MEYER ZUR CAPELLEN, W.: Nomogramme zur EULER-SAVARYschen Formel. Getriebetechnik Reuleaux-Mitteilungen Bd. 9 (1941) S. 489/492.

[2] MÜLLER, R.: Z. Math. Bd. 35 (1890) S. 21; Bd. 36 (1891) S. 193 u. 257; Bd. 42 (1897) S. 247. — Vgl. Masch.-Bau/Der Betrieb, (1937). S. 325/329 mit ausführlichem Verzeichnis der Arbeiten von R. MÜLLER. — R. MEHMKE: Z. Math. Bd. 35 (1890) S. 1, 23 u. 65. — L. ALLIEVI: Biella piana, S. 3ff.

Stillstandsstellung zurückzuschwingen. Die Güte des Stillstands kann durch Ziehen der Bahnnormalen in C' und C'' und Ermittlung der Winkel σ', σ'', den diese mit $C'\mathfrak{C}$ bzw. $C''\mathfrak{C}$ bilden, überprüft werden (vgl. Abb. 31, S. 20).

In Abb. 96 ist an die Stelle des Schwinghebels f ein Schieber f getreten ($\mathfrak{D}$ im Unendlichen), der bei seiner Schubbewegung einen Stillstand in der Lage $\mathfrak{C}$ besitzt.

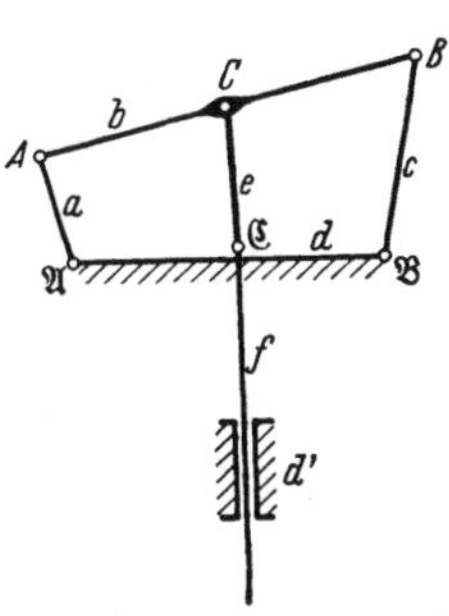

Abb. 96. Koppel-Rastgetriebe für Schubbewegung von f.

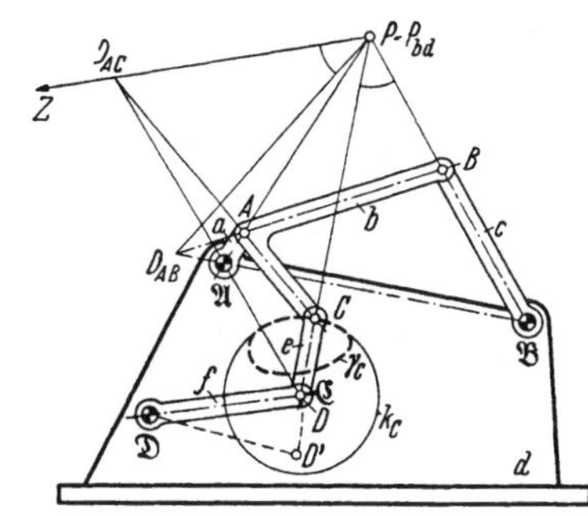

Abb. 97. Schwingbewegung f mit angenähertem Stillstand in vorgegebener Schwingenstellung $\mathfrak{D}\,D$, abgeleitet von einer Kurbelschwinge in vorgeschriebener Getriebestellung $\mathfrak{A}\,A\,B\,\mathfrak{B}$.

In Abb. 97 soll von der in einer Maschine bereits vorhandenen Kurbelschwinge $\mathfrak{A}\,A\,B\,\mathfrak{B}$ und bei dieser Getriebestellung eine Schwinge f so angetrieben werden, daß sie in der gegebenen Stellung $\overline{\mathfrak{D}D}$ mit dem vorgegebenen Drehpunkt $\mathfrak{D}$ und vorgeschriebener Länge $\overline{\mathfrak{D}D}$ einen Stillstand besitzt. Gemäß Abb. 72 schneidet man $\mathfrak{A}\,\mathfrak{B}$ und $A\,B$ in $D_{A\,B}$, $\mathfrak{A}\,A$ und $\mathfrak{B}\,B$ im Momentanpol P, verbindet $D_{A\,B}$ mit P und trägt in P an $P D_{A\,B}$ im gleichen Sinn den $\sphericalangle B P D$ an, dessen freier Schenkel PZ die Gerade durch $\mathfrak{A}$ und D in $D_{A\,C}$ schneidet. Die durch $D_{A\,C}$ und A gezeichnete Gerade trifft dann $P D$ im gesuchten Koppelpunkt C mit $\mathfrak{C} \equiv D$ als Krümmungsmittelpunkt. C ist noch durch AC mit AB starr zu verbinden (Koppeldreieck $A\,B\,C$). Der Krümmungskreis k_C schmiegt sich sehr gut an die Koppelkurve γ_C in der Bahnstelle C an. Es sei jedoch darauf hingewiesen, daß solche günstigen Verhältnisse nicht immer vorzuliegen brauchen, da ja die Berührung von k_C und γ_C nur „*dreipunktiger*" Art ist.

Zur Verbesserung der Güte der Rast sind noch weitere Untersuchungen erforderlich, z. B. das Aufsuchen von Bahnstellen, die einen „vierpunktig", eventuell „fünfpunktig" berührenden Krümmungskreis besitzen (vgl. Abschnitt VII). Das gleiche gilt auch für den Entwurf von angenäherten Geradführungen, für die angenäherte Erzeugung von Kurvenbögen durch Kurbelgetriebe u. a. m.

35. Angenäherte Geradführung.

Ausgangspunkt der Abb. 98 ist das Kardankreispaar k_g, k_r mit $\mathfrak{R} = 2\,R$. Nach Gl. (49) ist der Wendekreisdurchmesser $\delta = 2\,R$, und der Wendekreis k_W fällt mit dem kleinen Kardankreis k_g zusammen. Der Wendepol W ist mit dem Mittelpunkt $\mathfrak{M}$ von k_r identisch. Für die zur Polnormale PN symmetrisch angenommenen Punkte A und B sind die Krümmungsmittelpunkte $\mathfrak{A}$ und $\mathfrak{B}$ ermittelt, $\overline{\mathfrak{A}A}$ und $\overline{\mathfrak{B}B}$ als Lenker (Schwingen) und ABW als Koppeldreieck ausgebildet worden. Die so erhaltene Doppelschwinge $\mathfrak{A}\,AB\,\mathfrak{B}$ führt den Punkt W angenähert auf der Geraden gg', da der Wendepol W aus später zu erörternden Gründen in diesem Sonderfall keinen Wendepunkt seiner Bahn, sondern einen „*Undulationspunkt*" oder „*Flachpunkt*" an dieser Bahnstelle besitzt (Nr. 83).

In Abb. 99 sind die Punkte B und C der Ebene des kleinen Kardankreises k_g auf einer Geraden durch W angenommen und die dazugehörigen Krümmungsmittelpunkte 𝔅 und ℭ ermittelt worden. Das so erhaltene Schema eines Wipp-

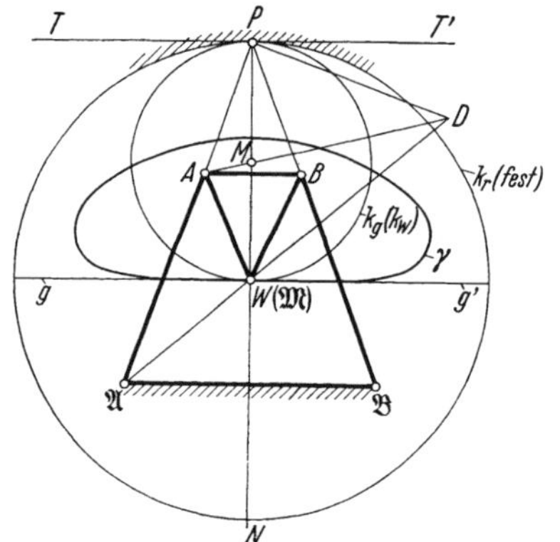

Abb. 98. Von einem Kardankreispaar abgeleitete angenäherte Geradführung des Punktes W durch ein gleichschenkliges Doppelschwinggetriebe in symmetrischer Vierecklage.

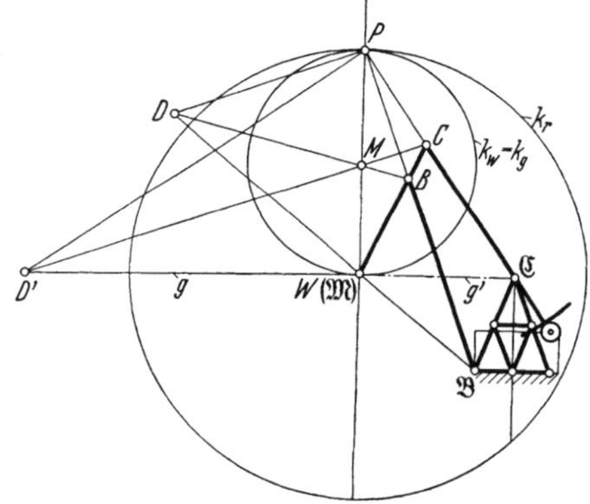

Abb. 99. Angenäherte Geradführung des Auslegerendpunktes W eines Wippkranes.

kranes ergibt für den Punkt W des Auslegers WBC eine angenäherte Geradführung, also die Möglichkeit des horizontalen Einziehens einer Last.

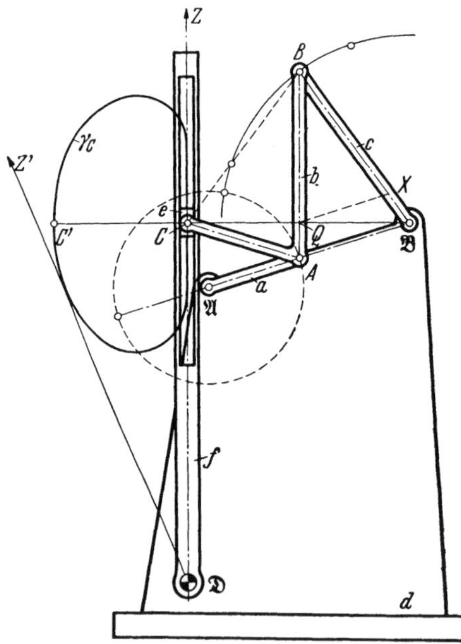

Abb. 100. Koppelkurven mit teilweise geradlinigem Bahnstück, ausgewertet für Schwingbewegung mit Stillstand.

Koppelkurven mit angenähert geradlinigen Bahnteilen können nach Abb. 100 mit Hilfe einer geradlinigen Kulisse f zur Ableitung von Hubbewegungen mit Stillständen herangezogen werden. Die Auffindung hierzu geeigneter Koppelpunkte C soll später gezeigt werden. Im vorliegenden Fall befinden sich die Kurbel $\overline{\mathfrak{A}A}$ und die Stegmittellinie $\overline{\mathfrak{A}\mathfrak{B}}$ in der inneren Strecklage der Kurbelschwinge $\mathfrak{A}AB\mathfrak{B}$, bei der $\overline{AB} = \overline{\mathfrak{B}B}$ ist. Außerdem ist $\triangle CAB \cong \triangle A\mathfrak{B}B$, $\overline{\mathfrak{A}A} = \overline{QX}$ und $\overline{BQ} = \overline{BX}$; C besitzt bei diesen Abmessungen einen Undulationspunkt[1].

Rückt 𝔇 in Richtung CZ nach Unendlich, so führt f eine Schubbewegung in Richtung CC' vom Hub CC' aus, und zwar mit einer Rast bei C.

36. Koppeltriebschaltwerk mit gleichachsiger Treiber- und Schaltwelle.

Es sei die Aufgabe gestellt, von der Koppel b einer Schubkurbel $\mathfrak{A}AB$ (a, b, c, d) eine 90°-Schaltung des Schaltsterns f nach Malteserkreuzart abzuleiten, bei der die Wellenmitte 𝔉 des Sterns f mit der Wellenmitte 𝔄 der Antriebs-

[1] Fragen der Technik: [75a].

kurbel a zusammenfällt und die Schaltzeit zur Sperrzeit sich wie 1 : 2 verhält (Abb. 101).

Man zeichnet $\sphericalangle x\mathfrak{A}z = 60°$ gleich dem halben Kurbeldrehwinkel, der für das Schalten in Frage kommt, und $\sphericalangle x\mathfrak{A}y = 135°$, entsprechend der durch $\mathfrak{A}$ gehenden radialen Schlitzführungen 6, 6′, 6″, 6‴ für die an der Koppel b anzuordnende Treiberrolle e. Dann wählt man beispielsweise die Länge von $\overline{\mathfrak{A}C}$, errichtet in C zu $\mathfrak{A}C$ die Senkrechte, die $\mathfrak{A}z$ im Momentanpol $P = P_{bd}$ schneidet. Das von P auf $\mathfrak{A}x$ gefällte Lot trifft den Strahl $\mathfrak{A}x$ im Zapfen B, der die Schubstange b an den Schieber c anlenkt. Die Gerade BC schneidet $\mathfrak{A}z$ im Kurbelzapfen A der Antriebskurbel $\overline{\mathfrak{A}A} = a$.

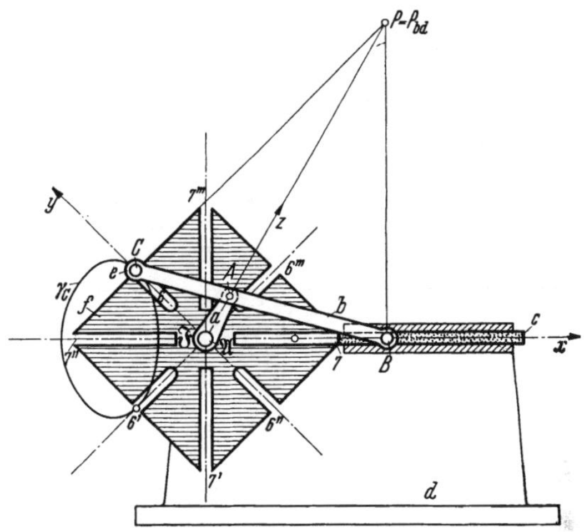

Abb. 101. Koppeltriebschaltwerk mit gleichachsiger Treiber- und Schaltwelle, abgeleitet von Koppelbewegung einer Schubkurbel a, b, c, d.

Durch diese Ermittlung der Getriebeabmessungen auf bewegungsgeometrischer Grundlage ist das tangentiale Einlaufen der Treiberrolle in den Schlitz 6 des Sterns f zu Beginn der Schaltbewegung und damit „stoßfreies" Schalten gewährleistet; denn $\overline{\mathfrak{A}C}$ ist die Tangente an die von der Treiberrollenmitte C beschriebene Koppelkurve γ_C.

An dem Getriebe ist noch beachtenswert, daß der Stern f in einfacher Weise durch den Schieber c gesperrt werden kann, der selbst als Sperrer ausgebildet ist und in die im Stern vorgesehenen Schlitze 7 nach Beendigung des Schaltvorganges geschoben wird (Entwurf des Verfassers[1]).

37. Der Beschleunigungsvektor.

Bewegt sich der Punkt A eines Getriebegliedes längs einer Kurve α und besitzt er zur Zeit t in der Lage A die Geschwindigkeit $\mathfrak{v} = \overrightarrow{A\bar{A}}$, zur Zeit t_1 in der Lage A_1 die Geschwindigkeit $\mathfrak{v}_1 = \overrightarrow{A_1\bar{A}_1}$, so stellt $\overrightarrow{\bar{A}_1 A_1'}$ die Geschwindigkeitsänderung $\Delta\mathfrak{v} = \mathfrak{v}_1 - \mathfrak{v}$ im Zeitintervall $\Delta t = t_1 - t$ dar, wobei $\overrightarrow{\bar{A}_1 A_1'} = -\mathfrak{v}$ bedeutet (Abb. 102a). Die in A und A_1 gezeichneten Bahnnormalen ν_A und ν_{A_1} schneiden sich in $(\mathfrak{A})$ und bilden den Winkel

$$\Delta\tau = A\,(\mathfrak{A})\,A_1 = \sphericalangle\, A_1\,\bar{A}_1\,A_1' = \sphericalangle\,\bar{A}_1\,Z\,\bar{A}\,.$$

Den Geschwindigkeitszuwachs $\overrightarrow{\bar{A}_1 A_1'}$ zerlegt man in die Komponenten

$$\Delta\mathfrak{v}_n = \overrightarrow{C A_1'} = \overrightarrow{A_1 D} \quad \text{und} \quad \Delta\mathfrak{v}_t = \overrightarrow{A_1 C}$$

mit den absoluten Beträgen

$$|\Delta\mathfrak{v}_n| = v\sin(\Delta\tau)$$

und

$$|\Delta\mathfrak{v}_t| = v_1 - v\cos(\Delta\tau) = v + \Delta v - v\cos(\Delta\tau)\,. \qquad (65\text{a, b})$$

[1] Beyer, R.: RM-AfG Reuleaux-Mitt. Bd. 3 (1935) S. 710.

Dividiert man $\Delta \mathfrak{v} = \overrightarrow{A_1 A_1'}$ durch $\Delta t = t_1 - t$, so gibt der Vektor

$$\overrightarrow{A_1 A_m} = \frac{\Delta \mathfrak{v}}{\Delta t} = \frac{\mathfrak{v}_1 - \mathfrak{v}}{t_1 - t} \tag{66}$$

ein mittleres Maß für die Beurteilung der Beschleunigung während des Zeitintervalls Δt.

Die augenblickliche Beschleunigung $\mathfrak{b} = \overrightarrow{A A_b}$ des Punktes A an der Bahnstelle A wird erhalten, wenn $\lim A_1 \rightarrow A$, $\lim t_1 \rightarrow t$ rücken, in der Sprache der Differentialrechnung also der Grenzübergang

$$\overrightarrow{A A_b} = \mathfrak{b} = \lim_{\Delta t \to 0} \left(\frac{\Delta \mathfrak{v}}{\Delta t} \right) = \frac{d \mathfrak{v}}{d t} = \dot{\mathfrak{v}} \tag{67}$$

durchgeführt wird.

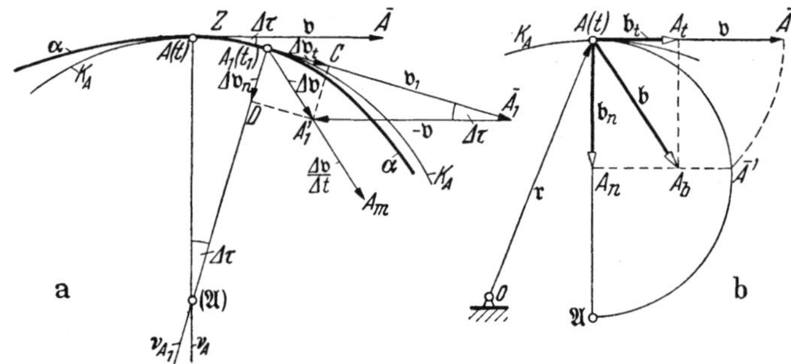

Abb. 102. Beschleunigungsvektor $\mathfrak{b}$ eines längs der Kurve α bewegten Punktes A mit Normalbeschleunigung $\mathfrak{b}_n$ in Richtung $A\mathfrak{A}$ und Tangentialbeschleunigung $\mathfrak{b}_t \perp \mathfrak{A}A$.

Unter Beachtung von Gl. (7) und Abb. 102b folgt dann auch

$$\mathfrak{b} = \frac{d \dot{\mathfrak{r}}}{d t} = \ddot{\mathfrak{r}}. \tag{68}$$

Satz 23: Die Momentanbeschleunigung ist gleich dem Differentialquotienten des Geschwindigkeitsvektors nach der Zeit oder dem 2. Differentialquotienten des Ortsvektors nach der Zeit.

Die Durchführung des Grenzüberganges für die normalen und tangentialen Komponenten $\mathfrak{b}_n$ und $\mathfrak{b}_t$ liefert nach Gl. (65a, b)

$$b_n = \lim_{\Delta t \leftarrow 0} \frac{v \sin(\Delta \tau)}{\Delta t} = v \frac{d \tau}{d t}, \qquad b_t = \lim_{\Delta t \to 0} \left\{ \frac{(v + \Delta v - v \cos \Delta t)}{\Delta t} \right\} = \frac{d v}{d t}, \tag{69a, b}$$

wobei $d\tau$ den Kontingenzwinkel der Bahnkurve α in A bedeutet und $(\mathfrak{A})$ in den Mittelpunkt $\mathfrak{A}$ des Krümmungskreises k_A vom Halbmesser ϱ übergeht (Abb. 102b).

Mit Einführung des Bogenelementes ds von α und bei Beachtung der bekannten Beziehungen

$$\varrho = \frac{d s}{d \tau} \quad \text{und} \quad v = \frac{d s}{d t} \tag{70a, b}$$

gehen die Gl. (69a, b) über in

$$|\mathfrak{b}_n| = b_n = \frac{v^2}{\varrho}, \qquad |\mathfrak{b}_t| = b_t = \frac{d v}{d t}, \tag{71a, b}$$

wobei $\mathfrak{b}_n$ die *Normalbeschleunigung* und $\mathfrak{b}_t$ die *Tangentialbeschleunigung* darstellen. Für diese gilt der vektorielle Zusammenhang

$$\mathfrak{b} = \mathfrak{b}_n + \mathfrak{b}_t. \tag{72}$$

38. Sonderfall: Drehung eines Getriebegliedes um einen Punkt.

In Abb. 103a drehe sich das Glied (Kurbel) a mit der Winkelgeschwindigkeit ω und der Winkelbeschleunigung ε gegenüber dem Gestell g. Diese seien perspektivisch dargestellt durch die in der Drehachse (x-Achse) liegenden Vektoren

$$\overline{\omega} = \overline{\omega}_{ag} \text{ vom Betrag } \omega = |\overline{\omega}| = \dot{\varphi}, \tag{73}$$

$$\overline{\varepsilon} = \overline{\varepsilon}_{ag} = \frac{d\overline{\omega}}{dt} = \dot{\overline{\omega}} \text{ vom Betrag } \varepsilon = |\overline{\varepsilon}| = \dot{\omega} = \ddot{\varphi}. \tag{74}$$

A beschreibt den Kreis α vom Halbmesser $\overline{OA} = r_A$ mit dem dazugehörigen Ortsvektor $\overrightarrow{OA} = \mathfrak{r}_A$.

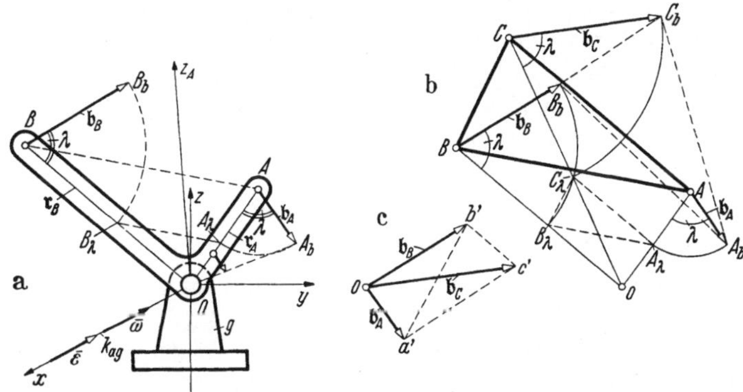

Abb. 103. Beschleunigungsverhältnisse bei Drehung um festen Punkt O. Gedrehte Beschleunigungen. Winkelbeschleunigungsvektor $\bar{\varepsilon}$. b) Beschleunigungen dreier Gliedpunkte; c) Beschleunigungplan $\triangle A_b B_b C_b \sim \triangle ABC \sim \triangle a' b' c'$.

Wegen

$$\mathfrak{v}_A = [\overline{\omega}\,\mathfrak{r}_A] \quad \text{bzw.} \quad \mathfrak{v}_A = \dot{\mathfrak{r}}_A \quad \text{und} \quad v_A = \omega\, r_A \tag{75}$$

folgt

$$\mathfrak{b}_A = \frac{d\,\mathfrak{v}_A}{dt} = [\dot{\overline{\omega}}\,\mathfrak{r}_A] + [\overline{\omega}\,\dot{\mathfrak{r}}_A] = [\overline{\varepsilon}\,\mathfrak{r}_A] + [\overline{\omega}\,\mathfrak{v}_A]$$

$$\mathfrak{b}_A = \mathfrak{b}_{t_A} + \mathfrak{b}_{n_A} \tag{76}$$

mit

$$b_{t_A} = \varepsilon\, r_A \quad \text{und} \quad b_{n_A} = \omega\, v_A = \omega^2 r_A = \frac{v_A^2}{r_A}, \tag{72a, b}$$

$$\mathfrak{b}_{t_A} = [\overline{\varepsilon}\,\mathfrak{r}_A], \qquad \mathfrak{b}_{n_A} = [\overline{\omega}\,\mathfrak{v}_A] = [\overline{\omega}, [\overline{\omega}\,\mathfrak{r}_A]] = -\,\omega^2\,\mathfrak{r}_A. \tag{78a, b}$$

Damit sind die Formeln (71a) und (72) für den Sonderfall der Drehung um einen festen Punkt erneut bewiesen.

Der Beschleunigungsvektor $\mathfrak{b}_A = \overrightarrow{AA_b}$ bildet mit $\overline{OA}$ den durch

$$\operatorname{tg}\lambda = \frac{b_{t_A}}{b_{n_A}} = \frac{\varepsilon\, r_A}{\omega^2\, r_A} = \frac{\varepsilon}{\omega^2} \tag{79}$$

bestimmten Winkel λ, der für alle Punkte des Strahlenbüschels OZ_A durch O den gleichen Betrag besitzt.

Da außerdem

$$b_A = \sqrt{b_n^2 + b_t^2} = \sqrt{(r_A\,\omega^2)^2 + (r_A\,\varepsilon)^2} = r_A\sqrt{\omega^4 + \varepsilon^2} \tag{80}$$

und für den Punkt B mit $\overline{OB} = r_B$ entsprechend

$$\mathfrak{b}_B = r_B \sqrt{\omega^4 + \varepsilon^2}, \tag{80a}$$

so folgt ohne weiteres

$$\mathfrak{b}_A : \mathfrak{b}_B = r_A : r_B \tag{81}$$

und damit das zeichnerische Verfahren nach Abb. 103b mit den um den Winkel λ gedrehten Beschleunigungsvektoren, wobei $\triangle A_b B_b C_b \sim \triangle ABC$. Für die in o angetragenen Beschleunigungsvektoren $\overrightarrow{oa'} = \mathfrak{b}_A$, $\overrightarrow{ob'} = \mathfrak{b}_B$, $\overrightarrow{oc'} = \mathfrak{b}_C$, die in ihrer Gesamtheit den „*Beschleunigungsplan*" bilden, gilt $\triangle a'b'c' \sim \triangle ABC$ (Abb. 103c).

Zusammenfassend kann vermerkt werden

Satz 24: Die Endpunkte $A_b, B_b, C_b, \ldots$ der Beschleunigungsvektoren $\mathfrak{b}_A, \mathfrak{b}_B, \mathfrak{b}_C$ der Punkte A, B, C eines um einen festen Punkt O drehenden Getriebegliedes bilden eine zu der Figur der Gliedpunkte $A, B, C, \ldots$ *gleichsinnig ähnliche* Figur (Burmester).

Satz 25: Die Endpunkte $a', b', c', \ldots$ der Beschleunigungsvektoren $\mathfrak{b}_A = \overrightarrow{oa'}$, $\mathfrak{b}_B = \overrightarrow{ob'}$, $\mathfrak{b}_C = \overrightarrow{oc'}, \ldots$ bilden im Beschleunigungsplan eine zur Figur der Gliedpunkte A, B, C gleichsinnig ähnliche Figur (Mehmke).

Der Beschleunigungsmaßstab: Aus dem

Zeichenmaßstab $M = \alpha$ cm/m, also $1\,\text{m} \mathrel{\hat=} \alpha$ cm, (82a)

Geschwindigkeitsmaßstab $M_1 = \beta$ cm/(m/s), also $1\,\text{m/s} \mathrel{\hat=} \beta$ cm, (82b)

folgt durch Quadrieren von Gl. (82b) nach Division durch Gl. (82a)

$$1\,\frac{\text{m}}{\text{s}^2} = \frac{1\,(\text{m/s})^2}{1\,\text{m}} \mathrel{\hat=} \frac{\beta^2}{\alpha}\,\text{cm} \tag{82c}$$

und damit der

Beschleunigungsmaßstab:

$$M_2 = \frac{M_1^2}{M}\,\frac{\text{cm}}{(\text{m/s}^2)}; \quad \text{d.h.} \quad 1\,\text{m/s}^2 \mathrel{\hat=} \frac{M_1^2}{M}\,\text{cm}. \tag{82d}$$

Für den besonderen Geschwindigkeitsmaßstab der Gl. (26) ergibt sich

$$M_2 = \frac{M}{\omega^2}\,\text{cm/ms}^{-2}. \tag{82e}$$

Für die Ermittlung der Normalbeschleunigung sind noch die Verfahren der Abb. 104a, b, c, d, e zu empfehlen. Hierbei sind $\overline{\mathfrak{A}A} = r$ bzw. ϱ und $\mathfrak{v} = \overrightarrow{A\bar{A}}$

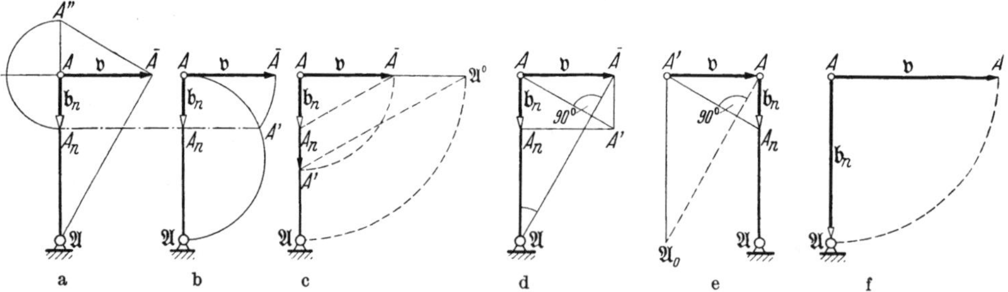

Abb. 104. Konstruktion der Normalbeschleunigung $\mathfrak{b}_n = \overrightarrow{AA_n}$ aus Bahngeschwindigkeit $\mathfrak{v}$ und Krümmungshalbmesser $\overline{\mathfrak{A}A}$.

gegeben, aus denen $\mathfrak{b}_n = \overrightarrow{AA_n}$ erhalten wird. Dabei kann $\mathfrak{A}$ entweder ein fester Drehpunkt oder der Krümmungsmittelpunkt $\mathfrak{A}$ der von A beschriebenen Bahnkurve α sein. Bei dem Sonderfall des Maßstabes (82e) wird $\mathfrak{b}_n$ durch den Pfeil $\overrightarrow{A\mathfrak{A}} = \mathfrak{b}_n$ dargestellt (Abb. 104f).

39. Die Polbeschleunigung.

Für die Beurteilung der Beschleunigungsverhältnisse eines eben bewegten Getriebegliedes ist die Kenntnis der Beschleunigung desjenigen Punktes des bewegten Gliedes von Bedeutung, der in der betrachteten Getriebestellung gerade der Momentanpol P ist. Es wird also mit anderen Worten der Pol P als Systempunkt betrachtet; seine Beschleunigung, die „*Polbeschleunigung* $\mathfrak{b}_P$“, ist nach Abb. 105 auch aus drei endlich benachbarten Gliedlagen ableitbar.

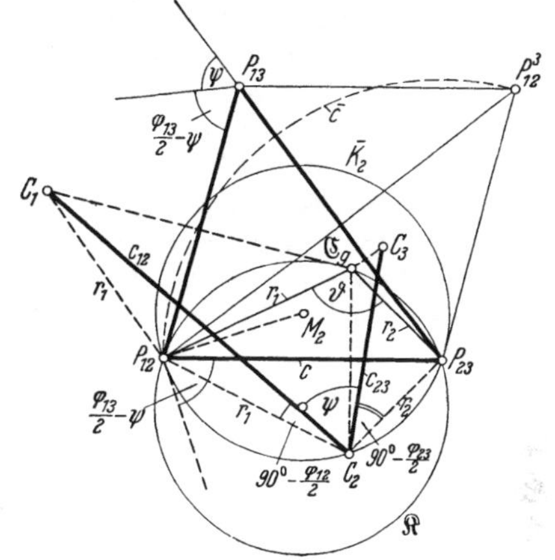

Abb. 105. Zugeordnete Punkte dreier Gliedlagen mit der Bedingung $\overline{C_1 C_2} = \overline{C_2 C_3}$; Polbeschleunigung $\mathfrak{b}_P$ aus $P_{12}\,P_{12}^3$ ableitbar.

Zu dem hier dargestellten Poldreieck $P_{12}P_{23}P_{13}$ mit $\sphericalangle P_{12}P_{23}P_{13} = \frac{\varphi_{23}}{2}$ und $\overline{P_{12}P_{23}} = c$ ist der Spiegelpol P_{12}^3 ermittelt worden, und es ist

$$\overline{P_{12}P_{12}^3} = 2c\sin\left(\frac{\varphi_{23}}{2}\right), \qquad (82\,\text{a})$$

also der Bogen

$$\bar{c} = c\,\varphi_{23}. \qquad (82\,\text{b})$$

$P_1 \equiv P_{12}$ als Punkt der Gliedlage *1* legt im Zeitintervall $\Delta t = (t_2 - t_1)$ während der Drehung um P_{12} den Weg Null, anschließend im Zeitintervall $\Delta t = (t_3 - t_2)$ dagegen den Weg $c\,\varphi_{23}$ zurück. Hieraus folgt

$$b_P = \lim_{\Delta t \to 0}\left(\frac{\frac{c\,\varphi_{23}}{\Delta t} - 0}{\Delta t}\right) = \lim_{\Delta t \to 0}\left(\frac{u\,\Delta t(\Delta\varphi + \Delta^2\varphi)}{(\Delta t)^2}\right)$$

und bei Unterdrückung von unendlich kleinen Größen dritter Ordnung

$$b_P = u\frac{d\varphi}{dt} = u\,\omega. \qquad (83\,\text{a})$$

Da $\lim_{\Delta t \to 0}(\sphericalangle P_{23}P_{12}P_{12}^3) = \pi/2$, so folgt unter Beachtung des Richtungssinnes von $\mathfrak{u}$, $\bar{\omega}$ und

$$\lim(P_{12}P_{12}^3)$$

die vektorielle Darstellung

$$\mathfrak{b}_P = [\mathfrak{u}\bar{\omega}], \qquad (83)$$

die durch Abb. 106 erläutert wird in der die momentane Drehachse k_{ag} perspektivisch eingezeichnet ist.

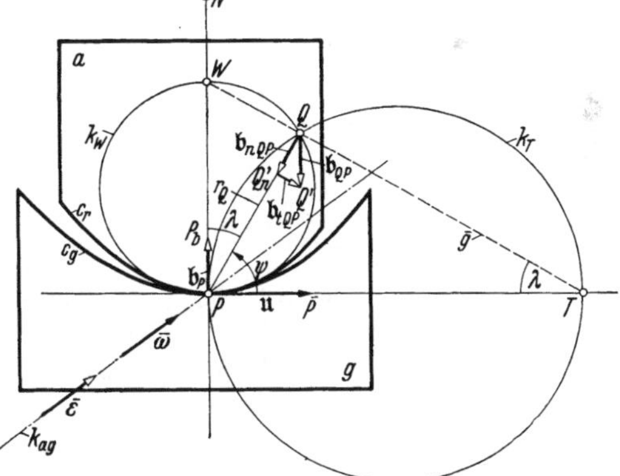

Abb. 106. Beschleunigungspol Q als Schnittpunkt von Wendekreis k_W und Tangential- bzw. Gleichenkreis k_T; $\mathfrak{b}_{QP} = -\mathfrak{b}_P$.

40. Weitere Zusammenhänge zwischen drei endlich und drei infinitesimal benachbarten Gliedlagen. Beschleunigungspol und Tangentialkreis.

Ist die Ebene E Glied eines Getriebes, so wird jeder Punkt C von E eine Kurve γ beschreiben, die Strecken $\overline{C_1C_2} = c_{12}$, $\overline{C_2C_3} = c_{23}$, $\overline{C_1C_3} = c_{13}$ zwischen zugeordneten Punkten C_1, C_2, C_3 dreier endlich benachbarten Gliedlagen sind dann Sehnen dieser Kurven. Je näher diese Gliedlagen einander benachbart sein werden, um so mehr wird der durch c_{12}, c_{23} gebildete Linienzug als ein gewisser Ersatz für die Bahnkurve γ angesprochen werden können.

Will man also bei beliebiger Wahl der drei endlich benachbarten Gliedlagen (Abb. 105) an die Bahnkurven gewisse Anforderungen stellen, die bei infinitesimal benachbarten Lagen in solche über Geschwindigkeits- oder Beschleunigungsverhältnisse übergehen werden, so müssen die Strecken c_{12}, c_{23}, c_{13} gewisse Gesetzmäßigkeiten erfüllen.

Soll beispielsweise die Bewegung des Punktes C stark beschleunigt werden, so wird c_{23} wesentlich größer sein müssen als c_{12}. Für eine angenähert gleichförmige Bewegung von C wird $c_{12} = c_{23}$ zu fordern sein. In beiden und anderen Fällen ist dabei selbstverständlich der Drehwinkel der gleichförmig umlaufenden Antriebskurbel in Rechnung zu ziehen, da dieser dem Ablauf der Zeit proportional ist, ferner der Richtungsunterschied von c_{12} und c_{23}.

a) *Annahme* $c_{12} = c_{23}$: Mit den Bezeichnungen der Abb. 105 folgt für die drei zugeordneten Punkte C_1, C_2, C_3 mit $\mathfrak{C}_g$ als Grundpunkt:

$$c_{12} = 2 r_1 \sin\left(\frac{\varphi_{12}}{2}\right), \qquad c_{23} = 2 r_2 \sin\left(\frac{\varphi_{23}}{2}\right) \tag{84b}$$

bei der Annahme $c_{12} = c_{23}$

$$r_1 : r_2 = \sin\left(\frac{\varphi_{23}}{2}\right) : \sin\left(\frac{\varphi_{12}}{2}\right) \tag{85}$$

und unter Beachtung des Sinussatzes für das Poldreieck

$$r_1 : r_2 = \overline{P_{12} P_{13}} : \overline{P_{23} P_{13}}. \tag{86}$$

Der geometrische Ort der Punkte C_2 ist nach dem *Satz des* APOLLONIUS ein Kreis K_{II}, dessen Durchmesser-Endpunkte I_{12} und U_{13} die Poldreieckseite $P_{12} P_{23}$ innen und außen im Verhältnis der anliegenden Poldreieckseiten teilen (Abb. 107). Dieser Kreis K_{II} geht durch P_{13}; $I_{12} P_{13}$ und $U_{13} P_{13}$ halbieren den Innen- bzw. Außenwinkel des Poldreiecks bei P_{13}. Der Ort der Punkte C_1 ist das Spiegelbild $K_{\text{II, I}}$ des Kreises K_{II} bezüglich $P_{12} P_{13}$. Der Schnittpunkt C_1 von $K_{\text{II, I}}$ mit dem Umkreis K_1 des Spiegelpoldreiecks $P_{12} P_{13} P_{23}^1$ liefert C_1, C_2, C_3 auf einer Geraden. Der Durchmesser $d' = I_{12} U_{13}$ des Kreises K_{II} berechnet sich aus[1]

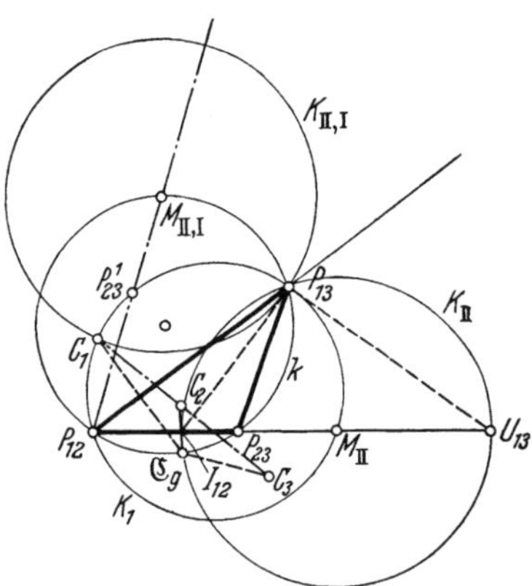

Abb. 107. Drei zugeordnete Punkte gleichen Abstandes $\overline{C_1 C_2} = \overline{C_2 C_3}$ auf einer Geraden. Grenzübergang zu drei infinitesimal benachbarten Lagen überführt C_1 in Beschleunigungspol Q.

$$d' = \frac{2 c \sin\left(\frac{\varphi_{12}}{2}\right) \sin\left(\frac{\varphi_{23}}{2}\right)}{\sin\left(\frac{\varphi_{13}}{2}\right) \sin\left(\frac{\varphi_{23} - \varphi_{12}}{2}\right)}, \tag{87}$$

wobei $\overline{P_{12} P_{23}} = c$ gesetzt ist.

Der Grenzübergang zu drei infinitesimal benachbarten Gliedlagen liefert unter Beachtung von Gl. (39a, b, c) und Gl. (40)

$$\lim d' = \delta_t = \frac{u\, d t\, d \varphi}{d^2 \varphi} = \frac{u \frac{d \varphi}{d t}}{\frac{d^2 \varphi}{d t^2}} = \frac{u\, \omega}{\varepsilon}, \tag{88}$$

[1] BEYER, R.: [38p].

worin

$$\frac{d^2 \varphi}{d t^2} = \ddot{\varphi} = \frac{d \omega}{d t} = \varepsilon \tag{89}$$

die Winkelbeschleunigung des bewegten Getriebegliedes E gegen die ruhende Bezugsebene E_0 bedeutet. Die bereits in Nr. 38 für den Sonderfall der Drehung um einen festen Punkt eingeführte Größe ε ist die Winkelbeschleunigung der bewegten Ebene E gegen die ruhende Bezugsebene E_0 und hat die Dimension $[\varepsilon] = s^{-2}$. Ferner ist beim Grenzübergang nach Nr. 25 K_1 in den Wendekreis k_W und der Kreis $K_{II,I}$ in einen Kreis k_T übergegangen, der die Polnormale PN in P berührt und die Poltangente in T schneidet (Abb. 106).

Der Schnittpunkt Q von k_W und k_T entspricht bei drei endlich benachbarten Gliedlagen dem Punkt C_1 von K_1 der Abb. 107; δ_t ist der Durchmesser des sogenannten „*Tangentialkreises*", dessen Eigenschaften a. a. O. noch behandelt werden.

Da der Punkt C_1 der Abb. 107 mit C_2, C_3 auf einer Geraden g durch $\mathfrak{H}$ des Poldreiecks liegt und außerdem die Bedingung $\overline{C_1 C_2} = \overline{C_2 C_3}$ erfüllt, so wird sich momentan der entsprechende Punkt Q als Schnittpunkt von k_W und k_T beim Durchlaufen der drei infinitesimal benachbarten Lagen „gleichförmig" auf einer Geraden $\bar{g}$ durch W bewegen, die gleichzeitig auch durch T geht (Abb. 106).

Der Punkt Q hat also weder eine Normalbeschleuingung noch eine Tangentialbeschleunigung, da er sich als Gliedpunkt „geradlinig" und „gleichförmig" bewegt.

Der Punkt Q besitzt die „*Beschleunigung Null*" und wird der *Beschleunigungspol* der betreffenden Gliedstellung genannt.

Der Kreis k_T heißt auch der „*Gleichenkreis*", weil jeder seiner Punkte in zwei aufeinanderfolgenden Zeitelementen gleich große Bogenelemente beschreibt. Wendekreis k_W und Gleichenkreis k_T haben bisweilen die Sammelbezeichnung der Bresseschen Kreise[1]. Diese schneiden sich rechtwinklig, ferner ist nach Abb. 106 $PQ \perp WT$ und

$$\operatorname{tg} \lambda = \operatorname{tg} \sphericalangle WPQ = \operatorname{tg} \sphericalangle PTQ = \frac{\delta}{\delta_t} = \frac{\varepsilon}{\omega^2}. \tag{90}$$

Der Beschleunigungspol hat jedoch eine Geschwindigkeit vom Betrag

$$v_Q = (\delta \cos \lambda)\omega = u \cos \lambda. \tag{91}$$

Zusammenfassend gilt

Satz 26: Beim Durchlaufen dreier infinitesimal benachbarten Lagen mit vorgegebener Winkelbeschleunigung $\bar{\varepsilon}$ gibt es einen Gliedpunkt Q mit der Beschleunigung $\mathfrak{b}_Q = 0$; Q heißt der Beschleunigungspol und ist der Schnittpunkt der beiden Bresseschen Kreise (Wendekreis und Tangentialkreis).

Vorgeschriebene Winkel zwischen drei Punktlagen: Sind C_1, C_2, C_3 drei zugeordnete Punkte, so kann auch nach Punkten C_1 gefragt werden, für die der Winkel $\sphericalangle C_1 C_2 C_3 = \psi$ einen konstanten Wert besitzt.

Setzt man in Abb. 105 $\sphericalangle P_{12} C_2 P_{23} = \sphericalangle P_{12} \mathfrak{C}_g P_{23} = \vartheta$, also

$$\vartheta = 180 + \psi - \frac{\varphi_{13}}{2}, \tag{92}$$

so ist der geometrische Ort der Punkte C_2 ein Kreis $\overline{K}_2$, der $P_{12}P_{23}$ als Sehne und den Winkel ϑ als Umfangswinkel faßt.

Der dazugehörige Grundpunkt $\mathfrak{C}_g$: liegt auf dem Kreis $\mathfrak{K}$, dem Spiegelbild von $\overline{K}_2$ bezüglich $P_{12}P_{23}$.

---

[1] Bresse: J. de l'école Polyt. (1853) p. 89.

Der Sonderfall $\psi = 0$, also $\vartheta = 180 - \frac{\varphi_{13}}{2}$ liefert für $\overline{K_2}$ den Umkreis K_2 des Spiegelpoldreiecks $P_{12} P_{23} P_{13}^2$, für $\mathfrak{K}$ den Umkreis k des Poldreiecks $P_{12} P_{23} P_{13}$

Sollen bei vier Gliedlagen — wie später gezeigt wird — C_1, C_2, C_3, C_4 auf einem Kreis liegen, soll also die Bedingung $\sphericalangle C_1 C_2 C_3 = \psi$, $\sphericalangle C_1 C_4 C_3 = 180 - \psi$ erfüllt sein, so kann C_2 als Schnittpunkt zweier Kreise $\overline{K_2}$ und $\overline{K_4^{(2)}}$ gefunden werden (Kreispunktkurve der Lage *2*).

41. Beschleunigungszustand eines eben bewegten Getriebegliedes.

Von dem in Abb. 108 gegen das Gestell d beliebig bewegten Getriebeglied b seien der Momentanpol P und ein beliebiger Punkt A durch die Ortsvektoren $\mathfrak{p} = \overrightarrow{OP}$ und $\mathfrak{a} = \overrightarrow{OA}$ vorgegeben und der Vektor $\overrightarrow{PA}$ mit $\mathfrak{r}_A$ bezeichnet. Außerdem seien die Vektoren $\bar{\omega} = \bar{\omega}_{bd}$ und $\bar{\varepsilon} = \bar{\varepsilon}_{bd}$ der momentanen Winkelgeschwin-

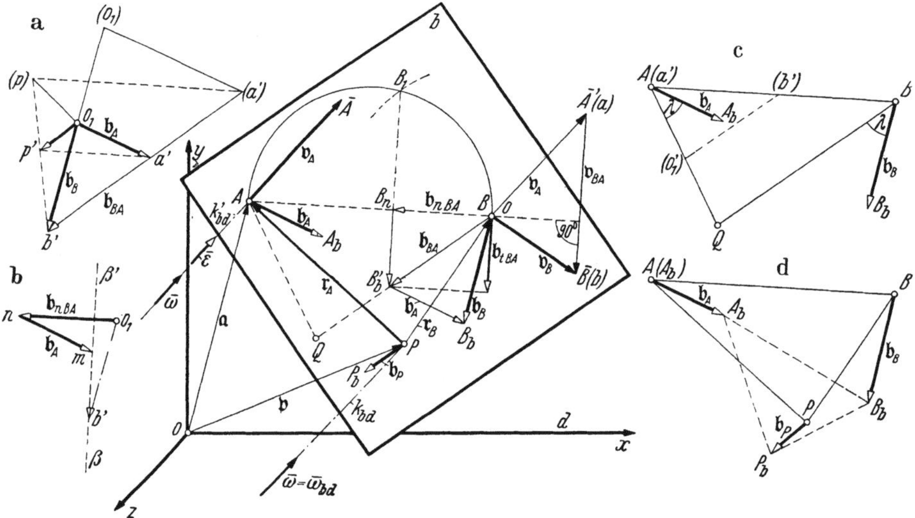

Abb. 108. Beschleunigungsverhältnisse eines komplan bewegten Getriebegliedes. a) und d) Polbeschleunigung $\mathfrak{b}_P$ aus Beschleunigungen zweier Punkte A und B. b) Bedingung für Beschleunigungsvektoren zweier Punkte; c) Beschleunigungspol Q aus $\mathfrak{b}_A$ und $\mathfrak{b}_B$.

digkeit bzw. Winkelbeschleunigung von b gegen d angenommen, wobei $\bar{\omega}$ und $\bar{\varepsilon}$ senkrecht zur xy-Ebene stehen, da sich die Scheibe b in der xy-Ebene (Aufrißebene) komplan bewegen soll.

Aus

$$\mathfrak{a} = \mathfrak{p} + \mathfrak{r}_A \tag{92}$$

folgt durch Differentiation nach der Zeit

$$\dot{\mathfrak{a}} = \dot{\mathfrak{p}} + \dot{\mathfrak{r}}_A, \tag{93}$$

wobei $\dot{\mathfrak{p}} = \mathfrak{u}$ gleich der Polwechselgeschwindigkeit $\mathfrak{u}$ zu setzen ist, wenn P als jeweiliger Berührungspunkt der beiden dazugehörigen Polkurven k_b, k_d gedeutet wird. Dagegen ist $\dot{\mathfrak{p}} = 0$, wenn bei zwei infinitesimal benachbarten Lagen P als Punkt von b angesehen wird, der momentan die Rolle des Poles spielt.

In diesem Fall ist die Geschwindigkeit $\mathfrak{v}_A = \overrightarrow{A\bar{A}}$ des Punktes A in der Form

$$\mathfrak{v}_A = [\bar{\omega}\, \mathfrak{r}_A] \tag{94}$$

anzuschreiben.

Für die Beschleunigung $\mathfrak{b}_A = \overrightarrow{A A_b}$ des Punktes A folgt gemäß Gl. (67) aus Gl. (94)

$$\mathfrak{b}_A = \frac{d\mathfrak{v}_A}{dt} = \dot{\mathfrak{v}}_A$$

$$\mathfrak{b}_A = \dot{\mathfrak{v}}_A = \left[\frac{d\bar{\omega}}{dt}\,\mathfrak{r}_A\right] + \left[\bar{\omega}\,\frac{d\mathfrak{r}_A}{dt}\right] = [\bar{\varepsilon}\,\mathfrak{r}_A] + [\bar{\omega}\,\dot{\mathfrak{r}}_A]. \tag{95}$$

Beachtet man gemäß Gl. (93)

$$\mathfrak{v}_A = \mathfrak{u} + \dot{\mathfrak{r}}_A \quad \text{bzw.} \quad [\bar{\omega}\,\mathfrak{r}_A] = \mathfrak{u} + \dot{\mathfrak{r}}_A,$$

so folgt durch Einsetzen von $\dot{\mathfrak{r}}_A = [\bar{\omega}\,\mathfrak{r}_A] - \mathfrak{u}$ aus Gl. (95)

$$\mathfrak{b}_A = [\bar{\varepsilon}\,\mathfrak{r}_A] + [\bar{\omega}, [\bar{\omega}\,\mathfrak{r}_A] - \mathfrak{u}] \tag{96}$$

und wegen

$$[\bar{\omega}[\bar{\omega}\,\mathfrak{r}_A]] = -\omega^2\mathfrak{r} \quad \text{und} \quad [\bar{\omega}, -\mathfrak{u}] = [\mathfrak{u}\,\bar{\omega}]$$

$$\mathfrak{b}_A = [\mathfrak{u}\,\bar{\omega}] - \omega^2\mathfrak{r}_A + [\bar{\varepsilon}\,\mathfrak{r}_A]. \tag{97}$$

Läßt man A mit P zusammenfallen und deutet man dabei P als dem Glied b angehörig, so liefert Gl. (97) wegen $\mathfrak{r}_A = 0$ und $A \equiv P$

$$\mathfrak{b}_P = [\mathfrak{u}\,\bar{\omega}], \tag{98}$$

d. h. das bereits in Nr. 39 auf andere Weise ermittelte Ergebnis für die *Polbeschleunigung* $\mathfrak{b}_P$.

Gl. (97) geht damit in

$$\mathfrak{b}_A = \mathfrak{b}_P + \mathfrak{b}_{nAP} + \mathfrak{b}_{tAP} \tag{99}$$

über, da

$$b_{nAP} = r_A\,\omega^2, \qquad -\omega^2\mathfrak{r}_A = \mathfrak{b}_{nAP}$$

und (100a, b)

$$[\bar{\varepsilon}\,\mathfrak{r}_A] = \mathfrak{b}_{tAP}, \qquad b_{tAP} = r_A\,\varepsilon$$

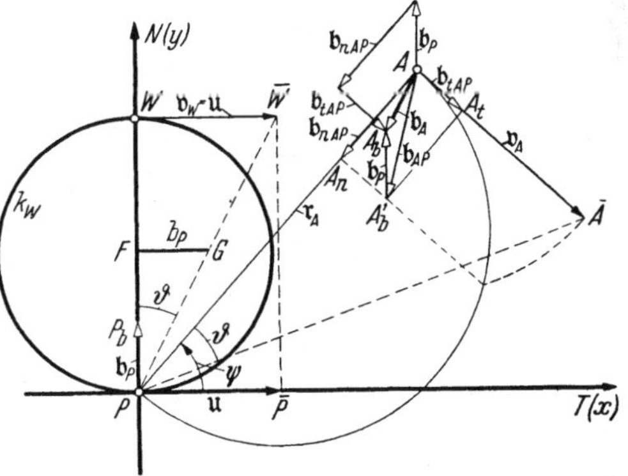

Abb. 109. Polbeschleunigung $\mathfrak{b}_P$ ermittelt aus $\mathfrak{u}$ und $\dot{\bar{\omega}}$. Zusammenhang zwischen Polbeschleunigung und der Beschleunigung eines beliebigen Gliedpunktes A.

die Normal- bzw. Tangentialbeschleunigung des Punktes A für die durch P gelegte Drehachse k_{bd} bedeuten.

In Abb. 109 sind die Poltangente PT, der Wendepol W, die Polwechselgeschwindigkeit $\mathfrak{u} = P\bar{P}$ gegeben, ferner die Winkelbeschleunigung $\bar{\varepsilon}$ von gleichem Richtungssinn wie $\bar{\omega}$ angenommen.

Aus $\mathfrak{v}_W = \mathfrak{u} = \overrightarrow{W\bar{W}}$ folgt $\mathfrak{v}_A = \overrightarrow{A\bar{A}}$ ($\sphericalangle W P \bar{W} = \sphericalangle A P \bar{A} = \vartheta$), ferner mit $\overline{PF} = u = \overline{P\bar{P}}$ und $FG \perp PF$ der absolute Betrag $b_P = \overline{FG} = u\,\omega$ von $\mathfrak{b}_P = \overrightarrow{P P_b}$; $\mathfrak{b}_{nAP} = \overrightarrow{A A_n}$ mit Hilfe des Thaleskreises über $\overline{AP}$ gemäß Abb. 104b, $b_{tAP} = r_A\varepsilon = \overline{PA}\,\varepsilon$ und hieraus $\mathfrak{b}_{AP} = \mathfrak{b}_{nAP} + \mathfrak{b}_{tAP} = \overrightarrow{A A_b'}$. Damit ist

$$\mathfrak{b}_A = \overrightarrow{A A_b} = \mathfrak{b}_P + \mathfrak{b}_{nAP} + \mathfrak{b}_{tAP} = \mathfrak{b}_{AP} + \mathfrak{b}_P = \overrightarrow{A A_b'} + \overrightarrow{A_b' A_b}$$

bestimmt.

Wird ein Punkt Q von b gesucht, der die Beschleunigung $\mathfrak{b}_Q = 0$ besitzt, also den Beschleunigungspol darstellt, so gilt analog Gl. (99) wegen

$$\mathfrak{b}_Q = \mathfrak{b}_P + \mathfrak{b}_{nQP} + \mathfrak{b}_{tQP} \quad \text{und} \quad \mathfrak{b}_Q = 0,$$

$$0 = \mathfrak{b}_P + \mathfrak{b}_{nQP} + \mathfrak{b}_{tQP} \quad \text{bzw.} \quad 0 = \mathfrak{b}_P + \mathfrak{b}_{QP}$$

$$\mathfrak{b}_{QP} = -\mathfrak{b}_P; \tag{101}$$

d. h. wie in Abb. 106 ergänzend eingezeichnet ist, daß $\mathfrak{b}_{QP} = \overrightarrow{QQ'}$ zu $\mathfrak{b}_P$ antiparallel ist und den Betrag $b_{QP} = u\,\omega$ besitzt. Bezeichnet man $\overline{PQ} = r_Q$, so folgt aus $\triangle\, Q\,Q'_n\,Q'$

$$\operatorname{ctg}\psi = \frac{r_Q\,\varepsilon}{r_Q\,\omega^2} = \frac{\varepsilon}{\omega^2} = \operatorname{tg}\lambda,$$

also $\psi = 90 - \lambda$. Außerdem ist

$$\cos\lambda = \frac{r_Q\,\omega^2}{u\,\omega} = r_Q\frac{\omega}{u} = \frac{r_Q}{\delta};$$

also $r_Q = \delta\cos\lambda$, wodurch die früher für den Beschleunigungspol Q gefundenen Ergebnisse erneut bestätigt sind.

Wir betrachten anschließend zwei Punkte A und B des Getriebegliedes b (Abb. 108) mit $\mathfrak{r}_A = \overrightarrow{PA}$ und $\mathfrak{r}_B = \overrightarrow{PB}$.

Entsprechend Gl. (97) gilt für B

$$\mathfrak{b}_B = [\mathfrak{u}\,\bar{\omega}] - \omega^2\mathfrak{r}_B + [\bar{\varepsilon}\,\mathfrak{r}_B]. \tag{97a}$$

Subtraktion der Gl. (97) von Gl. (97a) ergibt

$$\mathfrak{b}_B - \mathfrak{b}_A = -\omega^2(\mathfrak{r}_B - \mathfrak{r}_A) + [\bar{\varepsilon}, \mathfrak{r}_B - \mathfrak{r}_A]$$

und wegen

$$\mathfrak{r}_B - \mathfrak{r}_A = \overrightarrow{AB}$$

$$\mathfrak{b}_B - \mathfrak{b}_A = -\omega^2\,\overrightarrow{AB} + [\bar{\varepsilon}\,\overrightarrow{AB}] \tag{102}$$

oder

$$\mathfrak{b}_B = \mathfrak{b}_A + (-\omega^2\overrightarrow{AB}) + [\bar{\varepsilon}\,\overrightarrow{AB})]$$

$$\mathfrak{b}_B = \mathfrak{b}_A + \mathfrak{b}_{nBA} + \mathfrak{b}_{tBA} = \mathfrak{b}_A + \mathfrak{b}_{BA} \tag{103}$$

mit

$$b_{nBA} = \omega^2\,\overline{AB} = \frac{v_{BA}^2}{\overline{AB}}, \tag{104}$$

$$b_{tBA} = \varepsilon\,\overline{AB} \quad \text{bzw.} \quad \varepsilon = \frac{b_{tBA}}{\overline{AB}}. \tag{105a, b}$$

Wie Abb. 108 zeigt, kann $\mathfrak{b}_{nBA} = \overrightarrow{BB_n}$ in bekannter Weise nach Abb. 104b mit Hilfe des Thaleskreises und $BB_1 = v_{BA}$ gefunden werden. Hier wurde $\mathfrak{b}_{tBA} \perp \overline{AB}$ angenommen und so $\mathfrak{b}_B = \overrightarrow{BB_b}$ nach Gl. (103) gefunden. Bei den getrieblichen Anwendungen ist ε im allgemeinen nicht bekannt, sondern erst aus den kinematischen Zusammenhängen zu ermitteln. In diesen Fällen ist nach Abb. 108b zu verfahren, indem man $\mathfrak{b}_{nBA} = \overrightarrow{o_1 n}$ zeichnet, $\mathfrak{b}_A = \overrightarrow{nm}$ geometrisch addiert; $\beta\beta' \perp \mathfrak{b}_{nBA}$ ist dann im „*Beschleunigungsplan*“ ein geometrischer Ort für den Endpunkt b' des Beschleunigungsvektors $\mathfrak{b}_B = \overrightarrow{o_1 b'}$, wodurch dann auch $\mathfrak{b}_{tBA} = \overrightarrow{mb'}$ nachträglich gefunden wird.

42. Beschleunigungspol und Polbeschleunigung aus den Beschleunigungsvektoren zweier Gliedpunkte.

Sind A, B zwei Punkte eines Getriebegliedes b und Q dessen Beschleunigungspol, so liefert die Anwendung der Gl. (103) auf A, Q und B, Q

$$\mathfrak{b}_A = \mathfrak{b}_Q + \mathfrak{b}_{AQ}, \qquad \mathfrak{b}_B = \mathfrak{b}_Q + \mathfrak{b}_{BQ}$$

und wegen $\mathfrak{b}_Q = O$

$$\mathfrak{b}_A = \mathfrak{b}_{AQ}, \qquad \mathfrak{b}_B = \mathfrak{b}_{BQ}. \tag{106a, b}$$

Dies besagt offenbar, daß bei Kenntnis von Q die Beschleunigung $\mathfrak{b}_B$ aus $\mathfrak{b}_A$ in der gleichen Weise ermittelt werden kann, wie in Abb. 103a ausgeführt wurde, wenn an die Stelle des dortigen festen Drehpunkts O der Beschleunigungspol Q gesetzt wird. So ist in Abb. 108c $\sphericalangle A_b A Q = \sphericalangle B_b B Q = \lambda$ und $b_B : b_A = \overline{QB} : \overline{QA}$.

Damit ist auch die *Gültigkeit der Sätze von* Burmester *und* Mehmke *für den Beschleunigungszustand eines eben bewegten Getriebegliedes erkannt* ($\triangle A_b B_b C_b \sim \triangle ABC$, $\triangle a'b'c' \sim \triangle ABC$).

Sind umgekehrt von zwei Gliedpunkten A und B $\mathfrak{b}_A = \overrightarrow{AA_b}$ und $\mathfrak{b}_B = \overrightarrow{BB_b}$ gefunden und ist $o_1 a' b'$ der dazugehörige *Beschleunigungsplan* (Abb. 108a), so macht man in Abb. 108c $\overline{A(b')} = a'b'$ und Dreieck $(a')\,(b')\,(o_1')$ ähnlich dem Dreieck $a'b'o_1$. Die durch B zu $(o_1')\,(b')$ gezogene Parallele schneidet $A(o_1')$ im Beschleunigungspol Q.

Um $\mathfrak{b}_P$ aus $\mathfrak{b}_A$ und $\mathfrak{b}_B$ zu finden, zeichnet man in Abb. 108a $\triangle a'b'p'$ gleichsinnig ähnlich zu $\triangle ABP$ und erhält so $\mathfrak{b}_P = \overrightarrow{o_1 p'}$.

Schließlich kann in Abb. 108d an $A_b B_b$ das zu $\triangle ABP$ gleichsinnig ähnliche Dreieck $A_b B_b P_b$ angetragen werden, wenn $\mathfrak{b}_P = \overrightarrow{PP_b}$ zu ermitteln ist.

43. Beschleunigungsverhältnisse am Viergelenkgetriebe.

Bei dem in Abb. 110 dargestellten und als *Kurbelschwinge* arbeitenden Viergelenkgetriebe $\mathfrak{A}AB\mathfrak{B}$ seien von der Kurbel $\overline{\mathfrak{A}A} = a$ die Drehzahl $n = n_{ad} = 300$ U/min und die Winelkbeschleunigung $\varepsilon_{ad} = -886\ \mathrm{s}^{-2}$ und der Zeichenmaßstab $M = 40$ cm/m gegeben. Es sind zu ermitteln: $\mathfrak{b}_B$, $\mathfrak{b}_C$, ε_{bd}, ε_{cd}, ε_{ba}, ε_{cb}, der Beschleunigungspol der Koppelbewegung b gegen d und der Krümmungshalbmesser ϱ_C des Koppelpunktes C.

Anmerkung: Winkelgeschwindigkeiten und Winkelbeschleunigungen soll das Pluszeichen vorangesetzt werden, wenn der Drehsinn mit dem Uhrzeigersinn übereinstimmt, andernfalls das Minuszeichen.

Geschwindigkeitsmaßstab

$$M_1 = \frac{M}{\omega} = 1{,}273\ \mathrm{cm/ms^{-1}}.$$

Beschleunigungsmaßstab.

$$M_2 = \frac{M_1^2}{M} = \frac{M}{\omega^2} = 0{,}0406\ \mathrm{cm/ms^{-2}},$$

wenn $\mathfrak{v}_A$ gleich der Kurbellänge $\mathfrak{A}A$ der Zeichnung gewählt worden ist.

a) Geschwindigkeitsverhältnisse nach Geschwindigkeitsplan Abb. 110a.
$\overrightarrow{oa} = \mathfrak{v}_A = \overrightarrow{\mathfrak{A}A}$; $\mathfrak{v}_B = \mathfrak{v}_A + \mathfrak{v}_{BA} = \overrightarrow{oa} + \overrightarrow{ab} = \overrightarrow{ob}$, wobei $\mathfrak{v}_{BA} = \overrightarrow{ab} \perp AB$. $\mathfrak{v}_C = \mathfrak{v}_A + \mathfrak{v}_{CA} = \overrightarrow{oa} + \overrightarrow{ac} = \overrightarrow{oc}$, $\overrightarrow{ac} \perp AC$ und $\mathfrak{v}_C = \mathfrak{v}_B + \mathfrak{v}_{CB} = \overrightarrow{ob} + \overrightarrow{bc} = \overrightarrow{oc}$ mit $\overrightarrow{bc} \perp BC$. Kontrolle: $\triangle abc \sim \triangle ABC$.

b) Beschleunigungsverhältnisse nach Beschleunigungsplan Abb. 110b und Getriebeplan Abb. 110.

Aus $\varepsilon_{ad} = -886\,\mathrm{s}^{-2}$ folgt $b_{tA} = 88{,}6\,\mathrm{m/s^2}$ und wegen $\mathfrak{b}_{nA} = \overrightarrow{A\mathfrak{A}}$ auch $\mathfrak{b}_A = \overrightarrow{AA_b}$. Für B gelten

$$\mathfrak{b}_B = \mathfrak{b}_A + \mathfrak{b}_{nBA} + \mathfrak{b}_{tBA} = \mathfrak{b}_{nBA} + \mathfrak{b}_A + \mathfrak{b}_{tBA} = \overrightarrow{BB_n} + \overrightarrow{B_nB''} + \overrightarrow{B''B_b},$$

$$\mathfrak{b}_B = \mathfrak{b}_{\mathfrak{B}} + \mathfrak{b}_{nB\mathfrak{B}} + \mathfrak{b}_{tB\mathfrak{B}} = \mathfrak{b}_{nB\mathfrak{B}} + \mathfrak{b}_{tB\mathfrak{B}} = \mathfrak{b}_{nB} + \mathfrak{b}_{tB} = \overrightarrow{BB_n'} + \overrightarrow{B_n'B_b},$$

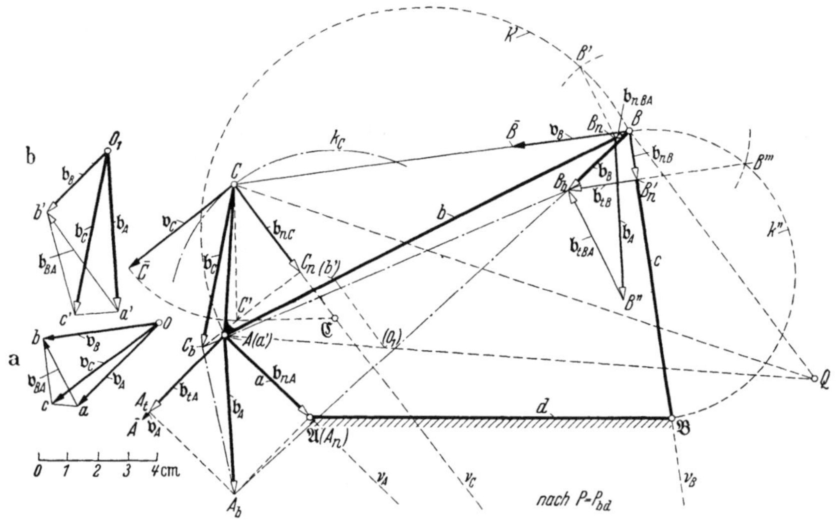

Abb. 110. Beschleunigungsverhältnisse bei Kurbelschwinge $\mathfrak{A}AB\mathfrak{B}$ aus $\mathfrak{v}_A$ und $\mathfrak{b}_A$. Krümmungsmittelpunkt $\mathfrak{C}$ von C, ermittelt aus $\mathfrak{b}_{nC}$. a) Geschwindigkeitsplan; b) Beschleunigungsplan.

wobei die Normalbeschleunigungen b_{nBA} und b_{nB} mit Hilfe der Thaleskreiskonstruktion (Abb. 104) ermittelt werden; B' auf k' mit $\overline{BB'} = v_{BA} = \overline{ab}$ und B''' auf k'' und $\overline{BB'''} = v_B = \overline{ob}$. Im Beschleunigungsplan (Abb. 110b) ist $\mathfrak{b}_A = \overrightarrow{o_1a'}$, $\mathfrak{b}_B = \overrightarrow{o_1b'}$, also $\mathfrak{b}_{BA} = \overrightarrow{a'b'}$. Beschleunigung $\mathfrak{b}_C$ von Koppelpunkt C nach Satz von Mehmke, also $\triangle a'b'c' \sim \triangle ABC$ oder nach Satz von Burmester mit $\triangle A_bB_bC_b \sim \triangle ABC$.

Beschleunigungspol Q der Koppelebene $\overline{AB} = b$ gemäß Abb. 108c: $A(b') = \overline{a'b'}$, $\triangle A(b')(o_1) \sim \triangle a'b'o_1 \sim \triangle ABQ$.

Kontrollen: $\sphericalangle A_bAQ = \sphericalangle B_bBQ = \lambda$, $b_A : b_B = \overline{AQ} : \overline{BQ}$.

Krümmungshalbmesser ϱ_c in C: $\mathfrak{b}_C = \overrightarrow{CC_b}$ auf die Normale ν_C nach $\mathfrak{b}_{nC} = \overrightarrow{CC_n}$ projiziert, dann ist $\varrho_c = v_C^2/\overline{CC_n}$ oder zeichnerisch: $\overline{CC'} = v_C$, $C'C_n \perp \nu_C$, $\mathfrak{C}C' \perp CC'$; $\varrho_C = \overline{C\mathfrak{C}}$.

Winkelbeschleunigungen:

$$\overleftarrow{\varepsilon_{bd}} = b_{tBA}/\overline{AB} = \overline{B''B_b}/\overline{AB} = 98{,}4:0{,}378 = -260{,}5\,s^{-2},$$

$$\overleftarrow{\varepsilon_{cd}} = b_{tB}/\overline{B\mathfrak{B}} = \overline{B_n'B_b}/\overline{B\mathfrak{B}} = 56{,}6:0{,}243 = -233{,}25\,s^{-2}.$$

Aus

$$\bar{\varepsilon}_{cb} = \bar{\varepsilon}_{cd} + \bar{\varepsilon}_{db} = \bar{\varepsilon}_{cd} - \bar{\varepsilon}_{bd}$$

folgt

$$\varepsilon_{cb} = -233{,}2 - (-260{,}5) = +27{,}3\, s^{-2},$$

$$\bar{\varepsilon}_{ba} = \bar{\varepsilon}_{bd} + \bar{\varepsilon}_{da} = \bar{\varepsilon}_{bd} - \bar{\varepsilon}_{ad} = -260{,}5 - (-886) = +625{,}5\, s^{-2}.$$

Weitere Ergebnisse: $b_B = 68{,}9$ m/s², $b_C = 135{,}8$ m/s².

$$\omega_{ad} = -31{,}4\, s^{-1}, \quad \omega_{bd} = v_{BA} : \overline{AB} = -5{,}4\, s^{-1}, \quad \omega_{cd} = v_C : \overline{B\mathfrak{B}} = -12{,}6\, s^{-1}$$

$$\bar{\omega}_{cb} = \bar{\omega}_{cd} + \bar{\omega}_{db} = \bar{\omega}_{cd} - \bar{\omega}_{bd} = -12{,}6 - (-5{,}4) = -7{,}2\, s^{-1},$$

$$\bar{\omega}_{ba} = \bar{\omega}_{bd} + \bar{\omega}_{da} = \bar{\omega}_{bd} - \bar{\omega}_{ad} = -5{,}4 - (-31{,}4) = +26\, s^{-1}.$$

Die ω_{ba}, ω_{cb} werden z. B. zur Ermittlung der Leistungsverluste durch Zapfenreibung, die ω_{bd}, ω_{cd} für die Massenreduktion, die E_{ik} für die D'ALEMBERTschen Trägheitskräfte bei graphodynamischen Verfahren benötigt.

44. Die Hodographen.

Bewegt sich der Punkt C eines Getriebegliedes auf einer Kurve γ mit der Geschwindigkeit $\mathfrak{v}_C = \mathfrak{v} = \overrightarrow{C\bar{C}}$, sind $\overline{CC'}$ und $\overline{CC''}$ die gedrehten Geschwindigkeiten und $\overrightarrow{oc_p} = \mathfrak{v}_C$, angetragen in einem beliebig gewählten Punkt o, so liefern die Punkte $\bar{C}$, C', C'' und c_p je eine Kurve $\bar{h}$, h', h'', h_p, wenn das Verfahren in allen Lagen C_1, C_2, $C_3 = C$, C_4, ... des Punktes C beim Durchlaufen der Kurve γ wiederholt wird (Abb. 111).

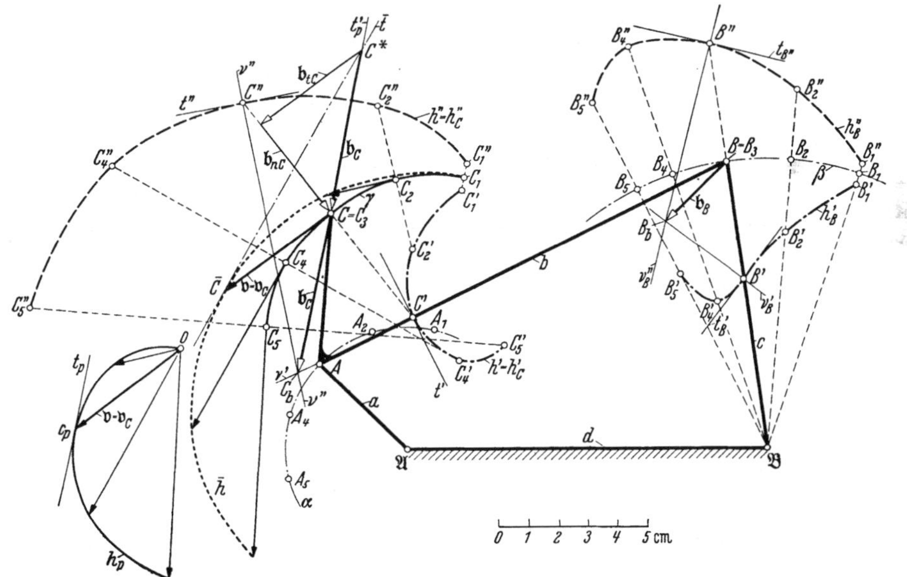

Abb. 111. Ermittlung von Beschleunigungen durch Hodographen. h_p = polarer Hodograph, h' und h'' Hodographen der gedrehten Geschwindigkeiten, $\bar{h}$ = lokaler (örtlicher) Hodograph.

Die Kurve $\bar{h}$ heißt der *örtliche Hodograph*; h' und h'' werden die *Hodographen der gedrehten Geschwindigkeiten* und h_p *der polare Hodograph* genannt.

Diese Hodographen haben beachtenswerte Eigenschaften, die hier ohne Beweis für den praktischen Gebrauch zusammengestellt sind.

Satz 27: Der Beschleunigungsvektor $\mathfrak{b}_C = \overrightarrow{CC_b}$ ist zur Tangente t_p parallel, die im zugeordneten Punkt c_p an den polaren Hodographen h_p gelegt wird.

Satz 28: Die Geschwindigkeit, mit der der Punkt c_p den polaren Hodographen h_p beschreibt, ist gleich der Beschleunigung $\mathfrak{b}_C$ des Punktes C auf seiner Bahn γ.

Liegt der Pol o auf h_p, so hat der dazugehörige Punkt O auf γ die Geschwindigkeit Null; der Punkt kehrt seine Bewegung um (Rückkehrpunkt).

Satz 29: Der Endpunkt C_b des in C angetragenen Beschleunigungsvektors $\mathfrak{b}_C = \overrightarrow{CC_b}$ ist der Schnittpunkt der Normalen ν', ν'', die in C' und C'' zu den Hodographen h', h'' gezeichnet werden.

Satz 30: Die Tangente $\bar{t}$ in $\bar{C}$ des örtlichen Hodographen $\bar{h}$ schneidet aus der durch C zu t_p gezeichneten Parallelen t_p' die Beschleunigung $\mathfrak{b}_C = \overrightarrow{C^*\bar{C}}$ heraus.

Der Gedanke des polaren Hodographen stammte von A. F. MÖBIUS[1]. Der Name ist auf W. R. HAMILTON[2] zurückzuführen. Weitere Arbeiten stammen von O. GERLACH[3], H. ALT[4], R. MEHMKE[5] und M. GRÜBLER[6].

Das in Abb. 111 zugrunde gelegte Beispiel entspricht der Bewegung des Punktes C der Koppel b der in Abb. 110 dargestellten Kurbelschwinge a, b, c, d; ε_{ad} ist dabei für den gezeichneten Bewegungsverlauf der Kurbel a als konstant angenommen. Man beachte auch die für $\mathfrak{b}_B$ durchgeführte Kontrolle.

45. Die ϱ-Kurve.

Für verschiedene getriebesynthetische Aufgaben kann auch die Frage nach denjenigen Punkten A des bewegten Systems von Bedeutung sein, die Krümmungskreise von konstantem Halbmesser ϱ besitzen.

Es sind hierbei die beiden sich aus den Gleichungen

$$\left(\frac{1}{r} - \frac{1}{\mathfrak{r}}\right)\sin\psi = \frac{1}{\delta}, \qquad \varrho = \mathfrak{r} - r, \tag{107a, b}$$

$$\left(\frac{1}{r} + \frac{1}{\mathfrak{r}}\right)\sin\psi = \frac{1}{\delta}, \qquad \varrho = \mathfrak{r} + r \tag{108a, b}$$

ergebenden Fälle zu beachten. Für die Polarkoordinaten r, ψ des Punktes A folgen

$$r^2 + \varrho r - \varrho\delta\sin\psi = 0 \quad \text{und} \quad r^2 - \varrho r + \varrho\delta\sin\psi = 0 \tag{109a, b}$$

oder in expliziter Form

$$r_{\mathrm{I,II}} = \frac{\varrho}{2}\left(-1 \pm \sqrt{1 + \frac{4\delta}{\varrho}\sin\psi}\right), \tag{110}$$

$$r_{\mathrm{III,IV}} = \frac{\varrho}{2}\left(1 \pm \sqrt{1 - \frac{4\delta}{\varrho}\sin\psi}\right). \tag{110}$$

Auf jedem Polstrahl PA liegen somit vier Punkte A vom gleichen Krümmungshalbmesser ϱ; zwei von diesen ($r_{\mathrm{III,IV}}$) sind nur dann reell, wenn $\varrho \geqq 4\delta\sin\psi$ ist.

Zeichnerische Lösungen für die Ermittlung der Punkte A_{I} bis A_{IV} auf einem Polstrahl wurden von R. KRAUS und LILL[7] gegeben.

[1] Mechanik des Himmels. 1843.
[2] Elements of Quaternions. 1846.
[3] Zur Theorie des Hodographen. Diss. Rostock 1889.
[4] Zur Theorie der Geschwindigkeits- und Beschleunigungspläne einer komplan bewegten Ebene. Diss. T.H. Dresden 1914.
[5] Zur graph. Kinematik und Dynamik. Jb. der Math. Vereinigung 1903, S. 561.
[6] Lehrbuch d. Technischen Mechanik, 1. Bd (1919) S. 44.
[7] Vgl. H. DUBBEL: Taschenbuch für den Maschinenbau, Bd. 1, 7. Aufl. Berlin 1939.

Nach Einführung rechtwinkliger Koordinaten mit PT als x-Achse und PN als y-Achse gehen die Gl. (109) über in

$$(x^2 + y^2)^3 - \varrho^2 (x^2 + y^2 - \delta y)^2 = 0. \tag{111}$$

Das ist die Gleichung des geometrischen Ortes aller Punkte A, deren Bahnstellen denselben Krümmungshalbmesser ϱ besitzen. Die dazugehörige Kurve soll nach H. ALT[1] die „*ϱ-Kurve*" der betreffenden Gliedlage genannt werden (Abb. 112).

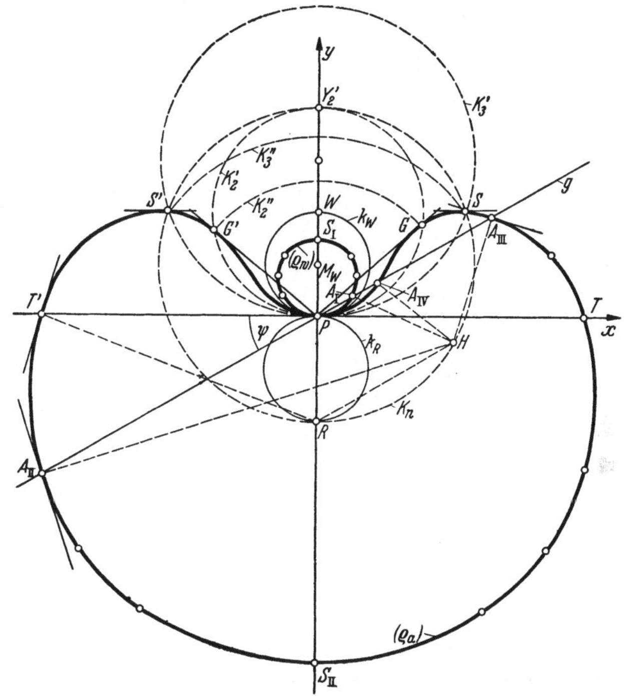

Abb. 112. Punkte der ϱ-Kurve (ϱ_a), (ϱ_w) besitzen in der durch P und W vorgegebenen Gliedlage gleich große Krümmungshalbmesser ϱ. Hier $\varrho < 4\delta$.

Der Wendekreis

$$k_W = x^2 + y^2 - \delta y = 0$$

ist der Krümmungskreis der ϱ-Kurve in P.

Zum Zeichnen der ϱ-Kurve läßt Gl. (111) sich in

$$x^2 + y^2 = \lambda^2, \tag{112a}$$

$$x^2 + \left(y - \frac{\delta}{2}\right)^2 = \left(\frac{\delta}{2}\right)^2 \pm \frac{\lambda^3}{\varrho} \tag{112b}$$

mit λ als veränderlichem Parameter aufspalten, wodurch die ϱ-Kurve als das Erzeugnis der Kreise der Gl. (112a, b) mit den Halbmessern λ und $\sqrt{\left(\frac{\delta}{2}\right)^2 \pm \frac{\lambda^3}{\varrho}}$ und den Mittelpunkten $O|O$ bzw. $O|\delta/2$ gewonnen wird. Ein anderer Weg wird durch die Darstellung

$$K_\nu' = x^2 + y^2 - \nu\,\delta y = 0, \tag{113a}$$

$$K_\nu'' = x^2 + y^2 - \left[\varrho\left(1 - \frac{1}{\nu}\right)\right]^2 = 0 \tag{113b}$$

gefunden; d. h. als Erzeugnis des Kreisbüschels (113a) und der Schar konzentrischer Kreise Gl. (113b). Besondere Bedeutung kommt dabei den Parameterwerten $\nu = 2$ und $\nu = 3$ zu, und zwar:

$\nu = 2$: K_2' schneidet K_2'' in G und G' mit $\overline{PG} = \overline{PG'} = \varrho/2$ und der Geraden durch P, G als Tangente in G; $\overline{PY_2'} = 2\delta = 2\overline{PW}$.

$\nu = 3$: K_3' schneidet K_3'' in S und S' mit Tangenten parallel zur Poltangente, $\overline{PS} = \overline{PS'} = 2\varrho/3$.

---

[1] ALT, H.: [36b] und [36c].

Mit Hilfe des Kreises K_n, der um den Mittelpunkt M_W des Wendekreises k_W mit Halbmesser $3\delta/2$ geschlagen wird, erhält man eine einfache Tangentenkonstruktion. Die durch den Rückkehrpol R zum Polstrahl g gezogene Parallele schneidet K_n in H. Die Schnittpunkte von g mit der ϱ-Kurve, verbunden mit H, sind Normalen der ϱ-Kurve. Diese ist gemäß Gl. (111) eine trizirkulare Kurve sechster Ordnung, aber keine Koppelkurve.

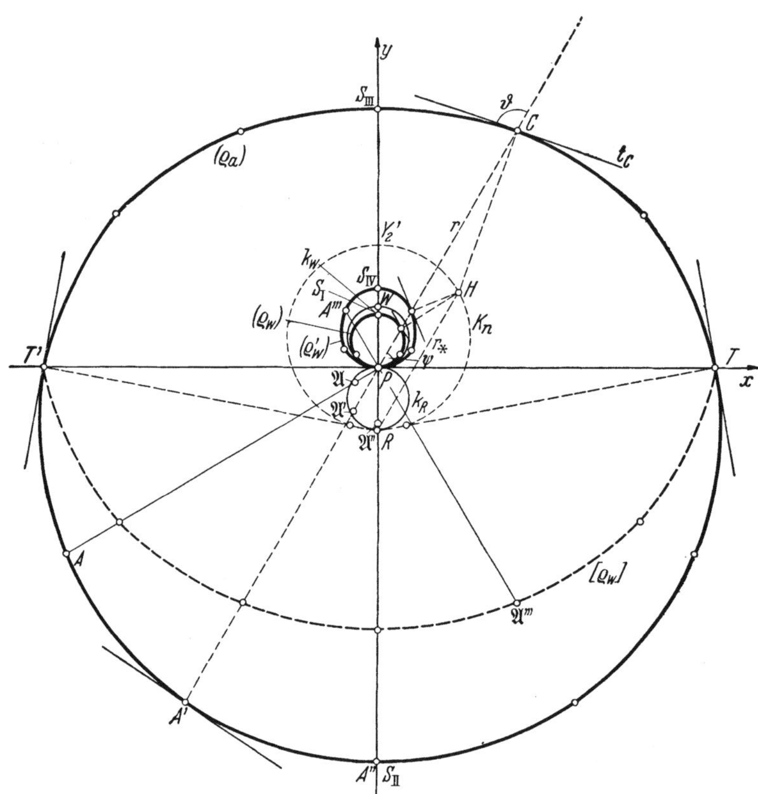

Abb. 113. ϱ-Kurve, bestehend aus (ϱ_a), (ϱ_W) und (ϱ'_W) für $\varrho > 4\delta$.

Werden zu sämtlichen Punkten C der ϱ-Kurve die dazugehörigen Krümmungsmittelpunkte $\mathfrak{C}$ gezeichnet, so erhält man die sogenannte ϱ_m-Kurve von der Gleichung

$$(x^2 + y^2)^3 - \varrho^2(x^2 + y^2 + \delta y)^2 = 0; \tag{111a}$$

sie ist das Spiegelbild der ϱ-Kurve bezüglich der Poltangente. In Abb. 112 ist die ϱ-Kurve für den Fall $\varrho < 4\delta$ gezeichnet. Den Fall $\varrho > 4\delta$ zeigt Abb. 113 mit den drei Linienzügen ϱ_a, (ϱ_W), $(\varrho_{W'})$.

Anwendung: Es ist die Aufgabe gestellt (Abb. 114), von der Koppelbewegung einer Kurbelschwinge a, b, c, d ein Koppel-Rastgetriebe mit verstellbarem Hub unter angenäherter Beibehaltung der Raststellung abzuleiten.

Mit Verwendung des Beispiels von Abb. 95 ist in Abb. 114 für den Halbmesser $\varrho = \overline{\mathfrak{C}C}$ ein Teil der ϱ-Kurve (ϱ) und die dazugehörige ϱ_m-Kurve $[\varrho]$ der Krümmungsmittelpunkte $\mathfrak{C}$ gezeichnet. Auf (ϱ) werden die Punkte C und C'' herausgegriffen und die Mittellinie der Rastschwinge f als Gerade durch die

Krümmungsmittelpunkte $\mathfrak{C}$ und $\mathfrak{C}''$ gewählt, ferner $\mathfrak{D}$ auf dieser Geraden an geeigneter Stelle angenommen.

Die Verwendung der ϱ-Kurve hat den Vorteil, daß für die geforderte Verstellbarkeit des Hubs die Abmessung von $e = \overline{C\mathfrak{C}} = \overline{C''\mathfrak{C}''}$ die gleiche bleibt und nur die Länge der Rastschwinge verändert werden muß. Die Hubverstellung $\mathfrak{C}''\mathfrak{C}_0''$ gegenüber $\mathfrak{C}\mathfrak{C}_0$ ergibt sich anschaulich aus den eingezeichneten Koppelkurven γ'' bzw. γ, die mit den Krümmungkreisen gut übereinstimmen. Bei der Verwendung von Punkten $\overline{C}$ zwischen C'' und C tritt zusätzlich eine geringe Verlegung der Raststellung auf, da die Sekante $\mathfrak{C}''\mathfrak{D}$ von der ϱ_m-Kurve etwas abweicht.

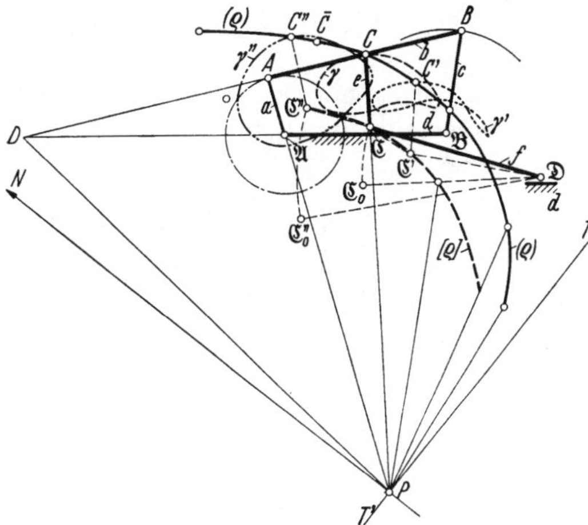

Abb. 114. Koppel-Rastgetriebe mit verstellbarem Hub bei annähernd gleicher Raststellung.

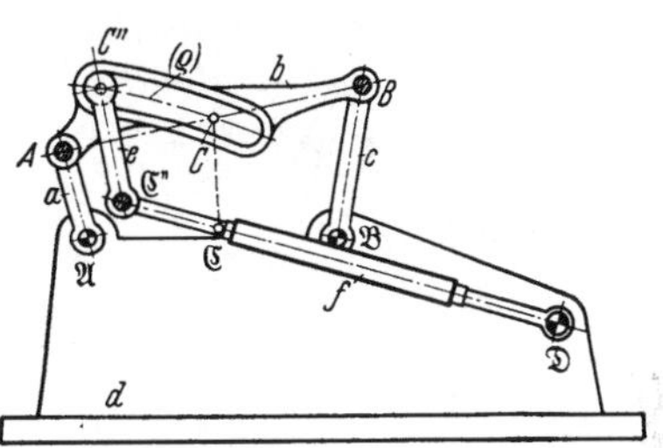

Abb. 115. Bauliche Ausführung eines Getriebes gemäß Abb. 114.

Der Koppelpunkt C' mit der Koppelkurve γ' wäre für den verlangten Zweck nicht brauchbar, da eine erhebliche Verlegung der Raststellung auftreten würde.

Eine bauliche Ausführung geht aus Abb. 115 hervor. Es sei nochmals darauf hingewiesen, daß zu jeder Einstellung von C'' auf (ϱ) eine ganz bestimmte Länge des Rastschwinghebels f gehört.

IV. Vier endlich benachbarte Lagen eines Getriebegliedes.

46. Allgemeines.

Die bisher behandelten einfachen getriebesynthetischen Anwendungen machen es notwendig, die geometrischen Zusammenhänge zu untersuchen, die bei vier endlich oder infinitesimal benachbarten Lagen eines komplan bewegten starren Systems (Getriebegliedes) auftreten; denn nur auf diese Weise können die bisher entwickelten Verfahren den Erfordernissen der Praxis besser angepaßt werden. Der dabei einzuschlagende Weg ist durch die bisherigen Fragestellungen für drei Gliedlagen vorgezeichnet. Die Betrachtung von vier endlich benachbarten Gliedlagen, der Grenzübergang zu vier unendlich nahe benachbarten Gliedlagen, die Erörterung von Sonderfällen und das Streben, die Ergebnisse für den Konstrukteur weitgehend zu vereinfachen, seien schon hier als richtungweisend herausgestellt.

47. Pole, Gegenpole, Gegenpolviereck.

Vier endlich benachbarte Lagen eines starren Systems bestimmen die sechs Pole:

$$P_{12}, \quad P_{13}, \quad P_{14}, \quad P_{23}, \quad P_{24}, \quad P_{34} \tag{114}$$

und die vier Poldreiecke

$$P_{12}P_{23}P_{13}, \quad P_{12}P_{24}P_{14}, \quad P_{13}P_{34}P_{14}, \quad P_{23}P_{34}P_{24}. \quad \text{(115a, b, c, d)}$$

Ausgehend von den drei Gliedlagen *1, 2, 3* mit dem Poldreieck $P_{12}P_{23}P_{13}$, sei für den Übergang aus der Lage *1* in die Lage *4* bzw. von E_1 nach E_4 der Pol P_{14} beliebig angenommen (Abb. 116).

Die der Lage *1* angehörende Strecke $\overline{P_{12}P_{14}}$ gelangt bei der Drehung von E_1 um P_{12} nach der Lage E_2 (Drehwinkel φ_{12}) in die Lage $P_{12}P_{14}^2$, wobei P_{14}^2 als Spielgebild von P_{14} bezüglich der Poldreieckseite $\overline{P_{12}P_{24}}$ des Poldreiecks (115b) bestimmt ist. Es ist demnach $\overline{P_{12}P_{14}} = \overline{P_{12}P_{14}^2}$ und $\sphericalangle P_{14}P_{12}P_{14}^2 = \varphi_{12}$. Der Pol P_{24} ist also nicht beliebig annehmbar, da er nach der Spiegelungsvorschrift auf der Mittelsenkrechten g_{24} zu $P_{14}P_{14}^2$ bzw. auf der Winkelhalbierenden des $\sphericalangle P_{14}P_{12}P_{14}^2$ liegen muß.

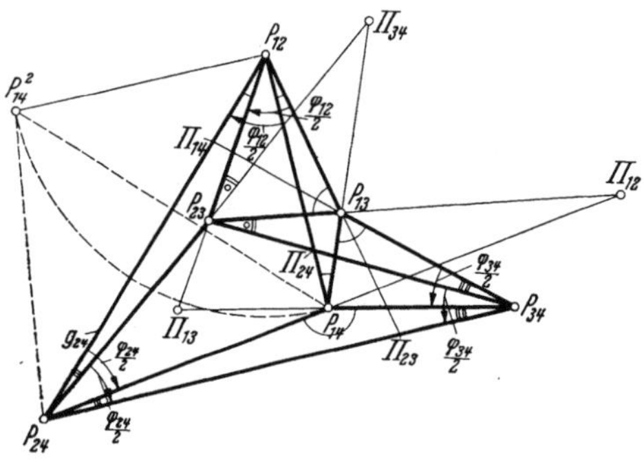

Abb. 116. Winkelbeziehungen bei vier endlich benachbarten Gliedlagen.

Der geometrische Ort der möglichen Pole P_{24} ist die Mittelsenkrechte g_{24} zu $P_{14}P_{14}^2$ oder der freie Schenkel des in P_{12} an $P_{12}P_{14}$ angetragenen Winkels $\varphi_{12}/2$. Bei der Drehung um P_{24}, der auf g_{24} beliebig angenommen werden kann, gelangt P_{14}^2 der Lage *2* nach P_{14} der Lage *4*; d. h. $\sphericalangle P_{14}^2P_{24}P_{14} = \varphi_{24}$ und $\sphericalangle P_{12}P_{24}P_{14} = \varphi_{24}/2$. Dies folgt überdies auch aus dem Poldreieck $P_{12}P_{14}P_{24}$.

Der Pol P_{34}, angehörend den Poldreicken (115c, d), muß ebenfalls den Satz vom Poldreieck erfüllen. Dies gibt folgende Winkelbeziehungen:

$$\sphericalangle P_{13}P_{34}P_{14} = \frac{\varphi_{34}}{2}, \qquad \sphericalangle P_{23}P_{34}P_{24} = \frac{\varphi_{34}}{2} \qquad \text{(116a, b)}$$

also

$$\sphericalangle P_{13}P_{34}P_{14} = \sphericalangle P_{23}P_{34}P_{24} \qquad (117)$$

und entsprechend

$$\sphericalangle P_{13}P_{34}P_{23} = \sphericalangle P_{14}P_{34}P_{24}. \qquad (118)$$

Die Schenkel der Winkel von (117) und (118) stützen sich auf die Ecken des von P_{13}, P_{14}, P_{24}, P_{23} gebildeten Vierecks $P_{13}P_{14}P_{24}P_{23}$; dieses enthält in anderer Reihenfolge der Ecken angeschrieben die Pole P_{13}, P_{24} und P_{14}, P_{23}, also zwei Paare von Polen, deren Indizes keine gleichen Ziffern besitzen, wobei alle Indizes 1 bis 4 der vier Lagen auftreten.

Polpaare solcher Art sollen als „*Gegenpole*" bezeichnet werden.

Vierecke, die aus zwei Paaren solcher Gegenpole gebildet sind, seien im folgenden „*Gegenpolvierecke*" genannt.

Bei vier Gliedlagen sind folglich die nachstehenden drei Gegenpolvierecke vorhanden:

$$(P_{12}, P_{34}; P_{13}, P_{24}), \quad (P_{13}P_{24}; P_{14}P_{23}), \quad (P_{14}, P_{23}; P_{12}, P_{34}) \quad \text{(119a, b, c)}$$

oder in zyklischer Anordnung unter Beachtung von $P_{ik} = P_{ki}$

$$(P_{12}, P_{24}, P_{43}, P_{31}), \quad (P_{13}P_{32}, P_{24}, P_{41}), \quad (P_{14}, P_{43}, P_{32}, P_{21}). \quad \text{(120a, b, c)}$$

Des weiteren folgt aus den Poldreiecken $P_{12}P_{24}P_{14}$ und $P_{23}P_{24}P_{34}$

$$\sphericalangle P_{12}P_{24}P_{14} = \frac{\varphi_{24}}{2}, \qquad \sphericalangle P_{23}P_{24}P_{34} = \frac{\varphi_{24}}{2}, \qquad (121\,\text{a, b})$$

also

$$\sphericalangle P_{12}P_{24}P_{14} = \sphericalangle P_{23}P_{24}P_{34}, \qquad \sphericalangle P_{12}P_{24}P_{23} = \sphericalangle P_{14}P_{24}P_{34}. \qquad (122\,\text{a, b})$$

Zusammenfassend gelten die folgenden Sätze:

Satz 31: Die beiden durch einen Pol gehenden Geradenpaare, die sich auf je zwei Pole stützen, deren unteren Indizes gleiche Ziffern enthalten, umfassen gleiche Winkel oder Winkel, die sich zu 180° ergänzen[1]. Bei Verwendung der Begriffe Gegenpol und Gegenpolviereck gilt auch

Satz 32: Die durch jeden der anderen beiden Gegenpole gehenden Geradenpaare, die sich auf zwei gegenüberliegende Seiten eines Gegenpolvierecks stützen, bilden gleiche Winkel oder solche, die sich zu 180° ergänzen.

Supplementwinkel, d. h. Ergänzungswinkel zu 180°, treten beispielsweise bei den Polen P_{23} und P_{14} auf; es gelten:

$$\sphericalangle P_{24}P_{23}P_{12} = 180° - \sphericalangle P_{13}P_{23}P_{34}, \qquad \sphericalangle P_{12}P_{14}P_{13} = 180° - \sphericalangle P_{24}P_{14}P_{34}.$$

48. Die Pollagenkurve.

Bei Annahme von drei Polen dreier Gliedlagen und eines vierten Poles der vierten Gliedlage kann also der fünfte Pol nur noch auf einer bestimmten Geraden frei gewählt werden, während der sechste Pol durch die in Nr. 47 aufgestellten Winkelbeziehungen bestimmt ist. Sind demnach bei vier Lagen E_1 bis E_4 zwei Gegenpolpaare, z. B. P_{13}, P_{24} und P_{23}, P_{14} gegeben (Abb.116), so muß die Lage der beiden anderen Gegenpole P_{34}, P_{12} die Bedingungen

$$\sphericalangle P_{13}P_{34}P_{23} = \sphericalangle P_{14}P_{34}P_{24} \quad \text{und} \quad \sphericalangle P_{24}P_{12}P_{23} = \sphericalangle P_{14}P_{12}P_{13}$$

erfüllen.

Die beiden anderen Gegenpole liegen auf einer Kurve p, die im Schrifttum als die „*Pollagenkurve*" bezeichnet wird. Für sie gilt:

Satz 33: Die Pollagenkurve ist der geometrische Ort aller Punkte, von denen aus die gegenüberliegenden Seiten eines Gegenpolvierecks unter je zwei gleichen bzw. unter sich zu 180° ergänzenden Winkeln erscheinen.

Folgerung: Die gegenüberliegenden Seiten der Gegenpolvierecke schneiden sich in je einem Punkt der Pollagenkurve, und zwar:

$$\Pi_{12} = P_{13}P_{23} \times P_{14}P_{24}, \quad \Pi_{13} = P_{12}P_{23} \times P_{14}P_{34}, \quad \Pi_{14} = P_{12}P_{24} \times P_{13}P_{34},$$
$$\Pi_{23} = P_{12}P_{13} \times P_{24}P_{34}, \quad \Pi_{24} = P_{12}P_{14} \times P_{23}P_{34}, \quad \Pi_{34} = P_{13}P_{14} \times P_{23}P_{24}.$$

Die Pollagenkurve p geht also durch die sechs Pole (114) und die sechs Punkte Π_{ik} der vorstehenden Zusammenstellung (123).

Die Herleitung der Gleichung von p in rechtwinkligen Koordinaten führt zu dem

Satz 34: Die Pollagenkurve ist eine durch die unendlich fernen imaginären Kreispunkte gehende Kurve dritter Ordnung; sie geht durch die sechs Pole P_{ik} und die sechs Schnittpunkte Π_{ik} und gehört zur Gruppe der *Fokalkurven.*

Mit Hilfe von harmonischen Strahlen ist auch nachweisbar, daß die Pollagenkurve p durch die Höhenfußpunkte der Diagonaldreiecke der durch die

[1] Die betreffenden Geraden sind dabei als „richtungsfrei" angenommen, weshalb auch Supplementwinkel auftreten können.

Gegenpole bestimmten Vierseite geht, daß jedes der Gegenpolvierecke dieselbe Pollagenkurve p liefert, daß also p durch ein einziges Gegenpolviereck eindeutig bestimmt ist.

Legt man z. B. das Gegenpolviereck $P_{13} P_{24} P_{23} P_{14}$ zugrunde, so folgt bei beliebiger Annahme von P_{12} auf p der Punkt Π_{23} als Schnittpunkt von $P_{12} P_{13}$ mit p und P_{34} als Schnittpunkt von $\Pi_{23} P_{24}$ mit p.

49. Konstruktion der Pollagenkurve.

a) Verfahren 1: Den Ausgangspunkt der Konstruktion bilde in Abb. 117 das Gegenpolviereck $P_{13} P_{14} P_{24} P_{23}$. Dadurch sind auch die Punkte Π_{12} und Π_{34} nach (123) festgelegt. Man zeichnet den Umkreis $\overline{K}$ des Dreiecks $P_{13} P_{14} \Pi_{12}$ und die Mittelsenkrechten s und s' zu $P_{14} P_{24}$ bzw. $P_{13} P_{23}$. Durch einen beliebig auf $\overline{K}$ angenommenen Punkt Π'_{12} legt man nach P_{14} und P_{13} die Strahlen g_1 und g'_1, die s und s' in M_1 bzw. M'_1 schneiden. Die um M_1 mit Halbmesser $\overline{M_1 P_{14}}$ und um M'_1 mit Halbmesser $\overline{M'_1 P_{13}}$ geschlagenen Kreise K_1 und K'_1

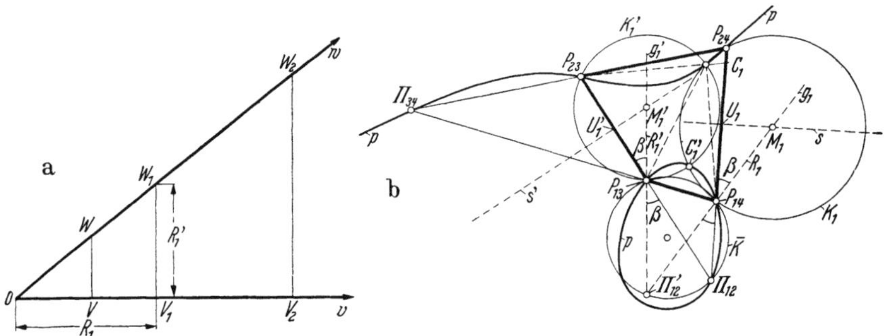

Abb. 117. Pollagenkurve p, bestimmt durch Gegenpolviereck $P_{13} P_{23} P_{24} P_{14}$.

schneiden sich in zwei Punkten C_1 und C'_1 der Pollagenkurve p. Die Pollagenkurve wird so als das Erzeugnis zweier projektiven Kreisbüschel K_1, K'_1 erhalten.

b) Verfahren 2: Unter Beachtung der ähnlichen Dreiecke $U_1 P_{14} M_1$ und $U'_1 P_{13} M'_1$ folgt für die Halbmesser R_1 und R'_1 der Kreis K_1 und K'_1 die Proportion

$$R_1 : R'_1 = \overline{U_1 P_{14}} : \overline{U'_1 P_{13}} \qquad (124)$$

und damit die Konstruktion dieser Halbmesser nach Abb. 117a mit $\overline{OV} = \overline{U_1 P_{14}}$, $\overline{VW} = \overline{U'_1 P_{13}}$ und $\sphericalangle OVW = 90°$. Jeder Parallele zu VW schneidet Ov und Ow in Punkten V_1 und W_1, und $\overline{OV_1} = R_1$, $\overline{V_1 W_1} = R'_1$ sind die Halbmesser einander zugeordneter Büschelkreise K_1, K'_1 usw. Bei diesem Verfahren (s, s', R_1, R'_1) bedarf die Auswahl der sich ergebenden Schnittpunkte der Kreise K_1, K'_1 einer gewissen Sorgfalt; es ist nachzuprüfen, ob alle Schnittpunkte in Frage kommen, da sich zu jedem Halbmesser zwei Kreise ergeben, die zu den betreffenden Sehnen spiegelbildlich angeordnet sind. In Zweifelsfällen wird man zwecks Kontrolle auf das Verfahren a) zurückgreifen.

c) Verfahren 3 (Abb. 118): Ausgehend von den Gegenpolen $P_{13} P_{24}$ und P_{23}, P_{14}, die das Vierseit mit den Diagonalen $P_{14} P_{23}$, $P_{13} P_{24}$ und $\Pi_{12} \Pi_{34}$ bestimmen, sei für die Wahl eines fünften Punktes (z. B. P_{12} oder P_{34}) eine solche Gruppierung angenommen, bei der $P_{12} P_{24}$ und $P_{13} P_{34}$ einander parallel werden, also mit Π_{14} im Unendlichen. Diese spezielle Anordnung führt zu einem zeichnerischen Verfahren der Pollagenkurve p, das auf der dem Gegenpolvierseit einbeschriebenen Parabel mit dem „*Brennpunkt*“ oder „*Fokalpunkt*“ Γ beruht. Dieser ist als Schnittpunkt der Umkreise der Dreiecke $P_{14}P_{24}\Pi_{34}$, $P_{24}P_{23}\Pi_{12}$ oder $P_{14}P_{13}\Pi_{12}$ zu zeichnen. Dann werden die Strecken $\overline{P_{23}P_{14}}$, $\overline{P_{13}P_{24}}$, Π_{12}, Π_{34} in m, m', m'' halbiert, die auf der sogenannten „*Mittellinie*“ $\zeta\zeta'$ der Pollagenkurve liegen. Die Schnittpunkte von $P_{13}\Gamma$ und $P_{24}\Gamma$ mit der Mittellinie $\zeta\zeta'$ liefern die Punkte M'' bzw. M'. Die um M'' mit Halbmesser $\overline{M''P_{13}}$ und um M' mit Halbmesser $\overline{M'P_{24}}$ geschlagenen Kreise K'' und K' treffen $M''\Gamma$ und $M'\Gamma$ in P_{12} bzw. P_{34} und schneiden sich in den Punkten $Q' = A$ und $Q'' = B$.

Wählt man Q' und Q'' als Grundpunkte eines Kreisbüschels und ordnet man diesem ein projektives Strahlenbüschel derart zu, daß seine Strahlen durch $\Gamma(C)$ und durch die Mittelpunkte der entsprechenden Kreise des Büschels gehen, so findet man eine Kurve p', die — wie L. BURMESTER[1] gezeigt hat — mit der Pollagenkurve p übereinstimmt.

Zieht man also in Abb. 118 durch Γ eine beliebige Gerade g_λ, die $\zeta\zeta'$ in M_λ schneidet, und schlägt man um M_λ mit Halbmesser $\overline{M_\lambda Q'} = \overline{M_\lambda Q''}$ den Kreis K_λ, so schneidet dieser die Gerade g_λ in den Punkten F_λ und F'_λ der gesuchten und im vorliegenden Falle *zweiteiligen Pollagenkurve.*

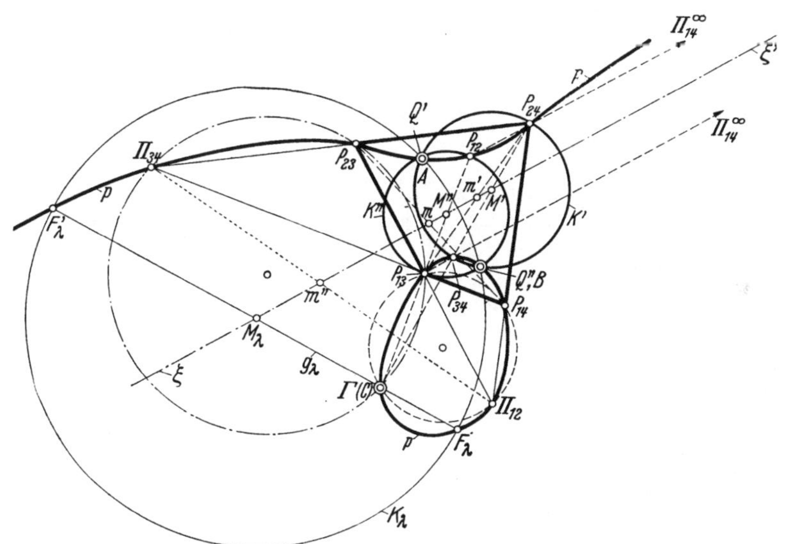

Abb. 118. Pollagenkurve konstruiert mit Hilfe des Fokalpunktes Γ und der Mittellinie $\zeta\zeta'$ durch Kreisbüschel K_λ und ihm projektiv zugeordnetes Geradenbüschel g_λ.

Liefern die in Abb. 118 benutzten Kreise K' und K'' keine reellen Schnittpunkte $Q' = A$, $Q'' = B$, so werden die Büschelkreise K_λ nach Abb. 119 ermittelt. Man legt $\overline{E''G''} = \overline{E'G'}$ als gleich lange Tangenten an die Kreise K'' und K', schlägt um M'' und M' mit den Halbmessern $\overline{M''G''}$ bzw. $\overline{M'G'}$ Kreisbögen, die sich in H' und H'' der Potenzlinie hh' der Kreise K', K'' schneiden. hh' trifft $\zeta\zeta'$ in Q. Die über $M'Q$ und $M''Q$ als Durchmesser geschlagenen Thaleskreise schneiden K' und K'' in T' bzw. T'', wobei $\overline{QT'} = \overline{QT''}$ ist. Der um

[1] BURMESTER, L.: [3], S. 599ff.

Q mit $\overline{QT'} = \overline{QT''}$ als Halbmesser geschlagene Kreis $\varkappa$ ist Orthogonalkreis zu K' und K'' und schneidet $\zeta\zeta'$ in R und R'.

Die in einem beliebigen Punkt T von $\varkappa$ an den Kreis $\varkappa$ gelegte Tangente trifft $\zeta\zeta'$ im Mittelpunkt $M_\lambda = M$ des Büschelkreises K_λ vom Halbmesser $\overline{M_\lambda T}$. Die durch $C = \Gamma$ und M_λ gelegte Gerade g_λ schneidet dann K_λ in Punkten F und F' der in diesem Falle „*einteiligen*" *Fokalkurve*. Dieser Fall liegt dem Beispiel der Abb. 129 zugrunde.

Wenn sich die Kreise K' und K'' berühren, der Halbmesser von $\varkappa$ also gleich Null wird ($A = B$ auf $\zeta\zeta'$), so entsteht eine doppelpunktige Fokalkurve f_d (Abb. 120).

Macht man insbesondere $\sphericalangle CFL = \sphericalangle CAM = \varphi$, so folgt aus der Kongruenz der Dreiecke CAM und LFM, daß $\overline{FL} = \overline{CA} =$ konstant bleibt.

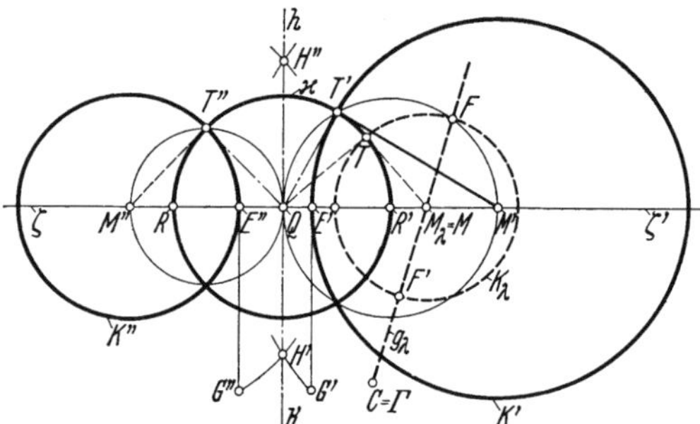

Abb. 119. Büschelkreise K_λ, bei sich nicht schneidenden Kreisen K', K''.

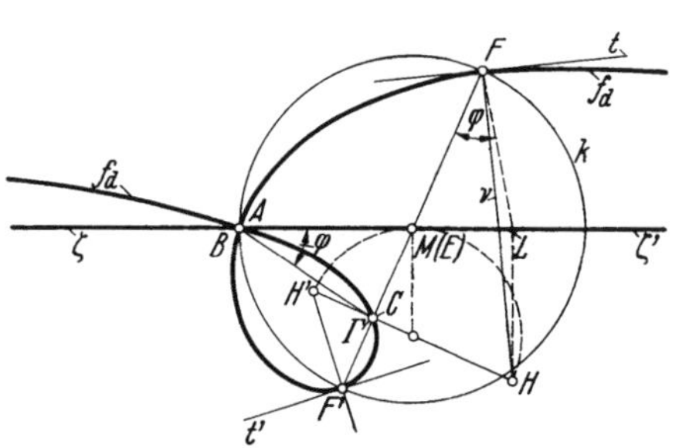

Abb. 120. Pollagenkurven sind Fokalkurven. Hier Fokalkurve f_d mit Doppelpunkt $A = B$.

Die doppelpunktige Fokalkurve f_d kann also durch den Scheitel eines konstanten Winkels φ erzeugt werden, dessen Schenkelpunkt L auf einer Geraden $\zeta\zeta'$ wandert, während der andere Schenkel durch C gleitet. H ist der Momentanpol dieses so bewegten Winkels mit HF als Normale in F. Ist $\varphi = 90°$, so entsteht die symmetrische doppelpunktige Fokalkurve, die im Schrifttum als „*Strophoide*" bekannt ist. Die Mitte von FL erzeugt die „*Cissoide des Diokles*".

Die Fokalkurven[1] treten bei bestimmten Schnitten eines Kegels zweiter Ordnung auf und sind von QUETELET und VAN REES untersucht worden. Sie sind auch der geometrische Ort der Brennpunkte aller Kegelschnitte, die vier Gerade berühren.

50. Sonderfälle der Pollagenkurve.

Die Pollagenkurve p nimmt oft sehr einfache Gestalt an, wenn die Pole P_{ik} durch spezielle Wahl der Gliedlagen E_1 bis E_4 in geeigneter Weise angeordnet sind.

a) In Abb. 121 bilden die beiden Gegenpolpaare $P_{13}P_{24}$ und $P_{14}P_{23}$ die parallelen Seiten eines gleichschenkligen Trapezes mit $\zeta\zeta'$ als Symmetrale. Die Pollagenkurve zerfällt in den Kreis p', den Umkreis des gleichschenkligen Trapezes mit dem Mittelpunkt Γ als Fokalpunkt C, und in die Gerade $p'' = \zeta\zeta'$, die auch Π_{12} und Π_{34} enthält.

[1] Vgl. M. CHASLES: Geschichte der Geometrie. Deutsch von SOHNKE (1839). Note IV, S. 287. — SALMON: Kegelschnitte. Deutsch von FIEDLER (1873) 3. Aufl., S. 369. — SCHRÖTER: Math. Ann. Bd. 5 (1872) S. 50; Bd. 6 (1873) S. 85. — DURÈGE: Math. Ann. Bd. 5 (1872) S. 83. — ECKHARDT: Z. Math. Phys. (1865) S. 321. — C. PELZ: Akad. Wiss. Wien Bd. 82 (1880) S. 1207.

b) Gemäß Abb. 122 sind die Gegenpole P_{13}, P_{24} zur Geraden durch $P_{14}P_{23}$ symmetrisch angeordnet. Die Gerade durch $P_{14}P_{23}$ wird zur Mittellinie $\zeta\zeta'$ und bildet den Teil p'' der Pollagenkurve p, während der andere Teil der Kreis p'

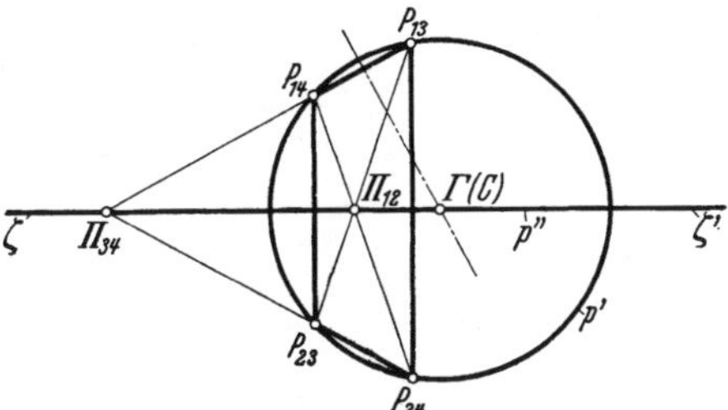

Abb. 121. Gegenpole symmetrisch zur Mittellinie. Pollagenkurve zerfällt in Kreis p' und Gerade p''.

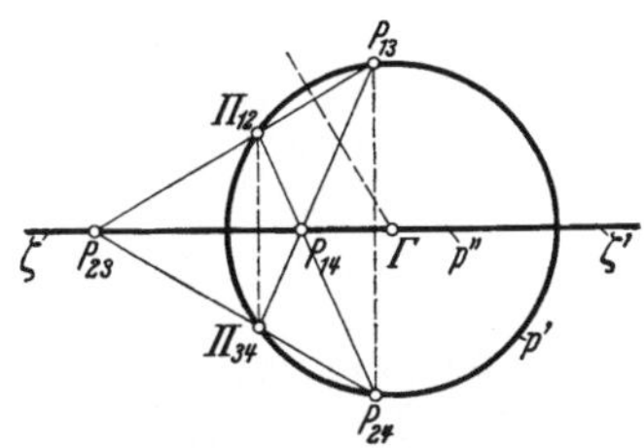

Abb. 122. Zwei Gegenpole symmetrisch zu $\zeta\zeta'$ und zwei Gegenpole auf $\zeta\zeta'$. Zerfall von p in Kreis p' und Gerade p''.

ist, der dem gleichschenkligen Trapez $\Pi_{12}\Pi_{34}P_{13}P_{24}$ umschrieben ist. Der Mittelpunkt Γ des Kreises p' ist der Fokalpunkt.

c) Der Sonderfall, daß zwei Gegenpolpaare auf einer Geraden p'' liegen, ist in Abb. 123 behandelt. Die Pollagenkurve zerfällt in die Gerade p'' und den Kreis p', der mit Hilfe der Kreise K (Thaleskreis) über $P_{13}P_{24}$ (als Durchmesser) und K' (beliebiger Kreis durch $P_{14}P_{23}$) gefunden wird. Die Potenzlinie g von K, K' schneidet $p'' = \zeta\zeta'$ im Mittelpunkt Γ des Kreises p' (mit Γ als Fokalzentrum). Der Halbmesser von p' wird als Länge der Tangente gefunden, die von Γ an den Kreis K gelegt wird. Ist insbesondere $\overline{P_{24}P_{14}} = \overline{P_{23}P_{13}}$, so zerfällt p in p'' und in die Mittelsenkrechte p' zu $P_{14}P_{23}$.

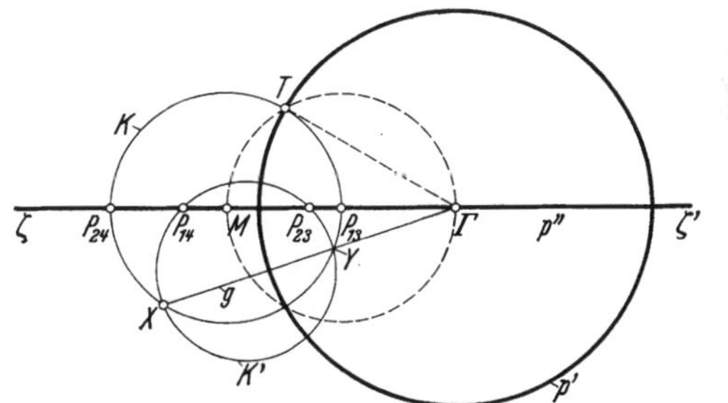

Abb. 123. Zwei Paar Gegenpole auf einer Geraden. Zerfall von p in diese Gerade p'' und in Kreis p'.

d) Wie L. Burmester[1] noch gezeigt hat, zerfällt die Pollagenkurve p in eine gleichseitige Hyperbel p' und in die unendlich ferne Gerade, wenn zwei Paar Gegenpole die Eckpunkte eines Parallelogramms bilden (Abb. 124); p' geht durch die Eckpunkte dieses Parallelogramms $P_{13}P_{23}P_{24}P_{14}$, dessen Mittelpunkt O den Mittelpunkt der gleichseitigen Hyperbel darstellt. Die durch O zur längeren Parallelogrammseite gezogene Parallele hat als unendlich fernen Punkt den Hauptbrennpunkt Γ von p, und die durch O zur kürzeren Parallelo-

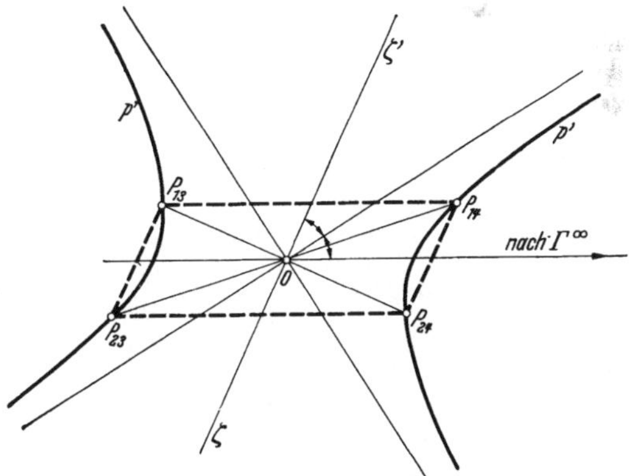

Abb. 124. Gegenpolviereck ein Parallelogramm. Pollagenkurve gleichseitige Hyperbel p' und die unendlich ferne Gerade.

[1] Burmester, L.: [3], S. 620.

grammseite gezogene Parallele ist die Mittellinie $\zeta\zeta'$ von p. Die Winkelhalbierenden der von $\zeta\zeta'$ und $O\Gamma^\infty$ gebildeten Winkel sind die Asymptoten der gleichseitigen Hyperbel p'.

Der Sonderfall[1] d) tritt beispielsweise ein, wenn bei vier endlich benachbarten Gliedlagen je zwei Lagen einander parallel sind. W. LICHTENHELDT[2] hat für die Zerfallsmöglichkeiten a) bis d) aufgezeigt, wie zu drei beliebigen Lagen E_1, E_2, E_3 vierte Lagen E_4 so ermittelt werden können, daß diese Sonderfälle auftreten.

51. Die Mittelpunktkurve.

In Abb. 125 sind zunächst drei Lagen $E_1 = \overline{A_1 B_1}$, $E_2 = \overline{A_2 B_2}$, $E_3 = \overline{A_3 B_3}$ mit dem Poldreieck $P_{12} P_{23} P_{13}$ herausgegriffen und der Kreis k_A durch drei zugeordnete Punkte A_1, A_2, A_3 mit dem Mittelpunkt $\mathfrak{A}_k$ gezeichnet. Auf k_A sei nun ein beliebiger Punkt A_4 angenommen. Die Pole P_{14}, P_{24}, P_{34} liegen dann auf den Mittelsenkrechten a_{14}, a_{24}, a_{34} zu $\overline{A_1 A_4}$, $\overline{A_2 A_4}$, $\overline{A_3 A_4}$. Wählt man beispielsweise P_{34} als beliebigen Punkt von a_{34}, so ist dadurch $\sphericalangle A_3 P_{34} A_4 = \varphi_{34}$ festgelegt; damit sind auch die Lagen von P_{14} und P_{24} auf a_{14} bzw. a_{24} und die dazugehörigen Drehwinkel $\varphi_{14} = \sphericalangle A_1 P_{14} A_4$ und $\varphi_{24} = A_2 P_{24} A_4$ bestimmt. Bezeichnet man ferner die Zentriwinkel $\sphericalangle A_1 \mathfrak{A}_k A_2 = z_{12}$, $\sphericalangle A_2 \mathfrak{A}_k A_3 = z_{23}$, $\sphericalangle A_3 \mathfrak{A}_k A_4 = z_{34}$, wobei $z_{13} = z_{12} + z_{23}$, $z_{14} = z_{12} + z_{23} + z_{34} = z_{13} + z_{34}$ ist, so werden die nachstehenden Winkelbeziehungen erhalten.

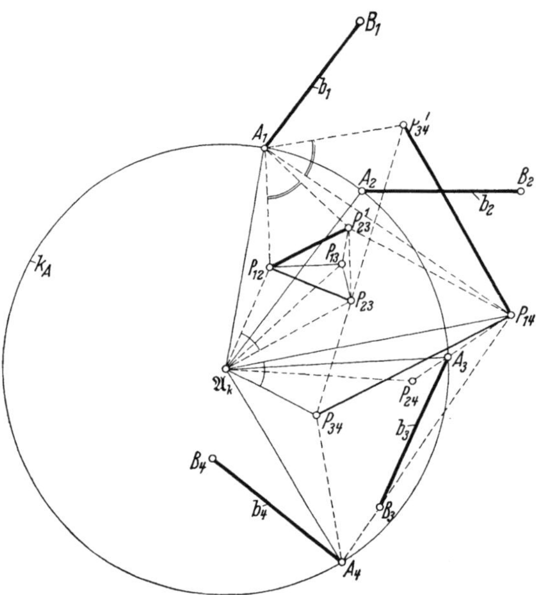

Abb. 125. Vier zugeordnete Punkte A_1 bis A_4 auf Kreis k_A. Geometrische Grundlagen für Kreispunktkurve k_1 und Mittelpunktkurve m.

$$\sphericalangle P_{12} \mathfrak{A}_k P_{23} = \frac{z_{12}}{2} + \frac{z_{23}}{2} = \frac{z_{13}}{2},$$

$$\sphericalangle P_{14} \mathfrak{A}_k P_{34} = \frac{z_{14}}{2} - \frac{z_{34}}{2} = \frac{z_{13}}{2} \quad (125\text{a, b})$$

also

$$\sphericalangle P_{12} \mathfrak{A}_k P_{23} = \sphericalangle P_{14} \mathfrak{A}_k P_{34}. \quad (126)$$

Die in Gl. (126) auftretenden Pole P_{12}, P_{23}, P_{14}, P_{34} sind Pole des Gegenpolvierecks (119c). Die Gegenseiten eines Gegenpolvierecks erscheinen also vom Kreismittelpunkt $\mathfrak{A}_k$ aus unter gleichen Winkeln. Für die beiden anderen Gegenpolvierecke lassen sich entsprechende Winkelbeziehungen aufstellen, womit die Übereinstimmung des gesuchten geometrischen Ortes der Punkte $\mathfrak{A}_k$, der sogenannten „*Mittelpunktkurve*" m, mit der Pollagenkurve p bewiesen ist. Die Sätze 33, 34 und die zeichnerischen Verfahren der Pollagenkurve p sind also für die Konstruktion der Mittelpunktkurve ohne weiteres übertragbar.

---

[1] ALT, H.: [36h], S. 105.
[2] LICHTENHELDT, W.: [35], Nr. 408.

Unter anderem gilt:

Satz 35: Die Mittelpunktkurve geht durch die sechs Pole P_{ik} und durch die Punkte Π_{ik}. Sie ist mit der Pollagenkurve identisch und demnach als Fokalkurve durch ein Gegenpolviereck bestimmt.

52. Die Kreispunktkurve.

Aus Abb. 125 folgt des weiteren:

$$\sphericalangle P_{12}A_2P_{23} = \left(\frac{\varphi_{12}}{2} - \frac{z_{12}}{2}\right) + \left(\frac{\varphi_{23}}{2} - \frac{z_{23}}{2}\right) = \frac{\varphi_{13} - z_{13}}{2}, \qquad (127\text{a})$$

$$\sphericalangle P_{14}A_4P_{34} = \left(\frac{\varphi_{14}}{2} - \frac{z_{14}}{2}\right) - \left(\frac{\varphi_{34}}{2} - \frac{z_{34}}{2}\right) = \frac{\varphi_{13} - z_{13}}{2}, \qquad (127\text{b})$$

also

$$\sphericalangle P_{12}A_2P_{23} = \sphericalangle P_{14}A_4P_{34}. \qquad (128)$$

In der Winkelbeziehung (128) gehören das Dreieck $P_{12}A_2P_{23}$ der Lage *2*, das Dreieck $P_{14}A_4P_{34}$ der Lage *4* an, wie aus den übereinstimmenden Indizes 2 und 4 ersichtlich ist.

Dreht man diese beiden Dreiecke in die Lage *1* zurück, ersteres um P_{12} um den Winkel $\varphi_{21} = -\varphi_{12}$, letzteres um P_{14} um den Winkel $\varphi_{41} = -\varphi_{14}$, so gehen diese in die kongruenten Dreiecke

$$\triangle P_{12}A_1P_{23}^1 \cong \triangle P_{12}A_2P_{23}, \qquad \triangle P_{14}A_1P_{34}^1 \cong \triangle P_{14}A_4P_{34} \qquad (129\text{a,b})$$

über. Hieraus folgt

$$\sphericalangle P_{12}A_1P_{23}^1 = \sphericalangle P_{14}A_1P_{34}^1. \qquad (130)$$

Führt man entsprechend (119a, b, c) unter Einbeziehung der Spiegelpole der Lage *1* die nachstehenden Gegenpolvierecke

$$(P_{12}P_{34}^1; P_{13}P_{24}^1), \quad (P_{14}P_{23}^1; P_{12}P_{34}^1), \quad (P_{13}P_{24}^1; P_{14}P_{23}^1) \qquad (131\text{, a,b,c})$$

ein, so gilt für den geometrischen Ort aller Punkte A_1, die mit ihren zugeordneten Punkten A_2, A_3, A_4 auf einem Kreis liegen, mit anderen Worten für die sogenannte *Kreispunktkurve* der

Satz 36: Die Kreispunktkurve k_1 ist der geometrische Ort aller Punkte, von denen aus die Gegenseiten eines der Gegenpolvierecke (131a, b, c) unter gleichen bzw. sich zu 180° ergänzenden Winkeln erscheinen. Die Kreispunktkurve geht durch die sechs Pole der Lage *1*.

$$P_{12}, P_{13}, P_{14}; \quad P_{23}^1, P_{24}^1, P_{34}^1 \qquad (132)$$

und durch die Schnittpunkte

$$\begin{aligned} \Pi_{12}^1 &= P_{13}P_{23}^1 \times P_{14}P_{24}^1; \quad \Pi_{13}^1 = P_{12}P_{23}^1 \times P_{14}P_{34}^1; \quad \Pi_{14}^1 = P_{12}P_{24}^1 \times P_{13}P_{34}^1; \\ \Pi_{23}^1 &= P_{12}P_{13} \times P_{24}^1P_{34}^1; \quad \Pi_{24}^1 = P_{12}P_{14} \times P_{23}P_{34}^1; \quad \Pi_{34}^1 = P_{13}P_{14} \times P_{23}^1P_{24}^1. \end{aligned} \qquad (133)$$

Damit ist die Kreispunktkurve k_1 als Fokalkurve nach den für die Pollagenkurve p entwickelten Verfahren konstruierbar.

Die Gesetzmäßigkeiten der Kreispunktkurve lassen sich auch nach den in Nr. 40 gegebenen Entwicklungen herleiten, wie vom Verfasser a. a. O. gezeigt wurde[1].

Zu einem Punkt A_1 der Kreispunktkurve k_1 wird der dazugehörige Kreismittelpunkt $\mathfrak{A}_k$ am einfachsten als Schnittpunkt zweier Mittelsenkrechten, z. B. a_{12} zu A_1A_2 und a_{13} zu A_1A_3, gefunden.

Man kann zu A_1 auch den Grundpunkt $\mathfrak{A}_g$ zeichnen und dann Satz 9 benutzen, nach dem die Fahrstrahlen von einem Pol nach den Punkten $\mathfrak{A}_g$ und $\mathfrak{A}_k$ mit den von diesem Pol ausgehenden Poldreiecksseiten gleiche Winkel bilden. Ist ein zusammengehöriges Punktepaar B_1, $\mathfrak{B}_k$ vorhanden (B_1 auf k_1, $\mathfrak{B}_k$ auf m), so kann auch nach Satz 11 verfahren werden.

[1] Beyer, R.: [38p], S. 85.

53. Eine Anwendung der Mittelpunktkurve. Nähmaschinen-Getriebe.

Das in Nr. 11 behandelte Beispiel des *Fadengeber-Getriebes einer Zweispulen-Nähmaschine* soll durch Hinzunahme einer weiteren Bedingung, d. h. durch Forderung einer vierten Lage, noch praxisnaher gestaltet werden und den Greiferspitzeneintritt in die Schlinge berücksichtigen. Das Getriebe möge mit anderen Worten die Lagen *1* bis *4* der Fadenführerkoppel AS (Abb. 126) erfüllen.

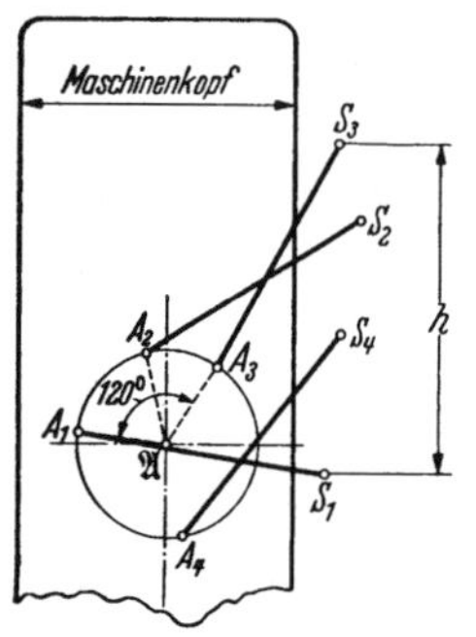

Abb. 126. Vier Koppellagen des Fadengeber-Getriebes einer Nähmaschine mit vorgegebenen Lagen der Antriebskurbel.

Gegeben: Mitte $\mathfrak{A}$ der Armwelle im Maschinenkopf, die relativen Entfernungen der Punkte A_1 bis A_4 (bzw. die Kurbeldrehwinkel). Die vier zugeordneten Koppelpunkte S_1 bis S_4, die von der Fadenöse zu durchlaufen sind, werden entsprechend Nr. 11 gefunden.

Gesucht: Schwingendrehpunkt $\mathfrak{B}$ und Anlenkpunkt B der Schwinge an die Koppel, z. B. B_1 der Lage 1.

In Abb. 127 bzw. 128 sind zunächst die Pole P_{13}, P_{14}, P_{24}, P_{23} und die Schnittpunkte $\Pi_{12} = P_{14}P_{23} \times P_{13}P_{23}$, $\Pi_{34} = P_{23}P_{24} \times P_{13}P_{14}$ ermittelt worden. Die Mittellinie $\zeta\zeta'$ der Mittelpunktkurve m geht durch die Mittelpunkte m, m', m'' der Strecken $\overline{P_{14}P_{23}}$, $\overline{P_{13}P_{24}}$, $\overline{\Pi_{12}\,\Pi_{34}}$. Der Fokalpunkt Γ der gemäß Nr. 49 als Pollagenkurve zu zeichnenden Mittelpunktkurve m — geometrischer Ort der gesuchten Punkte $\mathfrak{B}$ — wird als Schnittpunkt der Umkreise $\overline{K}$, $\overline{K}'$, $\overline{K}''$ der Dreiecke $P_{13}P_{14}\Pi_{12}$, $P_{13}P_{23}\Pi_{34}$ (Abb. 128) gefunden. Der Fokalpunkt Γ liegt sehr nahe an $\zeta\zeta'$, ergibt also nach Verfahren Nr. 49c sehr spitze Schnitte. Aus diesem Grunde wurde auf das Verfahren Nr. 49a zurückgegriffen; nach diesem werden Punkte F und F' von m als Schnittpunkt der Kreise K_1 und K_1' ermittelt, wobei sich M_1P_{14} und $M_1'P_{13}$ in Punkten Π_{12}' des Kreises $\overline{K}$ schneiden. Nach diesem Verfahren ist die Mittelpunktkurve m der Abb. 127 entstanden, die den geometrischen Ort der gesuchten gestellfesten Punkte $\mathfrak{B}$ darstellt, wobei für $\mathfrak{B}$ nur diejenigen Teile von m in Frage kommen, die innerhalb des Maschinenkopfes liegen.

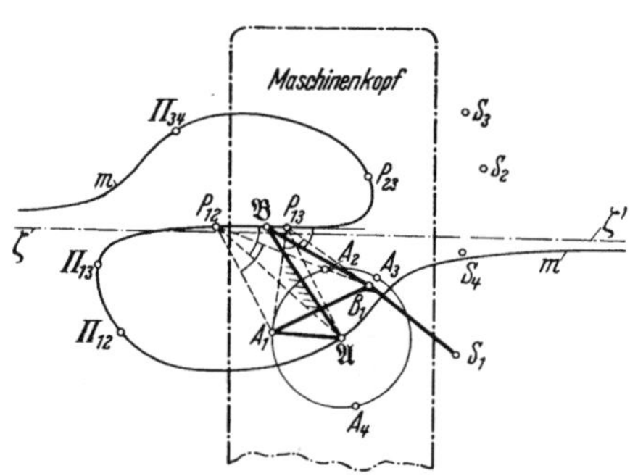

Abb. 127. Kurbelschwinge für Fadengeber-Getriebe gemäß Abb. 126. Lager $\mathfrak{B}$ der Schwinge $\mathfrak{B}B$ auf der Mittelpunktkurve m.

Im vorliegenden Fall wurde $\mathfrak{B}$ auf m zwischen P_{12} und P_{13} gewählt und der dazugehörige Koppelpunkt B_1 mit Hilfe von $\sphericalangle \mathfrak{A} P_{12} \mathfrak{B} = \sphericalangle A_1 P_{12} B_1$ und $180° - \sphericalangle \mathfrak{A} P_{13} \mathfrak{B} = \sphericalangle A_1 P_{13} B_1$ bestimmt. Vermerkt sei noch, daß $\mathfrak{A}$ auf m liegen muß. Selbstverständlich sind noch unendlich viele Gelenkvierecke mit anderer Wahl von $\mathfrak{B}$ auf m möglich. Es ist dann die Aufgabe, falls die erste Wahl zu einer Kurbelschwinge mit ungünstigen Übertragungswinkeln geführt hat, den Entwurf für einen anderen Punkt von m als Punkt $\mathfrak{B}$ zu wiederholen, um so die bestmögliche Lösung zu erhalten. Die praktische Ausführung der gefundenen Fadenführung wurde bereits durch Abb. 28 erläutert.

Nach W. Beyer (vgl. Fußn. 2, S. 18) liegen im Nähmaschinenbau die zulässigen Drehzahlen für Dauerbetrieb beim Kurvengetriebe ungefähr bei 800 U/min, beim Koppelgetriebe bei etwa 4000 U/min. Diese Drehzahlbereiche lassen sich selbstverständlich nicht genau abgrenzen. Das Kurbelgetriebe ergibt im vorliegenden Fall eine wesentliche Leistungssteigerung gegenüber dem Kurvengetriebe und bietet noch andere Vorteile, wie z. B. geringeren Verschleiß, Möglichkeit der Verwendung von Leichtmetallen bei schnellerer Wärmeabfuhr an den Lagerstellen, kleinere Massenkräfte (D'ALEMBERTsche Trägheitskräfte) u. a. m.

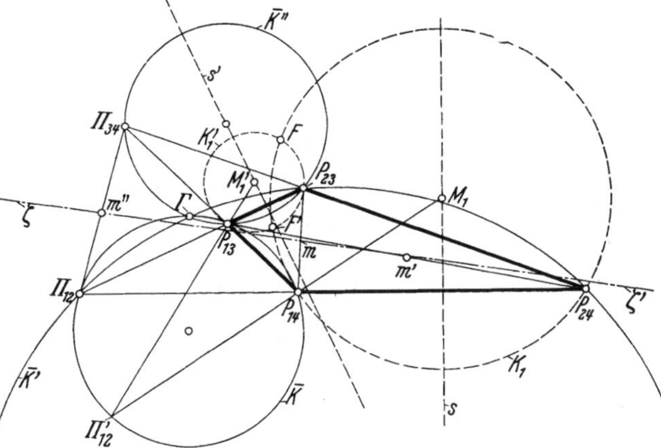

Abb. 128. Bestimmungsstücke der Mittelpunktkurve m zu Abb. 126.

54. Eine Anwendung der Kreispunktkurve. Angenäherte Geradführung.

In Abb. 129 soll ein Punkt C durch die Koppel b einer Kurbelschwinge a, b, c, d so geführt werden, daß er die Lagen C_1, C_2, C_3, C_4 auf der gegebenen Geraden $\gamma\gamma'$ durchläuft.

Zur Lösung dieser Aufgabe seien vier Koppellagen $\overline{A_1 C_1}$ bis $\overline{A_4 C_4}$ angenommen, wobei A_1 mit A_2 zusammenfallend gewählt worden ist. Mit der ebenfalls an-

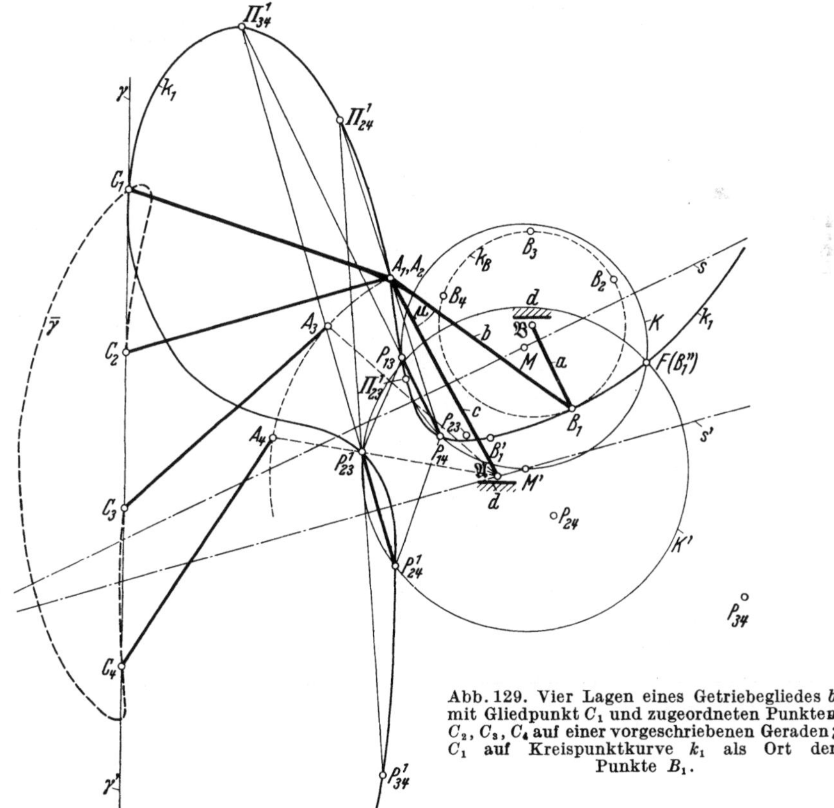

Abb. 129. Vier Lagen eines Getriebegliedes b mit Gliedpunkt C_1 und zugeordneten Punkten C_2, C_3, C_4 auf einer vorgeschriebenen Geraden; C_1 auf Kreispunktkurve k_1 als Ort der Punkte B_1.

genommenen Koppellänge $\overline{A_1 C_1} = \overline{A_2 C_2} = \overline{A_3 C_3} = \overline{A_4 C_4}$ ist die Lage von $A_1 = A_2$ festgelegt; wählt man noch den gestellfesten Punkt $\mathfrak{A}$ beliebig, so findet man auch die Koppellagen $\overline{A_3 C_3}$ und $\overline{A_4 C_4}$. Die Kurbelzapfenmitte B_1 der Antriebskurbel $\mathfrak{B} B_1$ ist zu ermitteln. B_1 muß auf der Kreispunktkurve k_1, $\mathfrak{B}$ auf der Mittelpunktkurve m liegen; es gibt also unendlich viele Lösungen. Gewählt sei der erste Weg, d. h. der Entwurf der Kreispunktkurve k_1. Hierzu werden in bekannter Weise die Pole, die Spiegelpole der Lage *1* gezeichnet und das Gegenpolviereck $P_{13} P_{24}^1$, $P_{14} P_{23}^1$ zugrunde gelegt, mit dessen Hilfe k_1 konstruiert wird (Kreise K und K' über den Seiten $\overline{P_{13} P_{14}}$ bzw. $\overline{P_{23}^1 P_{24}^1}$ als Sehnen). *Kontrolle:* k_1 geht durch A_1 und C_1.

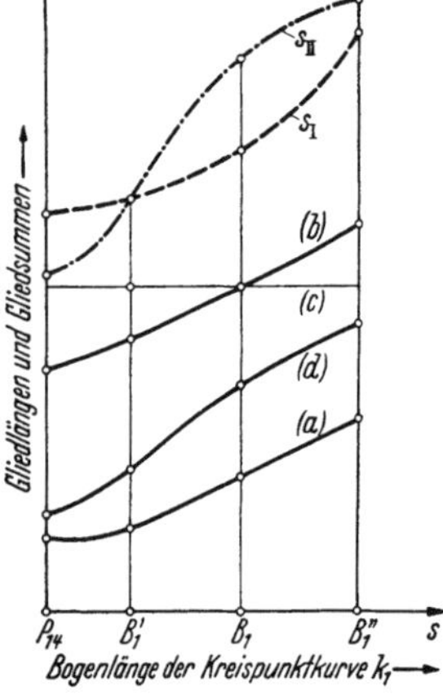

Abb. 130. Glied-Abmessungen der Viergelenkgetriebe von Abb. 129 in Abhängigkeit von der Bogenlänge s der Kreispunktkurve k_1.

Für den auf k_1 herausgegriffenen Punkt B_1 werden nun die zugeordneten Punkte B_2, B_3, B_4 und der dazugehörige Mittelpunkt $\mathfrak{B}$ in bekannter Weise ermittelt (Mittelsenkrechte zu $B_1 B_2$, $B_1 B_3$). *Kontrolle:* Kreis k_B geht durch B_1 bis B_4.

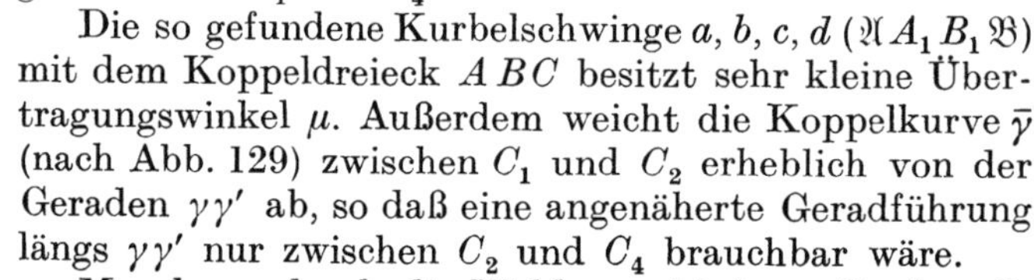

Die so gefundene Kurbelschwinge a, b, c, d ($\mathfrak{A} A_1 B_1 \mathfrak{B}$) mit dem Koppeldreieck ABC besitzt sehr kleine Übertragungswinkel μ. Außerdem weicht die Koppelkurve $\bar{\gamma}$ (nach Abb. 129) zwischen C_1 und C_2 erheblich von der Geraden $\gamma\gamma'$ ab, so daß eine angenäherte Geradführung längs $\gamma\gamma'$ nur zwischen C_2 und C_4 brauchbar wäre.

Man kann durch die Wahl verschiedener Punkte B_1 die Kreispunktkurve k_1 nach geeigneten Punkten B_1 abtasten und so systematisch zu einer günstigen Lösung gelangen. Das Ergebnis einer solchen Untersuchung ist zweckmäßig in einem Schaubild nach Art der Abb. 130 zusammenzustellen, in der z. B. für den Bereich $P_{14} B_1''$ die Abmessungen der Glieder der gefundenen Gelenkvierecke über der Bogenlänge s der Kreispunktkurve aufgetragen sind. Wenn verlangt wird, daß das gesuchte Viergelenkgetriebe als „Kurbelschwinge" arbeiten soll (Kurbel $\mathfrak{B} B$ umlaufend), so muß nach dem *Satz von* GRASHOF die Summe s_I der Abmessungen des kleinsten und größten Getriebegliedes kleiner sein als die Summe s_{II} der beiden anderen Gliedlängen. Der Bereich $P_{14} B_1'$ würde für den verlangten Zweck also ausscheiden, da $s_I > s_{II}$ ist. Abb. 130 könnte durch die Einbeziehung der anderen Bereiche noch erweitert werden. Für die spezielle Annahme $A_2 \equiv A_1$ und C_1, C_2, C_3, C_4 auf einer Geraden gibt es nach L. BURMESTER[1] auch eine Lösung ohne Benutzung der Kreispunktkurve.

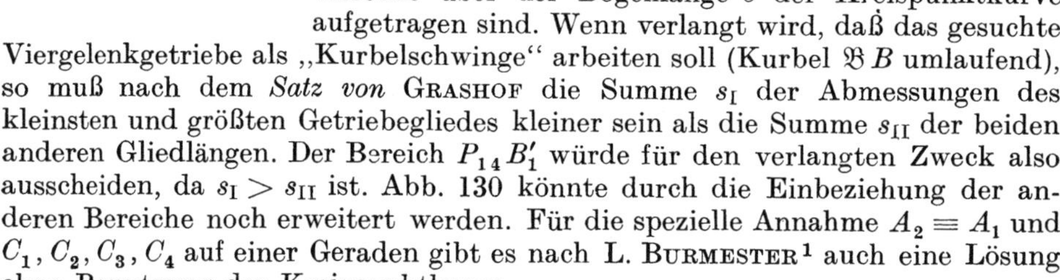

55. Verstellbares Koppel-Rastgetriebe.

Für einen Arbeitsgang ist ein Koppel-Rastgetriebe zu entwerfen, dessen Rastdauer in vorgeschriebenen Grenzen so verstellbar ist, daß die Amplitude der Rastschwinge einen vorgeschriebenen Wert beibehält.

Zur Lösung der Aufgabe ist in Abb. 131 eine zentrische Geradschubkurbel mit der Kurbel $\overline{\mathfrak{A} A} = a$, der Koppel (Schubstange) $\overline{AC} = b$, dem Gleitstein c und dem Gestellglied d zugrunde gelegt.

Gegeben sind also $\mathfrak{A}$ als Drehpunkt der Antriebskurbel mit dem Drehwinkel φ, der der Dauer der Rast entsprechen und zur Gleitbahn von c symmetrisch angeordnet sein soll.

[1] Vgl. R. BEYER: [11], S. 339, Abb. 520.

Ferner sind der Drehpunkt $\mathfrak{D}$ der Rastschwinge f und ihr Schwingenausschlag (Amplitude) ψ vorgeschrieben. Der Stillstand der Rastschwinge f soll in einer ihrer äußersten Lagen auftreten.

Lösung: Man zeichnet durch $\mathfrak{A}$ und $\mathfrak{D}$ zwei aufeinander senkrechte Gerade mit E als Scheitel dieses rechten Winkels. Dabei möge $\overline{\mathfrak{A}E}$ gegenüber $E\mathfrak{D}$ nicht zu klein gewählt werden. In $\mathfrak{D}$ wird an $\overline{\mathfrak{D}E}$ der Winkel $\psi/2 = \sphericalangle \mathfrak{B}_k \mathfrak{D} E = \sphericalangle \mathfrak{B}_k' \mathfrak{D} E$ angetragen, dessen freier Schenkel die Schubrichtung $\mathfrak{A}E$ in $\mathfrak{B}_k$ und $\mathfrak{B}_k'$ schneidet. Damit ist die Länge der Antriebskurbel $\overline{\mathfrak{A}A} = \overline{\mathfrak{A}A_1} = a = \overline{\mathfrak{B}_k E}$ gefunden. Der Kurbelkreis um $\mathfrak{A}$ mit dem Halbmesser $\mathfrak{B}_k E$ schneidet die Gerade durch E und $\mathfrak{A}$ in N. Man macht $\sphericalangle A_1 \mathfrak{A} N = \sphericalangle A_4 \mathfrak{A} N = \varphi/2$ und teilt $\sphericalangle A_1 \mathfrak{A} A_4$ durch A_2 und A_3 in drei gleiche Teile. Durch beliebige Wahl der Schubstangenlänge $\overline{AC}$ sind entsprechend den vier Kurbelstellungen $\mathfrak{A}A_1$ bis $\mathfrak{A}A_4$ vier Koppellagen $\overline{A_1C_1}$ bis $\overline{A_4C_4}$ festgelegt.

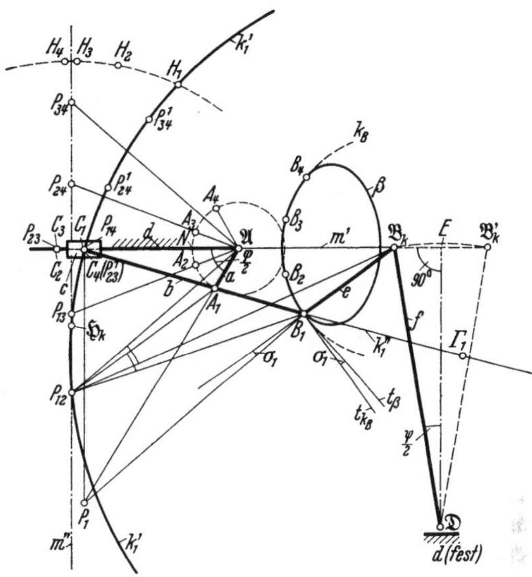

Abb. 131. Koppel-Rastgetriebe mit vorgeschriebenem Schwingwinkel ψ und vorgegebener Dauer (φ) des Stillstandes von Rastschwinge f, abgeleitet von Koppelbewegung einer Schubkurbel.

Die Pole P_{12}, P_{13}, P_{24}, P_{34} liegen auf der Mittelsenkrechten m'' zu $\overline{C_1C_2} = \overline{C_3C_4}$; P_{14} fällt mit $C_1 \equiv C_4$, P_{23} mit $C_2 \equiv C_3$ zusammen.

Die Mittelpunktkurve m zerfällt demnach als Pollagenkurve in die beiden aufeinander senkrecht stehenden Geraden m' und m'' (mit m' als Gerade durch $\mathfrak{A}\mathfrak{B}_k$) und außerdem in die unendlich ferne Gerade.

Die Kreispunktkurve k_1 der Koppellage *1* zerfällt in den Kreis k_1' durch die Pole P_{12}, P_{13}, P_{24}^1, P_{34}^1 und in die durch $P_{14} = P_{23}^1 = C_1$ gehende Gerade k_1'' (Gerade durch A_1, C_1); der Fokalpunkt Γ_1 von k_1 ist der Mittelpunkt des Kreises k_1' und wird als Schnittpunkt von A_1C_1 mit der Mittelsenkrechten zu $P_{12}P_{13}$ gefunden.

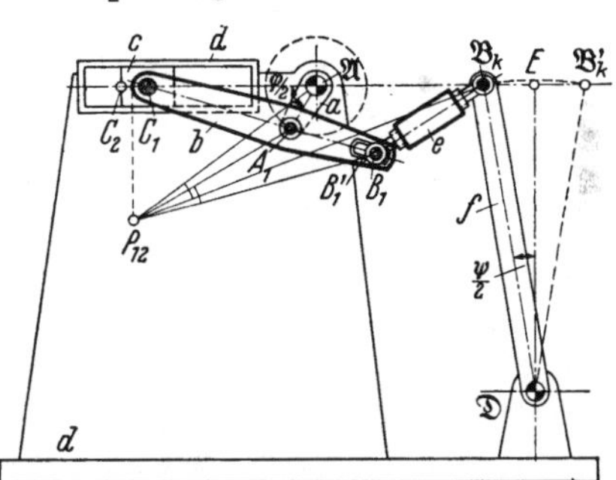

Abb. 132. Bauliche Ausführung eines Getriebes gemäß Abb. 131 mit Schlitz an Koppel b und Gewindemuffe an e zwecks Verstellung der Rast.

Es ist jetzt die Aufgabe zu lösen, zu dem auf m' liegenden Mittelpunkt $\mathfrak{B}_k$ den dazugehörigen Koppelpunkt B_1 auf $\overline{A_1C_1}$ zu ermitteln. Dies geschieht unter Beachtung von $\sphericalangle A_1P_{12}B_1 = \sphericalangle \mathfrak{A}P_{12}\mathfrak{B}_k$ (Satz 10). Man trägt also in P_{12} an $P_{12}A_1$ den $\sphericalangle \mathfrak{A}P_{12}\mathfrak{B}_k$ an, dessen freier Schenkel A_1C_1 im Koppelpunkt B_1 schneidet. $\overline{\mathfrak{B}_k B_1}$ ist die Länge des gesuchten Koppelgliedes e zwischen der Koppel b und der Schwinge f.

Unter Weglassung aller überflüssigen Hilfslinien ist dieses einfache Verfahren in Abb. 132 nochmals herausgezeichnet ($\sphericalangle C_1\mathfrak{A}P_{12} = \varphi/3$). Wiederholung des Verfahrens für andere Kurbelwinkel φ', φ'', ... unter Beibehaltung derselben Amplitude ψ kann so zum Entwurf eines verstellbaren Koppel-Rastgetriebes dienen, wie in Abb. 132 durch den Schlitz der Koppel b und durch die Gewindemuffe an der Koppel e angedeutet ist. Dabei sind die Längen $\overline{A_1 B_1}$ und $B_1 \mathfrak{B}_k$ gleichzeitig zu ändern (Einstellvorschrift oder Einstellmarken!).

Kann aus konstruktiven Gründen eine Geradführung von c links von $\mathfrak{A}$ nicht untergebracht werden, so ist für eine Anordnung c zwischen $\mathfrak{A}$ und $\mathfrak{B}_k$ die Konstruktion sinngemäß durchzuführen[1]. In Abb. 131 sind noch zu H_1 von k_1' die zugeordneten Punkte H_2, H_3 und H_4 und der dazugehörige Kreismittelpunkt $\mathfrak{H}_k$ auf m'' ermittelt worden.

Nach dem Vorgang von W. LICHTENHELDT[1] kann auch derjenige Fall der zentrischen Schubkurbel behandelt werden, bei dem von den vier Koppellagen $A_1 C_1$ bis $A_4 C_4$ je zwei einander parallel sind. Hierbei sind die Kurbelstellungen $\mathfrak{A}A_1$, $\mathfrak{A}A_4$ und $\mathfrak{A}A_2$, $\mathfrak{A}A_3$ zu einer Geraden ss' symmetrisch angeordnet, die in $\mathfrak{A}$ auf der Schubrichtung des Gleitsteines c senkrecht steht.

Die Kreispunktkurve k_1 ist in diesem Sonderfall bei $\overline{A_1 A_2} = \overline{A_2 A_3} = \overline{A_3 A_4}$ ein aufeinander senkrecht stehendes Geradenpaar k_1', k_1''; k_1'' ist die Gerade durch C_1 nach P_{12}. Ferner sind P_{12}, P_{13}, P_{34}, P_{24} die Ecken eines Parallelogramms. Die Mittelpunktkurve m zerfällt in die unendlich ferne Gerade und in eine gleichseitige Hyperbel (vgl. Abb. 124).

56. Vier Gliedlagen mit sechs Polen auf einem Kreis.

Die Zerfallsmöglichkeiten der Pollagenkurve p in einen Kreis und eine Gerade lassen den Wunsch nahelegen, beim Entwurf von Getrieben solche Gliedlagen auszuwählen, bei denen die Mittelpunktkurve m oder die Kreispunktkurve k_1 in Kreis und Gerade zerfallen.

Dies wird u. a. dann möglich sein, wenn bei vier vorgeschriebenen Lagen eines Getriebegliedes nur drei davon genau einzuhalten sind, während für die vierte Lage eventuelle geringe Abweichungen erlaubt sein können. Es sind demnach zu drei beliebig vorgeschriebenen Gliedlagen $\overline{A_1 B_1}$, $\overline{A_2 B_2}$, $\overline{A_3 B_3}$ des bewegten Getriebegliedes E vierte Lagen $\overline{A_4 B_4}$ so zu ermitteln, daß die Kreispunktkurve, die Mittelpunktkurve oder beide gleichzeitig zerfallen.

Ein einfacher Fall solcher Art tritt z. B. dann auf, wenn zu den Lagen *1* bis *3* die vierte Lage so bestimmt wird, daß sämtliche Pole P_{ik} auf einem Kreis liegen, der damit bereits als Umkreis k des Poldreiecks $P_{12} P_{23} P_{13}$ festgelegt ist und die Pollagenkurve, also auch die Mittelpunktkurve m darstellt.

Gemäß Abb. 121 müssen die zu den Polen P_{12}, P_{23}, P_{13} gehörenden Gegenpole P_{34}, P_{14}, P_{24} zu der Mittellinie $\zeta\zeta'$ symmetrisch angeordnet sein, die durch den Mittelpunkt M ($= \Gamma$) des Kreises k geht. Man wird also nach Abb. 133 sämtliche Möglichkeiten erfassen, wenn das dem Poldreieck $P_{12} P_{23} P_{13}$ kongruente Dreieck $P_{34} P_{14} P_{24}$, das kein Poldreieck im eigentlichen Sinne darstellt, mit seinen Ecken längs des Kreises k geführt wird.

Die kinematische Erzeugung der vierten Lagen $A_4 B_4$, d. h. die Bestimmung der geometrischen Örter a_4, b_4 der Punkte A_4 bzw. B_4, geschieht am einfachsten, wie der Verfasser gezeigt hat[2], unter Benutzung der Gegenpunkte H_1, H_2, H_3 des Höhenschnittpunktes $\mathfrak{H}$ des Poldreiecks der Lagen *1*, *2*, *3*.

---

[1] LICHTENHELDT, W.: [35], Nr. 408, S. 18, Abb. 65.

[2] BEYER, R.: Masch.-Bau/Betrieb, Getriebetechnik-Reuleaux-Mitt. Bd. 10 (1942) S. 175. Vgl. auch W. LICHTENHELDT: Anm. 1, S. 88.

Die durch H_1, H_2, H_3 zu $\overline{A_1 B_1}$, $\overline{A_2 B_2}$ bzw. $\overline{A_3 B_3}$ gezeichneten Senkrechten schneiden sich als zugeordnete Gerade g_1, g_2, g_3 in einem Punkte S des Kreises k. Die der Lage *4* angehörende zugeordnete Gerade g_4 muß außer durch H_4 auch durch S gehen. Der Gegenpunkt H_4 ist beispielsweise der Schnittpunkt des von P_{13} auf $P_{14}P_{34}$ gefällten Lotes mit dem Kreis k. Man kann auch von P_{12} auf $P_{14}P_{24}$ oder von P_{23} auf $P_{24}P_{34}$ die Lote fällen, die sich im gleichen Punkt H_4 von k schneiden.

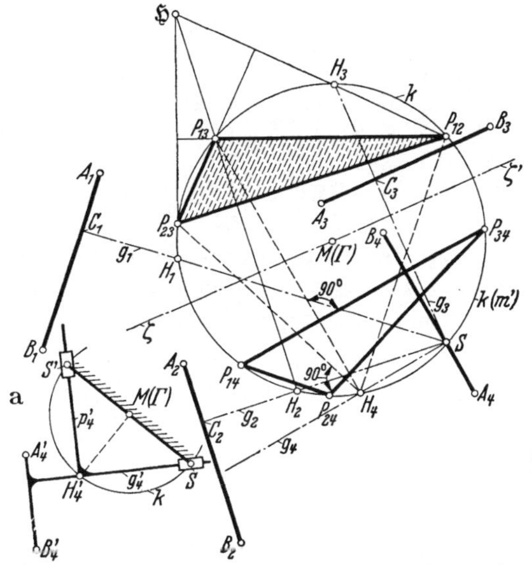

Wird $P_{14}P_{24}P_{34}$ längs k verschoben, so wandert H_4 auf k. Vierte Lagen $\overline{A_4 B_4}$ der verlangten Art werden gefunden, indem die bewegte Ebene $\overline{A_4 B_4}$ mit ihrer Geraden g_4 durch S gleitet, während gleichzeitig H_4 auf k wandert.

Abb. 133. Wahl einer vierten Gliedlage, so daß sämtliche Pole P_{ik} der vier Gliedlagen auf einem Kreis k liegen. Kreis k ist Teil m' der Mittelpunktkurve m; a) Getriebliche Erzeugung der vierten Lagen.

Beachtet man noch, daß die durch die Gegenpunkte H_i zu den $\overline{A_i B_i}$ gezogenen Parallelen sich als zugeordnete Gerade in einem Punkt S' von k schneiden, so entsteht Abb. 133a, die die getriebliche Erzeugung vierter Lagen $A_4' B_4'$ durch die gleichschenklige schwingende Kurbelschleife $MH_4'S$ oder auch durch die umlaufende Kreuzschleife $p_4' \perp g_4'$ erläutert, wobei g_4' durch S und p_4' der Kreuzschleife durch S' gleiten.

Die geometrischen Örter a_4, b_4 der Punkte $A_4' B_4'$ sind also Pascalsche Kurven, und es ist einleuchtend, daß auch die Punkte A_1, A_2, A_3 auf a_4 und B_1, B_2, B_3 auf b_4 liegen müssen.

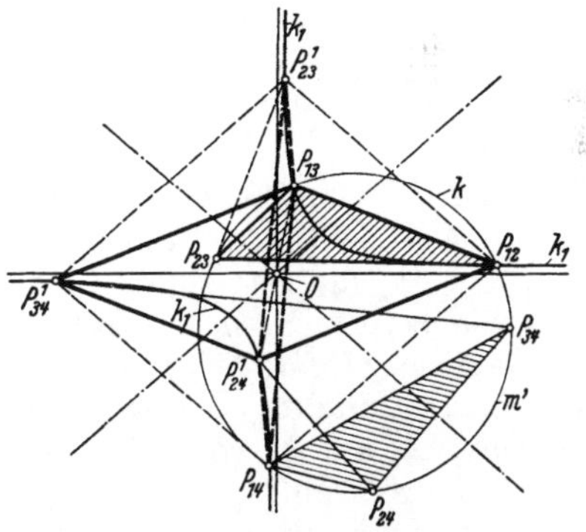

Da auf Grund der symmetrischen Anordnung die Gegenpolvierecke der Zusammenstellung (119a, b, c) Parallelogramme sind, so zerfällt die Kreispunktkurve k_1 gemäß Abb. 134 in die gleichseitige Hyperbel k_1 und in die unendlich ferne Gerade.

Abb. 134. Polanordnung der Abb. 133. Kreispunktkurve k_1 ist die gleichseitige Hyperbel k_1 und die unendlich ferne Gerade.

Hinweis: Sind von einem Getriebeglied drei Lagen seiner Ebene E gegeben und erweist es sich vielleicht aus konstruktiven Gründen als zweckmäßig, zwei der gesuchten festen Gelenkpunkte auf dem Umkreis k des Poldreiecks der drei gegebenen Lagen anzunehmen, so stehen dem Konstrukteur für die Annahme der vierten Lage unendlich viele Möglichkeiten zur Verfügung.

In ähnlicher Weise kann der Sonderfall behandelt werden, bei dem vier Pole auf einem Kreis und zwei Pole auf einer Geraden liegen. Hier spiegelt man das Poldreieck $P_{12}P_{13}P_{23}$ beispielsweise an einer Geraden (m'') durch P_{12} nach $P_{12}P_{24}P_{14}$ und dreht $P_{12}P_{24}P_{14}$ um P_{12}. Die geometrischen Örter a_4, b_4

der Punkte A_4, B_4 sind dann Kreise gleichen Halbmessers. Es gibt drei Möglichkeiten, da m'' durch P_{23} bzw. P_{13} gelegt werden kann. $A_4 B_4$ erscheint als Koppel eines Parallelkurbelgetriebes.

57. Vier Pole auf einer Geraden.

Bei dieser Annahme muß die Gerade m'' als Teil der Mittelpunktkurve mit einer der drei Poldreiecksseiten zusammenfallen, während P_{14} als Gegenpol zu P_{23} das Spiegelbild von P_{23} bezüglich m'' sein muß. Außerdem müssen die Gegenpole P_{34} zu P_{12} und P_{24} zu P_{13} auf m'' so angeordnet sein, daß $\sphericalangle P_{12}P_{23}P_{13} = \sphericalangle P_{24}P_{23}P_{34}$ oder $\sphericalangle P_{12}P_{23}P_{24} = \sphericalangle P_{13}P_{23}P_{34}$ ist (Abb. 135).

Wandert z. B. P_{24} auf m'', so wandert der Grundpunkt $\mathfrak{A}_{124}$ auf dem Kreis a_{14} um P_{14} mit Halbmesser $\overline{P_{14}A_1}$ und damit A_4 als Spiegelpunkt A_{124} bezüglich $P_{14}P_{24}$ auf demselben Kreis a_{14}. In gleicher Weise wird bewiesen, daß B_4 auf dem Kreis b_{14} um P_{14} mit Halbmesser $\overline{P_{14}B_1}$ liegt. Die geometrischen Örter der Punkte A_4 und B_4 sind also die um P_{14} mit den Halbmessern $\overline{P_{14}A_1}$ bzw. $\overline{P_{14}B_1}$ geschlagenen Kreise a_{14}, b_{14}.

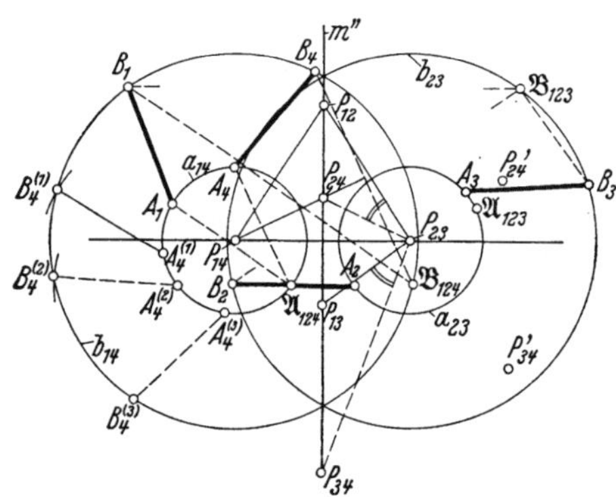

Abb. 135. Gegenpolviereck eine Gerade. Vierte Lagen A_4 B_4 bestimmt durch Kreise a_{14} bzw. b_{14}. Vgl. Abb. 123.

Werden die Poldreiecksseiten $P_{13}P_{23}$ oder $P_{12}P_{23}$ als Gerade m'' der zerfallenden Mittelpunktkurve gewählt, so ergeben sich als geometrische Örter der Punkte A_4', B_4' bzw. A_4'', B_4'' entsprechende Kreise um P_{34}' bzw. P_{24}'.

Ein Schaubild, umfassend mögliche Fälle der Wahl vierter Lagen A_4, B_4, gab W. LICHTENHELDT[1].

Von Interesse ist noch der Fall, daß zwei Paar Gegenpole die Ecken eines Parallelogramms bilden, z. B. $P_{12}P_{23}P_{34}P_{14}$. Hierbei fallen die Höhenschnittpunkte sämtlicher möglichen Poldreiecke in einen Punkt zusammen. Die Umkreise sämtlicher Spiegelpoldreiecke der Lage *1* liefern einen einzigen Kreis k_1', der gemeinsam mit der Symmetrale k_1'' zu $P_{12}P_{34}^1$, $P_{14}P_{23}^1$ und $P_{13}P_{24}^1$ die Kreispunktkurve der Lage *1* darstellt. Die Mittelpunktkurve ist, wie bereits S. 81 festgestellt wurde, eine gleichseitige Hyperbel.

Sämtliche Punkte A_1 von k_1' liegen mit ihren zugeordneten Punkten A_2, A_3, A_4 auf einer Geraden g_A durch den gemeinsamen Höhenschnittpunkt $\mathfrak{H}$ auf k_1'. Wandert A_1 auf k_1', so dreht sich die Gerade g_A um $\mathfrak{H}$. Der Konstrukteur kann also bei drei beliebig vorgegebenen Gliedlagen vierte Lagen so festlegen, daß ihm für ein zu entwerfendes Schubkurbelgetriebe alle Schubrichtungen g_A zur Verfügung stehen.

Mit den bisher behandelten Möglichkeiten ist die aufgeworfene Frage der Auswahl geeigneter vierter Gliedlagen noch nicht erschöpft. So gibt es für den Zerfall der Mittelpunktkurve m in zwei aufeinander senkrechte Gerade drei verschiedene vierte Lagen A_4B_4, A_4' B_4', A_4'' B_4'', wobei die Höhenschnittpunkte der vier Poldreiecke in einen Punkt zusammenfallen und die Kreispunktkurve in Kreis und Gerade zerfällt. Wird in einem anderen Falle eine der drei vorgeschriebenen Lagen um den Höhenschnittpunkt $\mathfrak{H}$ des Poldreiecks um 180°

[1] [35], Nr. 408, S. 6, Abb. 17.

gedreht, so entstehen vier Lagen mit dem Zerfall der Mittelpunktkurve in eine gleichseitige Hyperbel und in die unendlich ferne Gerade. Die Kreispunktkurve entartet dann in einen Kreis und in eine Gerade.

Der Gedanke, vierte Lagen $A_4 B_4$ so zu bestimmen, daß die Kreispunktkurve oder die Mittelpunktkurve zerfallen, ist zweifellos bestechlich. In mancher Hinsicht wird er jedoch auch einen gewissen Umweg bedeuten, für den ebenfalls vorbereitende Zeichenarbeit aufzuwenden ist.

Beachtenswerte Fortschritte getriebesynthetischer Art für die *Erfüllung bis zu neun Punktlagen* erzielt G. Kiper[1] durch Benutzung der in Kreis und Gerade zerfallenden Mittelpunktkurve.

58. Vier zugeordnete Gerade durch einen Punkt, vier zugeordnete Punkte auf einer Geraden.

Vier Lagen eines Getriebegliedes bestimmen vier Poldreiecke und die dazugehörigen Umkreise k_{123}, k_{124}, k_{134}, k_{234}, die sich in einem Punkt S schneiden (Abb. 136). Durch Spiegelung der Höhenschnittpunkte $\mathfrak{H}_{124}$, $\mathfrak{H}_{134}$, $\mathfrak{H}_{234}$ an den entsprechenden Poldreieckseiten werden die Gegenpunkte H_1', H_2', H_4'; H_1'', H_3'', H_4'' und H_2''', H_3''', H_4''' erhalten. Von vier zugeordneten Geraden g_1 bis g_4 gehen

$$g_1 \text{ durch } H_1,\ H_1',\ H_1'',\ S;\qquad g_2 \text{ durch } H_2,\ H_2',\ H_2''',\ S, \tag{134a, b}$$

$$g_3 \text{ durch } H_3,\ H_3'',\ H_3''',\ S;\qquad g_4 \text{ durch } H_4',\ H_4'',\ H_4''',\ S, \tag{134c, d}$$

was für die Überprüfung der Zeichengenauigkeit von Vorteil ist.

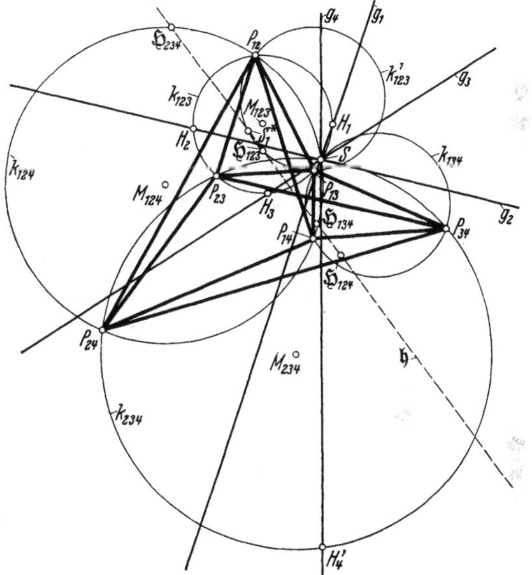

Abb. 136. Vier zugeordnete Gerade durch einen Punkt S, z. B. Schnittpunkt der Umkreise der Poldreiecke $P_{12}P_{14}P_{24}$, $P_{12}P_{13}P_{23}$.

Aus dem Gegenpolviereck $P_{13}P_{24}P_{23}P_{14}$ folgt $\sphericalangle P_{14}P_{12}P_{24} = \sphericalangle P_{13}P_{12}P_{23} = \varphi_{12}/2$ und unter Beachtung von $\sphericalangle P_{14}SP_{24} = \sphericalangle P_{14}P_{12}P_{24}$, $\sphericalangle P_{13}SP_{23} = \sphericalangle P_{13}P_{12}P_{23} = \varphi_{12}/2$ die Winkelgleichheit $\sphericalangle P_{14}SP_{24} = \sphericalangle P_{13}SP_{23}$. Zusammenfassend gelten:

Satz 37: Der Schnittpunkt von vier zugeordneten Geraden g_1, g_2, g_3, g_4 liegt im Schnittpunkt der Pollagenkurve bzw. der Burmesterschen Mittelpunktkurve mit den Umkreisen der vier möglichen Poldreiecke.

Satz 38: Die Gerade g_1, die sich mit g_2, g_3, g_4 in einem Punkt S schneidet, geht durch die Höhenschnittpunkte $\mathfrak{H}_{123}^1$, $\mathfrak{H}_{124}^1$, $\mathfrak{H}_{134}^1$ der Spiegelpoldreiecke der Lage *1*.

Satz 39: Die Umkreise der Spiegelpoldreiecke der Lage *1* schneiden sich in einem Punkt S_1^*, der mit seinen zugeordneten Punkten S_2^*, S_3^*, S_4^* auf einer Geraden $\mathfrak{h}$ liegt, die durch die Höhenschnittpunkte der vier Poldreiecke geht. Der Punkt S_1^* gehört der Kreispunktkurve k_1 an.

[1] Kiper, G.: Synthese der ebenen Gelenkgetriebe. VDI-Forschungsheft 433., S. 3/11. Düsseldorf: Deutscher Ing.-Verlag 1952.

Bei vier Gliedlagen gibt es also immer ein *Winkelschleifengetriebe* nach Art der Abb. 137, dessen Koppelglied b durch die vier vorgeschriebenen Lagen geführt wird.

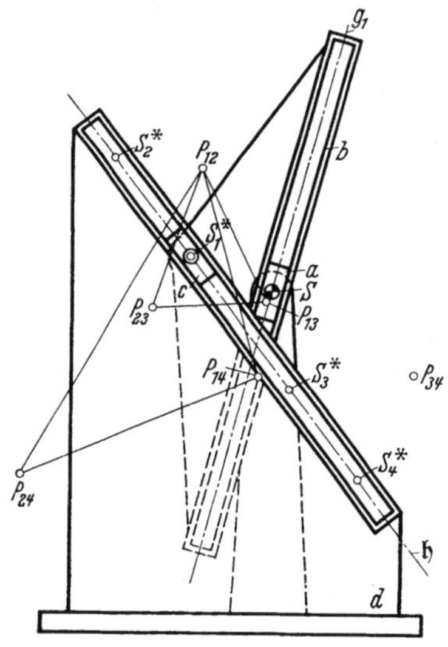

Abb. 137. Führung eines Getriebeglieds g_1 von b durch vier vorgeschriebene Lagen mit Hilfe eines Winkelschleifengetriebes.

Eine weitere Anwendung wurde a. a. O. vom Verfasser[1] gezeigt. Entsprechend Abb. 43 kann bei Erweiterung der früheren Betrachtungen in der dort dargestellten schwingenden Kurbelschleife a, b, c, d von vier Kurbellagen A_1 bis A_4 ausgegangen werden, die zu $\mathfrak{A}S$ symmetrisch angeordnet sind. Für die dazugehörigen Koppellagen d_1 bis d_4 zerfällt die Mittelpunktkurve m in den Kreis m' durch die sechs Pole, wobei P_{23} und P_{14} mit S zusammenfallen, und in die Gerade m''. Die Geraden durch A_i, S schneiden m' in den Gegenpunkten H_1, H_2, H_3, H_4'. Verbindet man einen beliebigen Punkt S' von m' mit diesen Gegenpunkten, so werden vier zugeordnete Gerade g_1 bis g_4 erhalten, die dann wiederum die Grundlagen zu einem Koppel-Rastgetriebe bilden können.

V. Lagenzuordnungen.

59. Allgemeines.

In das Teilgebiet der „*Lagenzuordnungen*", die bei getriebesynthetischen Entwürfen eine wichtige Rolle spielen, möge an Hand der Abb. 138a eingeführt werden. Die hier in zwei Getriebestellungen $\mathfrak{A}A_1B_1\mathfrak{B}$ und $\mathfrak{A}A_2B_2\mathfrak{B}$ gezeichnete Kurbelschwinge a, b, c, d ordnet dem Kurbeldrehwinkel $\sphericalangle A_1\mathfrak{A}A_2 = \varphi_{12}$ den Schwingwinkel $\sphericalangle B_1\mathfrak{B}B_2 = \psi_{12}$ zu.

Es kann nun die Frage gestellt werden, bei gegebener Steglänge $\overline{\mathfrak{A}\mathfrak{B}} = d$ Viergelenkgetriebe $\mathfrak{A}AB\mathfrak{B}$ so zu ermitteln, daß für zwei Kurbel- bzw. Schwingenstellungen dem Kurbelwinkel φ_{12} der Schwingwinkel ψ_{12} entspricht. Es sind mit anderen Worten in der sich um $\mathfrak{A}$ drehenden Kurbelebene E_a und in der um $\mathfrak{B}$ schwingenden oder auch drehenden Ebene E_c des Gliedes c Gelenkpunkte A bzw. B so zu ermitteln, daß $\overline{A_1B_1} = \overline{A_2B_2}$ wird.

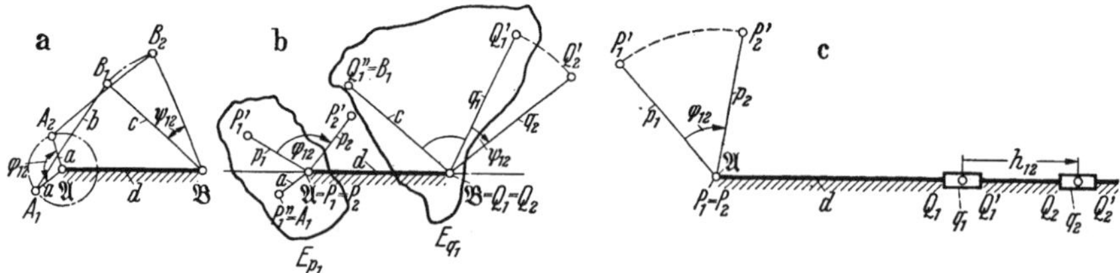

Abb. 138. Winkel- und Hublagenzuordnungen.

Aufgaben solcher Art seien im folgenden als „*Lagenzuordnungen*" bezeichnet. Im Beispiel der Abb. 138a handelt es sich demnach um „zwei" Lagenzuordnungen, insbesondere um „*Winkelzuordnungen*" zum Unterschied gegenüber den später zu behandelnden „*Punktlagenzuordnungen*".

---

[1] Beyer, R.: [36], Nr. 394, S. 7, Abb. 15a.

In Abb. 138b ist die Aufgabe schematisch so dargestellt, daß in den Steggelenken $\mathfrak{A}$, $\mathfrak{B}$ zwei Hebel $p_1 = P_1 P_1'$ und $q_1 = Q_1 Q_1'$ von beliebiger Länge und beliebiger Lage angenommen worden sind, die die Kurbelebene E_a bzw. die Schwingenebene E_c veranschaulichen sollen. Die Winkelzuordnung sei durch $\sphericalangle P_1' \mathfrak{A} P_2' = \varphi_{12}$ mit $\overline{\mathfrak{A} P_1'} = \overline{\mathfrak{A} P_2'}$ und $\sphericalangle Q_1' \mathfrak{B} Q_2' = \psi_{12}$ mit $\overline{\mathfrak{B} Q_1'} = \overline{\mathfrak{B} Q_2'}$ gekennzeichnet. Bei der willkürlichen Wahl dieser Strecken und ihrer Lage gegenüber dem Gestell d sind die Strecken $\overline{P_1' Q_1'}$ und $\overline{P_2' Q_2'}$ von ungleicher Länge. Es ist also nach solchen Punkten $P_1'' = A_1$ und $Q_1'' = B_1$ der Ebenen E_{p_1} bzw. E_{q_1} zu fragen, für die $\overline{P_1'' Q_1''} = \overline{P_2'' Q_2''}$ erfüllt ist.

Bei Verwendung einer Schubkurbel können auch zwei Kurbellagen p_1, p_2 mit dem Winkel φ_{12} zwei Schieberstellungen q_1, q_2 mit dem Hub h_{12} zugeordnet werden (Abb. 138c).

In Erweiterung der Aufgabenstellungen wird die Zuordnung von drei Kurbelstellungen p_1, p_2, p_3 und drei Schwingenstellungen q_1, q_2, q_3 mit den Schwingungswinkeln ψ_{12}, ψ_{23} zu erörtern sein (Abb. 139a), desgleichen die Untersuchung von vier Lagen- oder drei Schwingwinkelzuordnungen gemäß Abb 139b. Hier ist beispielsweise $\varphi_{12} = \varphi_{23} = \varphi_{34}$ und $\psi_{12} < \psi_{23} < \psi_{34}$ gewählt, um bei gleichförmigem Antrieb von E_p eine beschleunigte Bewegung von E_q zu erzielen.

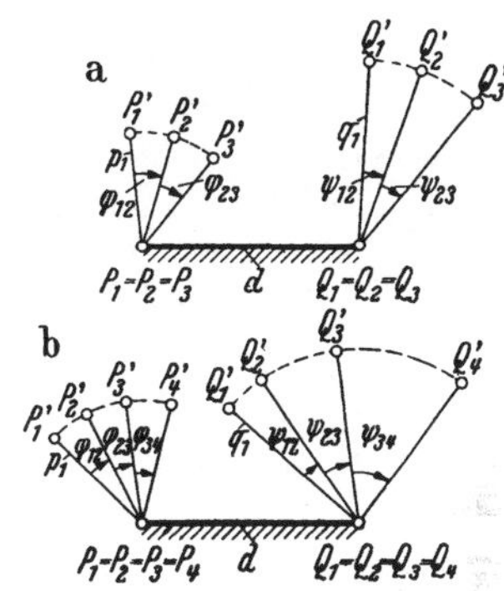

Abb. 139. Zwei und drei Winkelzuordnungen im Viergelenkgetriebe.

60. Zwei Lagenzuordnungen. Der relative Drehpol.

Während in Nr. 59 die Gliedebenen E_p und E_q je in einem Punkt des Maschinengestells E_0 (ruhende Bezugsebene) gelagert waren, stellt Abb. 140 den allgemeinen Fall dar, bei dem E_p, dargestellt durch $p = \overline{PP'}$ und E_q, dargestellt durch $q = \overline{QQ'}$, in bezug auf E_0 ganz beliebige Lagen einnehmen. Dabei sollen $\overline{P_1 P_1'} = p_1$ und $\overline{P_2 P_2'} = p_2$ den Lagen $\overline{Q_1 Q_1'} = q_1$ bzw. $\overline{Q_2 Q_2'} = q_2$ zugeordnet werden.

Von E_p aus beurteilt, und zwar von $E_{p_1} = p_1$ beobachtet, hat sich Q von Q_1 nach Q_2^1 bewegt ($\triangle P_1 P_1' Q_2^1 \cong \triangle P_2 P_2' Q_2$). Während p von p_1 nach p_2 bewegt wird, könnte — relativ zu p — z. B. Q von Q_1 nach Q_2^1 gelangen, indem Q durch den Hebel (Lenker) $\overline{P_1'' Q_1}$ an P_1'' von p_1 angelenkt wird, wobei P_1'' auf der Mittelsenkrechten q_{12} zu $Q_1 Q_2^1$ beliebig angenommen werden kann. Der Punkt Q würde dabei — relativ zu p — eine Drehung um P_1'' um den Winkel $Q_1 P_1'' Q_2^1$ ausführen.

Es gibt also ∞^1 Möglichkeiten solcher Kopplungen von Q mit p. Für die Lagenzuordnungen p_1, p_2 und q_1, q_2 der Abb. 140 folgt durch Anwendung des gleichen Verfahrens die Relativlage $Q_2'^1$ von Q_2' bezüglich p_1 und damit $Q_2^1 Q_2'^1 = q_2^1$ als Relativlage von q_2, beobachtet von p_1; d. h. relativ zu p_1 ist q von q_1 nach q_2^1 gelangt. Die Ermittlung von q_2^1 geschieht zweckmäßig durch Verschiebung des als starr gedachten Vierecks $P_2 P_2' Q_2' Q_2$ in die Lage $P_1 P_1' Q_2'^1 Q_2^1$, z. B. mit Hilfe von Transparentpapier, in der Abbildung durch entsprechende Schraffur gekennzeichnet.

Der Übergang von q_1 nach q_2^1, mit anderen Worten die relative Lagenveränderung von q gegen p, kann unter sinngemäßer Anwendung von Satz 1 (Nr. 2) durch eine Drehung von q_1 um den Punkte R_{12} geschehen, der sich als Schnittpunkt der Mittelsenkrechten q_{12} zu Q_1, Q_2^1 und q_{12}' zu Q_1', $Q_2'^1$ ergibt.

Der so eingeführte Drehpunkt R_{12} ist der „*Relativpol*" der beiden Relativlagen von q gegen p. Er könnte ausführlicher mit $R_{12}(qp)$ bezeichnet werden. Zu diesem Relativpol R_{12} gehört der Drehwinkel $\varphi_{qp} = \sphericalangle Q_1' R_{12} Q_2'^1 = \sphericalangle Q_1 R_{12} Q_2^1 = \varphi_{qg} - \varphi_{pg}$. Dies folgt auch aus $\varphi_{qp} = \varphi_{qg} + \varphi_{gp}$ und $\varphi_{gp} = -\varphi_{pg}$.

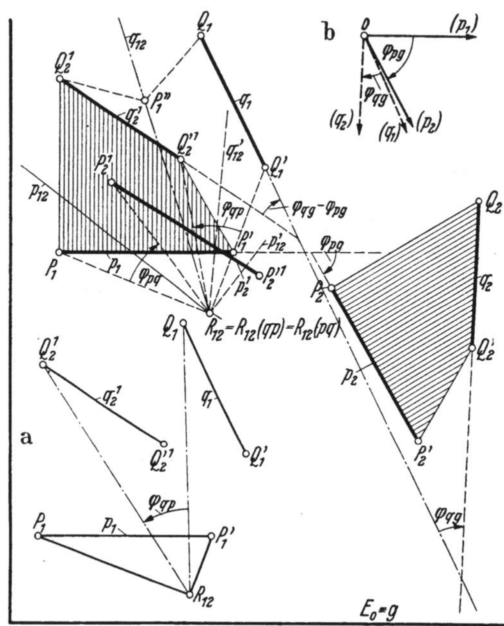

Abb. 140. Zwei Getriebeglieder p und q in Lagen p_1, p_2 bzw. q_1, q_2 gegenüber einer ruhenden Ebene $E_0 \equiv g$; Relativlagen von q gegen p und p gegen q. Relativpol R_{12}. a) Relativbewegung von q gegen p. b) Drehwinkel der Glieder p und q gegenüber Gestell g.

Zeichnet man entsprechend die Relativlage von p gegen q_1, indem man das als starr betrachtete Viereck $Q_2 Q_2' P_2' P_2$ so in E_0 verschiebt, daß q_2 mit q_1 zur Deckung kommt, so gelangt $p_2 = P_2 P_2'$ — von q_1 aus beurteilt — in die Lage $P_2^1 P_2'^1$. Die Mittelsenkrechten zu $P_1\, P_2^1$ und $P_1' P_2'^1$ schneiden sich, wie leicht erkannt wird, in demselben Punkt R_{12}. Es ist also $R_{12}(pq) = R_{12}(qp)$ und $\sphericalangle P_1 R_{12} P_2^1 = \varphi_{pq} = \varphi_{pg} - \varphi_{qg}$, also $\varphi_{qp} = -\varphi_{pq}$ oder $\varphi_{qp} + \varphi_{pq} = 0$, da bei gleichem absolutem Betrag des „*relativen Drehwinkels*" die Drehsinne einander entgegengesetzt sind.

In Abb. 140a ist die Kopplung von q mit p durch das in R_{12} angelenkte Verbindungsstück $\overline{R_{12} Q_1}$ hergestellt worden. Gelangt p von p_1 nach p_2, so dreht sich — relativ zu p — das Getriebeglied q um R_{12} von q_1 nach q_2^1 um $\sphericalangle Q_1 R_{12} Q_2^1 = \varphi_{qp} = \varphi_{qg} - \varphi_{pg}$. Bei dieser Differenzbildung ist selbstverständlich der betreffende Drehsinn von φ_{qg} und φ_{pg} zu beachten (Abb. 140b).

61. Zwei und drei Lagenzuordnungen im Gelenkviereck. Schlagmechanismus am Webstuhl.

Gemäß Abb. 138a soll ein Viergelenkgetriebe $\mathfrak{A} A B \mathfrak{B}$ entworfen werden, bei dem der Kurbelwinkel $A_1 \mathfrak{A} \mathfrak{A}_2 = \varphi_{12}$ dem Schwingenwinkel $B_1 \mathfrak{B} B_2 = \psi_{12}$ zugeordnet ist. Außerdem sei die Steglänge $\overline{\mathfrak{A}\mathfrak{B}} = d$ gegeben.

Den Ausgangspunkt der Untersuchung bilde Abb. 138b, wobei zur Vereinfachung der Herleitung $\overline{\mathfrak{A}_2 A_2'} = p_2$ und $\overline{\mathfrak{B}_2 B_2'} = q_2$ als in der Steggeraden $\mathfrak{A}\mathfrak{B}$ liegend angenommen und die Längen p_1, q_1 beliebig gewählt sind. Man zeichnet dann $\sphericalangle A_1' \mathfrak{A}_1 A_2' = \varphi_{12}$ und $p_2 = \overline{\mathfrak{A}_2 A_2'} = \overline{\mathfrak{A}_1 A_1'}$, desgleichen $\sphericalangle B_1' \mathfrak{B}_1 B_2' = \psi_{12}$ und $\overline{\mathfrak{B}_2 B_2'} = q_2 = \overline{\mathfrak{B}_1 B_1'}$ und ermittelt die Relativlage $\mathfrak{B}_2^1 B_2'^1 = q_2^1$ von $\mathfrak{B}_2 B_2' = q_2$ bezüglich der Lage $p_1 = \overline{\mathfrak{A}_1 A_1'}$; d.h. man macht $\mathfrak{A}_2 A_1' \mathfrak{B}_2^1 B_2'^1$ kongruent $\mathfrak{A}_2 A_2' \mathfrak{B}_2 B_2'$, was bei vorliegender Anordnung auf eine Drehung von q_2 um $\mathfrak{A}$ um den Winkel φ_{21} hinausläuft. Da q_2^1 und q_1 den Winkel $\mathfrak{A} S \mathfrak{B} = \varphi_{12} - \psi_{12}$ bilden, so gehört zu diesem Übergang von q_1 nach q_2^1, beurteilt von p_1, der relative Drehwinkel $\varphi_{12} - \psi_{12}$.

Dieser Übergang von q_1 in die Lage q_2^1 geschieht durch Drehung um den Relativpol R_{12}, der als Schnittpunkt der Mittelsenkrechten b_{12} zu $\mathfrak{B}_1 \mathfrak{B}_2^1$ und

$\mathfrak{b}_{12}$ zu $B_1' B_2'^1$ gefunden wird. Wegen $\mathfrak{A}\mathfrak{B}_2^1 = \mathfrak{A}\mathfrak{B}_2$ geht b_{12} durch $\mathfrak{A}$ und bildet mit $\mathfrak{A}\mathfrak{B}$ den $\sphericalangle L\mathfrak{A}\mathfrak{B} = \varphi_{12}/2$. Aus dem Relativdrehwinkel $\sphericalangle \mathfrak{B}_1 R_{12} \mathfrak{B}_2^1 = \varphi_{12} - \psi_{12}$, also $\sphericalangle L R_{12} \mathfrak{B} = \frac{\varphi_{12} - \psi_{12}}{2}$, folgt für den $\sphericalangle \mathfrak{A}\mathfrak{B} R_{12} = \frac{\varphi_{12}}{2} - \frac{\varphi_{12} - \psi_{12}}{2} = \frac{\psi_{12}}{2} = \sphericalangle K\mathfrak{B}X$.

Diese Winkelbeziehungen gestatten eine *einfache Konstruktion des Relativpoles* R_{12} von p, q bzw. Kurbel a und Schwinge c.

Man trägt in $\mathfrak{A}$ an $\mathfrak{A}\mathfrak{B}$ den Winkel $L\mathfrak{A}\mathfrak{B} = \varphi_{12}/2$ und in $\mathfrak{B}$ an $\mathfrak{B}X$ den Winkel $K\mathfrak{B}X = \psi_{12}/2$ an. Die freien Schenkel $L\mathfrak{A}$ und $K\mathfrak{B}$ dieser Winkel schneiden sich im Relativpol R_{12}.

Da die Relativbewegung von q gegen p bzw. von c gegen a nach der gestellten Aufgabe durch ein Viergelenkgetriebe erzeugt werden soll, müssen gemäß Satz 2 von Nr. 2 die Glieder a und c oder auch $b = \overline{A_1 B_1}$ und $d = \overline{\mathfrak{A}\mathfrak{B}}$ vom Relativpol R_{12} aus unter gleichem Winkel erscheinen. Die gesuchten Gelenkpunkte A_1 und B_1 von a bzw. c erfüllen also die nachstehenden Winkelgleichheiten

$$\sphericalangle A_1 R_{12} \mathfrak{A} = \sphericalangle B_1 R_{12} \mathfrak{B} \quad \text{oder} \quad \sphericalangle A_1 R_{12} B_1 = \sphericalangle \mathfrak{A} R_{12} \mathfrak{B}.$$

Legt man also durch R_{12} in beliebiger Lage einen Winkel $Z_A R_{12} Z_B = \sphericalangle \mathfrak{A} R_{12} \mathfrak{B} = \frac{\varphi_{12} - \psi_{12}}{2}$, so sind die Geraden $R_{12} Z_A$ und $R_{12} Z_B$ die geometrischen Örter für die gesuchten Gelenkzapfen A_1 bzw. B_1; d. h. jeder Punkt A_1 von $R_{12} Z_A$ liefert mit jedem Punkt B_1 von $R_{12} Z_B$ ein mögliches Viergelenkgetriebe $\mathfrak{A} A_1 B_1 \mathfrak{B}$ der verlangten Art. Da $\sphericalangle Z_A R_{12} Z_B$ noch beliebig um R_{12} gedreht werden kann, so existieren ∞^3 Lösungen der gestellten Aufgabe.

Kontrolle: $\sphericalangle A_1 \mathfrak{A} A_2 = \varphi_{12}$, $\sphericalangle B_1 \mathfrak{B} B_2 = \psi_{12}$, wobei $\overline{\mathfrak{A} A_1} = \overline{\mathfrak{A} A_2}$ und $\overline{\mathfrak{B} B_1} = \overline{\mathfrak{B} B_2}$ zu machen ist. Dann ist $\overline{A_1 B_1} = \overline{A_2 B_2}$.

Abb. 141a zeigt nochmals die Lösung in „rezeptartiger" Darstellung. In Abb. 141b ist in gleicher Weise der Fall erläutert, bei dem φ_{12} und $\overline{\psi_{12}}$ entgegengesetzten Drehsinn besitzen.

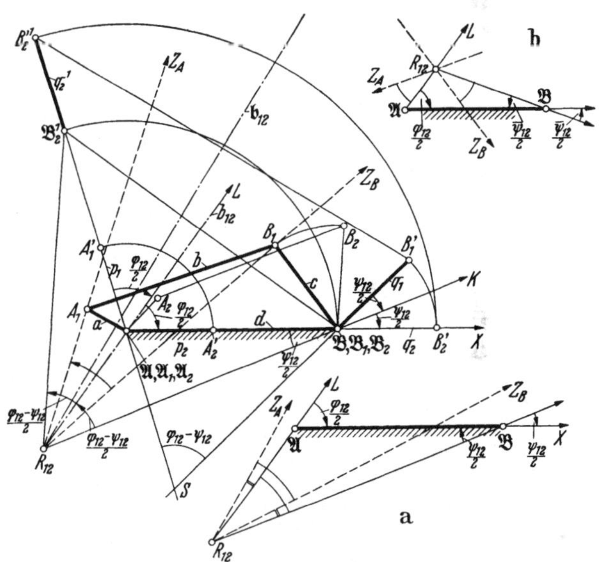

Abb. 141. Viergelenkgetriebe aus gegebener Steglänge $\mathfrak{A}\mathfrak{B}$ und den zugeordneten Winkeln φ_{12} und ψ_{12} von Kurbel a und Schwinge c. a) Lösungsrezept. Kurbelzapfen A_1 auf $R_{12} Z_A$, Schwingenzapfen B_1 auf $R_{12} Z_B$ beliebig wählbar; b) zugeordnete Winkel φ_{12} und $\overline{\psi_{12}}$ haben entgegengesetzten Drehsinn; $\sphericalangle Z_A R_{12} Z_B$ außerdem um R_{12} drehbar.

Bei drei Lagenzuordnungen, vorgegeben durch die Winkel φ_{12}, φ_{13}, denen die Winkel ψ_{12}, ψ_{13} entsprechen sollen, werden zunächst nach Abb. 142 die Relativpole R_{12} und R_{13} gezeichnet. Ist beispielsweise die Kurbelzapfenlage A_1 in der Kurbelebene p_1 beliebig gewählt, so macht man $\sphericalangle Z_A R_{12} Z_B = \sphericalangle \mathfrak{A} R_{12} \mathfrak{B}$ und $\sphericalangle Z_A' R_{13} Z_B' = \sphericalangle \mathfrak{A} R_{13} \mathfrak{B}$ und erhält den Schwingenzapfen B_1 als Schnittpunkt von $R_{12} Z_B$ mit $R_{13} Z_B'$.

Da für die Wahl von A_1 in p_1 ∞^2 Möglichkeiten bestehen, so gibt es ∞^2 Lösungen der gestellten Aufgabe.

Als technisches Anwendungsbeispiel dreier Lagenzuordnungen diene der in Abb. 143 dargestellte *Schlagmechanismus eines mechanischen Webstuhles*, bei dem der eigentliche Schlagmechanismus in der Form einer Doppelschwinge a, b, c, d erscheint und die Koppel als elastisches Zwischenglied (z. B. Lederriemen) ausgebildet ist[1].

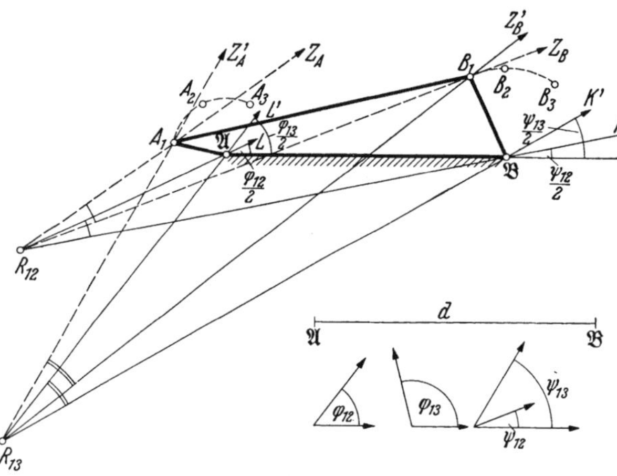

Abb. 142. Drei Lagenzuordnungen von Kurbel und Schwinge im Viergelenkgetriebe vorgegebener Steglänge 𝔄 𝔅.

Dem im Schützenkasten ruhenden Webschützen muß bei Beginn des Schützenschlages eine beschleunigte Bewegung erteilt werden; seine größte Geschwindigkeit muß er erreichen, wenn er den Schützenkasten verläßt und in das Webfach eintritt. In diesem Augenblick hört die durch den Schlaghebel c übertragene Kraftwirkung auf, und der Webschützen bewegt sich durch seine kinetische Energie weiter, bis er im gegenüberliegenden Schützenkasten aufgefangen wird. Aus diesen und weiteren technischen Bedingungen folgt die Forderung, dem Schlaghebel eine während der ganzen Dauer des Schützenschlages beschleunigte Bewegung zu erteilen.

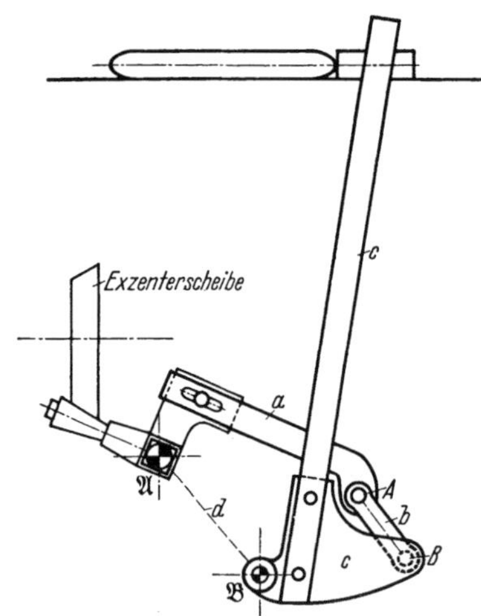

Abb. 143. Schlagmechanismus eines Webstuhls.

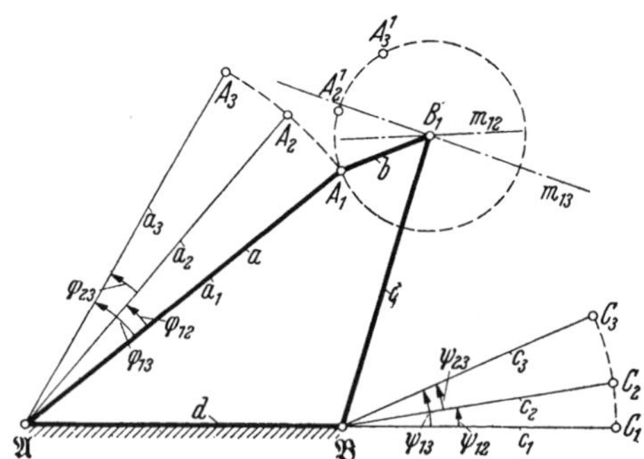

Abb. 144. Drei Lagenzuordnungen für Schlagexzenter von Abb. 143 (spezielle Lösung).

In der schematischen Abb. 144 (ohne Bezug auf die Getriebeabmessungen von Abb. 143) sind die zwei festen Drehpunkte 𝔄, 𝔅 und drei Stellungen a_1, a_2, a_3 der Schlagschwinge a gegeben ($\varphi_{12} = \varphi_{23}$), denen die Stellungen c_1, c_2, c_3 der Schlaghebelebene c so zuzuordnen sind, daß $\psi_{23} > \psi_{12}$ wird.

Man zeichnet am einfachsten die Relativlagen A_1, A_2^1, A_3^1 bezüglich c_1 und findet B_1 der Schlaghebelebene als Schnittpunkt der Mittelsenkrechten m_{12}

[1] Lichtenheldt, W.: [59b], S. 405/407.

und m_{13} zu $A_1 A_2^1$ bzw. $A_1 A_3^1$. Zur Verbesserung des Verfahrens können auch vier Lagenzuordnungen zugrunde gelegt werden, und zwar mit $\psi_{34} > \psi_{23} > \psi_{12}$ bei $\varphi_{12} = \varphi_{23} = \varphi_{34}$. Die Aufgabe konnte auch allgemeiner nach Art der Abb. 142 behandelt werden.

62. Schwinge mit angenähertem Stillstand in einer Endstellung.

Ein in einer Maschine vorhandenes Viergelenkgetriebe, etwa eine Kurbelschwinge $\mathfrak{A}AB\mathfrak{B}$ sei für den Antrieb einer Rastschwinge f zu benutzen. Die Ruhelage f soll in der äußeren Totlage $\mathfrak{A}A_aB_a\mathfrak{B}$ auftreten, und die Dauer der Rast sei zu $^1/_6$ der Umlaufzeit der gleichförmig umlaufenden Antriebskurbel a angenommen. Der Drehpunkt $\mathfrak{C}$, die Lage und die Länge der Rastschwinge f in der Ruhelage und ihre Amplitude ψ seien ebenfalls vorgeschrieben. Gesucht wird der als Antriebspunkt dienende Gelenkpunkt D in der Ebene der Schwinge c.

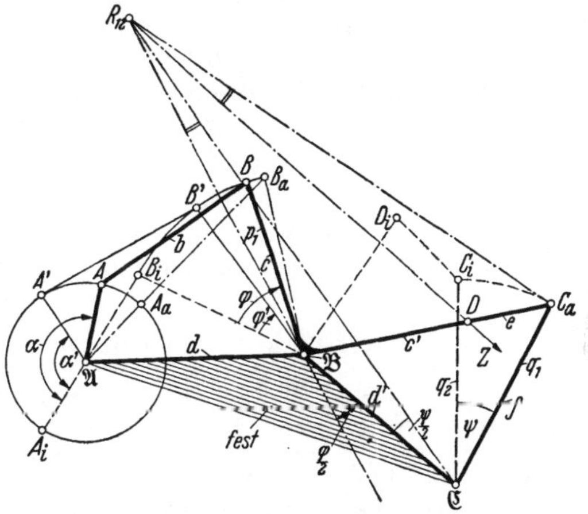

Abb. 145. Schwinge f mit angenähertem Stillstand in einer Endstellung, Auswertung der Totlage $\mathfrak{B}B_a$ der Kurbelschwinge $\mathfrak{A}AB\mathfrak{B}$.

Es sei nach W. Lichtenheldt ferner zugelassen, daß die Schwinge $\overline{\mathfrak{C}C}$ in der äußeren Totlage $\mathfrak{C}C_a$ nur einen „angenäherten Stillstand" besitzt, d. h., daß während der Ruhezeit ein geringes Ausschwingen gestattet sei. Ein solches ist in zahlreichen Fällen unerheblich, da im Arbeitsmaschinenbau oft gefordert wird, daß sich Getriebeglieder federnd aufsetzen, um z. B. ein Werkstück festzuklemmen oder eine Zeitlang festzuhalten. Bisweilen kann von der Rastschwinge $\overline{\mathfrak{C}C_a}$ besonders verlangt werden, daß sie um einen kleinen Drehwinkel von ihrer äußeren Totlage aus nach rückwärts schwingt, also ihre Totlage nacheinander zweimal durchläuft. Beim Webstuhlbau wird z. B. von der Weblade gefordert, daß der eingetragene Schußfaden zweimal kurz nacheinander an den Warenrand angeschlagen wird, um auf diese Weise ein besonders festes Gewebe zu erhalten.

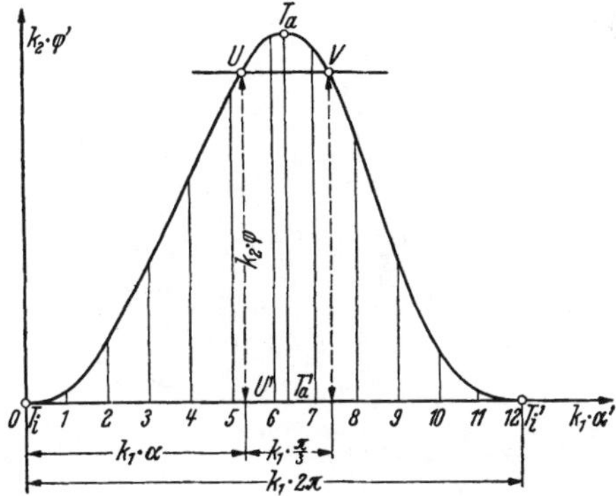

Abb. 146. Abhängigkeit des Schwingwinkels φ' vom Kurbeldrehwinkel α' des Getriebes von Abb. 145.

Abb. 145 zeigt zunächst die Kurbelschwinge in den beiden Totlagen $\mathfrak{A}A_iB_i\mathfrak{B}$ und $\mathfrak{A}A_aB_a\mathfrak{B}$, und im Bewegungsschaubild der Abb. 146 ist über dem Drehwinkel α der Antriebskurbel $\mathfrak{A}A$ der von der inneren Totlage $\mathfrak{B}B_i$ gemessene Schwingwinkel φ als Ordinate aufgetragen, wobei k_1 und k_2 gewisse Maßstabkonstanten bedeuten. Die Strecke $\overline{T_a'T_a}$ stellt also $k_2\,\varphi'_{\max} = k_2 \sphericalangle B_i\mathfrak{B}B_a$ dar. In diesem Schaubild zieht man zur Abszissenachse T_iT_i' eine Parallele UV

in der Weise, daß die Strecke $\overline{UV}$ dem vorgegebenen Ruhewinkel $2(\varphi'_{\max} - \varphi)$ entspricht ($UV = k_1 \pi/3$). Die Ordinate $\overline{U'U} = k_2 \varphi$ stellt den Schwingwinkel von c dar, bei dem die Rast beginnen bzw. aufhören soll. Macht man also $\sphericalangle B_i \mathfrak{B} B = \varphi$, zu dem der Kurbeldrehwinkel $\sphericalangle A_i \mathfrak{A} A = \alpha$ gehört, so sind die nachstehenden Lagenzuordnungen zu erfüllen.

Den Schwingenlagen $p_1 = \mathfrak{B} B$ und $p_2 = \mathfrak{B} B_i$ von c müssen die Lagen $q_1 = \mathfrak{C} C_a$ und $q_2 = \mathfrak{C} C_i$ der Rastschwinge f entsprechen.

Analog Abb. 141 zeichnet man den Relativpol R_{12}, indem man unter Beachtung des Richtungssinns die Winkel $\varphi/2$ in $\mathfrak{B}$ und $\psi/2$ in $\mathfrak{C}$ an $\mathfrak{B}\mathfrak{C}$ anträgt und ihre freien Schenkel in R_{12} schneidet. Dann verbindet man C_a mit R_{12} und macht $\sphericalangle Z R_{12} C_a = \sphericalangle \mathfrak{C} R_{12} \mathfrak{B}$. Da sich entsprechend der gestellten Aufgabe der mit c fest verbundene Hebel c' mit der Koppel e in der Strecklage befinden muß, liefert der Schenkel $R_{12} Z$ in seinem Schnittpunkt mit $\mathfrak{B} C_a$ den gesuchten Anlenkungspunkt D, die Koppel $\overline{DC_a} = e$ und $\sphericalangle B \mathfrak{B} D$.

Die vorstehende Aufgabe läßt sich, wie W. LICHTENHELDT gezeigt hat, auch dahingehend abwandeln, daß die Rast von f in der inneren Totlage $\mathfrak{C} C_i$ auftritt, wobei die Schwinge c entweder — wie oben — die äußere Totlage durchläuft oder sich ebenfalls in der inneren Totlage befindet.

63. Winkel-Hublagenzuordnungen durch Schubkurbelgetriebe.

Soll einem Kurbelwinkel φ_{12} gemäß Abb. 138c ein Hub h_{12} des Schiebers q zugeordnet werden, so zeichnet man in Abb. 147 $\sphericalangle A'_1 \mathfrak{A} A'_2 = \varphi_{12}$ mit $\overline{\mathfrak{A}_1 A'_1} = p_1$, $\overline{\mathfrak{A}_2 A'_2} = p_2$, denen die Schubebenen $\overline{Q_1 Q'_1} = q_1$ und $\overline{Q_2 Q'_2} = q_2$ zugeordnet sein sollen. Durch $Q_2 \mathfrak{A}_2 = Q_1 \mathfrak{A}_2^1$ mit $\overline{\mathfrak{A}_2 \mathfrak{A}_2^1} = h_{12}$ und $Q'_2 A'_2 = Q_1 A_2'^1$ findet man $\mathfrak{A}_2^1 A_2'^1 = p_2^1$. Die Mittelsenkrechten $\mathfrak{a}_{12}$ und a_{12} zu $\mathfrak{A}_1 \mathfrak{A}_2^1$ bzw. $A_1 A_2'^1$ schneiden sich im Relativpol R_{12} mit $\sphericalangle \mathfrak{A}_1 R_{12} \mathfrak{A}_2^1 = \varphi_{12}$, da im vorliegenden Sonderfall $\psi_{12} = 0$ ist.

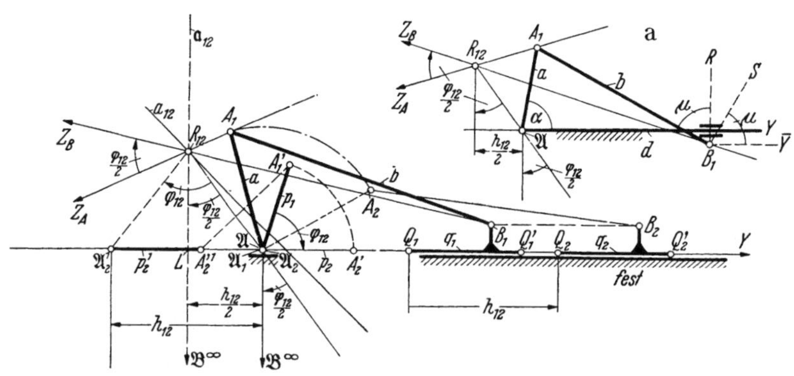

Abb. 147. Drehwinkel- und Hubzuordnung in einer Schubkurbel. a) Rezeptartige Darstellung für die Ermittlung des Relativpols R_{12} und geometrische Örter $R_{12} Z_A$ und $R_{12} Z_B$ für Zapfen A_1 bzw. B_1.

Punkte A_1 und B_1 liegen dann wiederum auf $R_{12} Z_A$ bzw. $R_{12} Z_B$ mit $\sphericalangle Z_A R_{12} Z_B = \varphi_{12}/2$.

Die obige Lösung folgt auch aus Abb. 141, wenn die Bewegung von B längs $\mathfrak{A} Y$ (Schubgelenk bei q) als Drehung um den unendlich fernen Punkt $\mathfrak{B}^\infty$, also $\mathfrak{A}\mathfrak{B}^\infty$ als Gestell $\mathfrak{A}\mathfrak{B}$ gedeutet werden. Dem in $\mathfrak{B}^\infty$ an $\mathfrak{B}^\infty X$ anzutragenden Winkel $\psi_{12}/2$ entspricht der halbe Hub $\mathfrak{A}_1 L = h_{12}/2$.

Abb. 147a zeigt die Lösung unter Weglassung der für die Konstruktion nicht benötigten Hilfslinien. Bei entgegengesetzter Hubbewegung ist $\overline{\mathfrak{A}L} = h_{12}/2$ von $\mathfrak{A}$ aus in Richtung von $\mathfrak{A}Y$ aufzutragen. Sind drei Lagenzuordnungen zu verwirklichen, also φ_{12}, φ_{13} und h_{12}, h_{13}, so wird sinngemäß nach Abb. 142 verfahren.

64. Drei Relativlagen. Das Relativpoldreieck. Vier Lagenzuordnungen.

In Abb. 148 sind nochmals drei Lagenzuordnungen am Viergelenkgetriebe herausgegriffen, wobei den Drehwinkeln φ_{12}, φ_{13} von p die Drehwinkel ψ_{12}, ψ_{13} von q entsprechen sollen.

Die Relativpole R_{12}, R_{13} sind nach Abb. 142 konstruierbar. Zur anschaulichen Darstellung sind noch die Relativlagen

$$p_1,\ p_2^1,\ p_3^1 \quad \text{der } p_1,\ p_2,\ p_3 \qquad (135)$$

bezüglich q_1

und

$$q_1,\ q_2^1,\ q_3^1 \quad \text{der } q_1,\ q_2,\ q_3 \qquad (136)$$

bezüglich p_1

eingezeichnet.

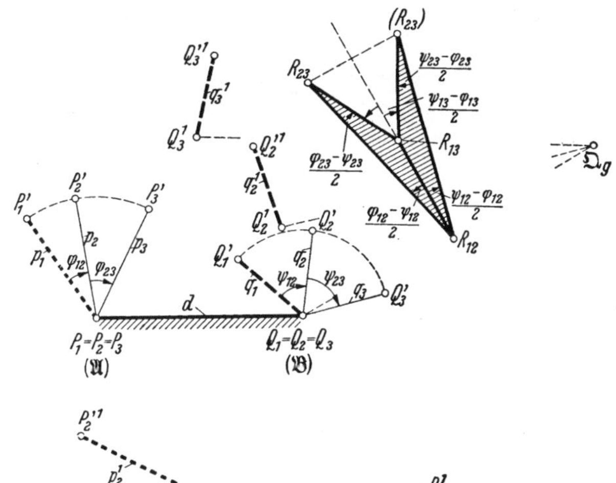
Abb. 148. Drei Lagenzuordnungen im Viergelenkgetriebe. Relativlagen q gegen p und p gegen q. Relativpoldreiecke.

Zu diesen Relativlagenanordnungen gehören

$$\text{entsprechend (135) die Relativpole } R_{12},\ R_{13},\ R_{23}, \qquad (135\text{a})$$

$$\text{entsprechend (136) die Relativpole } R_{12},\ R_{13},\ (R_{23}). \qquad (136\text{a})$$

Es ergeben sich also für die Relativpole der Lagen *2*, *3*, je nachdem diese auf q_1 oder auf p_1 bezogen sind, zwei voneinander verschiedene Relativpole R_{23} bzw. (R_{23}) und damit zwei spiegelsymmetrische Relativpoldreiecke $R_{12}R_{13}R_{23}$ und $R_{12}R_{13}(R_{23})$ mit entgegengesetztem Drehsinn der relativen halben Drehwinkel. Man könnte (R_{23}) auch mit R_{23}^1 bezeichnen.

Zur näheren Erläuterung und gleichzeitigen Kontrolle ist in Abb. 148 noch der Grundpunkt $\mathfrak{Q}_g$ der Punkte Q_1, Q_2^1, Q_3^1 bezüglich des Relativpoldreiecks $R_{12}R_{13}(R_{23})$ eingetragen. Die Konstruktion zugeordneter Punkte ist so durchführbar, daß man die früheren Verfahren (Abb. 23) auf das Relativpoldreieck sinngemäß überträgt.

Man spiegelt Q_1 an $R_{12}R_{13}$ nach $\mathfrak{Q}_g$, dann $\mathfrak{Q}_g$ an $R_{12}(R_{23})$ nach Q_2^1 und $\mathfrak{Q}_g$ an $R_{13}(R_{23})$ nach Q_3^1.

Vier Lagenzuordnungen werden mit Hilfe der Kreispunkt- bzw. Mittelpunktkurve beherrscht. Zu diesem Zweck zeichnet man in Abb. 149 für die Relativlagen der Ebenen q_1, q_2, q_3, q_4 gegen p_1, also für q_1, q_2^1, q_3^1, q_4^1 die Relativpole

$$R_{12},\ R_{13},\ R_{14},\ (R_{23}),\ (R_{24}),\ (R_{34}). \qquad (137)$$

Die Kopplung der p_1, q_1 durch $P_1''Q_1''$ bzw. A_1B_1 in den Gliedebenen E_{p_1}, E_{q_1} wird durch die Mittelpunktkurve (m) erreicht, die zu den Relativpolen (137) gehört. Diese Mittelpunktkurve (m) ist der geometrische Ort der Punkte A_1 in E_{p_1} und im vorliegenden Falle mit Hilfe des Gegenpolvierecks $R_{12}R_{13}(R_{34})(R_{24})$ gezeichnet; sie geht selbstverständlich auch durch $\mathfrak{A}$. In der Abbildung wurde A_1 beliebig auf (m) angenommen und B_1 in E_{q_1} mit Hilfe des bekannten Winkelgesetzes

$$\sphericalangle A_1 R_{12}\mathfrak{A} = \sphericalangle B_1 R_{12}\mathfrak{B}$$

und

$$\sphericalangle A_1 R_{13}\mathfrak{A} = \sphericalangle B_1 R_{13}\mathfrak{B}$$

konstruiert.

Es gibt ∞^1 Lösungen der vorgegebenen Aufgabe.

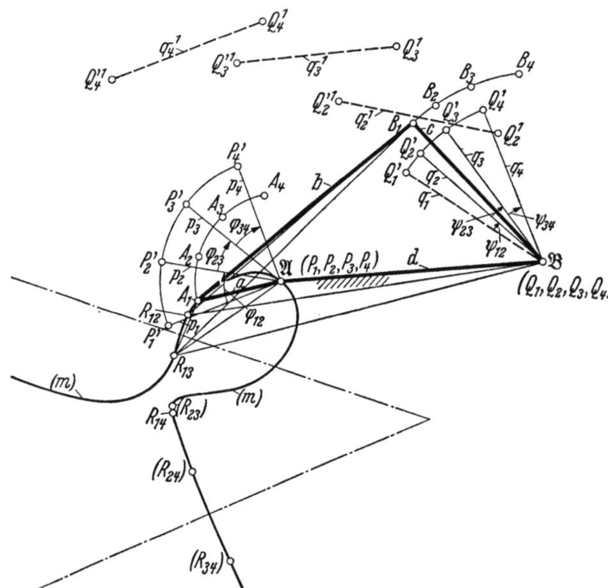

Abb. 149. Vier Lagen- bzw. drei Winkelzuordnungen im Viergelenkgetriebe. Kurbelzapfen A_1 auf Mittelpunktkurve (m) der Lagen q_1, q_2^1, q_3^1, q_4^1.

Ein zweiter Weg zur Ermittlung zusammengehöriger Koppelpunkte A_1, B_1 besteht darin, daß man die Relativlagen p_1, p_2^1, p_3^1, p_4^1 der Gliedebenen p_i gegen q_1 mit den Relativpolen

$$\begin{matrix} R_{12}, & R_{13}, & R_{14}, \\ R_{23}, & R_{24}, & R_{34} \end{matrix} \tag{138}$$

benutzt und zu diesen Relativpolen die dazugehörige Mittelpunktkurve m zeichnet, deren Punkte den geometrischen Ort der Punkte B_1 in E_{q_1} liefern.

Wie H. Alt[1] gezeigt hat, bestehen zwischen diesen Mittelpunktkurven m und (m) eine Reihe beachtenswerter Beziehungen:

a) m ist die Kreispunktkurve zu (m), und (m) ist die Kreispunktkurve zu m. Jedem Punkt B_1 auf m entspricht ein eindeutig bestimmter Punkt A_1 auf (m) und umgekehrt.

b) Die Pole (138) bestimmen Punkte Q_{ik} des folgenden Schemas.

$$\underbrace{\left.\begin{matrix} R_{12}R_{24} \\ R_{13}R_{34} \end{matrix}\right\}}_{Q_{23}} Q_{14} \qquad \underbrace{\left.\begin{matrix} R_{12}R_{23} \\ R_{14}R_{34} \end{matrix}\right\}}_{Q_{24}} Q_{13} \qquad \underbrace{\left.\begin{matrix} R_{13}R_{23} \\ R_{14}R_{24} \end{matrix}\right\}}_{Q_{34}} Q_{12} \tag{139}$$

und analog die Pole (137) die Punkte (Q_{ik})

$$\underbrace{\left.\begin{matrix} R_{12}(R_{24}) \\ R^{\prime}_{13}(R_{34}) \end{matrix}\right\}}_{(Q_{23})} (Q_{14}) \qquad \underbrace{\left.\begin{matrix} R_{12}(R_{23}) \\ R_{14}(R_{34}) \end{matrix}\right\}}_{(Q_{24})} (Q_{13}) \qquad \underbrace{\left.\begin{matrix} R_{13}(R_{23}) \\ R_{14}(R_{24}) \end{matrix}\right\}}_{(Q_{34})} (Q_{12}), \tag{140}$$

wobei z. B. Q_{14} der Zusammenstellung (139) als Schnittpunkt der Polgeraden $R_{12}R_{24}$ und $R_{13}R_{34}$, ferner Q_{23} als Schnittpunkt der Polgeraden $R_{12}R_{13}$ und $R_{24}R_{34}$ gefunden werden.

---

[1] Alt, H.: [36g], S. 407/409.

c) Die Punkte Q_{ik} liegen auf m, die Punkte (Q_{ik}) auf (m). Zwischen ihnen und den Relativpolen R_{ik} bzw. (R_{ik}) gilt die nachstehende Zuordnung:

m	R_{12}	R_{13}	R_{14}	R_{23}	R_{24}	R_{34}	Q_{12}	Q_{13}	Q_{14}	Q_{23}	Q_{24}	Q_{34}
(m)	(Q_{12})	(Q_{13})	(Q_{14})	(Q_{23})	(Q_{24})	(Q_{34})	R_{12}	R_{13}	R_{14}	(R_{23})	(R_{24})	(R_{34})

(141)

Zeichnet man z. B. (m), so kann man zu den 12 Punkten der Zeile 2 von (141) die entsprechenden Punkte der anderen Kurve m gemäß Zeile 1 von (141) und damit auch die entsprechenden Koppellängen $k_0 = \overline{A_1 B_1}$ unmittelbar angeben. Trägt man beispielsweise die Bogenlänge s der Kurve (m) als Abszisse und die Größe k_0 als Ordinate auf, so werden gemäß (141) sofort 12 Punkte dieses $k_0 - s$-Schaubildes gefunden; ein Überblick über die Veränderlichkeit der Koppellänge k_0 wird so rasch gewonnen. Ein in diesem Sinne durchgeführtes Beispiel kann bei H. Alt[1] nachgelesen werden.

Das $k_0 - s$-Schaubild gibt auch diejenigen Stellen an, in denen die Koppellänge k_0 ihren kleinsten Wert annimmt, also solche Stellen, die für den Konstrukteur eventuell beachtenswert sind, falls bei den diesen Werten entsprechenden Getrieben auch günstige Kraftübertragungsverhältnisse bestehen.

65. Der Übertragungswinkel.

Die bereits gestreiften Kraftübertragungsverhältnisse in den Getrieben lassen Hinweise auf den Altschen[1] „*Übertragungswinkel* μ" als zweckmäßig erscheinen.

Der Übertragungswinkel μ ist der Winkel zwischen der absoluten Bewegungsrichtung der Kraftübertragungsstelle des Abtriebsgliedes und der relativen Bewegungsrichtung des Übertragungsgliedes gegen das treibende Glied.

Im allgemeinen treten dabei ein spitzer Winkel μ und ein stumpfer Winkel $180° - \mu$ auf; für die getriebetechnische Anwendung ist nur die Abweichung des Übertragungswinkels μ von einem rechten Winkel (90°) von Bedeutung. Zur eindeutigen Begriffsbestimmung könnte z. B. festgesetzt werden, daß der Übertragungswinkel zwischen 0° und 180° liegen muß und entgegengesetzt dem Uhrzeigersinn von der relativen Bewegungsrichtung t_r nach der absoluten Bewegungsrichtung t_a genommen werden soll. Wenn dabei stumpfe Winkel auftreten, möge der dazugehörige Supplementwinkel benutzt werden.

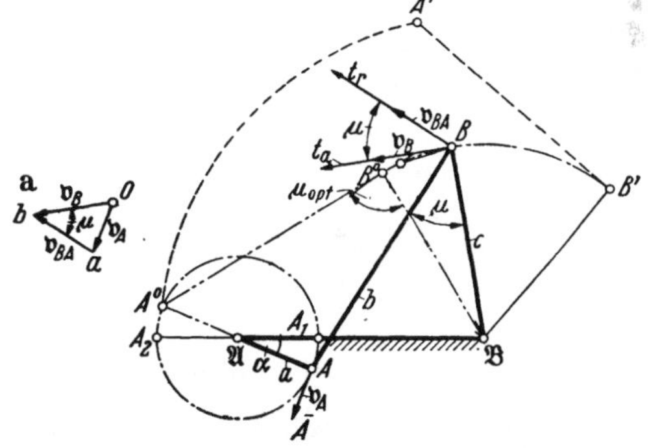

Abb. 150. Übertragungswinkel μ am Viergelenkgetriebe bei Antrieb an a. Kleinster, größter und bester Übertragungswinkel, zugeordnet A_1, A_2, A^0.

In der Kurbelschwinge der Abb. 150 ist a das treibende, b das übertragende Glied und c das Abtriebsglied, ferner $t_a \perp \mathfrak{B}B$, $t_r \perp AB$, also $\mu = \sphericalangle t_r B t_a = \sphericalangle AB\mathfrak{B} = \sphericalangle abo$, wobei a und b die Endpunkte der Geschwindigkeitsvektoren $\mathfrak{v}_A$ und $\mathfrak{v}_B$ im Geschwindigkeitsplan (Abb. 150a) bedeuten.

[1] Alt, H.: [36a] und K. Hain: [96], S. 135.

Bei einer Kurbelschwinge ist der Übertragungswinkel also der Winkel zwischen der Schwinge c und der Koppel b, falls die Kurbelschwinge bei a angetrieben wird.

Mit $\sphericalangle A_1 \mathfrak{A} A = \alpha$ liefern die Dreiecke $A \mathfrak{A} \mathfrak{B}$ und $A B \mathfrak{B}$

$$a^2 + d^2 - 2ad\cos\alpha = b^2 + c^2 - 2bc\cos\mu, \tag{141}$$

also

$$\frac{d\mu}{d\alpha} = \frac{ad\sin\alpha}{bc\sin\mu}. \tag{142}$$

Aus $d\mu/d\alpha = 0$ folgt, wenn $\mu \neq 0$ vorausgesetzt wird, für den Kleinstwert $\mu_{\min} = \mu_1$ der Kurbelwinkel $\alpha_1 = 0$ und für den Größtwert $\mu_{\max} = \mu_2$ der Kurbelwinkel $\alpha_2 = 180°$. Es sind dies jene Getriebestellungen, in denen der Kurbelzapfen A auf die Mittellinie $\mathfrak{A}\mathfrak{B}$ des Steges zu liegen kommt (innere und äußere Strecklage von Kurbel und Steg)[1]. Zur Feststellung des kleinsten Übertragungswinkels müssen sowohl $\mu_{\min} = \mu_1$ als auch $\mu_{\max} = \mu_2$ ermittelt werden; ist beispielsweise für μ_2 der Supplementwinkel kleiner als μ_1, dann ist derjenige Winkel, der μ_2 zu 180° ergänzt, der kleinste Übertragungswinkel. In Fällen, bei denen μ_1 und μ_2 beide über oder beide unter 90° liegen, wird von diesen beiden Möglichkeiten die günstigste Übertragung für denjenigen Wert erreicht, der dem Winkel 90° am nächsten liegt.

Dem Bestwert $\mu_{\text{opt}} = 90°$ entspricht diejenige Getriebestellung, bei der die Schwinge auf der Koppel senkrecht steht, also bei der Schwingenstellung $\mathfrak{B} B°$.

Ein Getriebe mit einem kleinsten Übertragungswinkel von 40° ist also in bezug auf die Güte der Kraftübertragung einem solchen von 140° gleichwertig.

Der kleinste zulässige Übertragungswinkel hängt von den wirkenden Kräften (einschließlich der D'ALEMBERTschen Trägheitskräfte) und von der Drehzahl ab. Bei Kurbelgetrieben wird eventuell ein kleinster Übertragungswinkel von 40° noch zulässig sein können. Weitere praktische Hinweise, z. B. bezüglich der Genauigkeit der Übertragung im Hinblick auf die zulässigen Toleranzen, findet man bei K. HAIN.

Bei der in Abb. 147a gezeichneten geschränkten Schubkurbel ist $\mu = \sphericalangle \overline{Y} B_1 S$; $\mu_{\min} = \mu_1$ bei $\alpha_1 = 90°$, $\mu_{\max} = \mu_2$ bei $\alpha_2 = 270°$.

Wird ein Viergelenkgetriebe $\mathfrak{C} C D \mathfrak{D}$ in einem Punkt B der Koppelebene CD durch eine weitere Koppel $b = \overline{AB}$ von der Kurbel $\overline{\mathfrak{A} A}$ angetrieben, so ist der zu dieser Getriebestellung gehörige Übertragungswinkel in B $\mu = \sphericalangle ABP$, wobei P den Momentanpol der Koppelebene CD bedeutet. Die Übertragungswinkel bei Kurvengetrieben wurden von A. FLOCKE[2] und vom Verfasser[3] eingehender untersucht, z. B. bezüglich der Ermittlung des Grundkreishalbmessers der unteren Rast. Einfache Konstruktionen dieser Art sind in Nr. 127 angegeben.

66. Totlagen der Kurbelschwinge.

Ein als Kurbelschwinge arbeitendes Viergelenkgetriebe (Abb. 151) muß den *Satz von* GRASHOF[4] erfüllen; d. h. ein Gelenkviereck kann nur dann eine Kurbelschwinge oder eine Doppelkurbel liefern, wenn die Summe der kleinsten und der größten Gliedlänge nicht größer ist als die Summe der beiden anderen

---

[1] Abb. 150 zeigt nur die zu μ_1, μ_2 gehörigen Kurbelzapfen-Lagen A_1, A_2.

[2] FLOCKE, K. H.: [35], Nr. 345. Vgl. auch W. JAHR und P. KNECHTEL: AWF-Getriebeblatt 641/643.

[3] BEYER, R.: [38e], [75e], [75h].

[4] GRASHOF, F.: Theoretische Maschinenlehre. S. 117. Berlin 1883. Ausführlicher Beweis bei L. BURMESTER: [3], S. 283ff.

Gliedlängen, und zwar wird das Gelenkviereck dann durch die Feststellung des kleinsten Gliedes eine Doppelkurbel, durch Feststellung eines der beiden dem kleinsten Glied benachbarten Glieder eine Kurbelschwinge, bei der das kleinste Glied als Kurbel dient.

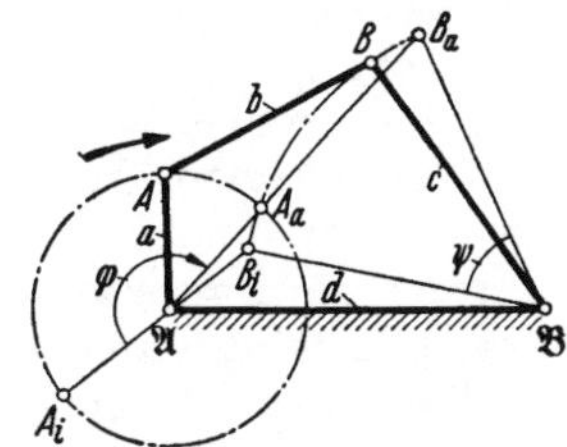

Abb. 151. Kurbel- und Schwingenwinkel-Zuordnung in den Totlagen einer Kurbelschwinge.

Genügen die Abmessungen des Gelenkvierecks nicht der GRASHOFschen Bedingung, so entstehen aus ihm nur „*Doppelschwinggetriebe*".

Das Viergelenkgetriebe der Abb. 151 erfüllt den GRASHOFschen Satz. Für die äußere Totlage $\mathfrak{A} A_a B_a \mathfrak{B}$ ist $\overline{\mathfrak{A} B_a} = b + a$, für die innere Totlage $\mathfrak{A} A_i B_i \mathfrak{B}$ ist $\overline{\mathfrak{A} B_i} = b - a$, wobei sich die Kurbel a und die Koppel b jeweils in einer Strecklage befinden.

Dem Kurbeldrehwinkel $\varphi = \sphericalangle A_i \mathfrak{A} A_a$ entspricht dabei der Schwingwinkel $\psi = \sphericalangle B_i \mathfrak{B} B_a$. Die Zeiten T_h und T_r für den Hingang und Rückgang der Schwinge $\overline{\mathfrak{B} B}$ genügen — gleichförmiges Umlaufen der Antriebskurbel vorausgesetzt — der Proportion

$$T_h : T_r = \varphi : (360° - \varphi). \tag{143}$$

Die Kurbelschwinge gehört zu der *Gruppe von Getrieben mit langsamem Hingang und schnellem bzw. schnellerem Rückgang*[1] oder umgekehrt.

Für $T_h = T_r$, also für gleiche Zeitdauer des Hin- und Rückganges, ist $\varphi = 180°$. Die Punkte A_i, $\mathfrak{A}$, A_a, B_i, B_a liegen dann auf einer Geraden durch $\mathfrak{A}$. Bei einer solchen „*zentrischen*" *Kurbelschwinge* (Abb. 152) sind

$$\overline{B_i B_a} = 2a, \quad \overline{B_i N} = \overline{N B_a} = a, \quad \overline{\mathfrak{A} N} = b, \quad \text{ferner} \quad \overline{\mathfrak{B} N} \perp B_i B_a \quad \text{und}$$

$$d^2 - b^2 = c^2 - a^2 \quad \text{oder} \quad a^2 + d^2 = b^2 + c^2 \tag{144}.$$

Nun sei eine für den Entwurf von Kurbelschwingen wichtige Aufgabe behandelt.

Von einer Kurbelschwinge $\mathfrak{A} A B \mathfrak{B}$ sind die gestellfesten Punkte $\mathfrak{A}$, $\mathfrak{B}$, also die Steglänge $\overline{\mathfrak{A}\mathfrak{B}} = d$, ferner das Verhältnis T_h/T_r bzw. $\sphericalangle A_i \mathfrak{A} A_a = \varphi$ und die Größe des Schwingwinkels $\sphericalangle B_i \mathfrak{B} B_a = \psi$ gegeben (Abb. 151). Gesucht werden die Abmessungen a, b, c der diese Bedingungen erfüllenden möglichen Viergelenkgetriebe.

Die Lösung dieser Aufgabe beruht auf den Gesetzmäßigkeiten von vier Lagenzuordnungen, wobei wegen der geforderten Totlagen gewisse Sonderfälle in der Zuordnung dieser Lagen zu beachten sind. Wie Abb. 153 erkennen läßt, ent-

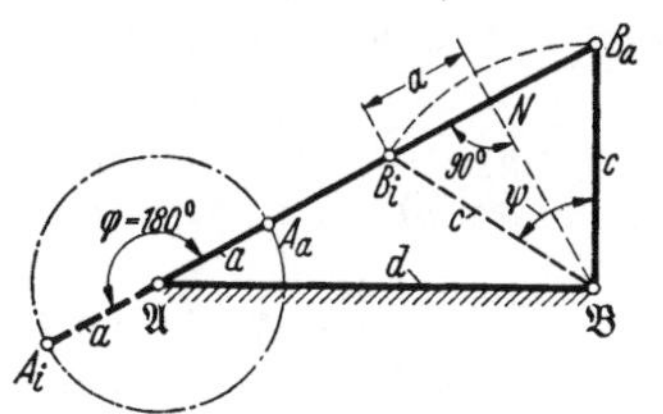

Abb. 152. Zentrische Kurbelschwinge mit Kurbelwinkel $\varphi = 180°$.

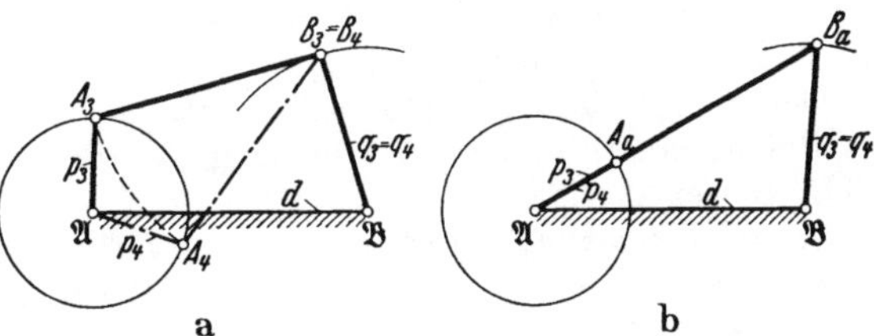

Abb. 153. Totlagen-Bedingung. Zwei infinitesimal benachbarten Kurbellagen entsprechen zwei identisch zusammenfallende Schwingenlagen.

sprechen den Schwingenlagen $\mathfrak{B} B_3 = \mathfrak{B} B_4$ bzw. $q_3 = q_4$ (identisch zusammenfallend) zwei voneinander verschiedene Kurbellagen $\mathfrak{A} A_3 = p_3$ und $\mathfrak{A} A_4 = p_4$.

[1] Vgl. u. a. K. RAUH: Untersuchung und Weiterentwicklung der Getriebe mit periodischem Hin- und Rücklauf und beschleunigungsfreiem Arbeitsgang. Diss. T.H. Hannover 1927.

Im Grenzfall der Totlage $\mathfrak{B}B_a$ (Abb. 153b) wird $\sphericalangle A_3\mathfrak{A}A_4 = 0$; d. h. diese beiden Kurbellagen sind jetzt als einander unendlich nahe benachbart anzusprechen, während — wie in Abb. 153a — q_3 mit q_4 identisch zusammenfallend ist. Entsprechendes gilt für die innere Totlage $\mathfrak{B}B_i$, in der $p_1 = p_2$ infinitesimal benachbart und $q_1 = q_2$ identisch zusammenfallend sind.

Ganz allgemein gilt für die *Totlagen von Getriebegliedern*[1] die nachstehende Begriffsbestimmung:

Wenn die Bewegung eines Gliedes p durch eine Koppel k auf das Glied q übertragen wird, so ist eine Totlage des Gliedes q dadurch definiert, daß zwei unendlich nahe benachbarten Gliedlagen p_1, p_2 zwei identisch zusammenfallende Lagen $q_1 = q_2$ dieses Gliedes q entsprechen.

Für die eingangs gestellte Aufgabe sind in Abb. 154 p_3, p_4 und $q_3 = q_4$ in Richtung des Steges $\mathfrak{A}\mathfrak{B}$ angetragen; p_1, p_2 und $q_1 = q_2$ bilden mit dem Steg $\mathfrak{A}\mathfrak{B}$ die einander zugeordneten Winkel φ und ψ. Der Gelenkpunkt $\mathfrak{A} = P_1$, P_2, P_3, P_4 ist gleichzeitig der Relativpol R_{12} für die Relativlagen der q_1, q_2 gegen p_1. Wir zeichnen nun die Relativlagen $q_3^1 = q_4^1$ bezüglich p_1 und finden (R_{34}) und R_{12} in $\mathfrak{A}$. Die anderen Relativpole R_{13}, R_{14}, (R_{23}), (R_{24}) fallen mit dem Schnittpunkt R der freien Schenkel $\mathfrak{A}L$ und $\mathfrak{B}K$ der an $\mathfrak{A}\mathfrak{B}$ in $\mathfrak{A}$ und $\mathfrak{B}$ angetragenen Winkel $L\mathfrak{A}\mathfrak{B} = \varphi/2$ bzw. $K\mathfrak{B}X = \psi/2$ zusammen.

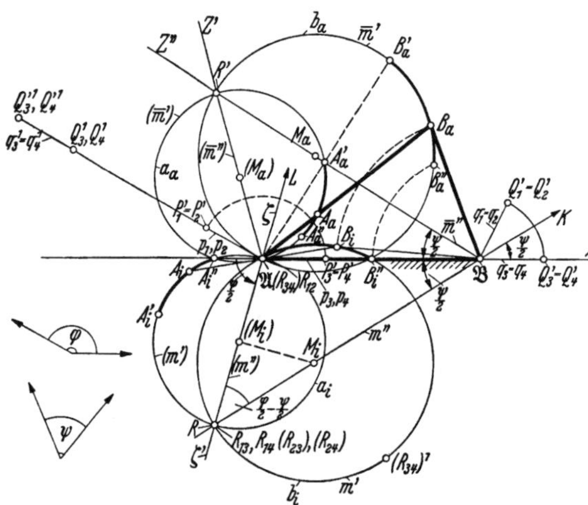

Abb. 154. Kurbelschwingen gegebener Steglänge $\mathfrak{A}\mathfrak{B}$ bei vorgeschriebenen Winkeln ψ und φ. Die Punkte A_i, A_a und B_i B_a liegen auf den Kreisen a_i, a_a bzw. b_i, b_a. Für „Kurbelschwingen" begrenzte Bereiche auf diesen Kreisen.

Die Mittelpunktkurve (m) als geometrischer Ort a_i der Totlagenpunkte A_i zerfällt also in den Kreis (m') über $\mathfrak{A}R$ als Durchmesser und in die Gerade $(m'') = \zeta\zeta'$ durch $\mathfrak{A}$ und R.

Der geometrische Ort b_i der Punkte B_i ist der Kreis m' durch $\mathfrak{A}$ und R mit dem Mittelpunkt M_i auf $\mathfrak{B}R$ als Teil der Kreispunktkurve m'', m' zur Mittelpunktkurve (m''), (m').

Die geometrischen Örter a_a und b_a der Totlagenpunkte A_a bzw. B_a sind die Spiegelkreise von a_i und b_i bezüglich der Gestellmittellinie $\mathfrak{A}\mathfrak{B}$, wie man leicht beweisen kann.

Zusammenfassung: Man zeichnet $\sphericalangle L\mathfrak{A}\mathfrak{B} = \varphi/2$, $\sphericalangle K\mathfrak{B}X = \psi/2$, Schnittpunkt R; Kreis a_i über $\mathfrak{A}R$ ist der Ort der Punkte A_i. Dann Mittelsenkrechte zu $\mathfrak{A}R$, Schnittpunkt M_i auf $\mathfrak{B}R$. Der Kreis b_i um M_i mit Halbmesser $\overline{M_iR} = \overline{M_i\mathfrak{A}}$ ist der Ort der Punkte B_i; b_a und a_a als geometrische Örter von B_a bzw. A_a sind die Spiegelbilder von b_i bzw. a_i bezüglich $\mathfrak{A}\mathfrak{B}$.

Von den Kreisen b_a, a_a, b_i, a_i kommen nur die stark ausgezogenen Bereiche in Betracht, so u. a. der Grenzpunkt B_a' auf b_a, da die Kurbel a nach dem GRASHOFschen Satz das kleinste Glied sein muß, ferner B_a'' mit $\mathfrak{B}B_i'' = \mathfrak{B}B_a''$, da B_i oberhalb $\mathfrak{A}\mathfrak{B}$ liegen muß.

[1] ALT, H.: [361], S. 173.

Da ∞^1 Lösungen vorhanden sind, kann der Konstrukteur noch eine weitere Bedingung vorschreiben, z. B. die Länge der Schwinge c innerhalb der Grenzen $\overline{\mathfrak{B}B_a''}$ und $\overline{\mathfrak{B}B_a'}$ oder die Länge der Antriebskurbel a innerhalb der Grenzen $\overline{\mathfrak{A}A_a''}$ und $\overline{\mathfrak{A}A_a'}$ oder auch die Größe des kleinsten Übertragungswinkels und dgl.

Weitere Beispiele — auch ohne Benutzung der allgemeinen Lösung — findet man bei P. KNECHTEL[1], R. BEYER[2], H. WANCKEL[3]. Beim Entwurf „zentrischer“ Kurbelschwingen berühren die Kreise a_a und a_i die Stegmittellinie $\mathfrak{A}\mathfrak{B}$, da wegen $\varphi = 180°$ der Durchmesser $\mathfrak{A}R$ auf $\mathfrak{A}\mathfrak{B}$ senkrecht steht. In einer beachtenswerten Arbeit zeigt H. ALT[4], wie unter Benutzung von Abb. 154 an Hand einer Kurventafel Kurbelschwingen so konstruiert werden können, daß sie günstigste Übertragungswinkel besitzen.

67. Punktlagen- und Kurbelwinkelzuordnungen.

In Abb. 155 sei die Ebene E_p in einem Punkt $\mathfrak{A}$ der ruhenden Bezugsebene E_0 des Gliedes d drehbar gelagert und in Punkten A durch eine Koppel e so an einen gegen E_0 frei beweglichen Punkt E angelenkt, daß $\sphericalangle A_1\mathfrak{A}A_2 = \varphi_{12}$ wird, wenn E von E_1 nach E_2 gekommen ist.

Nach dem Vorgang von W. LYNEN und G. MARX[5] wird eine aus den Gliedern d, a, e bestehende offene Kette (*Zweigelenkkette nach* R. FRANKE) bei festgehaltenem Glied d als „*Zweischlag*“ bezeichnet. In dieser Bezeichnungsweise wird also nach allen möglichen Zweischlägen a, e; a', e'; a'', e'' gefragt, die E — als Punkt von e — von E_1 nach E_2 überführen, wenn die Kurbel a den Winkel φ_{12} durchläuft.

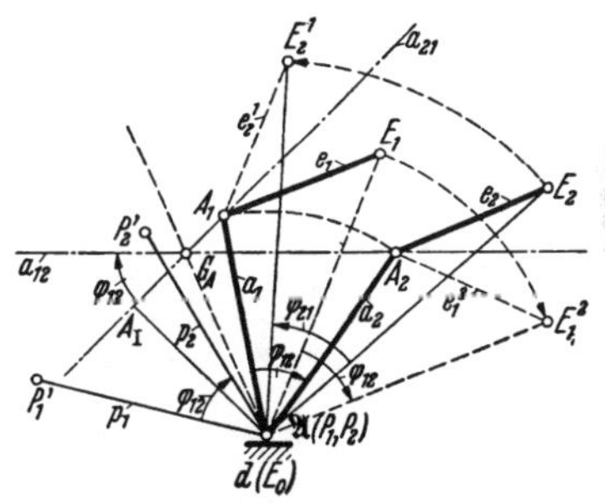

Abb. 155. Punktlagen- und Kurbelwinkelzuordnungen durch Zweigelenkkette.

Den Punktlagen E_1 und E_2 des Punktes E von e wird also der Kurbelwinkel φ_{12} zugeordnet, so daß von einer *Punktlagen- und Kurbelwinkelzuordnung* gesprochen werden kann.

Lösung: Zeichne $\sphericalangle P_1'P_1P_2' = \varphi_{12}$ mit $\overline{P_1P_1'} = \overline{P_2P_2'}$ und $P_1 = P_2 = \mathfrak{A}$ in beliebiger Lage und ermittle die Relativlagen E_2^1 von E_2 bezüglich p_1 und E_1^2 von E_1 bezüglich p_2, indem $\sphericalangle E_2\mathfrak{A}E_2^1 = \varphi_{21}$ und $\sphericalangle E_1\mathfrak{A}E_1^2 = \varphi_{12}$ konstruiert werden.

Die Mittelsenkrechten a_{21} zu $E_1E_2^1$ und a_{12} zu $E_1^2E_2$ sind die gesuchten geometrischen Örter der Punkte A_1 bzw. A_2. In a_{21} kennzeichnen die Doppelindizes 2, 1 die beiden Lagen *2* und *1*, und der an zweiter Stelle stehende Index 1 weist auf den Ort der Punkte A in der Lage *1* (A_1) hin. Man erkennt ferner, daß sich a_{12} und a_{21} in G_A unter dem Winkel φ_{12} schneiden und daß die Gerade durch G_A und $\mathfrak{A}$ eine der beiden Winkelhalbierenden von a_{12}, a_{21} darstellt.

Aus den kongruenten Dreiecken $\triangle A_1E_2^1\mathfrak{A} \cong \triangle A_2E_2\mathfrak{A}$ und $\triangle A_1E_1\mathfrak{A} \cong \triangle A_2E_1^2\mathfrak{A}$ folgt $\mathfrak{A}$ als Relativpol R_{12} der Koppellagen e_2^1, e_2 bzw. e_1, e_1^2 und daraus der Zusammenhang mit Abb. 6, wobei den Geraden g_1, g_2 die Geraden e_1, e_2 der Abb. 155 entsprechen.

[1] AWF-Getriebeblatt 604, Konstruktion von Bogenschubkurbeln.

[2] Technische Kinematik, S. 330, Abb. 529.

[3] Diss. T.H. Dresden. Kurventafel für den Entwurf von Kurbelschwingen (nicht im Druck erschienen).

[4] ALT, H.: [36d]. Vgl. auch Getriebetechnik Bd. 9 (1941) S. 270/271.

[5] Vgl. Hütte: Des Ingenieurs Taschenbuch, 25. Aufl. Beitrag G. MARX: Bewegungslehre der Getriebe I, S. 288/309.

Da $\mathfrak{A} \equiv R_{12}$, so schneidet jeder Kreis um $\mathfrak{A}$ auf a_{21}, a_{12} zugeordnete Punkte A_1, A_2 heraus. Das von $\mathfrak{A}$ auf a_{21} gefällte Lot schneidet a_{21} in A_{I} mit der kleinstmöglichen Kurbellänge $\overline{\mathfrak{A}A_{\mathrm{I}}}$.

Über Winkel-, Koppel- und Punktlagenzuordnungen bei ebenen Getrieben liegen Untersuchungen von H. Alt[1], R. Kraus[2], K. Hain[3] und E. Hackmüller[4] vor.

68. Zwei Punktlagen, ein Kurbel- und ein Schwingwinkel.

Im nachstehenden wird gezeigt, wie von zwei Punktlagen E_1 und E_2 eines irgendwie bewegten Getriebegliedes in zwei gestellfesten Punkten $\mathfrak{A}$, $\mathfrak{B}$ Schwingbewegungen mit vorgeschriebenen Schwingwinkeln $\varphi_{12} = \varphi$ bzw. $\psi_{12} = \psi$ abgeleitet werden können, wobei diese den beiden gegebenen Punktlagen entsprechen sollen.

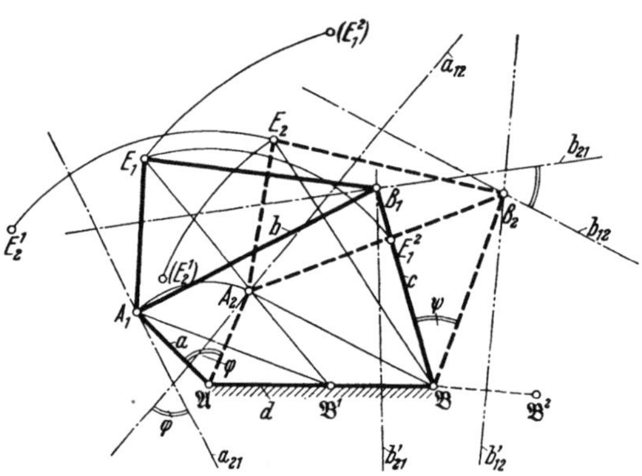

Abb. 156. Viergelenkgetriebe $\mathfrak{A}AB\mathfrak{B}$ aus Winkelzuordnungen φ, ψ und Koppelpunktlagen E_1 und E_2.

Abb. 156 zeigt die gestellfesten Punkte $\mathfrak{A}$ und $\mathfrak{B}$, die gegebenen Koppelpunkte E_1 und E_2 als Punktlagen. Gesucht wird ein Gelenkviereck $\mathfrak{A}AB\mathfrak{B}$ mit dem Koppeldreieck ABE, dessen Koppelpunkt E von E_1 nach E_2 gelangt, wenn a und c die Winkel φ bzw. ψ durchlaufen.

Die Lösung beruht auf einer zweimaligen Anwendung der Abb. 155 für die Zweischläge $\mathfrak{A}AE$ und $\mathfrak{B}BE$ mit Erfüllung der Bedingung $\overline{A_1B_1} = \overline{A_2B_2}$.

Man zeichnet zu E_1 die Relativlagen E_1^2, (E_1^2) und zu E_2 die Relativlagen E_2^1, (E_2^1) bezüglich der Zweischläge bei $\mathfrak{A}$ und $\mathfrak{B}$ und hierauf die Mittelsenkrechten a_{21}, a_{12} zu $E_1E_2^1$ bzw. $E_2E_1^2$ für die in $\mathfrak{A}$ zu lagernde Kurbel, desgleichen die Mittelsenkrechten b_{21} und b_{12} zu $E_1(E_2^1)$ bzw. $E_2(E_1^2)$. Die durch Klammern gekennzeichneten Punkte, z. B. (E_1^2), beziehen sich dabei auf die Zweischlagbildung d, c, b. Die Mittelsenkrechten a_{21} und a_{12} sind die geometrischen Örter für A_1 bzw. A_2, die Mittelsenkrechten b_{21}, b_{12} die geometrischen Örter für B_1 bzw. B_2.

Auf a_{21} wird also A_1 beliebig gewählt, womit A_2 auf a_{12} festgelegt ist. Man kann auch auf a_{12} verzichten und macht dafür $\sphericalangle A_1\mathfrak{A}A_2 = \varphi$ und $\overline{\mathfrak{A}A_2} = \overline{\mathfrak{A}A_1}$. Da $\mathfrak{B}$ relativ zur Koppelebene b einen Kreis um den gesuchten Schwingenzapfen B_1 beschreibt, zeichnet man die Relativlage $\mathfrak{B}^1$ von $\mathfrak{B}$ bezüglich der Koppellage *1*, die durch die Wahl von A_1 als Strecke $\overline{A_1E_1}$ festgelegt ist ($\triangle A_1E_1\mathfrak{B}^1 \cong \triangle A_2E_2\mathfrak{B}$).

Der gesuchte Schwingenzapfen B_1 liegt außer auf b_{21} noch auf der Mittelsenkrechten b'_{21} zu $\mathfrak{B}\mathfrak{B}^1$. Zur Kontrolle kann auch b'_{12} als Mittelsenkrechte zu $\mathfrak{B}\mathfrak{B}^2$ dienen, wobei $\triangle A_1E_1\mathfrak{B} \cong \triangle A_2E_2\mathfrak{B}^2$ gezeichnet wird; b_{12} und b'_{12} schneiden sich dann in B_2.

[1] Alt, H.: Über die Erzeugung gegebener ebener Kurven mit Hilfe des Gelenkvierecks, Z. angew. Math. Mech. Bd. 3 (1923) S. 13/19.

[2] Kraus, R.: Winkel-, Koppel- und Punktlagenzuordnungen am Gelenkviereck. Mitt. aus d. Techn. Inst. der Tung-Chi-Universität Woosung Bd. II (1935) H. 5/6.

[3] Hain, K.: [49f], [49g], [49i].

[4] Hackmüller, E.: [48c].

In Abb. 157 seien als *Anwendungsbeispiel* die Gestellpunkte $\mathfrak{A}$, $\mathfrak{B}$ und $\mathfrak{F}$ gegeben; die Kurbel $\mathfrak{f} = \mathfrak{F}F$ soll über eine Koppel $e = \overline{FE}$ die Koppel b eines Viergelenkgetriebes $\mathfrak{A}AB\mathfrak{B}$ so antreiben, daß einem Drehwinkel $\vartheta_{\mathfrak{f}} = 180°$ die Schwingwinkel $\varphi = \varphi_{12}$ und $\psi = \psi_{12}$ der Schwingen $\overline{\mathfrak{A}A} = a$ bzw. $\overline{\mathfrak{B}B} = b$ entsprechen.

Nach K. HAIN wählt man zunächst $\overline{E_1E_2} = \overline{F_1F_2}$ auf einer Geraden γ durch $\mathfrak{F}$ mit $F_1F_2 = 2\,\mathfrak{F}F$ und ermittelt gemäß Abb. 156 eines der möglichen Viergelenkgetriebe $\mathfrak{A}AB\mathfrak{B}$, z. B. in der Lage $\mathfrak{A}A_1B_1\mathfrak{B}$.

Eine ähnliche Aufgabe wäre die Ermittlung eines Viergelenkgetriebes $\mathfrak{A}AB\mathfrak{B}$ aus drei Punktlagen E_1, E_2, E_3, den vorgeschriebenen Schwingwinkeln $\varphi_{13} = \sphericalangle A_1\mathfrak{A}A_3$, $\psi_{13} = \sphericalangle B_1\mathfrak{B}B_3$ und den gegebenen Lagen der gestellfesten Punkte $\mathfrak{A}$ und $\mathfrak{B}$.

Weitere Anwendungen lese man bei K. HAIN nach[1].

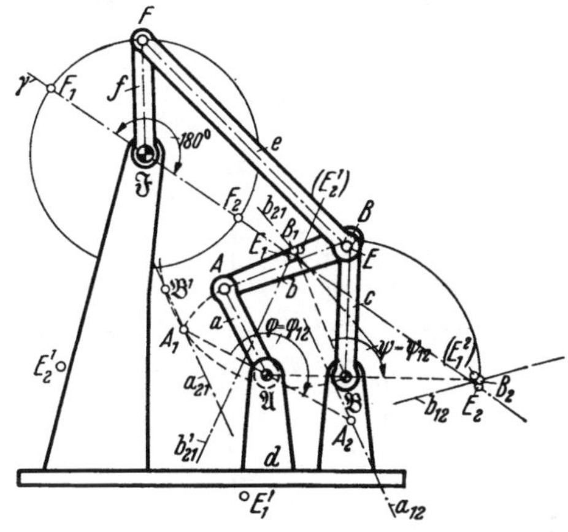

Abb. 157. Punktlagen- und Winkelzuordnung durch Siebengelenkgetriebe.

69. Punktlagen-Reduktion.

Für besondere Zwecke[2] kann bei einem Gelenkviereck die spezielle Lagenzuordnung von Kurbel und Schwinge gemäß Abb. 158 mit Vorteil verwendet werden, indem man zwei Lagen der Antriebskurbel $\mathfrak{A}A$, also $\mathfrak{A}A_1$ und $\mathfrak{A}A_2$, symmetrisch zum Steg $\mathfrak{A}\mathfrak{B}$ annimmt. Man findet $\sphericalangle B_1\mathfrak{B}B_2 = \sphericalangle A_1\mathfrak{B}A_2 = \psi$. Der zu den beiden endlich benachbarten Koppellagen A_1B_1 und A_2B_2 gehörige Pol P_{12} fällt mit dem gestellfesten Punkt $\mathfrak{B}$ zusammen. Dies ist gleichzeitig das grundsätzliche Merkmal einer „*Punktlagen-Reduktion*", d. h. die Tatsache, daß ein Gelenkpunkt eines Getriebes, beispielsweise auch ein gestellfester Punkt ($\mathfrak{B}$ in Abb. 158) mit dem Pol zweier endlich benachbarten Koppellagen zusammenfällt.

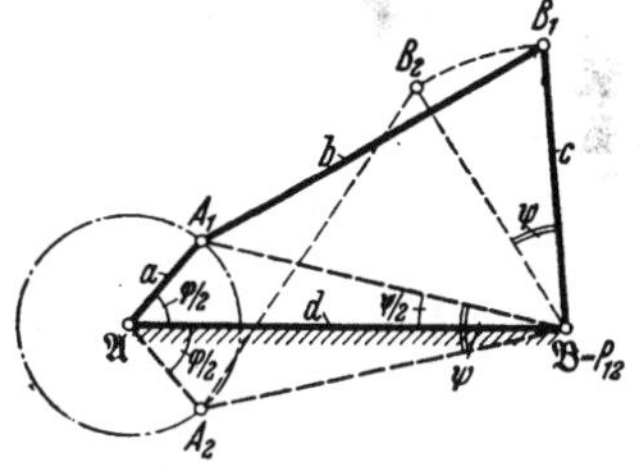

Abb. 158. Viergelenkgetriebe mit zwei Kurbellagen symmetrisch zum Steg.

Für Abb. 158 folgt:

$$\operatorname{tg}\frac{\psi}{2} = \frac{\lambda\sin\frac{\varphi}{2}}{1-\lambda\cos\frac{\varphi}{2}} = \frac{a\sin\frac{\varphi}{2}}{d-a\cos\frac{\varphi}{2}}, \tag{145}$$

wobei $\lambda = a/d$ gesetzt worden ist.

Beispiel: Vier Koppel-Punktlagen. Der Koppelpunkt E eines Viergelenkgetriebes $\mathfrak{A}AB\mathfrak{B}$ soll die vier vorgegebenen Punkte E_1 bis E_4 durchlaufen, während die Antriebskurbel (z. B. $\mathfrak{A}A$) den Kurbelwinkel $\varphi_{14} = \sphericalangle A_1\mathfrak{A}A_4$ beschreibt (Abb. 159).

Man zeichnet zu E_1E_4 die Mittelsenkrechte e_{14} und wählt einen ihrer Punkte als gestellfesten Punkt $\mathfrak{B}$. Dann schlägt man um E_1 und E_4 mit beliebigem, aber gleich großem Halbmesser Kreisbögen, die einen um $\mathfrak{B}$ mit beliebigem Halbmesser geschlagenen Kreis in den Punkten A_1 und A_4 schneiden. Auf der durch $\mathfrak{B}$ gehenden Mittelsenkrechten zu $\overline{A_1A_4}$ ermittelt man den gestellfesten Punkt $\mathfrak{A}$

[1] Vgl. Fußn. 3. S. 106; ferner K. HAIN: [76a], [76b], 76e].

[2] HAIN, K.: [49g], [49f].

so, daß $\sphericalangle A_1 \mathfrak{A} A_4 = \varphi_{14}$ ist. $\mathfrak{B}$ ist somit der Pol P_{14} der Koppellagen $\overline{A_1 E_1}$ und $\overline{A_4 E_4}$, also auch der Pol der gesuchten Koppelgeraden $\overline{A_1 B_1}$ und $\overline{A_4 B_4}$. Die um E_2 und E_3 mit Halbmesser $A_1 E_1$ geschlagenen Kreisbögen schneiden den um $\mathfrak{A}$ mit $\overline{\mathfrak{A} A_1}$ gezeichneten Kurbelkreis in A_2 und A_3, wodurch die weiteren Koppellagen $\overline{A_2 E_2}$ und $\overline{A_3 E_3}$ festgelegt sind.

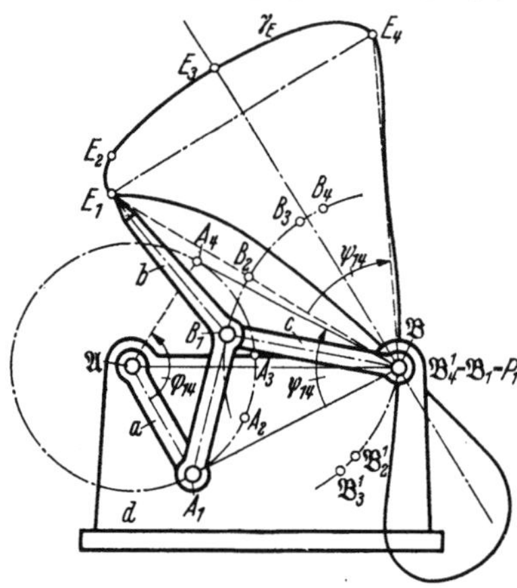

Abb. 159. Viergelenkgetriebe, ermittelt aus vier Lagen E_1 bis E_4 eines Koppelpunktes E. Lagenreduktion.

Nun zeichnet man die Relativlagen von $\mathfrak{B}$ bezüglich der Koppellage $\overline{A_1 E_1}$, indem man die Dreiecke $E_2 A_2 \mathfrak{B}$, $E_3 A_3 \mathfrak{B}$ und $E_4 A_4 \mathfrak{B}$ an die Koppellage $A_1 E_1$ kongruent anträgt, und findet so die Punkte $\mathfrak{B}_2^1$, $\mathfrak{B}_3^1$, $\mathfrak{B}_4^1$, wobei $\mathfrak{B}_4^1$ mit $\mathfrak{B}_1 = \mathfrak{B} = P_{14}$ zusammenfällt. Der Schwingenzapfenmittelpunkt B_1 ist der Schnittpunkt der Mittelsenkrechten zu $\mathfrak{B}\mathfrak{B}_2^1$ und $\mathfrak{B}\mathfrak{B}_3^1$; damit ist das Getriebe $\mathfrak{A} A_1 B_1 \mathfrak{B}$ mit dem Koppeldreieck $A_1 B_1 E_1$ gefunden. Wegen der vielen Möglichkeiten beliebiger Annahmen sind eine große Anzahl von Gelenkvierecken der verlangten Art vorhanden, so daß dann das jeweils günstigste ausgewählt werden kann.

Bei den meisten getriebesynthetischen Entwürfen kommt es sehr auf die „getriebliche Fragestellung“ an, die der getrieblich-kinematisch ausgebildete Konstrukteur seinem jeweiligen Problem zugrunde legt. Ein sehr gutes Anwendungsbeispiel gab K. Hain[1] für den Entwurf der *Rücktastenbewegung an einer Schreibmaschine.*

VI. Fünf endlich benachbarte Lagen eines Getriebegliedes.

70. Die Burmesterschen Punkte.

Aus fünf endlich benachbarten Lagen E_1 bis E_5 lassen sich fünf Gruppen zu je vier bilden, und zwar

$$(1234),\ (1235),\ (1245),\ (1345),\ (2345). \tag{146}$$

Diese bestimmen fünf Pollagen- bzw. Mittelpunktkurven

$$m_{1234},\quad m_{1235},\ m_{1245},\ m_{1345},\ m_{2345}, \tag{147}$$

die sich sämtlich in vier Punkten B_1, B_2, B_3, B_4 schneiden. Von ihnen sind entweder alle vier reell, zwei reell und zwei imaginär oder alle vier imaginär.

Greift man nämlich zwei dieser Kurven heraus, z. B. m_{1234} und m_{1235}, so haben diese als Kurven dritter Ordnung $3 \cdot 3 = 9$ Schnittpunkte gemeinsam. Zu diesen gehören im vorliegenden Falle die Pole P_{12}, P_{13}, P_{23}, außerdem die beiden unendlich fernen imaginären Kreispunkte, durch die alle Mittelpunktkurven gehen. Somit verbleiben für die Lösung der hier vorliegenden Aufgabe (fünf zugeordnete Punkte auf einem Kreis) nur vier Schnittpunkte B_1 bis B_4 übrig. Es gilt also

[1] Hain, K.: [49i].

Satz 40: Bei fünf Lagen eines starren ebenen Systems gibt es im allgemeinen vier Gruppen von je fünf zugeordneten Punkten, die auf je einem Kreis liegen. Von diesen vier Kreismittelpunkten, die als BURMESTERsche Punkte bekannt sind, können alle vier reell, zwei reell und zwei imaginär oder alle vier imaginär sein[1].

In Abb. 160 ist ein Fall dargestellt, bei dem die vier BURMESTERschen Punkte sämtlich reell sind. Wie E. HACKMÜLLER[2] gezeigt hat, liefern von den fünf möglichen Pollagenkurven bzw. Mittelpunktkurven je drei einen Kegelschnitt, der sich mit einem der neun noch möglichen Kegelschnitte in den BURMESTERschen Punkten schneidet.

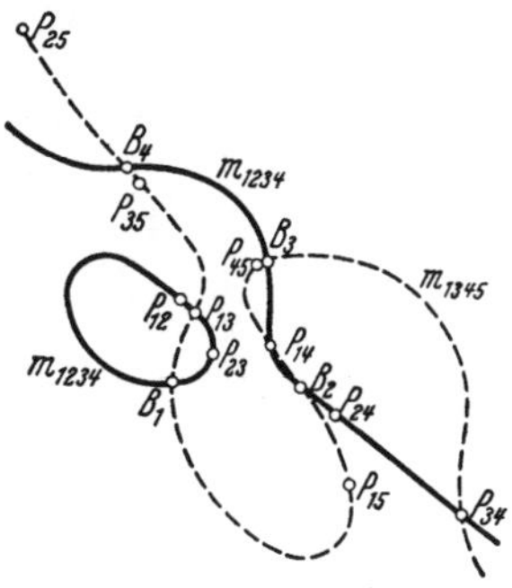

Ein Anwendungsbeispiel zu Abb. 160 kann bei L. BURMESTER[3] nachgelesen werden (Geradführung durch fünf vorgegebene endlich nahe benachbarte Punkte).

Die Wahrscheinlichkeit, bei fünf vorgeschriebenen Lagen getrieblich geeignete Lösungen zu erhalten, ist im allgemeinen verhältnismäßig gering. Stellt sich hierbei heraus, daß alle BURMESTERschen Punkte imaginär sind, so gibt es kein Viergelenkgetriebe der verlangten Art.

Abb. 160. Fünf endlich benachbarte Lagen eines Getriebeglieds. Die vier BURMESTERschen Punkte B_1 bis B_4 als Schnittpunkte zweier Mittelpunktkurven.

Den BURMESTERschen Punkten auf den Mittelpunktkurven entsprechen solche auf den Kreispunktkurven, z. B. auf denen der Lage *1*.

Die Theorie endlich benachbarter Gliedlagen erstreckte sich bisher auf ihre Verwirklichung durch das ebene Viergelenkgetriebe. Gleiches galt für die Lagenzuordnungen zwischen dem treibenden und dem angetriebenen Glied. Neuerdings wies G. KIPER[4] Wege, um in allgemeinen Fällen für Gelenkgetriebe mit sechs und mehr Gliedern eine größere Anzahl vorgeschriebener Lagenzuordnungen zu verwirklichen. Dabei wird mehrfach auf die bei vier endlich benachbarten Gliedlagen entwickelten Verfahren zurückgegriffen, u. a. auch auf zerfallende Mittelpunktkurven.

VII. Vier und fünf infinitesimal benachbarte Lagen eines Getriebegliedes.

71. Systempunkte gleichen Krümmungshalbmessers in zwei einander endlich benachbarten Gliedlagen. Die q_1-Kurve.

Von einem irgendwie bewegten Getriebeglied, z. B. von der Koppel CD der in Abb. 161 dargestellten Doppelkurbel $\mathfrak{C}CD\mathfrak{D}$, seien zwei endlich benachbarte Lagen $\overline{C_1D_1} = \overline{CD}$ und $\overline{C_2D_2}$ herausgegriffen und für diese die Poltangenten PT, PT_2 und die Wendekreise k_W und k_{W_2} gezeichnet.

Überträgt man die der Lage *2* angehörenden Punkte P_2, W_2 und den Wendekreis k_{W_2} kongruent in die Lage *1*, indem man diese als starr anzusehende Figur so verschiebt, daß $\overline{C_2D_2}$ mit $\overline{CD}$ zur Deckung kommt, so erhält man in der Lage *1* (Ausgangslage $\overline{CD}$) die Punkte P_2^1, W_2^1, die Gerade $P_2^1T_2^1$ und den Kreis $k_{W_2}^1$. Diese werden, wenn $\overline{CD}$ nach $\overline{C_2D_2}$ gelangt, zum augenblick-

[1] Vgl. R. MÜLLER: Z. Math. Bd. 37 (1892) S. 214; Bd. 40 (1895) S. 351; ferner Z. Math. Phys. Bd. 48 (1903) S. 220/223. — L. ALLIEVI: Biella piana, S. 42, 56, 60.

[2] HACKMÜLLER, E.: [48a, b].

[3] BURMESTER, L.: [3], S. 661 ff. — R. BEYER: [11], S. 341, Abb. 522.

[4] Vgl. Fußn. 1, S. 91.

lichen Drehpol P_2, zum Wendepol W_2, zur Poltangente P_2T_2 und zum Wendekreis k_{W_2} der Gliedlage *2*.

Durch P, PT, W und P_2^1, $P_2^1T_2^1$, W_2^1 bzw. P_2, P_2T_2, W_2 sind für die Lagen *1* und *2* je drei infinitesimal benachbarte Lagen festgelegt. Konstruiert man nun für den Punkt A der Lage *1* den dazugehörigen Krümmungsmittelpunkt $\mathfrak{A}$, in der gleichen Weise für A, als Punkt des Systems P_2^1, $P_2^1T_2^1$, W_2^1, den Krümmungsmittelpunkt $\mathfrak{A}_2^1$, so werden im allgemeinen die auf den Polstrahlen PA und P_2^1A liegenden Krümmungshalbmesser $\varrho = \overline{\mathfrak{A}A}$ und $\varrho_2 = \varrho_2^1 = \overline{A\mathfrak{A}_2^1}$ verschiedene Größe besitzen.

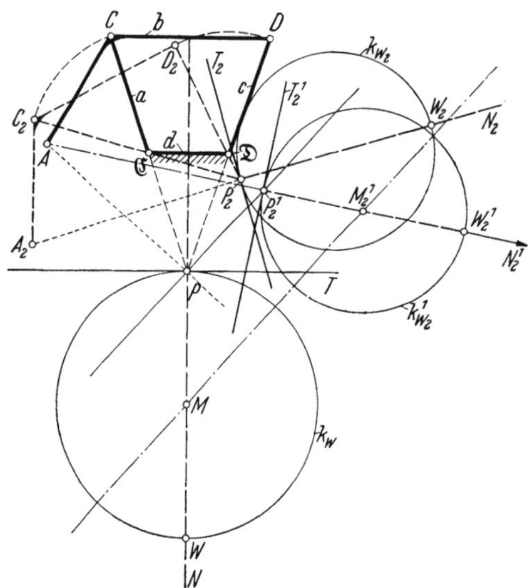

Abb. 161. Viergelenkgetriebe in zwei Getriebestellungen mit Wendekreisen. Übertragung von Lage *2* in Ausgangslage *1*.

Für die weitere Untersuchung sind nun diejenigen Gliedpunkte A von Bedeutung, für die die Bedingung

$$\varrho = \varrho_2^1 = \varrho_2$$

bzw. (148)

$$\overline{\mathfrak{A}A} = \overline{\mathfrak{A}_2^1A} = A_2\mathfrak{A}_2$$

erfüllt ist (Abb. 162).

Mit den Bezeichnungen:

$$\overline{PA} = r,\ \overline{P\mathfrak{A}} = \mathfrak{r},\ \overline{PW} = \delta,\ \overline{P_2^1A} = r_2,\ \overline{P_2^1\mathfrak{A}_2^1} = \mathfrak{r}_2,\ \overline{P_2^1W_2^1} = \overline{P_2W_2} = \delta_2,$$
$$\overline{\mathfrak{A}A} = \varrho,\ \overline{\mathfrak{A}_2^1A} = \overline{A_2\mathfrak{A}_2} = \varrho_2,\ \sphericalangle P_2^1PT = \sigma,\ \sphericalangle APT = \psi,\ \sphericalangle AP_2^1T_2^1$$
$$= \sphericalangle A_2P_2T_2 = \psi_2,\ \sphericalangle T_2^1ST = \nu,\ \overline{PP_2^1} = p$$

der Abb. 162 folgt gemäß Gl. (45)

$$\left(\frac{1}{r} - \frac{1}{\mathfrak{r}}\right)\sin\psi = \frac{1}{\delta},\quad \varrho = \mathfrak{r} - r;\quad \left(\frac{1}{r_2} - \frac{1}{\mathfrak{r}_2}\right)\sin\psi_2 = \frac{1}{\delta_2},$$
$$\varrho_2 = \mathfrak{r}_2 - r_2 \tag{149a, b}$$

und nach Umformung:

$$\frac{r^2}{\delta\sin\psi - r} = \varrho;\quad \frac{r_2^2}{\delta_2\sin\psi_2 - r_2} = \varrho_2. \tag{150a, b}$$

Die Bedingung (148) ergibt demnach

$$\frac{r^2}{\delta\sin\psi - r} = \frac{r_2^2}{\delta_2\sin\psi_2 - r_2}, \tag{151}$$

und bei Beachtung von

$$r_2^2 = r^2 + p^2 - 2rp\cos(\psi - \sigma), \tag{152a}$$
$$r_2\sin\psi_2 = r\sin(\psi - \nu) + p\sin(\nu - \sigma) \tag{152b}$$

geht Gl. (151) in

$$[r^2 + p^2 - 2rp\cos(\psi - \sigma)]^{3/2}\ (\delta\sin\psi - r) + r^2[r^2 + p^2 - 2rp\cos(\psi - \sigma)]$$
$$- r^2\delta_2[r\sin(\psi - \nu) + p\sin(\nu - \sigma)] = 0 \tag{153}$$

über.

Die durch diese Gleichung dargestellte Kurve ist der geometrische Ort aller Gliedpunkte A $(r \mid \psi)$ der Lage *1*, die in der Gliedlage *2* denselben Krümmungshalbmesser besitzen wie in der Lage *1*. Diese Kurve möge die „*Krümmungsgleichenkurve II. Art*“ genannt oder nach H. ALT[1] als die „q_1-*Kurve*“ der Gliedlage *1* bezeichnet werden.

Mit dem in Abb. 162 eingezeichneten Achsenkreuz ergibt Gl. (153) für $A(x = r\cos\psi,\ y = r\sin\psi)$ unter Beachtung der Abkürzungen

$$a_1 = p\cos\sigma, \quad b_1 = p\sin\sigma, \tag{154a, b}$$

$$a_2 = p\cos\sigma - \frac{\delta_2}{2}\sin\nu, \quad b_2 = p\sin\sigma + \frac{\delta_2}{2}\cos\nu \tag{154}$$

und

$$K \equiv x^2 + y^2 = 0, \quad K_2 \equiv (x - a_1)^2 + (y - b_1)^2 = 0; \tag{155a, b}$$

$$k_W \equiv x^2 + y^2 - \delta y = 0, \quad k^1_{W_2} = \bar{k} \equiv (x - a_2)^2 + (y - b_2)^2 - \left(\frac{\delta_2}{2}\right)^2 = 0 \tag{156a, b}$$

die folgende einfache Darstellung

$$K^3\bar{k}^2 - K_2^3 k_W^2 = 0. \tag{157}$$

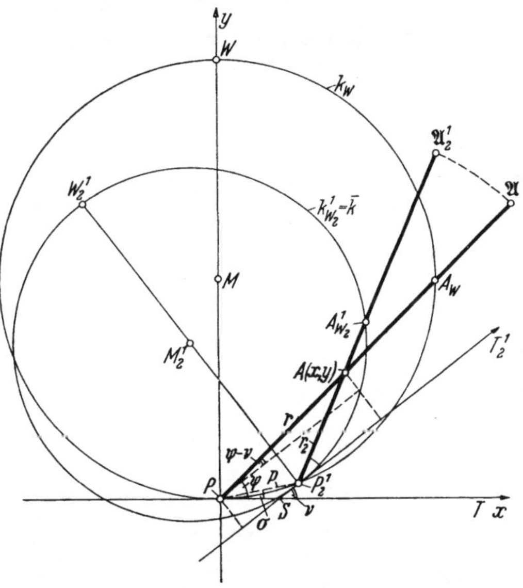

Abb. 162. Gliedpunkte A gleichen Krümmungshalbmesser ϱ in zwei einander endlich benachbarten Gliedlagen zur Ableitung der „Krümmungsgleichenkurve II. Art“. ALTsche q_1-Kurve.

Für den Punkt $A(xy)$ der q_1-Kurve ist dabei

$$K = r^2, \quad K_2 = r_2^2, \quad k_W = \pi^2, \quad \bar{k} = \pi_2^2,$$

wobei π^2 und π_2^2 die Potenz des Punktes A bezüglich des Wendekreises k_W bzw. $\bar{k}$ bedeuten. Gl. (157) erhält damit die übersichtliche Form

$$\frac{r^3}{r_2^3} = \frac{\pi^2}{\pi_2^2} \tag{158}$$

oder nach Einführung eines Parameters ζ die Darstellung

$$r^3 = \zeta^3 r_2^3, \tag{158a}$$

$$\pi^2 = \zeta^3 \pi_2^2. \tag{158b}$$

Die Gl. (158a, b) lassen sich auch folgendermaßen anschreiben

$$K' \equiv K - \zeta^2 K_2 = 0, \tag{159a}$$

$$K'' \equiv k_W - \zeta^3 \bar{k} = 0 \tag{159b}$$

und stellen je ein Kreisbüschel von der Form

$$K_\lambda \equiv K^* - \lambda K_2^* = 0 \tag{160}$$

[1] ALT, H.: [36c].

dar, von denen das erste der Gl. (159a) durch die Momentanpole P und P_2^1 festgelegt ist, die dabei als zu Punkten entartete Kreise anzusprechen sind, während das zweite Kreisbüschel der Gl. (159b) durch die Wendekreise k_W und $\bar{k}$ bestimmt ist.

Die für entsprechende Werte des Parameters λ gezeichneten Kreise beider Büschel schneiden sich in Punkten der q_1-Kurve.

Für die Konstruktion der Büschelkreise $K_\lambda = 0$ gilt Abb. 163, der das $\xi\eta$-Koordinatensystem ($\overline{MO} = \overline{OM_2}$) zugrunde gelegt ist. Setzt man $\overline{MM_2} = c$ und die Halbmesser von $K^* = 0$ und $K_2^* = 0$ bzw. R und R_2 so gilt nach Gl. (160) bei entsprechender Umformung

$$\left(\xi + \frac{c}{2}\right)^2 + \eta^2 - R^2 - \lambda\left[\left(\xi - \frac{c}{2}\right)^2 + \eta^2 - R_2^2\right] = 0$$

oder

$$\left[\xi - \frac{c}{2}\left(\frac{\lambda+1}{\lambda-1}\right)\right]^2 + \eta^2 = \frac{c^2}{4}\left[\left(\frac{\lambda+1}{\lambda-1}\right)^2 - 1\right] + \frac{\lambda R_2^2 - R^2}{\lambda - 1}. \tag{161}$$

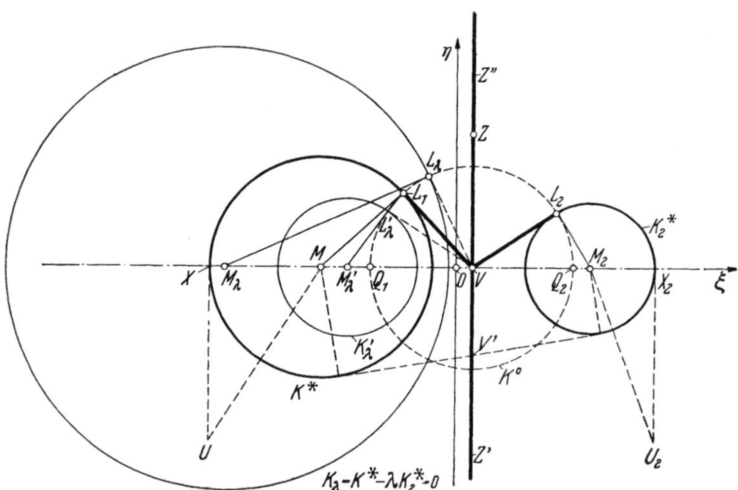

Abb. 163. Konstruktions-Grundlagen für die q_1-Kurve.

Sämtliche Kreise $K_\lambda = 0$ schneiden bekanntlich den „*Orthogonalkreis*" K^0

$$\left(\xi - \frac{R^2 - R_2^2}{2c}\right)^2 + \eta^2 = \left(\frac{c}{2} - \frac{R^2 - R_2^2}{2c}\right)^2 - R_2^2$$

des Büschels rechtwinklig. Der Mittelpunkt V dieses Kreises K^0 ist durch

$$\overline{OV} = \frac{R^2 - R_2^2}{2c} \tag{161a}$$

bestimmt bzw. als Schnittpunkt der Potenzlinie $z'z''$ mit der Zentrale MM_2 auffindbar.

Zu irgendeinem Mittelpunkt $M_\lambda(\overline{OM_\lambda} = a_\lambda)$ auf der Zentrale MM_2 ist der dazugehörige Halbmesser R_λ gleich der Länge der von M_λ an K^0 gelegten Tangente.

Die Bestimmungsstücke der Kreise K' und K'' der Gl. (159a, b) sind die folgenden:

Kreis K':

$$\lambda = \lambda' = \zeta^2; \qquad a' = \frac{d}{2}\left(\frac{\zeta^2+1}{\zeta^2-1}\right); \qquad R'^2 = \frac{d^2}{4}\left[\left(\frac{\zeta^2+1}{\zeta^2-1}\right)^2 - 1\right] \qquad (159\,a', b', c')$$

Kreis K'':

$$\lambda = \lambda'' = \zeta^3; \qquad a'' = \frac{f}{2}\left(\frac{\zeta^3+1}{\zeta^3-1}\right);$$
$$R''^2 = \frac{f^2}{4}\left[\left(\frac{\zeta^3+1}{\zeta^3-1}\right)^2 - 1\right] + \frac{\zeta^3\,\delta_2^2 - \delta^2}{4\,(\zeta^3-1)}. \qquad (159\,a'', b'', c'')$$

Dabei sind zugrunde gelegt:

PP_2^1 als $+\xi'$-Achse, MM_2^1 als $+\xi''$-Achse, $p = \overline{PP_2^1} = d$, $\overline{MM_2^1} = f$.

Für die Durchführung der Konstruktion empfiehlt sich nach H. ALT[1] die Bereitstellung einer Tabelle der Funktionen

$$\varphi(\zeta) = \frac{\zeta^2+1}{\zeta^2-1}, \qquad \psi(\zeta) = \frac{\zeta^3+1}{\zeta^3-1}, \qquad \overline{\psi}(\zeta) = \frac{\zeta^3-1}{\zeta^3+1} = -\psi\left(-\frac{1}{\zeta}\right),$$

die in der nachstehenden Zahlentafel auszugsweise wiedergegeben ist. Die Form der Funktionen $\varphi(\zeta)$ und $\psi(\zeta)$ läßt ferner gewisse Gesetzmäßigkeiten erkennen, die die Rechenarbeit für das Zeichnen der q_1-Kurve wesentlich erleichtern, wenn insbesondere Tabellen nach Art der Tabelle 1 benutzt werden.

Tabelle 1.

ζ	$\dfrac{a'}{\left(\frac{d}{2}\right)} = \varphi(\zeta)$	$\dfrac{a''}{\left(\frac{f}{2}\right)} = \psi(\zeta)$	$\dfrac{\overline{a''}}{\left(\frac{f}{2}\right)} = \dfrac{1}{\psi(\zeta)}$	ζ^3
1	∞	∞	0,0000	1,000
1,1	10,5238	7,0423	0,1420	1,331
1,2	5,5454	3,7472	0,2670	1,728
1,3	3,8985	2,6708	0,3746	2,197
1,4	3,0833	2,1468	0,4658	2,744
1,5	2,6000	1,8421	0,5429	3,375
1,6	2,2821	1,6460	0,6075	4,096
1,7	2,0582	1,5111	0,6618	4,913
1,8	1,8929	1,4139	0,7073	5,832
1,9	1,7663	1,3413	0,7455	6,859
2,0	1,6667	1,2857	0,7778	8,000
2,2	1,5208	1,2073	0,8283	10,648
2,4	1,4202	1,1560	0,8651	13,824
2,6	1,3472	1,1110	0,8923	17,576
2,8	1,2924	1,0954	0,9129	21,952
3,0	1,2500	1,0769	0,9286	27,000
3,5	1,1778	1,0477	0,9544	42,875
4,0	1,1333	1,0317	0,9693	64,000
5,0	1,0833	1,0161	0,9841	125,000
6,0	1,0571	1,0093	0,9908	216,000
7,0	1,0417	1,0058	0,9942	343,000
8,0	1,0317	1,0039	0,9961	512,000
9,0	1,0250	1,0027	0,9972	729,000
10,0	1,0202	1,0020	0,9980	1000,000
∞	1,00000	1,00000	1,0000	∞

[1] ALT, H.: [36c].

Jedem Kreis K' des ersten Büschels entsprechen dabei zwei Kreise K'' des zweiten Büschels. Unter Berücksichtigung beider Vorzeichen von ζ und der reziproken Werte $1/\zeta$ erhält man für jeden „ζ-Wert" acht Punkte der q_1-Kurve. Die weitere analytische Untersuchung der q_1-Kurve liefert die folgenden Ergebnisse:

Die q_1-Kurve ist im allgemeinen eine vierfach zirkulare Kurve neunter Ordnung. Die Momentpole P und P_2^1 sind Selbstberührungspunkte, in denen ihre durch diese Punkte gehenden Zweige die Wendekreise k_W und $k_{W_2}^1$ als gemeinsame Krümmungskreise besitzen. Innerhalb der beiden Wendekreise k_W und $k_{W_2}^1$ befindet sich je ein geschlossener Linienzug q_{W_1} und $q_{W_2}^1$ der q_1-Kurve.

Schneiden sich k_W und $k_{W_2}^1$ in reellen Punkten S', S'', so sind diese Punkte reelle Doppelpunkte der q_1-Kurve. In diesem Falle bilden die beiden genannten Zweige einen einzigen Linienzug, der ganz innerhalb der beiden Wendekreise verläuft.

Außerdem besitzt die q_1-Kurve zwei weitere Zweige q_a' und q_a'', von denen einer durch S' und S'' geht und das beiden gemeinsame Gebiet der beiden Wendekreise durchläuft, während der andere Zweig einen sich nach zwei Seiten ins Unendliche erstreckenden Linienzug darstellt.

Die Zweige q_a' und q_a'' bilden jedoch einen einzigen Linienzug q_a, wenn keiner der beiden Pole P und P_2^1 innerhalb eines der beiden Wendekreise zu liegen kommt.

Der Sonderwert $\zeta = \pm 1$ liefert als Büschelkreis K' die Potenzlinie von K und K_2, d. h. die Mittelsenkrechte zu PP_2^1, und für $\zeta = +1$ als Kreis K'' die Potenzlinie der beiden Wendekreise k_W und $k_{W_2}^1$. Beide Potenzlinien schneiden sich somit stets in einem reellen Punkt Z' der q_1-Kurve.

72. Koppel-Rastgetriebe mit zwei Stillständen.

Anwendungen der q_1-Kurve beim Entwurf von Koppel-Rastgetrieben mit zwei Stillständen der Rastschwinge, ebenso beachtenswerte Sonderfälle der q_1-Kurve wurden von H. ALT[1] gegeben.

In Abb. 164 ist ein solches Beispiel durchgeführt. Ihm liegt die folgende Aufgabe zugrunde.

Von der Koppelebene AB einer Kurbelschwinge $\overline{\mathfrak{A}AB\mathfrak{B}}$ (Abb. 164a) ist über die Koppel e eine Schwinge $f = \overline{\mathfrak{D}\mathfrak{C}}$ so anzutreiben, daß sie zu denjenigen Zeiten, die durch die Kurbellagen $\mathfrak{A}A_1$ und $\mathfrak{A}A_2$ gekennzeichnet sind, je einen Stillstand besitzt. Dabei soll über den Gestellpunkt $\mathfrak{D}$ noch frei verfügt werden können.

Man zeichnet in bekannter Weise die Pole $P = P_1$, P_2, die mit $\mathfrak{B}$ zusammenfallen, die Wendepole $W = W_1$, W_2 und überträgt P_2 und W_2 in die Lage *1* nach P_2^1 und W_2^1 mit dem Wendekreis $k_{W_2}^1$. Durch die Mittelpunkte M_1 von $\overline{P_1 W_1}$ und M_2^1 von $\overline{P_2^1 W_2^1}$ sind die Büschelkreise K'', durch P, P_2^1 die Büschelkreise K' bestimmt. Damit kann die q_1-Kurve gezeichnet werden. Sie besteht aus den Zweigen q_{W_1}, $q_{W_2}^1$, q_a' und q_a''. Die Punkte der beiden ersten Zweige durchlaufen Bahnen, die in den Gliedlagen *1* und 2 gleiche, aber nach verschiedenen Seiten gerichtete Krümmungen besitzen; dagegen enthalten die Zweige q_a' und q_a'' diejenigen Koppelpunkte der Lage *1*, deren Bahnen in den Lagen *1* und *2* gleich große und nach der gleichen Seite gerichtete Krümmung aufweisen.

So beschreibt beispielsweise der auf q_a' herausgegriffene Koppelpunkt $C = C_1$ die Koppelkurve γ_C, deren Krümmungshalbmesser $\overline{C_1\mathfrak{C}_1} = \overline{C_2\mathfrak{C}_2}$ in C_1 bzw. C_2 gleich groß sind und als Länge $\overline{C\mathfrak{C}}$ des gesuchten Koppelgliedes e gewählt werden.

---

[1] Vgl. Fußn. 1, S. 113 und H. ALT: [36b], 1932, S. 456/462.

Der gestellfeste Punkt $\mathfrak{D}$ der Rastschwinge f ist dann auf der Mittelsenkrechten zu $\mathfrak{C}_1\mathfrak{C}_2$ frei wählbar. Ist der Schwingwinkel $\vartheta = \sphericalangle\mathfrak{C}_1\mathfrak{D}\mathfrak{C}_2$ vorgeschrieben, so ist $\mathfrak{D}$ auf dieser Mittelsenkrechten festgelegt.

Nicht alle Punkte $C = C_1$ von q'_a liefern ein brauchbares Getriebe, da insbesondere noch die Bedingung zu erfüllen ist, daß der Übertragungswinkel $\mu = \sphericalangle C\mathfrak{C}\mathfrak{D}$ in keiner Getriebestellung um mehr als rund 50° vom rechten Winkel abweichen darf. Liefert in diesem Sinne die q_1-Kurve keine brauchbaren

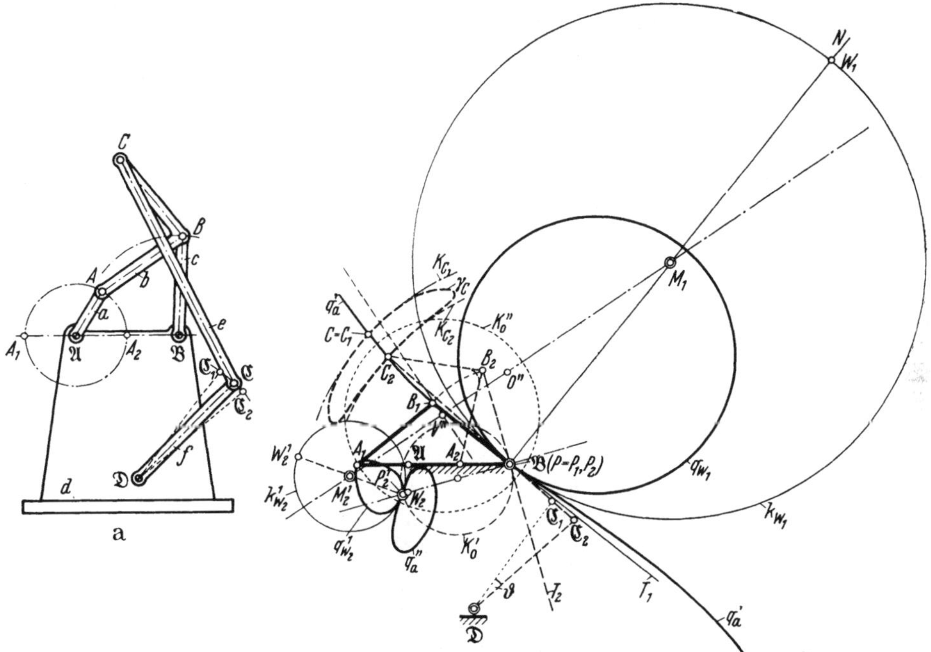

Abb. 164. Entwurf eines Koppel-Rastgetriebes mit zwei Stillständen, entsprechend den Kurbelstellungen $\mathfrak{A}A_1$ und $\mathfrak{A}A_2$. Koppelpunkte C_1 gleichen Krümmungshalbmessers auf der q_1- Kurve. a) Bauliche Ausführung eines solchen Rastgetriebes in einer beliebigen Getriebestellung.

Punkte C_1, so besagt dies, daß mit Hilfe des vorgegebenen Getriebes den Kurbelstellungen *1* und *2* entsprechende Rasten nicht verwirklicht werden können.

Ist jedoch auf der q_1-Kurve (Zweig q_a) ein brauchbarer Bereich vorhanden, so läßt sich noch eine weitere Bedingung erfüllen.

Die q_1-Kurve weist auch einen Weg zur Verwirklichung von drei Rasten, die den Gliedlagen *1, 2, 3* entsprechen. Man zeichnet hierzu die q_1-Kurve zu den Lagen *1* und *2* und die $\bar{q}_1$-Kurve zu den Lagen *1* und *3*. Koppelpunkte der verlangten Art sind dann die Schnittpunkte der Zweige q_{1a} und $\bar{q}_{1a}$, wobei sich im allgemeinen mindestens ein reeller Schnittpunkt C ergibt. Für ein solches Koppelgetriebe mit drei Stillständen — falls es brauchbare Übertragungswinkel aufweist — ist als gestellfester Punkt $\mathfrak{D}$ der Rastschwinge f der Mittelpunkt des durch $\mathfrak{C}_1$, $\mathfrak{C}_2$, $\mathfrak{C}_3$ gelegten Kreises zu wählen. Dieser Weg für die Verwirklichung dreier Rasten ist d. E. wenig erfolgversprechend.

Werden zu den Punkten C_1 der q_1-Kurve die dazugehörigen Krümmungsmittelpunkte $\mathfrak{C}$ gezeichnet, so ist der geometrische Ort dieser Krümmungsmittelpunkte $\mathfrak{C}$ ebenfalls eine vierfach zirkulare Kurve neunter Ordnung, die nach dem Vorgang von H. Alt als die q_m-Kurve bezeichnet werden soll. Sie kann in ähnlicher Weise wie die q_1-Kurve gezeichnet werden, wenn an die Stelle der Wendekreise die Rückkehrkreise in die betreffende Untersuchung einbezogen werden.

73. Die Kreisungspunktkurve. Krümmungshalbmesser der Polkurven.

Bei der in Nr. 72 behandelten q_1-Kurve lagen in Wirklichkeit in den Getriebestellungen *1*, *2* je drei infinitesimal benachbarte Gliedlagen zugrunde, in der Lage *1* die infinitesimal benachbarten Lagen *1*, *2'*, *3*, in der Lage *2* die infinitesimal benachbarten Lagen *2*, *3'*, *4*. Läßt man nun die der Lage *1* endlich benachbarte Lage *2* unendlich nahe an die Lage *1* heranrücken, so wird *2* mit *2'*, *3'* mit *3* zusammenfallen und *4* der Lage *3'* infinitesimal benachbart sein.

Die q_1-Kurve wird dann in den geometrischen Ort der Punkte A der Gliedlage *1* übergehen, die an der betreffenden Bahnstelle einen „*vierpunktig*" *berührenden Krümmungskreis* besitzen; aus ihr wird mit anderen Worten die sogenannte „*Kreisungspunktkurve*" entstehen.

Der hierzu erforderliche Grenzübergang geschieht durch Einführung des Kontingenzwinkels $d\tau$ der ruhenden Polkurve c_r und des Kontingenzwinkels $d\tau_g$ der bewegten Polkurve c_g.

Entsprechend Abb. 46 zeigt Abb. 165 die Sehnenzüge C_r und C_g für das Durchlaufen von vier endlich benachbarten Lagen durch jeweilige Drehung

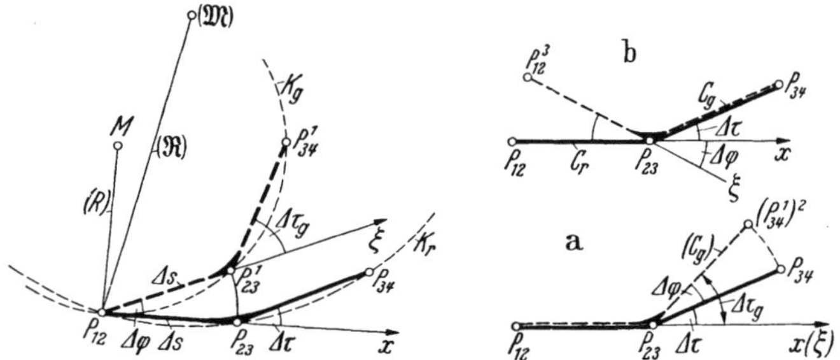

Abb. 165. Krümmungskreise k_g und k_r der Polkurven als Grenzfälle der Kreise K_g durch $P_{12}\, P_{23}^1\, P_{34}^1$ und K_r durch $P_{12}\, P_{23}\, P_{34}$. a) und b) Veranschaulichung der Rollbewegung.

um P_{12} und anschließende Drehung um P_{23} usw., ferner die Kreise K_r und K_g durch $P_{12} P_{23} P_{34}$ bzw. $P_{12} P_{23}^1 P_{34}^1$ mit den Halbmessern $(\mathfrak{R})$ bzw. (R) und die Winkel $\sphericalangle\, x P_{23} P_{34} = \Delta\tau$, $\sphericalangle\, \xi P_{23}^1 P_{34}^1 = \Delta\tau_g$ zweier benachbarten Sehnen.

Beim Übergang zu infinitesimal benachbarten Lagen gehen die Winkel $\Delta\tau$ und $\Delta\tau_g$ in die Kontingenzwinkel $d\tau$ bzw. $d\tau_g$, die Drehwinkel φ_{12} und φ_{23} in $d\varphi$ bzw. $(d\varphi + d^2\varphi)$ und die Kreise K_r und K_g in die Krümmungskreise k_r und k_g der ruhenden und bewegten Polkurve c_r bzw. c_g über. In Übereinstimmung mit Abb. 62 sind $\mathfrak{M}$ und M die Krümmungsmittelpunkte von k_r und k_g und

$$\overline{P\mathfrak{M}} = \mathfrak{R}, \qquad \overline{PM} = R \tag{160}$$

die Krümmungshalbmesser der ruhenden bzw. bewegten Polkurve.

Aus Abb. 165b folgt noch

$$d\tau_g = d\varphi + d\tau \tag{161}$$

und $\lim(P_{12}P_{23}) = ds$, gleich dem Bogenelement der Polkurven, ferner auf Grund der Definition des Krümmungskreises

$$\mathfrak{R}\, d\tau = ds \tag{162a}$$

$$R(d\varphi + d\tau) = ds, \tag{162b}$$

oder

$$\mathfrak{R} = \frac{1}{\tau'}, \tag{163a}$$

$$R = \frac{1}{\varphi' + \tau'} \tag{163b}$$

mit

$$\varphi' = \frac{d\varphi}{ds} \quad \text{und} \quad \tau' = \frac{d\tau}{ds}. \tag{164a, b}$$

Unter Beachtung

$$\frac{d\varphi}{dt} = \omega, \qquad \frac{ds}{dt} = u, \qquad \delta = \frac{u}{\omega} \tag{165a, b}$$

werden

$$\varphi' = \frac{\omega}{u} = \frac{1}{\delta}; \tag{166a}$$

$$\varphi'' = \frac{d\varphi'}{ds} = -\frac{1}{\delta^2}\frac{d\delta}{ds} = -\frac{\delta'}{\delta^2} \tag{166b}$$

erhalten.

Zur Durchführung des Grenzübergangs in Gl. (153) bringt man sie nach Ausheben von r^3 auf die Form

$$\left(1 + \frac{p^2 - 2rp\cos(\psi - \sigma)}{r^2}\right)^{\frac{3}{2}}(\delta\sin\psi - r) + r\left(1 + \frac{p^2 - 2rp\cos(\psi - \sigma)}{r^2}\right) - \\ -(\delta + \Delta\delta)\left[\sin(\psi - \nu) + \frac{p}{r}\sin(\nu - \sigma)\right] = 0, \tag{167}$$

wobei $\delta_2 = \delta + \Delta\delta$ gesetzt worden ist. Nach Anwendung des binomischen Lehrsatzes, weiterer Vereinfachung und Umformung gelangt man zu

$$\frac{3}{2}\,\frac{p^2 - 2rp\cos(\psi - \sigma)}{r^2}\,\delta\sin\psi - \Delta\delta\sin(\psi + \nu) + \delta\cos\psi\sin\nu + p\cos(\psi - \sigma) + \\ + \left[\delta\sin\psi - \delta\sin\psi\cos\nu - \frac{p^2}{2r} - \frac{\delta p}{r}\sin(\nu - \sigma) - \frac{p\,\Delta\delta}{r}\sin(\nu - \sigma)\right] = 0 \tag{168}$$

Beim Übergang zu vier infinitesimal benachbarten Lagen ist zu beachten, daß ν in $d\tau_g = d\tau + d\varphi$, p in ds, $\Delta\delta$ in $d\delta$ übergehen und der Ausdruck der eckigen Klammer nur Differentiale zweiter und höherer Ordnung enthält, also verschwindet. Die ersten vier Glieder von Gl. (168) liefern dabei

$$-\frac{3\delta\sin\psi\cos\psi}{r}\,ds - d\delta\sin\psi + \delta\cos\psi(d\tau + d\varphi) + \cos\psi\,ds = 0 \tag{169}$$

bzw.

$$r\left[\{\delta(\tau' + \varphi') + 1\}\cos\psi - \frac{d\delta}{ds}\sin\psi\right] - 3\delta\sin\psi\cos\psi = 0 \tag{169a}$$

und gemäß Gl. (163b) wegen $\tau' + \varphi' = 1/R$ die *Gleichung der Kreisungspunktkurve* k_u in der Form

$$\underline{r\left[\left(\frac{\delta}{R} + 1\right)\cos\psi - \frac{d\delta}{ds}\sin\psi\right] - 3\delta\sin\psi\cos\psi = 0.} \tag{170}$$

Durch Einführung von

$$\delta = \frac{1}{\varphi'} \quad \text{und} \quad \frac{d\delta}{ds} = -\frac{\varphi''}{\varphi'^2} \tag{171}$$

folgt aus Gl. (169a)

$$\underline{r[\varphi'(2\varphi' + \tau')\cos\psi + \varphi''\sin\psi] - 3\varphi'\sin\psi\cos\psi = 0.} \tag{170a}$$

Mit der Poltangente PT als x-Achse, der Polnormale PN als y-Achse, also $x = r\cos\psi$, $y = r\sin\psi$, liefert Gl. (170a) für die Koordinaten x, y eines Punktes der *Kreisungspunktkurve* k_u die Gleichung

$$\underline{(x^2 + y^2)(mx + ly) - lmxy = 0,} \qquad (170\text{b})$$

wobei

$$\underline{\frac{3}{2\varphi' + \tau'} = l; \qquad \frac{3\varphi'}{\varphi''} = m.} \qquad (172\text{a, b})$$

Unter Beachtung von

$$\frac{1}{R} - \frac{1}{\mathfrak{R}} = \frac{1}{\delta}$$

erhalten die Bestimmungsgrößen der Kreisungspunktkurve noch die Form

$$l = \frac{3\delta\mathfrak{R}}{2\mathfrak{R} + \delta} = \frac{3R\mathfrak{R}}{2\mathfrak{R} - R}, \qquad m = -\frac{3\delta}{\delta'} = -\frac{3R\mathfrak{R}}{(\mathfrak{R} - R)\delta'}. \qquad (172\text{c, d})$$

Zusammenfassend gilt

Satz 41: Der geometrische Ort der Gliedpunkte A, die an der betreffenden Bahnstelle einen „vierpunktig" berührenden Krümmungskreis besitzen, die sogenannte „Kreisungspunktkurve" k_u, ist eine *zirkulare Kurve dritter Ordnung* mit dem Momentanpol P als Doppelpunkt und der Poltangente und Polnormale als Tangenten dieses Doppelpunktes.

Eine andere Ableitung der Kreisungspunktkurve, die dort nur als Kreispunktkurve der betreffenden Systemlage bezeichnet wird, findet man bei R. MÜLLER[1], der k_u durch direkte Beachtung von vier infinitesimal benachbarten Gliedlagen herleitet. Weiteres Schrifttum kann — außer bei L. BURMESTER und A. SCHOENFLIES — noch bei M. GRÜBLER[2] und C. RODENBERG[3] nachgelesen werden.

74. Die Angelpunktkurve.

Der geometrische Ort der Krümmungsmittelpunkte $\mathfrak{A}$ der Bahnstellen, die von den Punkten A der Kreisungspunktkurve k_u augenblicklich durchlaufen werden, soll die *Angelpunktkurve* der Systemlage genannt und im folgenden mit $\mathfrak{a}$ bezeichnet werden. Der Angelpunktkurve entspricht also bei vier endlich benachbarten Gliedlagen die *Mittelpunktkurve* m. Zwischen den Polarkoordinaten (r, ψ) des Punktes A von k_u und den Polarkoordinaten $(\mathfrak{r}, \psi)$ des Punktes $\mathfrak{A}$ der Angelpunktkurve $\mathfrak{a}$ gilt nach der EULER-SAVARYschen Gleichung unter Beachtung von Gl. (166a)

$$\left(\frac{1}{r} - \frac{1}{\mathfrak{r}}\right)\sin\psi = \varphi' \quad \text{oder} \quad r = \frac{\mathfrak{r}\sin\psi}{\mathfrak{r}\varphi' + \sin\psi}. \qquad (173\text{a, b})$$

Setzt man diesen Wert für r in Gl. (170a) ein so folgt nach entsprechender Umformung als Polar*gleichung der Angelpunktkurve* $\mathfrak{a}$:

$$\mathfrak{r}[\varphi'(\tau' - \varphi')\cos\psi + \varphi''\sin\psi] - 3\varphi'\sin\psi\cos\psi = 0. \qquad (174\text{a})$$

Unter Beachtung von Gl. (163a), (166a, b) erhält sie die Form

$$\underline{\mathfrak{r}\left[\left(\frac{\delta}{\mathfrak{R}} - 1\right)\cos\psi - \frac{d\delta}{ds}\sin\psi\right] - 3\delta\sin\psi\cos\psi = 0} \qquad (174)$$

[1] MÜLLER, R.: [19], S. 40ff. Vgl. hierzu auch: L. BURMESTER: Civ. Ing. Bd. 23, S. 241 u. 319. — SCHRÖTER: Math. Ann. Bd. 5, S. 50 u. Bd. 6, S. 85, oder DURÈGE: Math. Ann. Bd. 5, S. 319. — A. SCHOENFLIES: [7], S. 39.

[2] GRÜBLER, M.: Über die Kreisungspunktkurve einer komplan bewegten Ebene. Z. Math. u. Phys. Bd. 37 (1892) S. 35/56.

[3] RODENBERG, C.: Die Bestimmung der Kreispunktkurven eines ebenen Gelenkvierseits. Z. Math. u. Phys. Bd. 36 (1891) S. 267/277.

oder in rechtwinkligen Koordinaten:

$$\underline{(x^2 + y^2)(m x + l_* y) - l_* m x y = 0} \tag{174b}$$

mit

$$\underline{l_* = \frac{3}{\tau' - \varphi'} = \frac{3\delta\mathfrak{R}}{\delta - \mathfrak{R}} = \frac{3R\mathfrak{R}}{2R - \mathfrak{R}}}. \tag{175a, b}$$

Zusammenfassend gilt

Satz 42: Die Angelpunktkurve $\mathfrak{a}$, die Kreisungspunktkurve der umgekehrten Bewegung, ist eine zirkulare Kurve dritter Ordnung mit dem Momentanpol P als Doppelpunkt und der Poltangente und der Polnormale als Doppelpunkttangenten in P.

Aus Gl. (172a) und (175a) folgt noch

$$\frac{1}{l} - \frac{1}{l_*} = \frac{1}{\delta}. \tag{176}$$

75. Sonderfälle der Kreisungspunktkurve und der Angelpunktkurve.

Der allgemeinen Diskussion der Kurven k_u und $\mathfrak{a}$ seien die folgenden Sonderfälle vorausgeschickt. Eine wesentliche Vereinfachung ist beispielsweise dann gegeben, wenn der Wendekreisdurchmesser δ des bewegten Gliedes in allen Getriebestellungen den gleichen Wert besitzt, wie u. a. beim kardanischen Problem oder beim Abrollen eines Kreises auf einem festen Kreis oder innerhalb eines festen Kreises (zyklische Kurven). Mit δ = konstant, also auch φ' = konstant, folgt $\varphi'' = 0$, so daß Gl. (170a) in

$$r\varphi'(2\varphi' + \tau')\cos\psi - 3\varphi'\sin\psi\cos\psi = 0 \tag{177}$$

übergeht. Diese erhält, wenn von dem Fall $\delta = \infty$, also $\varphi' = 0$ zunächst abgesehen wird, also für $\delta \neq \infty$ die Form

$$\cos\psi\,[r(2\varphi' + \tau') - 3\sin\psi] = 0. \tag{178}$$

Die Kreisungspunktkurve k_u zerfällt (Abb. 166) also in die Polnormale ($\cos\psi = 0$, $\psi = 90°$) k_u'' und in den Kreis k_u' von der Gleichung

$$r = \frac{3}{2\varphi' + \tau'}\sin\psi \quad \text{bzw.} \quad r = l\sin\psi \tag{179}$$

und dem Durchmesser $\overline{PL} = l$.

Für die Angelpunktkurve folgt unter den gleichen Voraussetzungen aus

$$\cos\psi\,[\mathfrak{r}(\tau' - \varphi') - 3\sin\psi] = 0 \tag{180}$$

ihr Zerfall in die Polnormale $PN = \mathfrak{a}''$ und in den Kreis $\mathfrak{a}'$ von der Gleichung

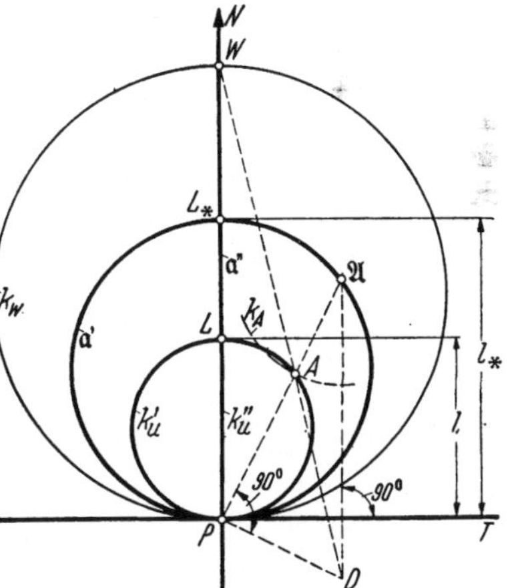

Abb. 166. Kreisungspunktkurve k_u und Angelpunktkurve $\mathfrak{a}$ in dem Sonderfall konstanten Wendekreisdurchmessers. Zerfall in Polnormale und je einen Kreis.

$$\mathfrak{r} = \frac{3}{\tau' - \varphi'}\sin\psi, \quad \text{bzw.} \quad \mathfrak{r} = l_*\sin\psi \tag{181}$$

mit dem Durchmesser $\overline{PL_*} = l_*$.

76. Getriebliche Erzeugung regelmäßiger Vielecke mit abgerundeten Ecken[1].

Bei der werkstattmäßigen Herstellung der Pfeilverzahnungen wird der Fräser auf einer zyklischen Kurve geführt, die die Gestalt eines Vierecks mit abgerundeten Ecken besitzt.

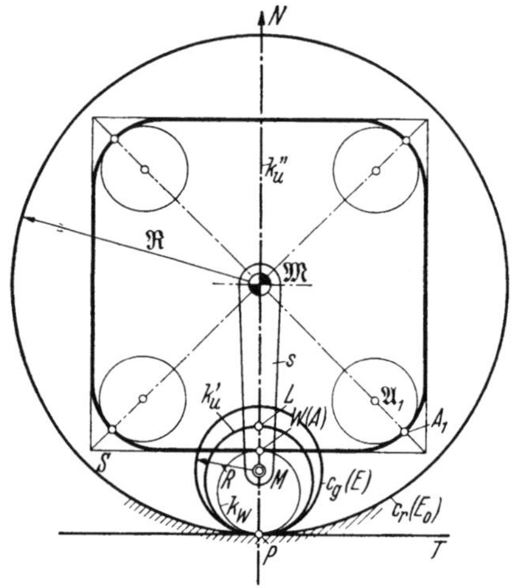

Abb. 167. Fräsen eines Quadrats mit abgerundeten Ecken durch hypozykloidische Bewegung c_g in c_r.

Für den in Abb. 167 betrachteten Fall einer Hypozykloide (Inradlinie) rollt der Kreis c_g vom Halbmesser $\overline{MP} = R$ innerhalb des festen Kreises c_r vom Halbmesser $\overline{\mathfrak{M}P} = \mathfrak{R}$. Der Wendekreisdurchmesser δ berechnet sich gemäß Gl. (49) zu $\delta = nR/(n-1)$, wobei $n = \mathfrak{R}/R$ gesetzt worden ist. Nach Gl. (166a) ist also $\varphi' = 1/\delta = (n-1)/nR$, und wegen $\mathfrak{R}\,d\tau = ds$ folgt $\tau' = 1/\mathfrak{R}$. Die Bestimmungsstücke der zerfallenden Kreisungspunktkurve k_u und der Angelpunktkurve $\mathfrak{a}$ sind $l = 3\mathfrak{R}/(2n-1)$, $l_* = 3\mathfrak{R}/(2-n)$, und für den Sonderfall $n = 4$ folgt $l = \frac{3}{7}\mathfrak{R}$, $l_* = -\frac{3}{2}\mathfrak{R}$. Abb. 167 zeigt k_u als Polnormale k_u'' und Kreis k_u'. Der Wendepol W beschreibt als Punkt von k_u'' einen vierpunktig berührenden Krümmungskreis und als Punkt von k_W einen Krümmungskreis vom Halbmesser ∞; d. h. die von W beschriebene Bahnkurve hat eine „vierpunktig“ berührende Tangente.

Der Wendepol W ist in diesem Sonderfall — wie an späterer Stelle gezeigt wird — der BALL*sche Punkt* (*Undulationspunkt, Wendeflachpunkt*) der gezeichneten Gliedlage. Er dient hier zur Erzeugung eines regelmäßigen Vierecks mit abgerundeten Ecken.

Ist c_g um seinen halben Umfang abgerollt, so gelangt A nach A_1, der Bahnstelle stärkster Krümmung vom Halbmesser

$$\varrho_{\min} = \overline{\mathfrak{A}_1 A_1} = \frac{(n-2)^2}{2(n-1)} R .$$

Weitere Untersuchungen von W. MEYER ZUR CAPELLEN zeigten, daß die Annäherung an ein n-Eck bei den Epizykloiden (Aufradlinien) schlechter ist als bei den Hypozykloiden (Inradlinien).

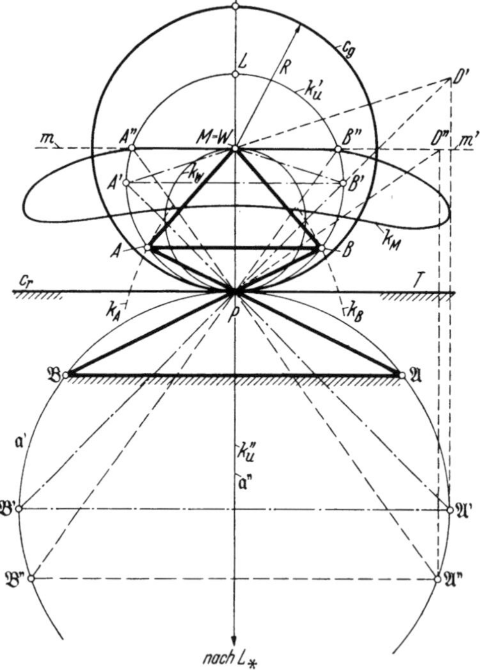

Abb. 168. Angenäherte Geradführung durch Koppelpunkt W eines Viergelenkgetriebes $\mathfrak{A}AB\mathfrak{B}$ in symmetrischer Überkreuzlage. Ausgangspunkt: c_g rollt auf c_r.

[1] MEYER ZUR CAPELLEN, W.: Erzeugung des n-Ecks mit abgerundeten Ecken. Reul.-Mitt., Arch. Getriebetechnik Bd. 4 (1936) S. 44/47. Masch.-Bau/Der Betrieb (1936).

77. Orthozykloidische Bewegung und angenäherte Geradführung.

Der Abb. 168 liegt der Sonderfall zugrunde, daß der Kreis c_g auf der Geraden c_r abrollt (Zahnrad und Zahnstange). Mit $\mathfrak{R} = \infty$ erhält man $l = 3R/2$ und $l_* = -3R$ und so die Kreise k'_u und $\mathfrak{a}'$ als Teile der Kreisungs- und Angelpunktkurve. Der Wendepol W fällt mit dem Mittelpunkt M des Kreises c_g zusammen; er beschreibt also beim Abrollen von c_g auf c_r exakt die Gerade mm'. Die zu PT gezeichnete beliebige Parallele schneidet k'_u in A und B, und die Polstrahlen PA und PB treffen $\mathfrak{a}'$ in $\mathfrak{A}$ und $\mathfrak{B}$.

Die so entstandene Doppelschwinge $\mathfrak{A}AB\mathfrak{B}$ (Ersatzgetriebe) führt den Punkt M ihrer Koppelebene AB angenähert geradlinig längs der Geraden mm'. Die Krümmungskreise k_A und k_B schmiegen sich an die von A und B der Kreisebene c_g beschriebenen zyklischen Kurven gut an. Die Koppelkurve k_M stimmt in einem gewissen Bereich mit der Geraden mm' fast überein. Zur Geradführung M könnten auch die Doppelschwinggetriebe $\mathfrak{A}'A'B'\mathfrak{B}'$, $\mathfrak{A}''A''B''\mathfrak{B}''$ usw. benutzt werden (*Zykloidenlenker*).

78. Zeichnerische Verfahren und Eigenschaften der Kreisungspunktkurve.

Für das Zeichnen der Kreisungspunktkurve k_u ersetzt man ihre Gleichung

$$(x^2 + y^2)(mx + ly) - lmxy = 0$$

zweckmäßig durch

$$K_x \equiv x^2 + y^2 - \mu x = 0, \tag{182a}$$

$$K_y \equiv x^2 + y^2 - \lambda y = 0, \tag{182b}$$

wobei die Parameter λ, μ der Gleichung

$$\frac{\lambda}{l} + \frac{\mu}{m} - 1 = 0 \tag{183}$$

genügen.

Deutet man μ und λ als rechtwinklige Koordinaten eines Punktes $A'''(\mu, \lambda)$ mit PT als x-Achse und PN als y-Achse (Abb. 169), so definieren diese Punkte A''' die Gerade g mit den Achsenabschnitten $\overline{PM'} = m$ und $\overline{PL} = l$. Projiziert man A''' auf die Koordinatenachsen nach A' und A'', so sind die über $\overline{PA'}$ und $\overline{PA''}$ als Durchmesser geschlagenen Kreise die Kreise K_x und K_y von Gl. (182a, b), die sich außer im Momentanpol P noch in einem Punkt A der Kreisungspunktkurve k_u rechtwinklig schneiden.

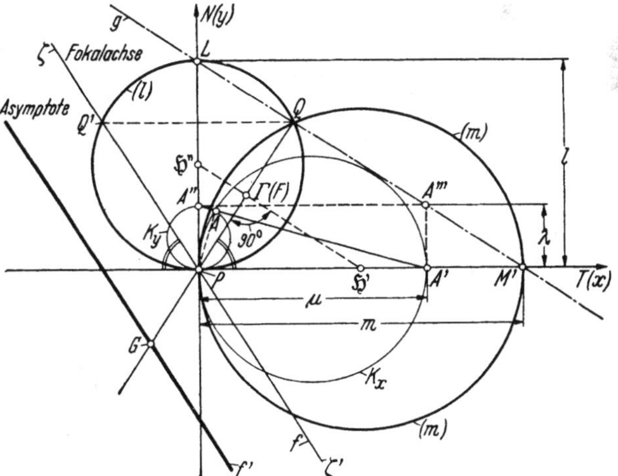

Abb. 169. Erzeugung der Kreisungspunktkurve k_u durch Kreisbüschel K_x, K_y; Fokalpunkt Γ und Asymptote f' von k_u.

Punkte A der Kreisungspunktkurve können somit auch als Fußpunkte des vom Momentanpol P auf die Gerade $A'A''$ gefällten Lotes ermittelt werden.

Die über $\overline{PM'} = m$ und $\overline{PL} = l$ als Durchmesser geschlagenen Kreise (m) und (l) mit den Mittelpunkten $\mathfrak{H}'$ und $\mathfrak{H}''$ ergeben als Fußpunkt des Lotes von P auf $\mathfrak{H}'\mathfrak{H}''$ den Punkt $\Gamma(F)$ der Kreisungspunktkurve, der als *Fokalzentrum* (*Fokalpunkt*) bezeichnet wird.

Die Gleichung der Kreisungspunktkurve kann auch in den beiden folgenden Formen angeschrieben werden.

$$(x^2 + y^2 - m x)(m x + l y) + m^2 x^2 = 0, \tag{184a}$$

$$(x^2 + y^2 - l y)\ (m x + l y) + l^2 y^2 \ = 0, \tag{184b}$$

dies besagt, daß die Kreise $x^2 + y^2 - m x = 0$ und $x^2 + y^2 - l y = 0$, also die Kreise (m) und (l), Krümmungskreise von k_u in ihrem Doppelpunkt P sind.

Die Einführung homogener Koordinaten (x, y, t) liefert mit $t = 0$ für die Richtungen nach den unendlich fernen Punkten der Kurve die Gleichung $(x^2 + y^2)(m x + l y) = 0$ und damit

$$\left(\frac{y}{x}\right)_1 = +i, \quad \left(\frac{y}{x}\right)_2 = -i, \quad \left(\frac{y}{x}\right)_3 = -\frac{m}{l}. \tag{185}$$

Die reelle Asymptote von der Steigung $-m/l$ besitzt die Gleichung

$$m x + l y + \frac{m^2 l^2}{m^2 + l^2} = 0. \tag{186}$$

Der Fokalpunkt Γ, in [19] mit F bezeichnet, hat die Koordinaten

$$x_\Gamma = \frac{l^2 m}{2(l^2 + m^2)}, \quad y_\Gamma = \frac{l m^2}{2(l^2 + m^2)}. \tag{187a, b}$$

Wird $\overline{\Gamma P}$ über P hinaus um sich selbst bis G verlängert ($\overline{\Gamma P} = \overline{PG}$), so erfüllen die Koordinaten von G

$$x_G = -\frac{l^2 m}{2(l^2 + m^2)}, \quad y_G = -\frac{l m^2}{2(l^2 + m^2)} \tag{188a, b}$$

die Gleichung der reellen Asymptote, die zur Geraden f, dem Spiegelbild des Polstrahles ΓP bezüglich der Polnormale $\overline{PN}$, parallel ist und durch G geht.

Eine kurze Rechnung zeigt ferner, daß die Verbindungsgeraden des Punktes Γ mit den imaginären Kreispunkten die Kurve k_u in diesen Punkten berühren; d. h. $\Gamma \equiv F$ ist das *Fokalzentrum der Kreisungspunktkurve.* Diese ist also eine zirkulare Kurve dritter Ordnung von der besonderen Eigenschaft, daß der Fokalpunkt auf der Kurve selbst liegt. Die Gerade f heißt die *Fokalachse* der Kurve k_u. Die durch den *Fokalpunkt* Γ zur Fokalachse $f \equiv \zeta\zeta'$ gezogene Parallele g' (Abb. 170) hat die Gleichung

$$g' \equiv m x + l y - \frac{m^2 l^2}{m^2 + l^2} = 0. \tag{189}$$

Die Gleichung der Geraden durch Γ und P (Spiegelbild von f bezüglich PN) ist

$$g'' \equiv m x - l y = 0. \tag{190}$$

Das durch Γ gehende Strahlenbüschel

$$g_\sigma \equiv g' + \sigma g'' = \left(m x + l y - \frac{m^2 l^2}{m^2 + l^2}\right) + \sigma(m x - l y) = 0 \tag{191}$$

schneidet die Fokalachse

$$f \equiv m x + l y = 0 \tag{192}$$

im Punkt M_σ mit den Koordinaten

$$x_{M_\sigma} = \frac{m l^2}{2(m^2 + l^2)\sigma}, \qquad y_{M_\sigma} = -\frac{m^2 l}{2(m^2 + l^2)\sigma}, \tag{193}$$

und das Kreisbüschel um M_σ mit $\overline{M_\sigma P}$ als Halbmesser hat die Gleichung

$$K_\sigma \equiv \sigma(m^2 + l^2)(x^2 + y^2) - - ml(lx - my) = 0; \tag{194}$$

die Elimination von σ aus den Gl. (191) und (194) liefert

$$(x^2 + y^2)(mx + ly) - - lmxy = 0,$$

also die Gleichung der Kreisungspunktkurve k_u und damit

Satz 43: Die Kreisungspunktkurve ist das Erzeugnis eines Büschels von Kreisen, die sich in P berühren und deren Mittelpunkte auf der Fokalachse f liegen, und eines ihm projektiven Strahlenbüschels, dessen Strahlen aus dem Fokalzentrum Γ durch die Mittelpunkte der entsprechenden Kreise gehen.

Ferner erkennt man die Richtigkeit von

Satz 44: Der Pol P, die Poltangente PT, der Durchmesser δ des Wendekreises und die Durchmesser m und l der Krümmungskreise der Kreisungspunktkurve in P bilden ein Äquivalent für vier unendlichnahe benachbarte Gliedlagen.

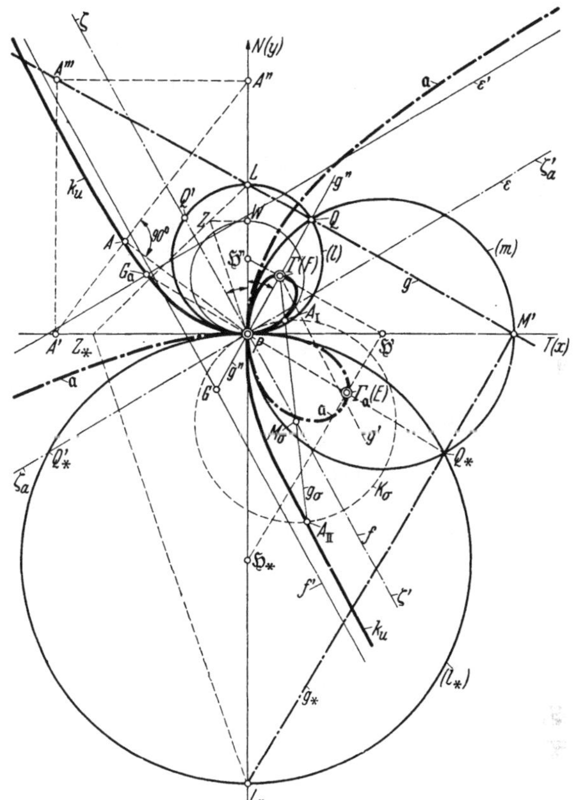

Abb. 170. Kreisungspunktkurve k_u und Angelpunktkurve $\mathfrak{a}$, erzeugt durch Kreisbüschel und dazu projektives Strahlenbüschel.

79. Zeichnerische Verfahren und Eigenschaften der Angelpunktkurve.

Die Gleichung der Angelpunktkurve $\mathfrak{a}$ hat gemäß Gl. (174b) in rechtwinkligen Koordinaten dieselbe Gestalt wie die Kreisungspunktkurve k_u, lediglich mit dem Unterschied, daß an die Stelle von l die Größe l_* getreten ist. Die für k_u abgeleiteten zeichnerischen Verfahren sind deshalb auf die Angelpunktkurve $\mathfrak{a}$ sinngemäß zu übertragen. An Stelle der Kreise (m) und (l) treten die Kreise (m) und (l_*), letzterer vom Durchmesser $\overline{PL_*} = l_*$, wobei l und l_* der Gl. (176) genügen. Die Krümmungskreise (l) und (l_*) der Kurven k_u und $\mathfrak{a}$ erfüllen also die quadratische Verwandtschaft der EULER-SAVARYschen Formel.

In Abb. 170 sind gegeben: P, W und die Durchmesserendpunkte L und M' von (l) und (m). L_* ist durch Gl. (176) bestimmt, indem man den beliebigen Strahl LZ_* mit WZ (parallel zu PT) in Z schneidet, Z mit P verbindet und durch

Z_* zu ZP die Parallele zieht, die PN in L_* schneidet. Die Kreise (m) und (l_*) sind Krümmungskreise der Angelpunktkurve im Doppelpunkt P. Das Fokalzentrum $\Gamma_\mathfrak{a} \equiv E$ ist der Fußpunkt des Lotes von P auf $\mathfrak{H}'\mathfrak{H}_*$. Die Mittellinie $\zeta_\mathfrak{a}\zeta'_\mathfrak{a}$ (Fokalachse ε) ist symmetrisch zu $P\Gamma_\mathfrak{a}$ bezüglich PN [Q'_* auf (l_*) und $\overline{PQ'_*} = \overline{PQ_*}$]. Für die zu ε parallele Asymptote ε' durch $G_\mathfrak{a}$ gilt $\overline{PG_\mathfrak{a}} = \overline{P\Gamma_\mathfrak{a}}$.

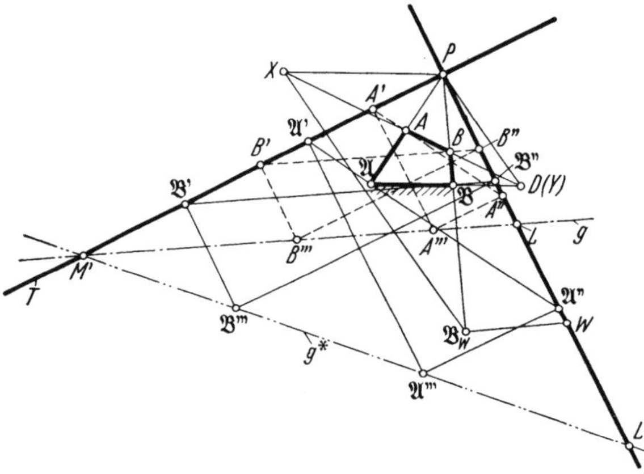

Abb. 171. Bestimmungsstücke m, l und m, l_* der Kurven k_u und $\mathfrak{a}$ für die Koppelebene $\overline{AB}$ eines Viergelenkgetriebes $\mathfrak{A}AB\mathfrak{B}$.

R. Müller[1] löste die Aufgabe, die Kurven k_u und $\mathfrak{a}$ zu ermitteln, wenn zu zwei Punkten A und B des bewegten Systems die Krümmungsmittelpunkte $\mathfrak{A}$ und $\mathfrak{B}$, desgleichen die Krümmungsmittelpunkte $\mathfrak{A}_1$ und $\mathfrak{B}_1$ der Evoluten der von A bzw. B beschriebenen Bahnkurven gegeben sind, wobei die Bedingung

$$\mathfrak{A}\mathfrak{A}_1 \perp A\mathfrak{A}; \quad \mathfrak{B}\mathfrak{B}_1 \perp B\mathfrak{B}$$

zu beachten ist.

Wesentlich einfacher liegen die Verhältnisse bei der Koppelbewegung eines ebenen Gelenkvierecks $\mathfrak{A}AB\mathfrak{B}$, bei dem die Koppelpunkte A und B Kreise um $\mathfrak{A}$ und $\mathfrak{B}$ beschreiben, so daß von der Kreisungspunktkurve die Punkte A und B und von der Angelpunktkurve die Punkte $\mathfrak{A}$ und $\mathfrak{B}$ bekannt sind (Kurbelkreise als vierpunktig berührende Krümmungskreise gedeutet).

In Abb. 171 sind für die Koppel AB des Gelenkvierecks $\mathfrak{A}AB\mathfrak{B}$ die Poltangente PT, die Polnormale PN und der Wendepol in bekannter Weise ermittelt. Die in A zu AP und in B zu BP gezeichneten Senkrechten schneiden PT und PN in den Punkten A', A'' bzw. B', B''. Die Ergänzung der rechtwinkligen Dreiecke $A'PA''$ und $B'PB''$ zu den Rechtecken $A'PA''A'''$ und $B'PB''B'''$ liefert die Punkte A''' und B''' der Geraden g, die die Poltangente PT in M' und die Polnormale PN in L schneidet.

Aus L ergibt sich L_* für die Angelpunktkurve nach Gl. (176) oder durch Zeichnen der Senkrechten in $\mathfrak{A}$ zu $\mathfrak{A}P$ und in $\mathfrak{B}$ zu $\mathfrak{B}P$, wodurch aus $\mathfrak{A}'\mathfrak{A}''$ und $\mathfrak{B}'\mathfrak{B}''$ die Punkte $\mathfrak{A}'''$ bzw. $\mathfrak{B}'''$ der Geraden g^* erhalten werden. Diese schneidet PN in L_* und PT in M'. Damit sind alle Bestimmungsstücke zum Zeichnen der Kurven k_u und $\mathfrak{a}$ bereitgestellt.

80. Sonderlagen eines Getriebegliedes. Zerfall der Angelpunkt- und Kreisungspunktkurve.

Obwohl die Angelpunkt- und Kreisungspunktkurven verhältnismäßig einfach zu zeichnen sind, bietet es für den Konstrukteur doch eine wesentliche Erleichterung und gleichzeitig größere Zeichengenauigkeit, wenn diese Kurven — ähnlich wie die Kreispunkt- und Mittelpunktkurven endlich benachbarter Gliedlagen — in einen Kreis und eine Gerade zerfallen, entweder eine von ihnen oder beide gleichzeitig.

[1] Müller, R.: Über die Krümmung der Bahnevoluten bei starren ebenen Systemen Z. Math. u. Phys. 36 Jahrg. (1891) S. 193; ebenda S. 257: Konstruktion der Hüllbahnevoluten bei starren ebenen Systemen.

Der erste Fall tritt z. B. beim Gelenkviereck auf, wenn sich zwei Glieder in der Strecklage befinden, etwa die Kurbel $\mathfrak{A}A$ und die Koppel AB der in Abb. 172 dargestellten Kurbelschwinge $\mathfrak{A}AB\mathfrak{B}$ mit der Schwinge $\mathfrak{B}B$ in der inneren Totlage $\mathfrak{B}B_i$.

Der Momentanpol $P = P_{bd}$ fällt nach $B = B_i$, und die Gerade durch $\mathfrak{A}, P$ ist die Kollineationsachse; folglich ist die Poltangente PT mit der Geraden durch $\mathfrak{B}$, B, d. h. mit der Schwingenmittellinie, identisch.

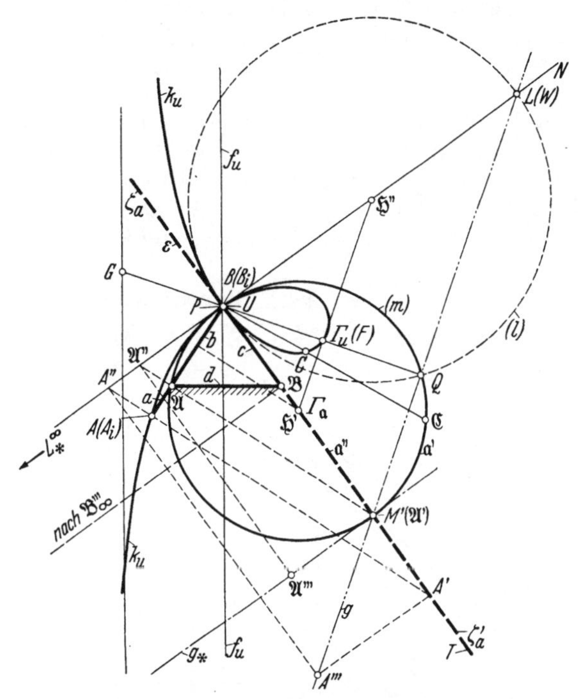

Abb. 172. Angelpunktkurve $\mathfrak{a}$ im Sonderfall der Koppel $\overline{AB}$ bei innerer Totlage der Schwinge $\overline{\mathfrak{B}B}$. Zerfall in Kreis $\mathfrak{a}'$ und Poltangente $\mathfrak{a}''$; Kreisungspunktkurve von allgemeiner Form. Momentanpol als BALLscher Punkt.

Die Gerade g_* der Angelpunktkurve $\mathfrak{a}$ wird gemäß Abb. 171 gefunden, und zwar als Gerade durch $\mathfrak{A}'''$ bzw. $\mathfrak{A}'$ ($\mathfrak{A}''\mathfrak{A}' \perp \mathfrak{A}P$) senkrecht zu PT, da $\mathfrak{B}''$ auf PN ins Unendliche fällt; damit ist $M' \equiv \mathfrak{A}'$ gefunden, und L_* liegt auf PN im Unendlichen (L_*^∞). In diesem Sonderfall ist also $\overline{PL_*} = l_* = \infty$.

Nach Gl. (175a) folgt $\tau' = \varphi'$. Die Gleichung der Angelpunktkurve lautet

$$\sin\psi(\mathfrak{r}\,\varphi'' - 3\,\varphi'\cos\psi) = 0. \qquad (195)$$

Sie zerfällt in die Poltangente $PT\,(\psi = 0)$ und in den Kreis $\mathfrak{a}'$ von der Gleichung

$$\mathfrak{r} = \frac{3\,\varphi'}{\varphi''}\cos\psi = m\cos\psi, \qquad (196)$$

der über PM' als Durchmesser geschlagen wird, also mit (m) identisch ist. Der Mittelpunkt $\mathfrak{H}'$ dieses Kreises ist der Fokalpunkt $\Gamma_\mathfrak{a}$ und liegt auch auf der Mittelsenkrechten zu $\mathfrak{A}P$, da $\mathfrak{A}$ ein Punkt der Angelpunktkurve ist.

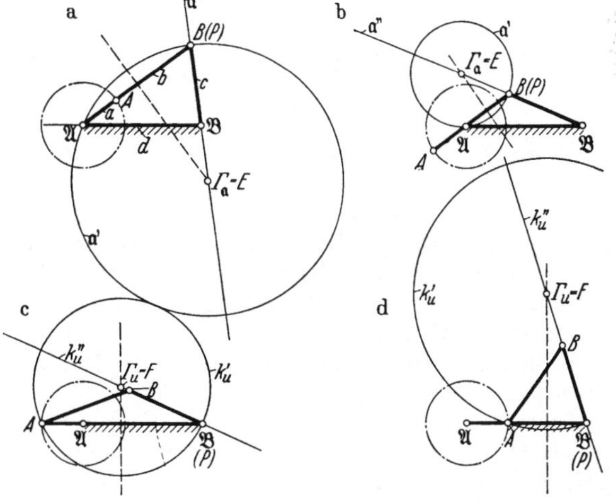

Abb. 173. Kurven k_u und $\mathfrak{a}$ für Koppel b eines Viergelenkgetriebes bei Strecklagen von Kurbel und Koppel bzw. Kurbel und Steg.

Wegen $l_* = \infty$ ist $l = \delta$, also L mit dem Wendepol W identisch. Die Kreisungspunktkurve ist demnach von der allgemeinen Gestalt. Jeder Polstrahl durch P schneidet k_u und $\mathfrak{a}'$ in entsprechenden Punkten C und $\mathfrak{C}$ der Koppelebene AB.

In entsprechender Weise könnte die äußere Totlage des Gelenkvierecks behandelt werden (Abb. 173a), für die wiederum die Angelpunktkurve in Kreis und Gerade zerfällt und die Kreisungspunktkurve von allgemeiner Gestalt ist.

Abb. 173c und d zeigen Kurbel $\mathfrak{A}A$ und Gestell $\mathfrak{A}\mathfrak{B}$ in äußerer bzw. innerer Strecklage, wobei k_u in die Gerade k_u'' (Schwingenmittellinie durch $\mathfrak{B}$, B) und in den Kreis k_u' zerfällt. Dessen Mittelpunkt $\Gamma_u = F$ ist der Schnittpunkt der Mittelsenkrechten zu $A\mathfrak{B}$ mit k_u'' durch $\mathfrak{B}B$.

In diesen Fällen ist die Angelpunktkurve $\mathfrak{a}$ von allgemeiner Gestalt.

81. Verstellbares Koppel-Rastgetriebe.

Von der Koppel AB der in einer Maschine vorhandenen Kurbelschwinge $\mathfrak{A}AB\mathfrak{B}$ soll eine weitere Schwinge $\overline{\mathfrak{D}D} = \mathfrak{f}$ angetrieben werden. Diese soll einen Stillstand aufweisen, wenn die Schwinge $\mathfrak{B}B$ ihre äußere Totlage $\mathfrak{B}B_a$ durchläuft. Der gestellfeste Punkt $\mathfrak{D}$ der Rastschwinge $\mathfrak{f}$ sei im Maschinengestell gegeben, und die Amplitude ψ der Rastschwinge $\mathfrak{f}$ soll innerhalb vorgeschriebener Grenzen verstellbar sein (Abb. 174).

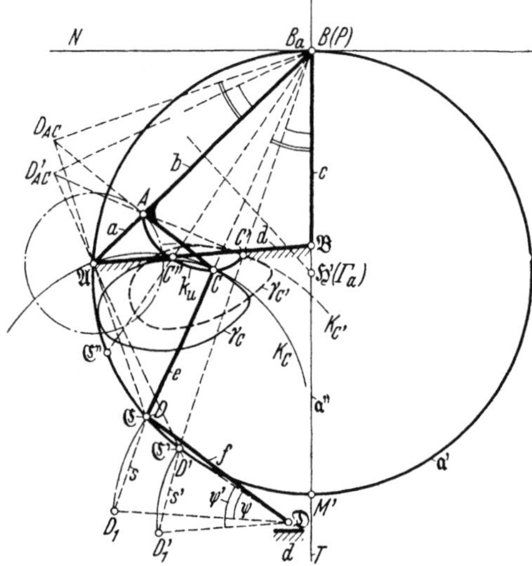

Abb. 174. Verstellbares Koppel-Rastgetriebe, abgeleitet aus zerfallender Kurve $\mathfrak{a}'$, $\mathfrak{a}''$.

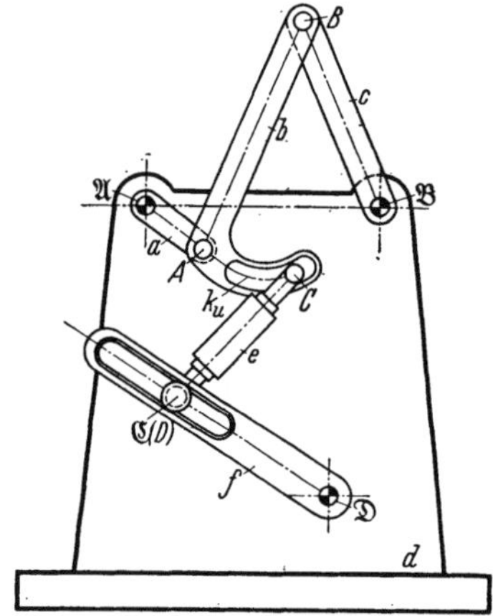

Abb. 175. Bauschema für Koppel-Rastgetriebe nach Abb. 174. Schlitz-Mittellinie in $\mathfrak{b}$ Teil der Kreisungspunktkurve k_u. Koppellängen-Verstellung durch Gewindemuffe an e und Schlitz in $\mathfrak{f}$.

Lösung: Man zeichnet den Kreis $\mathfrak{a}'$ der Angelpunktkurve gemäß Abb. 173a. Jeder Punkt $\mathfrak{C}$ von $\mathfrak{a}'$ liefert einen eventuell geeigneten Schwingenzapfen D der Rastschwinge $\mathfrak{f}$. Der dazugehörige Punkt C der Koppelebene AB wird nach dem Satz von Bobillier gefunden, indem $\sphericalangle M'P\mathfrak{C}$ in P an AB angetragen wird, dessen freier Schenkel mit der Geraden durch $\mathfrak{C}$ und $\mathfrak{A}$ den Schnittpunkt D_{AC} ergibt und damit C als Schnittpunkt von $P\mathfrak{C}$ mit der durch A und D_{AC} gelegten Geraden bestimmt.

Der um $\mathfrak{C}$ mit $\overline{\mathfrak{C}C}$ als Halbmesser geschlagene Kreis K_C ist der die Koppelkurve γ_C von C vierpunktig berührende Krümmungskreis, und $\overline{\mathfrak{C}C}$ liefert in bekannter Weise die Länge des Koppelgliedes e, wobei der Schwingenzapfen D von $\mathfrak{f}$ mit $\mathfrak{C}$ identisch ist. Die dazugehörige Amplitude ist $\sphericalangle D_1\mathfrak{D}D = \psi$.

Die Wiederholung der Konstruktion für die Punkte $\mathfrak{C}'$, $\mathfrak{C}''$, ... von $\mathfrak{a}'$ liefert die dazugehörigen Koppelpunkte C', C'', ..., die der Kreisungspunktkurve k_u angehören. Mit Hilfe der Koppelkurven γ_C, $\gamma_{C'}$, $\gamma_{C''}$ werden dann die Amplituden ψ, ψ', ψ'' der Rastschwinge von den Längen $\overline{\mathfrak{D}\mathfrak{C}}$, $\overline{\mathfrak{D}\mathfrak{C}'}$, $\overline{\mathfrak{D}\mathfrak{C}''}$, ... ermittelt. Soll das Getriebe eine Verstellbarkeit der Amplitude zwischen den Grenzen ψ_1 und ψ_2 gestatten, also $\psi_1 \leqq \psi \leqq \psi_2$, so kann man diese Anpassung durch zeichnerische Interpolation erreichen und erhält so ein verstellbares Rastgetriebe gemäß Abb. 175, wobei die Mittellinie des kurvenförmigen Schlitzes der Koppel b einem Teil der Kreisungspunktkurve k_u entspricht. Das Getriebe ist gegenüber Abb. 174 in einer anderen Getriebestellung gezeichnet.

82. Gleichzeitiges Zerfallen von Kreisungs- und Angelpunktkurve.

C. RODENBERG[1] hat gezeigt, daß ein gleichzeitiges Zerfallen der Kurven k_u und $\mathfrak{a}$ in je einen Kreis und eine Gerade beim Gelenkviereck dann auftritt, wenn die Kollineationsachse PD auf einer der beiden Kurbeln senkrecht steht.

Gelenkvierecke mit Getriebestellungen solcher Art werden beispielsweise nach Abb. 176 erhalten. Hier sind die beiden Lagerpunkte $\mathfrak{A}$ und $\mathfrak{B}$ gegeben. Man legt durch $\mathfrak{A}$ und $\mathfrak{B}$ zwei beliebige Gerade $\alpha\alpha'$ und $\beta\beta'$ als Mittellinien von Kurbel und Schwinge und zeichnet im Momentanpol P, beispielsweise zu $\beta\beta'$, die Senkrechte, die $\mathfrak{A}\mathfrak{B}$ in D schneidet und in der Geraden PD die Kollineationsachse liefert. Jeder Strahl durch D schneidet $\alpha\alpha'$ und $\beta\beta'$ in Gelenkpunkten A und B von Gelenkvierecken der verlangten Art, u. a. $\mathfrak{A}AB\mathfrak{B}$, $\mathfrak{A}A'B'\mathfrak{B}$ usw.

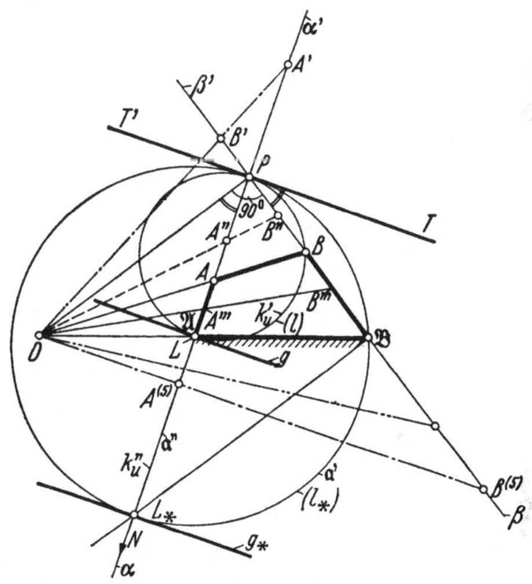

Abb. 176. Koppel AB im Sonderfall: Kollineationsachse senkrecht auf einer der Kurbeln ($PD \perp \mathfrak{B}B$).

Da nach dem BOBILLIERschen Satz $\sphericalangle TP\mathfrak{B} = \sphericalangle \mathfrak{A}PD$ und $\sphericalangle DP\mathfrak{B} = 90°$, so folgt hieraus, daß die Kurbel $\mathfrak{A}A$ auf PT senkrecht steht, die Polnormale PN demnach mit der Mittellinie der Kurbel $\mathfrak{A}A$ zusammenfällt.

Man erkennt leicht, daß k_u'' und $\mathfrak{a}''$ mit der Polnormale PN zusammenfallen und daß die in $\mathfrak{B}$ und B zu $B\mathfrak{B}$ bzw. PB gezeichneten Senkrechten die Polnormale PN in den Punkten L_* bzw. L schneiden. Die in L und L_* zu PN gezeichneten Senkrechten sind mit den Geraden g und g_* identisch, und M' liegt auf PT im Unendlichen.

Die über $\overline{PL}$ und $\overline{PL_*}$ als Durchmesser geschlagenen Kreise (l) und (l_*) stellen mit der Polnormale PN die zerfallende Kreisungspunkt- bzw. Angelpunktkurve dar.

Beweis: Wegen $\overline{PM'} = m = \infty$ wird, falls $\delta \neq \infty$ vorausgesetzt wird, $\varphi'' = 0$, womit der Zerfall von Gl. (170a) und (174a) bewiesen ist (vgl. auch Nr. 75).

Das gleichzeitige Zerfallen von k_u und $\mathfrak{a}$ wurde für δ = konstant bereits in Nr. 75 beim Rädergetriebe behandelt. Es gilt z. B. bei Kurbelgetrieben für solche

[1] RODENBERG, C.: Die Bestimmung der Kreispunktkurven eines ebenen Gelenkvierseits. Z. Math. u. Phys. Bd. 36 (1891), S. 267/277.

Getriebestellungen, in denen δ einen Größt- oder Kleinstwert besitzt, also $\frac{d\delta}{ds} = 0$ wird.

Das gleichzeitige Zerfallen von k_u und $\mathfrak{a}$ ist für den Entwurf von verstellbaren Koppel-Rastgetrieben deshalb besonders günstig, da jeder Strahl durch P sofort zusammengehörige Punkte $\mathfrak{C}$ und C auf $\mathfrak{a}'$ bzw. k'_u auffinden läßt und so ein rascher Überblick ermöglicht wird.

Die Kreisungspunkt- und die Angelpunktkurve zerfallen ferner gleichzeitig je in einen Kreis und eine Gerade, wie C. RODENBERG gezeigt hat, wenn die Koppelgerade AB zur Steggeraden $\mathfrak{A}\mathfrak{B}$ parallel, also auch $PD \| AB \| \mathfrak{A}\mathfrak{B}$ ist; k'_u ist der Kreis durch A, B, P, $\mathfrak{a}'$ der Kreis durch $\mathfrak{A}$, $\mathfrak{B}$, P, während k''_u und $\mathfrak{a}''$ mit der Polnormale identisch sind. Steht jedoch die Kollineationsachse $\overline{PD}$ auf dem Steg $\overline{\mathfrak{A}\mathfrak{B}}$ senkrecht, so zerfällt die Angelpunktkurve in den Kreis durch $\mathfrak{A}$, $\mathfrak{B}$, P und in die Poltangente PT. Die Kreisungspunktkurve k_u ist dann von allgemeiner Gestalt[1].

83. Der BALLsche Punkt.

Unter den Systempunkten mit vierpunktig berührendem Krümmungskreis gibt es auch einen Punkt U von unendlich großem Krümmungshalbmesser. Dieser sogenannte *BALLsche Punkt*[2] ist der Schnittpunkt U der Kreisungspunktkurve k_u mit dem Wendekreis k_W der betreffenden Systemlage und besitzt in dieser Systemlage eine Bahnstelle mit vierpunktig berührender Tangente. U dieser Gliedlage beschreibt mit anderen Worten einen „Undulations- oder Flachpunkt" seiner Bahnkurve.

Setzt man $r = \delta \sin\psi = \frac{1}{\varphi'} \sin\psi$ in (Gl. 170a) ein, so ergibt sich für die Polarkoordinate ψ_U des BALLschen Punktes die Formel

$$\operatorname{tg}\psi_U = -\frac{\varphi'(\tau' - \varphi')}{\varphi''} = -\frac{m}{l_*} = \frac{2R - \mathfrak{R}}{(R - \mathfrak{R})\,\delta'}. \qquad (197)$$

Andererseits ist $mx + l_* y = 0$ die Gleichung der Fokalachse ε der Angelpunktkurve $\mathfrak{a}$. Es gilt damit

Satz 45: Der BALLsche Punkt U ist der Schnittpunkt der Fokalachse der Angelpunktkurve mit dem Wendekreis oder der Fußpunkt des vom Wendepol auf die Fokalachse der Angelpunktkurve gefällten Lotes.

Abb. 177 zeigt die Anwendung dieses Satzes auf das Gelenkviereck $\mathfrak{A}AB\mathfrak{B}$.

R. MÜLLER[3] gab eine andere Lösung derselben Aufgabe. In Abb. 178 ist eine Reihe von Gliedlagen E, E_1, E_2, ..., z. B. solche der Koppel AB eines Gelenkvierecks $\mathfrak{A}AB\mathfrak{B}$ gegeben. Für die Anfangslage $E = AB$ ist der Wendekreis k_W gezeichnet, ebenso werden die Wendekreise k_{W_1}, k_{W_2}, ... der anderen Koppellagen ermittelt und in die Ausgangslage E nach k'_{W_1}, k'_{W_2}, ... übertragen. Diese Kreise der Ausgangslage $E = AB$ haben also die Eigenschaft, daß sie zu Wendekreisen werden, wenn E in die Lagen E_1, E_2, ... gelangt.

Die Einhüllende dieser Kreise k_W, k'_{W_1}, ... besteht aus zwei Teilen von wesentlich verschiedener Bedeutung, und zwar aus der *bewegten Polkurve* und aus dem geometrischen Ort u_g der Punkte U, U'_1, U'_2, ... der Koppelebene E, deren Bahnkurven in den Lagen E, E_1, E_2, ..., also in U, U_1, U_2, ..., einen Undulationspunkt oder Flachpunkt besitzen. Die Punkte von u_g werden bei kontinuierlicher Bewegung nacheinander zu Undulationspunkten.

[1] MEYER ZUR CAPELLEN, W.: Der Momentanpol als BURMESTERscher Punkt. Mh. Math. u. Phys. Bd. 41 (1934) S. 285/299.

[2] BALL, R.: Notes on applied mechanics. Proc. R. Irish. Acad. Ser. II, Bd. I, S. 243.

[3] MÜLLER, R.: Beiträge zur Theorie des ebenen Gelenkvierecks. Z. Math. u. Phys. Bd. 42 (1897) S. 257.

Die Kurve u_g heißt die „BALLsche *Kurve*" des bewegten Getriebeglieds. In Abb. 172 ist U mit dem augenblicklichen Pol P identisch, und in Abb. 173c würde der Schnittpunkt von k_u' mit k_W bzw. ε den BALLschen Punkt U liefern. Die Auswertung des BALLschen Punktes zum Entwurf von angenäherten Geradführungen erläutert Abb. 179 nach dem Sonderfall der Abb. 176 ($PD \perp \mathfrak{B}B$). U ist der Schnittpunkt von k_W mit $k_u'' \equiv PN$; d. h. U fällt mit dem Wendepol W zusammen. Die Koppelkurve γ_U schmiegt sich sehr gut an die „vierpunktig" berührende Tangente $t_u t_u'$ an.

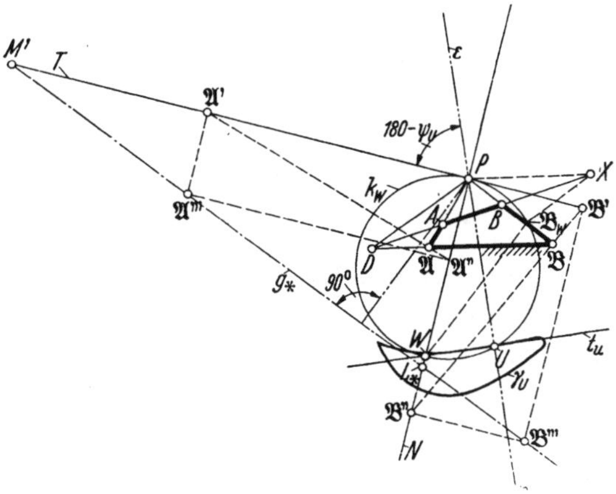

Abb. 177. BALLscher Punkt U für Koppel $\overline{AB}$ eines Viergelenkgetriebes $\mathfrak{A}AB\mathfrak{B}$. Lot vom Wendepol W auf Fokalachse ε von $\mathfrak{a}$.

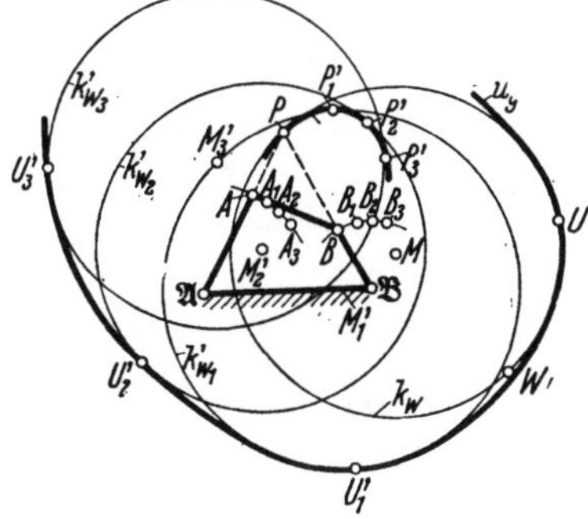

Abb. 178. BALLsche Kurve u_g als Ort der Punkte der Koppel $\overline{AB}$, die nacheinander zu BALLschen Punkten U werden.

84. Vier zugeordnete infinitesimal benachbarte Gerade durch einen Punkt. Vier infinitesimal benachbarte Punkte auf einer Geraden.

Von Interesse ist noch der *Grenzübergang* für die in Nr. 58, Abb. 136, behandelte Frage nach vier zugeordneten Geraden g_1, g_2, g_3, g_4, die sich in einem Punkt S schneiden, sowie nach vier zugeordneten Punkten $S_1^*, S_2^*, S_3^*, S_4^*$, die auf einer Geraden $\mathfrak{h}$ liegen.

Da die Kreispunktkurve k_1 in die Kreisungspunktkurve k_u, die Mittelpunktkurve m in die Angelpunktkurve $\mathfrak{a}$ übergehen, so entsteht aus dem Punkt S_1^* der BALLsche Punkt U, und die im Satz 39 genannte Gerade $\mathfrak{h}$ wird zur vierpunktig berührenden Tangente $t_u t_u'$ im BALLschen Punkt, dem Schnittpunkt von k_u und k_W (Abb. 180).

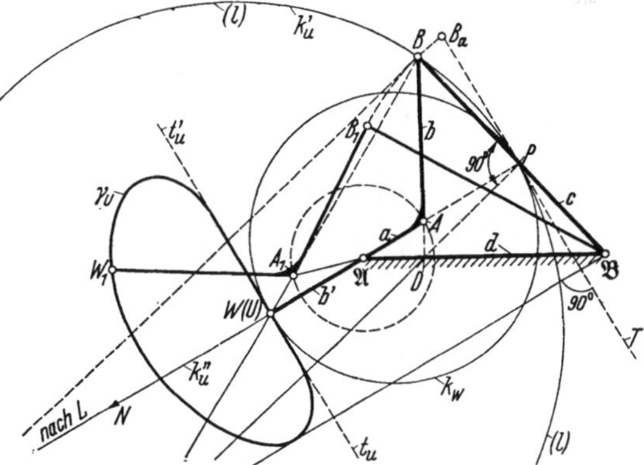

Abb. 179. Viergelenkgetriebe in Stellung: Kollineationsachse senkrecht auf Schwinge c; Wendepol W als BALLscher Punkt U, auswertbar für angenäherte Geradführung.

Entsprechend geht der Punkt S von Nr. 58, Satz 37, bei Beachtung von vier infinitesimal benachbarten Lagen in den Schnittpunkt (S) der Angelpunktkurve $\mathfrak{a}$ mit dem Rückkehrkreis k_R über. Die Geraden g_1, g_2, g_3, g_4 fallen mit der Geraden (g) durch den Rückkehrpol R und (S) zusammen.

Ferner führt der Grenzübergang zu den folgenden Bestimmungsgrößen der Punkte U und (S):

Koordinaten von U:

$$x_U = -\frac{l_* m \delta}{l_*^2 + m^2}, \qquad y_U = \frac{m^2 \delta}{l_*^2 + m^2}, \qquad \operatorname{tg}\psi_U = -\frac{m}{l_*}, \qquad r_U = \frac{m\delta}{\sqrt{l_*^2 + m^2}}, \tag{198a, b, c, d}$$

Koordinaten von (S):

$$x_{(S)} = \frac{l m \delta}{l^2 + m^2}, \qquad y_{(S)} = -\frac{m^2 \delta}{l^2 + m^2}, \qquad \operatorname{tg}\psi_{(S)} = -\frac{m}{l}, \qquad r_{(S)} = \frac{m\delta}{\sqrt{l^2 + m^2}}. \tag{199a, b, c, d}$$

Zusammenfassend gilt

Satz 46: Der Grenzpunkt (S) liegt auf der Angelpunktkurve und ist der Schnittpunkt der Fokalachse f der Kreisungspunktkurve mit dem Rückkehrkreis k_R. Er ist also der Fußpunkt des vom Rückkehrpol R auf die Fokalachse der Kreisungspunktkurve gefällten Lotes.

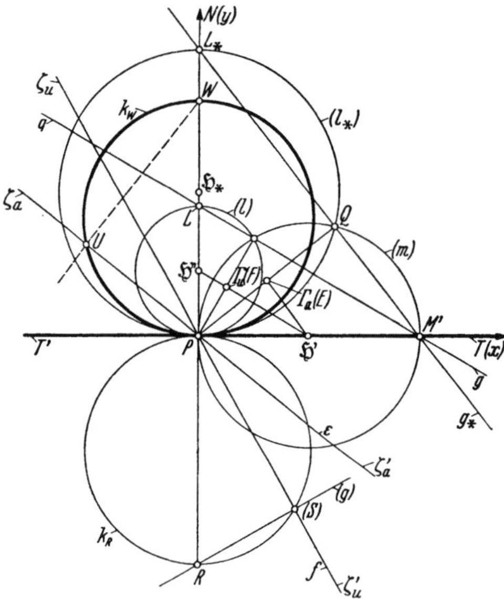

Abb. 180. Gerade (g) des Getriebegliedes, die sich beim Durchlaufen von vier infinitesimal benachbarten Gliedlagen in (S) von k_R schneiden. Gerade (g) durch R senkrecht auf Fokalachse f von k_u.

Bei *kinematischer Umkehrung* gehen l in l_*, m *in* m und δ in $-\delta$ über; der Vergleich von Gl. (198a, b) mit Gl. (199a, b) beweist, daß (S) durch kinematische Umkehrung aus U hervorgeht. Der Punkt (S) ist somit das duale Gegenstück des BALLschen Punktes und umgekehrt[1]. Der BALLschen Kurve u_g läßt sich entsprechend eine (s)-Kurve dual gegenüberstellen.

Die Bewegung des Getriebegliedes durch vier infinitesimal benachbarte Gliedlagen kann z. B. getrieblich so bewirkt werden, daß der Punkt U längs der Geraden UW wandert und die Gerade (g) durch (S) gleitet.

Anwendungen zu Nr. 83 und 84 findet man bei R. BEYER[2].

85. Zeichnerische Verfahren für die Polkurven-Krümmungsmittelpunkte.

Aus den für die Polkurvenkrümmungshalbmesser $\mathfrak{R} = \overline{P\mathfrak{M}}$ und $R = \overline{PM}$ und für die Bestimmungsstücke m, l, l_* der Kreisungs- bzw. Angelpunktkurve abgeleiteten Beziehungen folgen noch

$$\frac{1}{\mathfrak{R}} = \frac{1}{l} + \frac{2}{l_*}, \qquad \frac{1}{R} = \frac{1}{l_*} + \frac{2}{l} \tag{200a, b}$$

[1] BEYER, R.: [35], Nr. 394, S. 9.
[2] BEYER, R.: [75a], S. 149/172.

Setzt man in Abb. 181

$$\overline{P\mathfrak{N}} = -\overline{PL} = -l, \quad \overline{P\mathfrak{N}_*} = -\overline{PL_*} = -l_*, \tag{201a, b}$$

so gelten auch

$$\frac{2}{\overline{PL_*}} = \frac{1}{\overline{P\mathfrak{N}}} + \frac{1}{\overline{P\mathfrak{M}}}, \quad \frac{2}{\overline{PL}} = \frac{1}{\overline{P\mathfrak{N}_*}} + \frac{1}{\overline{PM}} \tag{202a, b}$$

und damit

Satz 47: Der Krümmungsmittelpunkt $\mathfrak{M}$ der ruhenden Polkurve ist der vierte harmonische Punkt zu P, L_* und $\mathfrak{N}$. Der Krümmungsmittelpunkt M der bewegten Polkurve ist der vierte harmonische Punkt zu P, L und $\mathfrak{N}_*$.

Die Konstruktion des vierten harmonischen Punktes C_4 zu C_1, C_2, C_3, die der Proportion $\overline{C_1C_3} : \overline{C_2C_3} = \overline{C_1C_4} : \overline{C_2C_4}$

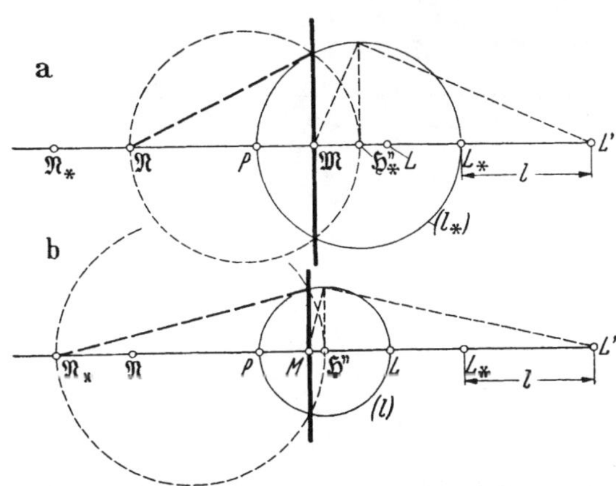

Abb. 181. Konstruktion der Polkurven-Krümmungsmittelpunkte $\mathfrak{M}$ und M auf Grund harmonischer Beziehungen.

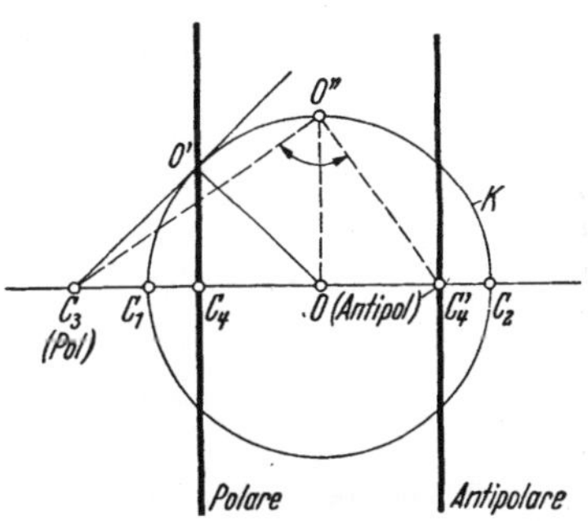

Abb. 182. Polareneigenschaften am Kreis Pol und Antipol.

genügen, kann mit Hilfe der bekannten Pol- und Antipolbeziehungen gemäß Abb. 182 ausgeführt werden. Auf P, L_*; $\mathfrak{N}$, $\mathfrak{M}$ angewandt, erhält man die Konstruktion von $\mathfrak{M}$ gemäß Abb. 181a und für die harmonischen Punkte P, L; $\mathfrak{N}_*$, M die Ermittlung von M nach Abb. 181b.

Zeichnet man $\overline{PL'} = l_* + l$, so können $\mathfrak{M}$ als Antipol von L' bezüglich des Kreises (l_*) und M als Antipol von L' bezüglich des Kreises (l) gefunden werden.

86. Polkurven-Krümmungskreise der Koppelbewegung des Gelenkvierecks.

In Abb. 183 sind für das vorgegebene Gelenkviereck $\mathfrak{A}AB\mathfrak{B}$, d. h. für die Bewegung der Koppel AB gegenüber dem Gestell $\mathfrak{A}\mathfrak{B}$, die Krümmungkreise k_r und k_g der ruhenden und bewegten Polkurve zu zeichnen.

Man konstruiert zunächst die Geraden g und g_* und damit L, L_* und die Kreise (l) und (l_*) in bekannter Weise. Die in $\mathfrak{H}''$ und $\mathfrak{H}''_*$ zu PN gezeichneten Senkrechten treffen (l) in V und (l_*) in V_*, und die in V zu VL' und in V_* zu V_*L' gezeichneten Senkrechten schneiden PN in den gesuchten Krümmungsmittelpunkten M und $\mathfrak{M}$ der Polkurven.

Ein beachtenswerter Sonderfall liegt dann vor, wenn — wie bei den Totlagenstellungen einer Kurbelschwinge — der Punkt L_* auf der Polnormale im Unendlichen liegt. Nach Gl. (176) ist dann $l = \delta$, und wegen $l_* = \infty$ nach Gl. (175a) folgt $\tau' = \varphi'$, also $\mathfrak{R} = 1/\varphi' = \delta$, und $R = 1/2\,\varphi' = \delta/2$. Der Krümmungsmittelpunkt $\mathfrak{M}$ der ruhenden Polkurve fällt dann mit dem Wendepol W

zusammen, und der Krümmungsmittelpunkt der bewegten Polkurve wird zum Mittelpunkt des Wendekreises.

Für solche Sonderlagen gelten also dieselben Verhältnisse wie beim *Kardankreispaar.*

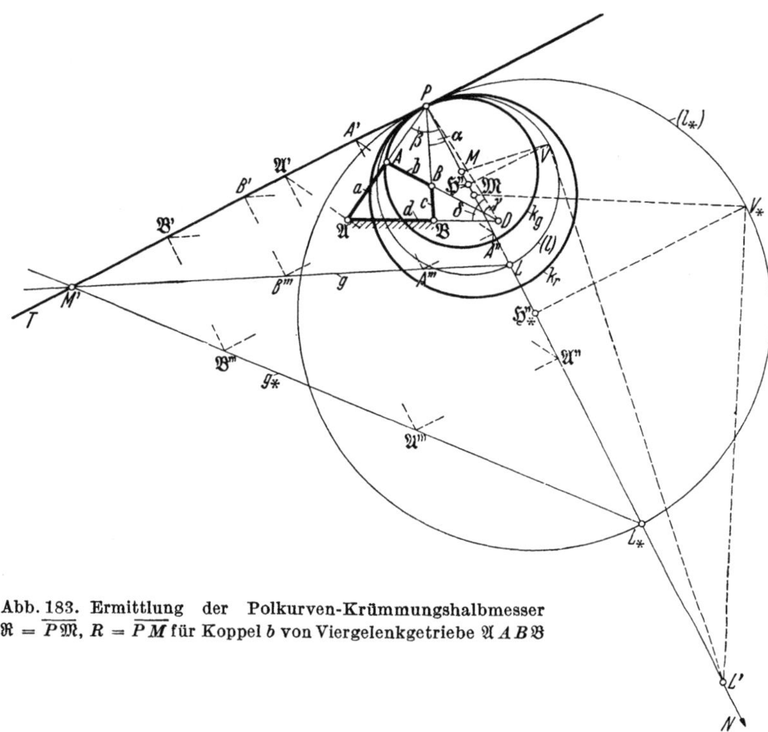

Abb. 183. Ermittlung der Polkurven-Krümmungshalbmesser $\mathfrak{R} = \overline{P\mathfrak{M}}$, $R = \overline{PM}$ für Koppel b von Viergelenkgetriebe $\mathfrak{A}AB\mathfrak{B}$

87. Der Momentanpol als Punkt des Getriebegliedes.

Das betrachtete Getriebeglied (System E) bewege sich nach Abb. 184 in die ihm infinitesimal aufeinanderfolgenden Lagen E', E'', E''', ... durch unendlich kleine Drehungen um die Pole P, Q, R, ... der ruhenden Polkurve c_r, die in der Abbildung als Streckenzug $\overline{PQ} = \overline{QR} = \cdots = ds$ dargestellt ist, in P den Kontingenzwinkel $d\tau$ und in Q den Kontingenzwinkel $(d\tau + d^2\tau)$ besitzt.

Die Drehwinkel um P, Q, R sind bzw. $d\varphi$, $d\varphi + d^2\varphi$, $d\varphi + 2d^2\varphi + d^3\varphi$. Bei der ersten Drehung um P bleibt P als Gliedpunkt in Ruhe, d. h. P' fällt mit P zusammen. Durch Drehung um Q um den Winkel $d\varphi + d^2\varphi$ gelangt $P = P'$ nach P'' und durch Drehung um R um den Winkel $d\varphi + 2d^2\varphi + d^3\varphi$ von P'' nach P'''.

Der durch P, P'', P''' gelegte Kreis k_P^1 mit dem Mittelpunkt $\mathfrak{P}^1$ wird beim Grenzübergang zum Krümmungskreis k_P mit dem Krümmungsmittelpunkt $\mathfrak{P}$ des als Gliedpunkt betrachteten Momentanpoles P.

Unter Beachtung von $\overline{PQ} = \overline{QR} = \overline{P''Q}$ und bei Vernachlässigung einer unendlich kleinen Größe dritter Ordnung folgt aus

$$2\sphericalangle Q\mathfrak{P}^1R = d\varphi - d\tau + 2d^2\varphi - d^2\tau, \quad 2\sphericalangle RQ\mathfrak{P}^1 = d\varphi + 2d\tau + d^2\varphi + 2d^2\tau$$

für das Dreieck $\mathfrak{P}^1QR$ nach dem Sinussatz

$$\overline{\mathfrak{P}^1R} = ds \cdot \frac{d\varphi + 2d\tau + d^2\varphi + 2d^2\tau}{d\varphi - d\tau + 2d^2\varphi - d^2\tau}. \tag{203}$$

Der Krümmungshalbmesser ϱ_P der von P als Systempunkt beschriebenen Bahnkurve wird hieraus durch den Grenzübergang

$$\varrho_P = \overline{\mathfrak{P} P} = \lim(\mathfrak{P}^1 R) \tag{204}$$

erhalten, wobei verschiedene Fälle zu beachten sind.

a) Allgemeiner Fall: $d\varphi \neq d\tau$: Mit $d\varphi \neq d\tau$ liefert der Grenzübergang gemäß Gl. (204) für ϱ_P den Wert Null, also

Satz 48: Der mit dem Momentanpol zusammenfallende Gliedpunkt beschreibt im allgemeinen einen Rückkehrpunkt (Spitze) seiner Bahnkurve vom Krümmungshalbmesser Null. Die dazugehörige Bahntangente steht senkrecht auf der Poltangente.

Folgerung: Die Punkte $P_1', P_2', P_3', \ldots$ der bewegten Polkurve c_g beschreiben Bahnkurven $\gamma_1', \gamma_2', \gamma_3', \ldots$ mit Spitzen $P_1, P_2, P_3, \ldots$ an denjenigen Stellen $P_1, P_2, P_3, \ldots$ der ruhenden Polkurve c_r, in denen $P_1', P_2', \ldots$ bzw. mit $P_1, P_2, \ldots$ zusammenfallen, also an diesen Stellen jeweils zum Momentanpol werden.

Abb. 185 erläutert dies am Beispiel einer zentrischen Schubkurbel a, b, c, d für Koppelpunkte $P_1', P_2', \ldots$, die auf einem Ast der bewegten Polkurve c_g liegen.

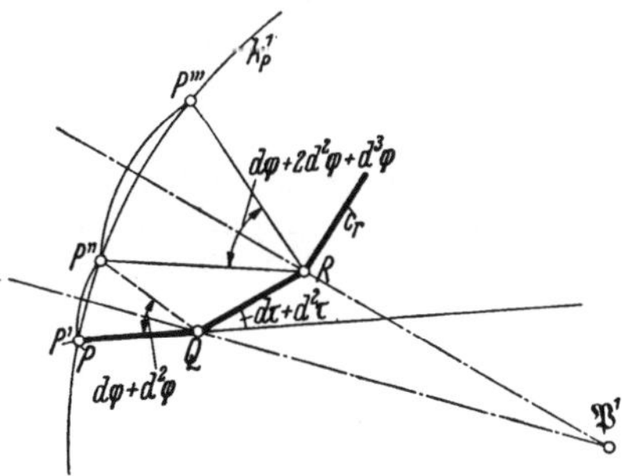

Abb. 184. Momentanpol P als Punkt des Getriebegliedes.

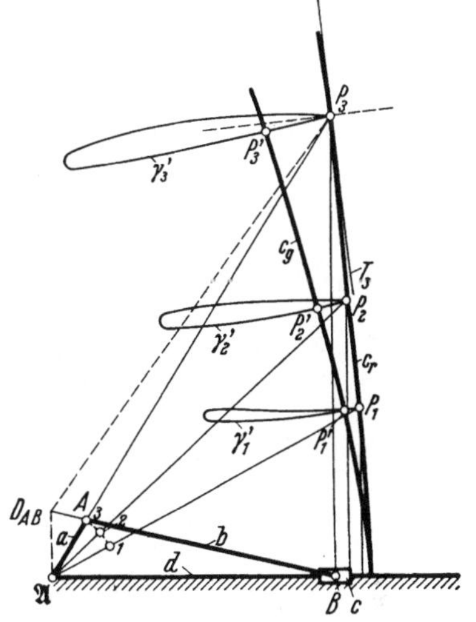

Abb. 185. Punkte der bewegten Polkurve c_g liefern im allgemeinen beim Auftreffen auf die ruhende Polkurve c_r einen Rückkehrpunkt (Spitze) mit Krümmungshalbmesser Null.

b) Sonderfall: $d\varphi = d\tau$: Gl. (203) liefert

$$\varrho_P = \frac{3\,ds\,d\varphi}{2d^2\varphi - d^2\tau} = \frac{3\,\varphi'}{2\,\varphi'' - \tau''}. \tag{205}$$

Für diese Annahme ist also der Krümmungshalbmesser im allgemeinen von endlicher Größe und nicht gleich Null. Dies trifft bekanntlich niemals bei einer gewöhnlichen Spitze zu, jedoch bei einer „*Schnabelspitze*", für die die beiden Kurvenzweige auf derselben Seite der Bahntangente liegen. Nach den Gl. (163a, b) ist dabei

$$\mathfrak{R} = \overline{P\mathfrak{M}} = 1/\varphi' = \delta \quad \text{und} \quad R = \overline{PM} = 1/2\,\varphi' = \delta/2. \tag{206}$$

Satz 49: Ist der Krümmungshalbmesser der ruhenden Polkurve im Momentanpol doppelt so groß wie der der bewegten Polkurve, so beschreibt der Momentanpol als Systempunkt im allgemeinen eine Schnabelspitze von endlichem Krümmungshalbmesser. Der dazugehörige Krümmungsmittelpunkt $\mathfrak{P}$ liegt auf der Poltangente.

Im Fall b) wird $l_* = \infty$; die Angelpunktkurve $\mathfrak{a}$ zerfällt in die Poltangente $\mathfrak{a}''$ und den Krümmungskreis (m). Wegen $l = \delta$ wird der Wendekreis zum Krümmungskreis (l) der Kreisungspunktkurve k_u, und der BALLsche Punkt U fällt mit dem Momentanpol P zusammen.

Der Sonderfall b) tritt am Gelenkviereck bei den Strecklagen von Kurbel und Koppel und im Fall $PD \perp \mathfrak{A}\mathfrak{B}$ auf. Der letzte Fall ist in Abb. 186 verwirklicht, wobei der Krümmungshalbmesser nach der Formel

$$\varrho_P = \overline{PD} \frac{\cos\gamma}{\cos(\alpha - \beta)\cos\gamma - \sin(\alpha + \beta)\sin\gamma} \tag{207}$$

berechnet worden ist.

Im Beispiel der Totlage einer Kurbelschwinge fällt P in die Schwingenzapfenmitte B und beschreibt als Koppelpunkt gewissermaßen einen Schnabel mit dem Halbmesser $\overline{\mathfrak{B}B}$.

c) Sonderfall: $d\varphi = d\tau$ und $2d^2\varphi = d^2\tau$. In diesem Fall wird $\varrho_P = \infty$, und der Momentanpol P als Systempunkt beschreibt einen Rückkehrpunkt mit unendlich großem Krümmungshalbmesser.

Beim kardanischen Problem ist z. B. $d^2\varphi = 0$ und $d^2\tau = 0$. Der Momentanpol P als Systempunkt durchläuft einen Durchmesser des großen Kardankreises und befindet sich, wenn er zum Momentanpol wird, gerade im Endpunkt dieses Durchmessers.

Berühren sich die Polkurven in P in höherer als von der ersten Ordnung, so können Untersuchungen solcher Art bei R. MEHMKE nachgelesen werden[1].

Abschließend seien noch einige Ergebnisse von R. MÜLLER[2,3] angemerkt.

Bei jedem Gelenkviereck gibt es im allgemeinen zwölf Koppellagen, in denen der Momentanpol eine Schnabelspitze beschreibt.

Bemerkenswerte Sonderfälle treten auch in den Totlagen durchschlagender Gelenkvierecke auf, da bei diesen zwanglosen Lagen (Verzweigungslagen) zwei Momentanpole P_{I} und P_{II} vorhanden sind.

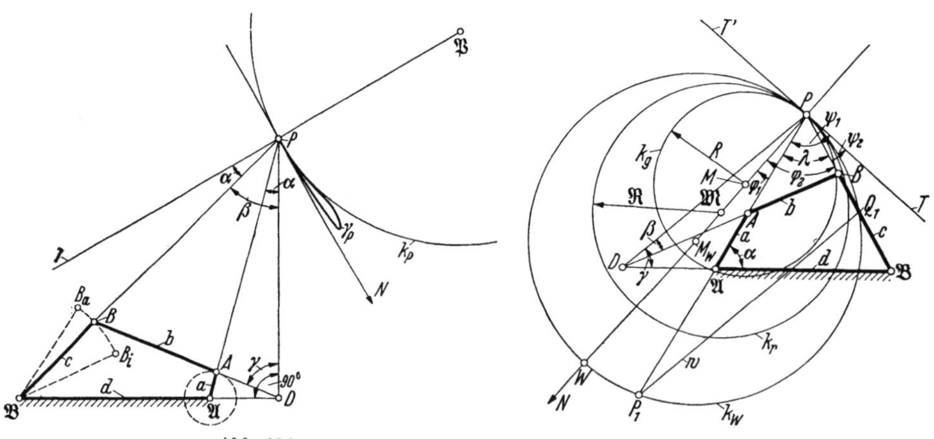

Abb. 186. Momentanpol P als Gliedpunkt beschreibt eine Schnabelspitze ($PD \perp \mathfrak{A}\mathfrak{B}$).

Abb. 187. Bestimmungsstücke zur Berechnung der Polkurvenkrümmungshalbmesser $\mathfrak{R}$, R am Viergelenkgetriebe.

[1] MEHMKE, R.: Über die Bewegung eines starren ebenen Systems in seiner Ebene. Z. Math. Phys. Bd. 35 (1890) S. 1 u. 65.

[2] MÜLLER, R.: Beiträge zur Theorie des ebenen Gelenkvierecks. Z. Math. Phys. Bd. 42 (1897) S. 269. Vgl. W. MEYER ZUR CAPELLEN: Der Momentanpol als BURMESTERscher Punkt. Mh. Math. Phys. Bd. 41 (1934) S. 285/299.

[3] MÜLLER, R.: Beiträge zur Theorie des ebenen Gelenkvierecks. Festschrift der T.H. Braunschweig 1897, S. 81 u. 83.

88. Polkurven-Krümmungshalbmesser des Gelenkvierecks in rechnerischer Behandlung.

Für eine Reihe getriebesynthetischer Fragen ist es vorteilhaft, die Polkurvenkrümmungshalbmesser der Koppelbewegung eines Gelenkvierecks in rechnerischer Form darzustellen und insbesondere jene Koppelstellungen zu ermitteln, in denen diese Krümmungshalbmesser Größt- oder Kleinstwerte annehmen.

Die Formeln für den Krümmungshalbmesser $\mathfrak{R}$ der ruhenden Polkurve c_r und für den Krümmungshalbmesser R der bewegten Polkurve c_g lassen sich unter anderen Möglichkeiten auch mit Hilfe bipolarer Koordinaten aufstellen, indem man auf eine Formel von PARZIVAL FROST[1] zurückgreift.

Setzt man also in Abb. 187 für die bipolaren Koordinaten des Momentanpols P der Koppel AB des hier dargestellten Viergelenkgetriebes $\mathfrak{A}AB\mathfrak{B}$ $\overline{\mathfrak{A}P} = r_1$ und $\overline{\mathfrak{B}B} = r_2$, $\overline{AP} = \varrho_1$, $\overline{BP} = \varrho_2$, ferner $\sphericalangle \mathfrak{A}PN = \varphi_1$, $\sphericalangle \mathfrak{B}PN = \varphi_2$, $\sphericalangle APB = \lambda = \varphi_2 - \varphi_1$ und $\overline{\mathfrak{A}A} = a$, $\overline{AB} = b$, $\overline{\mathfrak{B}B} = c$, $\overline{\mathfrak{A}\mathfrak{B}} = d$, so läßt sich zwischen den bipolaren Koordinaten r_1, r_2 von P und dem Gestellglied d eine Gleichung von der Form

$$f(r_1 r_2) \equiv c r_1^3 + a r_2^3 - a c r_1^2 - a c r_2^2 - a r_1^2 r_2 - c r_1 r_2^2 + (a^2 - b^2 + c^2 + d^2) r_1 r_2 - \\ - c d^2 r_1 - a d^2 r_2 + a c d^2 = 0 \tag{208}$$

aufstellen.

Der Krümmungshalbmesser r der von P beschriebenen Kurve, im vorliegenden Falle also der Rastpolbahn c_r, kann dann nach P. FROST in der folgenden Form angeschrieben werden:

$$\frac{E^3}{r} = E^2\left(\frac{f_1}{r_1} + \frac{f_2}{r_2}\right) - \left(\frac{f_2}{r_1} + \frac{f_1}{r_2}\right) f_1 f_2 \sin^2\lambda + \\ + (f_1^2 f_{11} - 2 f_1 f_2 f_{12} + f_2^2 f_{22}) \sin^2\lambda, \tag{209}$$

wobei die f_1, f_2, f_{11}, f_{12}, f_{22} die partiellen Ableitungen nach r_1, r_2, z. B.

$$f_{12} = \frac{\partial^2 f}{\partial r_1 \partial r_2} \quad \text{und} \quad E^2 = f_1^2 + f_2^2 + 2 f_1 f_2 \cos\lambda \tag{210}$$

bedeuten.

Die Winkel φ_1 und φ_2, die die Fahrstrahlen r_1 und r_2 mit der Kurvennormale PN (Polnormale) bilden, werden aus

$$\sin\varphi_1 = -\frac{f_2 \sin\lambda}{E}, \qquad \cos\varphi_1 = \frac{f_1 + f_2\cos\lambda}{E} \tag{211a, b}$$

$$\sin\varphi_2 = \frac{f_1 \sin\lambda}{E}, \qquad \cos\varphi_2 = \frac{f_1\cos\lambda + f_2}{E} \tag{212a, b}$$

berechnet.

PA und PB schneiden den Wendekreis k_W in P_1 bzw. Q_1. Setzt man $\overline{PP_1} = p$, $\overline{PQ_1} = q$, $w = \overline{P_1Q_1}$, so folgen

$$p = \frac{r_1 \varrho_1}{a} = \delta\cos\varphi_1, \qquad q = \frac{r_2 \varrho_2}{c} = \delta\cos\varphi_2, \tag{213a, b}$$

$$w^2 = \delta^2 \sin^2\lambda = p^2 + q^2 - 2pq\cos\lambda. \tag{214}$$

Gl. (209) auf Gl. (208) angewandt, liefert für den Krümmungshalbmesser der ruhenden bzw. bewegten Polkurve[2]

$$\frac{1}{\mathfrak{R}} = \frac{Q+1}{\delta}, \qquad \frac{1}{R} = \frac{Q+2}{\delta} \tag{215a, b}$$

---

[1] The Messenger of Mathematics, Bd. X (1880/81) S. 18.

[2] SIEKER, K. H. u. BEYER, R.: Größt- und Kleinstwerte der Polbahnkrümmungshalbmesser eines Gelenkvierecks und ihre getriebesynthetische Anwendung. Getriebetechn. Reuleaux-Mitt. Bd. 11 (1943) S. 425/428, Masch.-Bau/Betrieb (1943).

mit

$$Q = \frac{3pq}{w^2}\left(\frac{q - p\cos\lambda}{r_1} + \frac{p - q\cos\lambda}{r_2}\right) = \frac{3\delta}{\operatorname{tg}\varphi_1 - \operatorname{tg}\varphi_2}\left(\frac{\sin\varphi_1}{r_1} - \frac{\sin\varphi_2}{r_2}\right) \qquad (216\,\text{a, b})$$

$$Q = \tau'\delta - 1 = \frac{\tau' - \varphi'}{\varphi'} = \frac{3\delta}{l_*}, \qquad (216\,\text{c})$$

oder auch[1]

$$\frac{1}{\Re} = \frac{3}{\operatorname{tg}\varphi_1 - \operatorname{tg}\varphi_2}\left(\frac{\sin\varphi_1}{r_1} - \frac{\sin\varphi_2}{r_2}\right) + \frac{1}{\delta} \qquad (215\,\text{c})$$

$$\frac{1}{R} = \frac{3}{\operatorname{tg}\varphi_1 - \operatorname{tg}\varphi_2}\left(\frac{\sin\varphi_1}{\varrho_1} - \frac{\sin\varphi_2}{\varrho_2}\right) - \frac{1}{\delta}. \qquad (215\,\text{d})$$

Für gewisse Anwendungen sind noch die folgenden Formeln von Bedeutung:

$$e = \frac{r_1\cos(\varphi_2 - \gamma)}{\sin\gamma} = \frac{\varrho_1\cos(\varphi_2 - \beta)}{\sin\beta} = \frac{r_2\cos(\varphi_1 - \gamma)}{\sin\gamma} = \frac{\varrho_2\cos(\varphi_1 - \beta)}{\sin\beta} \qquad (217)$$

und nach der EULER-SAVARYschen Formel

$$\delta = \frac{e}{\cos\varphi_1\cos\varphi_2(\operatorname{ctg}\gamma - \operatorname{ctg}\beta)}; \qquad (218)$$

hierbei ist $\sphericalangle \mathfrak{A}DP = \gamma$, $\sphericalangle ADP = \beta$ und $\overline{PD} = e$. Mit diesen Bestimmungsstücken läßt sich für die Krümmungshalbmesser der Polkurven noch die folgende Darstellung gewinnen, die für die Diskussion der sogenannten „*Kardanlagen*" beachtenswert ist[2].

$$\frac{1}{\Re} = \frac{1}{\delta}\,\frac{2\operatorname{tg}\beta + \operatorname{tg}\gamma}{\operatorname{tg}\gamma - \operatorname{tg}\beta}; \qquad \frac{1}{R} = \frac{1}{\delta}\,\frac{\operatorname{tg}\beta + 2\operatorname{tg}\gamma}{\operatorname{tg}\gamma - \operatorname{tg}\beta}; \qquad (219\,\text{a, b})$$

$$Q = \frac{3}{\operatorname{tg}\gamma\operatorname{ctg}\beta - 1} = \frac{3\sin\beta\cos\gamma}{\cos(\gamma - \beta)}. \qquad (220)$$

Diese Beziehungen können zur rechnerischen Ermittlung der Größen δ, $\Re$, R, Q dienen, wenn die Größen e, φ_1, φ_2, β und γ der Zeichnung entnommen werden. Bei positiven Werten R und $\Re$ liegen die dazugehörigen Krümmungsmittelpunkte M und $\mathfrak{M}$ in derjenigen Halbebene, in der sich der Wendekreis befindet.

Soll die Untersuchung auf eine Reihe von Getriebestellungen ausgedehnt werden, so ist es nach H. ALT zweckmäßig,

$$n = \frac{2q + 1}{q - 1} \quad \text{mit} \quad q = \frac{\operatorname{tg}\gamma}{\operatorname{tg}\beta} \qquad (221\,\text{a, b})$$

zu setzen und die Formeln

$$\Re = \frac{\delta}{n - 1}; \qquad R = \frac{\delta}{n} \qquad (222\,\text{a, b})$$

zu verwenden.

89. Größt- und Kleinstwerte der Polkurven-Krümmungshalbmesser beim Viergelenkgetriebe.

Die Bewegung eines Getriebegliedes gegen das Maschinengestell soll durch die beiden Polbahnen c_r und c_g mit den Krümmungskreisen k_r und k_g und den Krümmungshalbmessern $\Re$ und R in einer bestimmten Getriebestellung vorgeschrieben sein.

[1] GRÜBLER, M.: Z. Math. Phys. Bd. 29 (1884) S. 216; Bd. 37 (1892) S. 43.

[2] ALT, H.: [36e].

Die so definierte Bewegung sei innerhalb des dieser Getriebestellung benachbarten Bewegungsgebietes durch eine andere getriebliche Anordnung zu verwirklichen.

Zur Erläuterung sei z. B. eine Zahnstange (Gerade k_g) gedacht, die auf einem im Maschinengestell festen Zahnrad (Kreis k_r) abrollt. Die Bewegung der Zahnstange soll beispielsweise innerhalb des betreffenden Bewegungsgebietes durch die Bewegung der Koppel eines zu entwerfenden Viergelenkgetriebes ersetzt werden.

Sind — wie in dem angezogenen Beispiel — die Polkurven-Krümmungshalbmesser konstant, so wird die Güte der Annäherung der Ersatzbewegung um so besser sein, je weniger sich die Polkurven-Krümmungshalbmesser der Ersatzbewegung innerhalb des betrachteten Bewegungsgebietes in ihrer Größe ändern. Dies ist offenbar dann der Fall, wenn die Polkurven-Krümmungshalbmesser $\mathfrak{R}$ und R der Ersatzbewegung gleichzeitig Extremwerte (größte oder kleinste Werte) durchlaufen, d. h. die Bedingungen

$$\frac{d\mathfrak{R}}{ds} = 0, \qquad \frac{dR}{ds} = 0 \tag{223a, b}$$

gleichzeitig erfüllen, wobei s eine unabhängige Veränderliche, etwa die Bogenlänge der ruhenden Polkurve der Ersatzbewegung bedeutet. Für den Sonderfall der Koppelbewegung eines Viergelenkgetriebes folgt aus den Gl. (215a, b) durch Differentiation

$$\frac{d\mathfrak{R}}{ds} = \frac{\mathfrak{R}}{\delta}\left(\frac{d\delta}{ds} - \mathfrak{R}\frac{dQ}{ds}\right), \qquad \frac{dR}{ds} = \frac{R}{\delta}\left(\frac{d\delta}{ds} - R\frac{dQ}{ds}\right). \tag{224a, b}$$

Unter den Voraussetzungen $\mathfrak{R} \neq 0$, $R \neq 0$ und $\delta \neq 0$ werden die Bedingungen (223a, b) nur dann erfüllt sein, wenn die linken Seiten der Gleichungen

$$\frac{d\delta}{ds} - \mathfrak{R}\frac{dQ}{ds} = 0, \tag{225a}$$

$$\frac{d\delta}{ds} - R\frac{dQ}{ds} = 0 \tag{225b}$$

gleichzeitig verschwinden. Diese in $d\delta/ds$ und dQ/ds homogenen Gleichungen liefern — von dem Sonderfall $\mathfrak{R} = R$ abgesehen — also bei von Null verschiedener Determinante, die Bedingungen

$$\frac{d\delta}{ds} = 0 \quad \text{und} \quad \frac{dQ}{ds} = 0. \tag{226a, b}$$

Nach Ausführung der in Gl. (226a, b) erforderlichen Differentiation und entsprechender Umformung erhält man:

$$\begin{aligned}\frac{d\delta}{ds} &= -\frac{\varphi''}{\varphi'^2} = -\frac{3\delta}{m} = \frac{3}{\operatorname{ctg}\varphi_1 - \operatorname{ctg}\varphi_2}\left(\frac{\cos\varphi_1}{r_1} - \frac{\cos\varphi_2}{r_2}\right) \\ &= \frac{3(p - q\cos\lambda)(q - p\cos\lambda)(ar_2 - cr_1)}{a\,\delta^3\sin^3\lambda}\end{aligned} \tag{227a–d}$$

$$\frac{dQ}{ds} = \frac{\tau''\varphi' - \varphi''\tau'}{\varphi'^2} = C_1 + C_2 + C_3 \tag{228a, b}$$

mit

$$C_1 = \frac{3}{ac\,\delta^3\sin^3\lambda}[ap(p - q\cos\lambda)^2 - cq(q - p\cos\lambda)^2], \tag{229a}$$

$$\begin{aligned}C_2 = \frac{3}{a^2c^2\delta^5\sin^3\lambda}(cr_1 - ar_2)(2pq - \delta^2\cos\lambda)[cq(2r_1 - a)(q - p\cos\lambda) + \\ + ap(2r_1 - c)(p - q\cos\lambda)],\end{aligned} \tag{229b}$$

$$C_3 = \frac{3pq(q^2 - p^2)}{a^2c^2\delta^5\sin^3\lambda}(cr_1 - ar_2)^2. \tag{229c}$$

90. Koppellagen mit kleinsten oder größten Krümmungshalbmessern der Polkurven.

Nach Gl. (227d) bestehen für diese Forderung die folgenden drei Möglichkeiten:

$$\text{Fall A: } a r_2 - c r_1 = 0, \tag{230a}$$

$$\text{Fall B: } p - q\cos\lambda = 0, \tag{230b}$$

$$\text{Fall C: } q - p\cos\lambda = 0. \tag{230c}$$

Hierzu kommt gemäß Gl. (226b) noch die Bedingung $\frac{dQ}{ds} = 0$.

Fall A: Gelenkviereck ein gleichschenkliges Trapez. Der Sonderfall $a r_2 - c r_1 = 0$ liefert $r_1 : r_2 = a : c$, und $\varrho_1 : \varrho_2 = a : c$, ebenso $p : q = a : c$. Die Bedingung $dQ/ds = 0$ ergibt nach Gl. (228b)

$$a p(p - q\cos\lambda)^2 - c q(q - p\cos\lambda)^2 = 0$$

und damit

$$\frac{a}{c} = \frac{p}{q} = \pm 1\,;$$

das Gelenkviereck hat für $a/c = 1$ die Form eines gleichschenkligen Trapezes (Abb. 188); folglich ist $\varphi_1 = \varphi_2 = \lambda/2$. Mit

$$p = q = \delta\cos\frac{\lambda}{2} \tag{231}$$

liefert Gl. (216a)

$$Q = \frac{3\delta}{r_1}\cos\frac{\lambda}{2} \tag{232}$$

und unter Beachtung von Gl. (216c) und (213a)

$$r_1 = l_*\cos\frac{\lambda}{2}, \qquad \varrho_1 = l\cos\frac{\lambda}{2}. \tag{233a, b}$$

Die Gelenkpunkte $\mathfrak{A}$ und $\mathfrak{B}$ liegen also auf dem Kreis (l_*), der die Poltangente in P berührt und den Durchmesser $\overline{PL_*} = l_*$ besitzt. Der geometrische Ort der Punkte A und B ist der Kreis (l), der die Poltangente in P berührt und den Durchmesser $\overline{PL} = l$ hat.

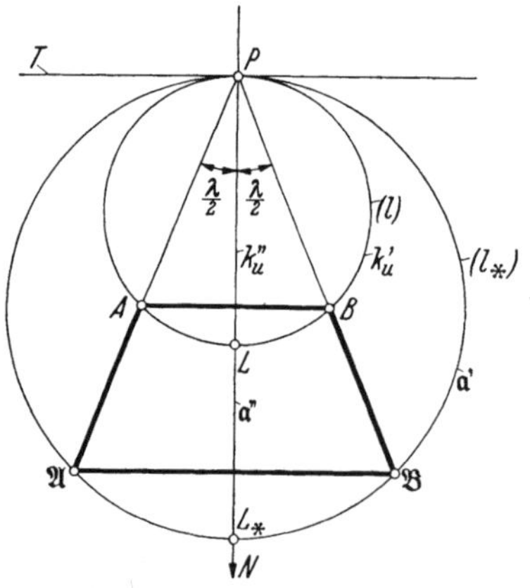

Dieses Ergebnis ist auf Grund der früher bereitgestellten Unterlagen keineswegs erstaunlich, da wegen $d\delta/ds = -\varphi''/\varphi'^2 = 0$ bei Voraussetzung von $\varphi' \neq 0$ die Bedingung $\varphi'' = 0$ erfüllt sein muß, die das Zerfallen der Angelpunktkurve $\mathfrak{a}$ in die Polnormale $\mathfrak{a}''$ und in den Kreis $\mathfrak{a}' = (l_*)$ zur Folge hat, desgleichen den Zerfall der Kreisungspunktkurve k_u in die Polnormale k_u'' und in den Kreis $k_u' = (l)$ veranlaßt.

Abb. 188. Koppellagen größten und kleinsten Krümmungshalbmessers der Polkurven. Viergelenkgetriebe ein gleichschenkliges Trapez.

Für den konstruktiven Entwurf kann man noch das Verhältnis

$$V = \frac{R}{\mathfrak{R}} \tag{234}$$

einführen und l, l_* in der folgenden Form anschreiben

$$l = \frac{3V}{2-V}\mathfrak{R} = \frac{3}{2-V}R, \tag{235a}$$

$$l_* = \frac{3V}{2V-1}\mathfrak{R} = \frac{3}{2V-1}R, \tag{235b}$$

$$Q = \frac{2V-1}{1-V} = \frac{2R-\mathfrak{R}}{\mathfrak{R}-R}. \tag{235c}$$

Sind also $\mathfrak{R}$ und R bzw. V für eine Aufgabe der genannten Art gegeben, so können die Abmessungen von l und l_* gemäß Gl. (235a, b) berechnet werden. Für die Lösung der Aufgabe sind dann ∞^1 Möglichkeiten vorhanden.

Beispiel 1: *Angenäherte Erzeugung eines Hypozykloidenbogens.* In Abb. 189 soll die hypozykloidische Bewegung des Punktes H von c_g durch die Koppelbewegung eines ebenen Gelenkvierecks in einem Teilgebiet angenähert erzeugt werden.

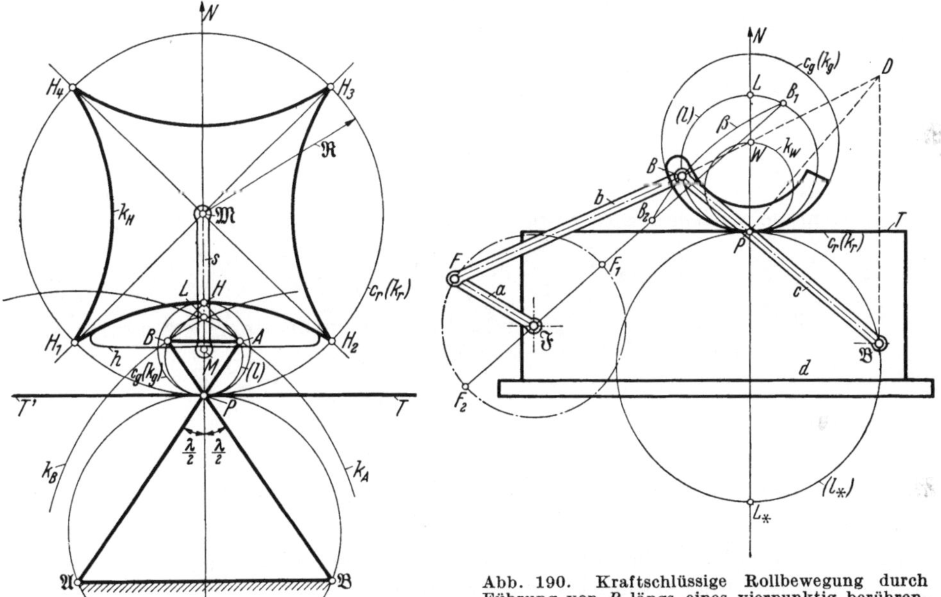

Abb. 190. Kraftschlüssige Rollbewegung durch Führung von B längs eines vierpunktig berührenden Krümmungskreises β.

Abb. 189 (links). Angenäherte Erzeugung eines Hypozykloidenbogens.

Gegeben seien: $c_g = k_g$ und $c_r = k_r$ mit den Halbmessern R und $\mathfrak{R}$, wobei c_g innerhalb c_r abrollt und $\mathfrak{R} = 4R$ gewählt worden ist. Mit $V = \frac{1}{4}$ erhält man

$$l_* = -\frac{3}{2}\mathfrak{R}, \quad l = \frac{3}{7}\mathfrak{R}, \quad \delta = \frac{\mathfrak{R}}{3};$$

damit sind die Kreise (l) und (l_*) für die Lagen der möglichen Gelenkpunkte A, B und $\mathfrak{A}$, $\mathfrak{B}$ konstruierbar.

Abb. 189 zeigt eine der vorhandenen Möglichkeiten in der Doppelschwinge $\mathfrak{A}AB\mathfrak{B}$ mit dem Koppeldreieck ABH und der Koppelkurve h von H, die sich in dem verlangten Bereich an den Hypozykloidenbogen gut anschmiegt.

Zu $\mathfrak{A}AB\mathfrak{B}$ gibt es noch zwei weitere Viergelenkgetriebe, die den Koppelpunkt H längs derselben Koppelkurve h führen, so daß man vielleicht bessere Antriebsmöglichkeiten erreichen kann (vgl. Abschnitt 94 und [75a]).

Beispiel 2: *Angenäherte Erzeugung eines Orthozykloidenbogens.* In Abb. 190 rollt der Kreis k_g auf der Geraden k_r; es ist also $\mathfrak{R} = \infty$ und damit $\delta = R$, $l = 3R/2$ und $l_* = -3R$. Der Lenker $\mathfrak{B}B = c$ führt den Punkt B auf einem Kreisbogen, der sich an die von B (als Punkt der Kreisebene c_g) beschriebene Orthozykloide gut anschmiegt. Der abrollende Kreis c_g ist in Abb. 190 als Wiegemesser einer Fleischmaschine ausgebildet. Der Antrieb könnte beispielsweise durch die zentrische Kurbelschwinge $\mathfrak{F}FB\mathfrak{B}$ geschehen. Durch Anordnung eines zweiten Lenkers $\mathfrak{A}A$, etwa symmetrisch zur PN, wäre der Kraftschluß zwischen dem Messer und der Wiegebank durch Formschluß ersetzbar.

Fall B und C: Kurbelarm des Viergelenkgetriebes als Polnormale. Der Fall $p - q\cos\lambda = 0$ liefert $f_1 = 0$ und $\varphi_2 = 0$. Der Lenker $\mathfrak{B}B$ liegt deshalb auf der Polnormale PN. Ferner erhält man

$$q = \delta, \qquad p = \delta\cos\lambda, \qquad Q = \frac{3\delta}{r_1}\cos\lambda \tag{236}$$

bzw.

$$r_1 = l_*\cos\lambda, \qquad \varrho_1 = l\cos\lambda. \tag{237a, b}$$

Die Gelenkpunkte $\mathfrak{A}$ und A liegen wiederum auf den Kreisen (l_*) und (l) als Teilen $\mathfrak{a}'$ bzw. k'_u der zerfallenden Angelpunkt- und Kreisungspunktkurve, zu denen auch die Polnormale als $\mathfrak{a}''$ bzw. k''_u gehört (Abb. 191). Nullsetzen der rechten Seite von Gl. (228b) liefert bei Beachtung von Gl. (236)

$$a c^2 \delta \sin^2\lambda - (c r_1 - a r_2)(3 c r_1 - a r_2 - a c)\cos\lambda = 0; \tag{238}$$

mit

$$a = \frac{l r_1}{\delta}, \qquad c = \frac{r_2^2}{r_2 + \delta}, \qquad \cos\lambda = \frac{r_1}{l_*} \tag{239a, b, c}$$

ergibt sich die wichtige Beziehung

$$r_1 = r_2 l_* \sqrt{\frac{l_*}{(2r_2 - l_*)\,[(l + l_*)\,r_2 - l l_*]}}\,. \tag{240}$$

Zu jedem Wert r_2 (auf der Polnormale PN) gehört also ein bestimmter Wert von r_1. Der dazugehörige Winkel λ wird durch

$$\operatorname{tg}^2\lambda = \frac{r_2^2(2l + l_*) - r_2 l_*(l_* + 3l) + l l_*^2}{l_* r_2^2} \tag{241}$$

oder

$$\operatorname{tg}^2\lambda = \frac{l(r_2 - l_*)(r_2 - \mathfrak{R})}{r_2^2\,\mathfrak{R}}, \qquad \operatorname{tg}^2\lambda = \frac{l_*(\varrho_2 - l)(\varrho_2 - R)}{\varrho_2^2\,R} \tag{242, 243}$$

ermittelt.

Für gegebene Werte $\mathfrak{R}$ und R, also auch δ, wird man beim Entwurf des Ersatzgetriebes zweckmäßig wie folgt verfahren:

Man berechnet l und l_* aus Gl. (235a, b), zeichnet die Kreise (l) und (l_*), wählt den Winkel λ nach freiem Ermessen, zieht den Polstrahl durch P, der (l) in A und (l_*) in $\mathfrak{A}$ schneidet. Dann berechnet man r_2 aus der quadratischen Gl. (242) und findet damit $\mathfrak{B}$ auf der Polnormale PN, ferner $\mathfrak{B}B = c$ nach

$$c = \frac{r_2^2}{r_2 + \delta}\,. \tag{244}$$

Der Fall C gemäß Gl. (230c) liefert gegenüber dem Fall B nichts Neues. Die Gelenkpunkte $\mathfrak{A}$ und A liegen auf der Polnormale, die Gelenkpunkte $\mathfrak{B}$ und B auf den Kreisen (l_*) und (l) usw.

91. Vorgeschriebene Polkurven-Krümmungsverhältnisse.

Die in Nr. 90 behandelten Aufgaben und Anwendungen sind nur ein Teil allgemeinerer Fragestellungen, von denen etwa eine wie folgt lautet. Eine vorgegebene komplane Bewegung ist durch eine andere zu ersetzen, die in der betrachteten Ausgangsgetriebestellung nicht nur in den Polbahn-Krümmungshalbmessern $\mathfrak{R}$ und R, sondern auch in den Änderungen dieser Halbmesser, also in $d\mathfrak{R}/ds$ und dR/ds, ferner in $d\delta/ds$ übereinstimmt, wobei s irgendeine unabhängige Veränderliche, z. B. die Bogenlänge der abrollenden Polkurven, bedeutet.

In dem Sonderfall A', daß die durch $\mathfrak{R}$, R, $d\mathfrak{R}/ds$, dR/ds und $d\delta/ds$ vorgegebene Bewegung durch die Koppelbewegung eines ebenen Gelenkvierecks erzeugt werden soll, ist auf die Gl. (224a, b) zurückzugreifen.

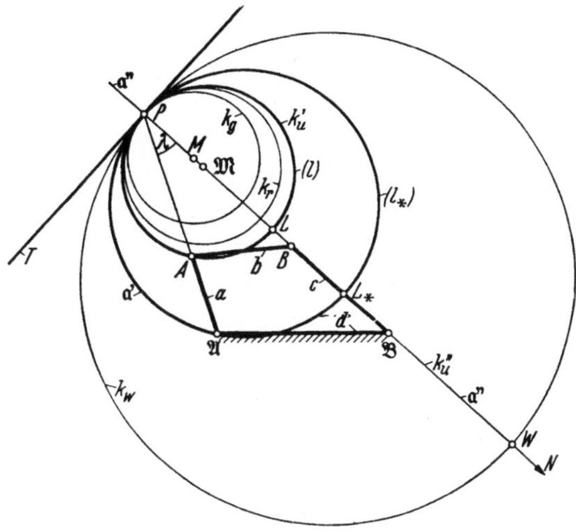

Abb. 191. Kurbelarm $\mathfrak{B}B$ des Viergelenkgetriebes als Polnormale der Koppelbewegung AB. Zerfall von k_u und $\mathfrak{a}$.

Für den noch einfacheren Fall B', daß die Übereinstimmung zunächst nur in $\mathfrak{R}$, R und $d\delta/ds$ verlangt wird, liefern die Gl. (215a, b), (216b) und (221c) durch Auflösung nach $1/r_1$ und $1/r_2$ für die Gelenkpunkte $\mathfrak{A}$ und $\mathfrak{B}$ bei Einführung der früheren Bezeichnungen, also $\psi = 90° + \varphi$, $r \to \mathfrak{r}$, $\varrho \to r$, und entsprechender Umformung die Gleichung der *Angelpunktkurve* $\mathfrak{a}$ in der Form

$$\mathfrak{r}\left[Q\cos\psi - \frac{d\delta}{ds}\sin\psi\right] - 3\delta\sin\psi\cos\psi = 0 \tag{245}$$

und entsprechend die *Kreisungspunktkurve* k_u

$$r\left[(Q+3)\cos\psi - \frac{d\delta}{ds}\sin\psi\right] - 3\delta\sin\psi\cos\psi = 0\,. \tag{246}$$

Der Sonderfall B' liefert also nichts Neues.

Dagegen gestattet die Fragestellung A' die folgende Weiterentwicklung. Unter Beachtung der sich aus dem zeichnerischen Verfahren für die Ermittlung der Polwechselgeschwindigkeit ergebenden Formel

$$\frac{dr}{ds} = \frac{d\mathfrak{r}}{ds} = -\cos\psi \tag{247}$$

erhält man durch Differentiation der Euler-Savaryschen Formel

$$\left(\frac{1}{r} - \frac{1}{\mathfrak{r}}\right)\sin\psi = \frac{1}{\delta} \tag{248}$$

nach der Bogenlänge s und durch Verwendung der Gl. (245), (246) die wichtige Beziehung:

$$\frac{d\psi}{ds} = -\frac{\operatorname{tg}\psi}{3\delta}\,\frac{d\delta}{ds} - \frac{2Q+3}{3\delta}\,. \tag{249}$$

Die Differentiation von Gl. (245) nach s führt dann nach Elimination von $\mathfrak{r}$ gemäß Gl. (245) und von $d\psi/ds$ gemäß Gl. (249) zu:

$$\begin{aligned} Q(Q+3)\operatorname{ctg}^4\psi + 3\delta\frac{dQ}{ds}\operatorname{ctg}^3\psi + \left[2\left(\frac{d\delta}{ds}\right)^2 - 3\delta\frac{d^2\delta}{ds^2}\right]\operatorname{ctg}^2\psi + {} \\ + (2Q+3)\frac{d\delta}{ds}\operatorname{ctg}\psi + \left(\frac{d\delta}{ds}\right)^2 = 0 \end{aligned} \tag{250}$$

oder

$$(\tau' - \varphi')(\tau' + 2\varphi')\varphi'^2 \operatorname{ctg}^4\psi + 3\varphi'(\tau''\varphi' - \varphi''\tau')\operatorname{ctg}^3\psi + (3\varphi'\varphi'' - 4\varphi''^2)$$
$$\operatorname{ctg}^2\psi - \varphi'\varphi''(2\tau' + \varphi')\operatorname{ctg}\psi + \varphi''^2 = 0. \tag{251}$$

Die beliebige Wahl der Drehgelenke A, B und $\mathfrak{A}$, $\mathfrak{B}$ auf den Kurven k_u bzw. $\mathfrak{a}$ gestattet dem Konstrukteur die Erfüllung einer weiteren Bedingung, z. B. für den Sonderfall A' außer der Übereinstimmung in $\mathfrak{R}$, R, $d\mathfrak{R}/ds$, dR/ds, $d\delta/ds$ und dQ/ds noch die Übereinstimmung der zweiten Ableitung $\frac{d^2\delta}{ds^2}$ des Wendekreismessers δ nach der Bogenlänge s, indem der Winkel ψ gemäß Gl. (250) ermittelt wird. Anders ausgedrückt bedeutet dies dann die *Übereinstimmung in fünf infinitesimal benachbarten Gliedlagen.*

Beispiel: Die augenblickliche Bewegung eines Getriebegliedes sei durch die Krümmungshalbmesser $\mathfrak{R} = 50$ mm und $R = 40$ mm der ruhenden und bewegten Polkurve, deren Änderungen $d\mathfrak{R}/ds = 0{,}05$, $dR/ds = 0{,}1$ und durch die zweite Ableitung des Wendekreisdurchmessers nach der Bogenlänge $d^2\delta/ds^2 = 0{,}015\ \text{mm}^{-1}$ gegeben[1]. Es ist ein Viergelenkgetriebe zu entwerfen, dessen Koppel diese augenblickliche Bewegung am besten verwirklicht.

Lösung: Der Wendekreisdurchmesser folgt aus Gl. (49) zu $\delta = 200$ mm. Die Gl. (224a, b) liefern aus

$$0{,}05 = 0{,}25\frac{d\delta}{ds} - 12{,}5\frac{dQ}{ds},$$
$$0{,}1 = 0{,}2\frac{d\delta}{ds} - 8\frac{dQ}{ds}$$

die Werte

$$\frac{d\delta}{ds} = 1{,}7 \quad \text{und} \quad \frac{dQ}{ds} = 0{,}03,$$

ferner ist nach Gl. (215) $Q = 3$.

Nach Gl. (246) folgt für die Gleichung der Kreisungspunktkurve k_u

$$r = \frac{600\sin\psi\cos\psi}{6\cos\psi - 1{,}7\sin\psi} \tag{246a}$$

mit $l = 100$ und $m = -600/1{,}7 = -352{,}94$. Die Gl. (250) von der Form $18\operatorname{ctg}^4\psi + 18\operatorname{ctg}^3\psi - 3{,}22\operatorname{ctg}^2\psi + 15{,}3\operatorname{ctg}\psi + 2{,}89 = 0$ hat die reellen Wurzeln

$$\operatorname{ctg}\psi_1 = -0{,}1765, \qquad \psi_1 = 100°\,—'\,34'',$$
$$\operatorname{ctg}\psi_2 = -1{,}4665, \qquad \psi_2 = 145°\,42'\,36''.$$

Die dazugehörigen Werte der Kreisungspunktkurve sind

$$r_1 = \overline{PA_1} = 37{,}46\ \text{mm}, \qquad r_2 = \overline{PA_2} = 47{,}22\ \text{mm},$$

wobei A_1, A_2 die Koppelgelenke des gesuchten Viergelenkgetriebes sind. Aus der EULER-SAVARYschen Gleichung $(1/PA_1 - 1/P\mathfrak{A}_1)\sin\psi = 1/\delta$ folgt endlich $\overline{P\mathfrak{A}_1} = 46{,}2$ mm und $\overline{P\mathfrak{A}_2} = 81{,}2$ mm. Mit Winkel $\sphericalangle \mathfrak{A}_1 P \mathfrak{A}_2 = \sphericalangle A_1 P A_2 = \psi_2 - \psi_1 = 45°\,42'$ sind damit sämtliche Gliederabmessungen des Gelenkvierecks bestimmt.

Für die Polarkoordinaten des BALLschen Punktes ergibt sich nach Gl. (198) mit $\tau' = 1/\mathfrak{R} = 1/50$, $\varphi' = 1/\delta = 1/200$, $\varphi'' = 3\varphi'/m = -1{,}7/40000$, also $\operatorname{tg}\psi_U = 3/1{,}7 = 1{,}765$ und $r_U = 174$ mm.

[1] Vgl. Fußn. 1, S. 144: Das Zahlenbeispiel ist der SIEKERschen Arbeit entlehnt.

92. Fünf infinitesimal benachbarte Lagen eines Getriebegliedes.

Die Lösungen ctg ψ der Gl. (250) liefern auf der Kreisungspunktkurve und auf der Angelpunktkurve ganz bestimmte Punkte A^* bzw. $\mathfrak{A}^*$, die nach R. Müller als die Burmesterschen Punkte der Systemlage bezeichnet werden. Die Punkte A^* auf k_u besitzen einen „*fünfpunktig*" berührenden Krümmungskreis[1].

Die Punkte A^* auf k_u sind die Schnittpunkte der Geraden $y - \operatorname{tg} \psi_i \, x = 0$ mit k_u bei $i = 1, 2, 3, 4$, wobei ctg ψ_i die Wurzeln der Gl. (250) bedeuten. Diese Geraden schneiden k_u außer in P noch in je einem weiteren Punkt, so daß insgesamt „*vier*" Burmestersche Punkte vorhanden sind, von denen entweder alle vier reell, zwei reell und zwei imaginär oder alle vier imaginär sein können.

Bei einem vorgegebenen Gelenkviereck $\mathfrak{A} A B \mathfrak{B}$ sind zwei der Burmesterschen Punkte als die Gelenkpunkte A und B der Koppel bekannt. Die Konstruktion der beiden anderen Burmesterschen Punkte wurde von R. Müller gegeben. Sind in Gl. (250) alle vier Wurzeln reell, so existieren vier reelle Burmestersche Punkte A_1^* bis A_4^*, zu denen die gestellfesten Punkte $\mathfrak{A}_1^*$ bis $\mathfrak{A}_4^*$ gehören. Der Sonderfall A' hat dann sechs Lösungen, nämlich die Gelenkvierecke mit den Koppeln $A_1^* A_2^*$, $A_1^* A_3^*$, $A_1^* A_4^*$, $A_2^* A_3^*$, $A_2^* A_4^*$ und $A_3^* A_4^*$.

Bei zwei reellen Wurzeln existiert nur ein einziges Gelenkviereck, das den gestellten Bedingungen genügt.

Um die mit vierpunktig berührenden Tangenten und Krümmungskreisen zusammenhängenden Fragen systematisch angreifen zu können, war R. Müller auf die Bewegung eines starren ebenen Systems durch vier infinitesimal benachbarte Lagen zurückgegangen[2] und hatte diese Untersuchungen folgerichtig bei der Bewegung durch fünf infinitesimal benachbarte Lagen fortgesetzt[3].

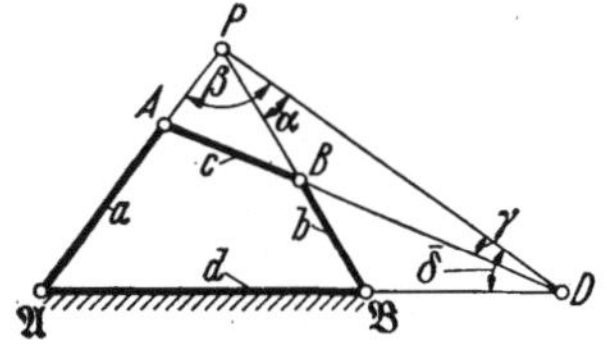

Abb. 192. Winkelbezeichnungen am Viergelenkgetriebe nach R. Müller.

Ein wichtiges Hilfsmittel bietet bei allen diesen Untersuchungen die von R. Müller[4] entwickelte Lehre von den Wendepolen und Rückkehrpolen höherer Ordnung.

Es gibt auch Rekursionsformeln für die Koordinaten der Rückkehr- und Wendepole, wenn die Systembewegung durch Angabe der Polkurven bestimmt ist. Mit den Winkelbezeichnungen α, β, γ, δ der Abb. 192 und den Bezeichnungen $\overline{\mathfrak{A} A} = a$, $\overline{\mathfrak{B} B} = b$, $\overline{A B} = c$ und $\overline{\mathfrak{A} \mathfrak{B}} = d$ wurden für das ebene Gelenkviereck von R. Müller u. a. die folgenden Ergebnisse abgeleitet[5]:

---

[1] Müller, R.: Konstruktion der Burmesterschen Punkte für ein ebenes Gelenkviereck, 1. Mitt. Z. Math. Phys. Bd. 37 (1892) S. 213/217; 2. Mitt. Bd. 38 (1893) S. 129/147.

[2] Müller, R.: Über die Krümmung der Bahnevoluten bei starren ebenen Systemen. Z. Math. Phys. Bd. 36 (1891) S. 193/205 — Konstruktion der Krümmungsmittelpunkte der Hüllbahnevoluten bei starren ebenen Systemen. Z. Math. Phys. Bd. 36 (1891) S. 257/266.

[3] Müller, R.: Über die Bewegung eines starren ebenen Systems durch fünf unendlich benachbarte Lagen. Z. Math. Phys. Bd. 37 (1892) S. 129/150.

[4] Müller, R.: Beiträge zur Theorie des ebenen Gelenkvierecks. Festschrift Herzogl. Techn. Hochschule Carola Wilhelmina Braunschweig (1897) S. 41/84, wiederabgedruckt in Z. Math. Phys. Bd. 42 (1897) S. 247/271.

[5] Vgl. R. Müller: Über die angenäherte Geradführung mit Hilfe eines ebenen Gelenkvierecks. Z. Math. Phys. Bd. 43 (1898) S. 36/40; ferner: Die Koppelkurve mit sechspunktig berührender Tangente. Z. Math. Phys. Bd. 46 (1901) S. 330/342 — Zur Theorie der doppelt gestreckten Koppelkurve: Die Krümmung der Kurve in den Punkten mit sechspunktig berührender Tangente. Z. Math. Phys. Bd. 48 (1903) S. 208/219 — Zur Lehre von der Momentanbewegung eines starren ebenen Systems. Eine Eigenschaft der Burmesterschen Punkte. Z. Math. Phys. Bd. 48 (1903) S. 220/223.

a) Lage des BALLschen Punktes U: $\sphericalangle UPT = \psi_U$

$$\operatorname{tg}\psi_U = -\frac{\operatorname{tg}\alpha \operatorname{tg}\beta}{\operatorname{tg}\bar{\delta}}. \tag{252}$$

b) Bedingung dafür, daß ein gewisser Punkt der Koppelebene des Gelenkvierecks momentan eine Bahnstelle mit fünfpunktiger Tangente beschreibt.

$$2 \operatorname{ctg}\bar{\delta} = \operatorname{ctg}\alpha + \operatorname{ctg}\beta - \operatorname{ctg}\gamma\,(1 + \operatorname{ctg}\alpha \operatorname{ctg}\beta). \tag{253}$$

c) Bedingung dafür, daß in der betrachteten Systemlage der BALLsche Punkt eine Bahnstelle mit *sechspunktig berührender Tangente* durchläuft.

$$\gamma + \bar{\delta} = \alpha + \beta, \tag{254}$$

$$\sin 2\gamma = \sin 2\alpha + \sin 2\beta. \tag{255}$$

d) Bedingung dafür, daß sich der BALLsche Punkt in der betreffenden Gliedlage auf der Koppelgeraden AB befindet:

$$\operatorname{ctg}\bar{\delta} = \operatorname{ctg}\alpha \operatorname{ctg}\beta \operatorname{ctg}\gamma. \tag{256}$$

e) In jeder Systemlage, in der ein Punkt der Koppelgeraden eine Bahnstelle mit *sechspunktig berührender Tangente* durchläuft, bilden die drei beweglichen Glieder des Gelenkvierecks — oder deren Verlängerungen — ein gleichseitiges Dreieck.

f) Hat eine Gelenkviereck die Eigenschaft, daß ein auf der Koppelgeraden liegender Punkt eine Bahnkurve mit *sechspunktig berührender Tangente* beschreibt, so genügen die Längen seiner Glieder, mit geeigneten Vorzeichen versehen, den beiden folgenden Gleichungen und umgekehrt.

$$\begin{aligned} a^3b^3 + b^3c^3 + c^3a^3 - 3abc\,[a^2(b+c) + \\ + b^2(c+a) + c^2(a+b)] + 15a^2b^2c^2 = 0, \end{aligned} \tag{257}$$

$$d = \frac{a^2b^2 + a^2c^2 + b^2c^2 - abc(a+b+c)}{3abc} \tag{258}$$

Neuerdings gab K. H. SIEKER[1] eine Anwendung des Sonderfalles A' und der Gl. (250) für den Entwurf von Gelenkvierecken als Funktionsgetriebe, z. B. für $xy = c$ und $y = me^{nx}$.

Anschließend sei noch auf eine Arbeit von A. P. KOTELINIKOV[2] hingewiesen, der die Konstruktion der BURMESTERschen Punkte auf eine Transformation zweier Strophoiden auf je einen Kreis zurückführte.

In diesem Zusammenhang sei auch der angenäherten Synthese von Mechanismen auf der Grundlage der von P. L. TSCHEBYSCHEW[3] entwickelten Theorie der am wenigsten von Null abweichenden Funktionen gedacht, die in Verbindung mit gewissen Funktionssystemen und den aus ihnen gebildeten Linearformen auf dem sogenannten „*Tschebyschewschen Theorem*" beruht und so die Approximation an eine vorgeschriebene stetige Funktion ermöglicht.

Wiedergabe, Anwendung und Entwicklung dieser Methode findet man mit zahlreichen Schrifttumshinweisen — außer in den Originalwerken — bei S. SCH. BLOCH[4].

---

[1] SIEKER, K. H.: Ermittlung von Gelenkvierecken aus den Krümmungshalbmessern der Polbahnen und deren Anwendungen. Z. Die Technik Bd. 3 (1948) S. 170/174.

[2] Rec. math. Soc. math. Moscou Bd. 34 (1927) S. 207/348.

[3] Oeuvres de P. L. TSCHEBYSCHEW, publiés par les soins de Mrs. A. MARKOFF et SONIN. 2 Bd. St. Pétersbourg 1899, 1907.

[4] BLOCH, S. SCH.: Angenäherte Synthese von Mechanismen. Berlin 1951. Verl. Technik.

VIII. Das Gelenkviereck als Kurbelgetriebe.

93. Verschiedene Arten des Kurbelgetriebes. Die Koppelkurve.

Unter einem Kurbelgetriebe soll in den nachstehenden Abschnitten nur ein solches verstanden werden, das sich aus den Mechanismen des ebenen Gelenkvierecks und seiner Sonderfälle ableiten läßt.

Wie die bisherigen Anwendungsgebiete gezeigt haben, sind die Koppelkurven, d. s. die Bahnkurven, die von einem Punkt der Koppel beschrieben werden, für den Konstrukteur von besonderer Bedeutung. Es ist deshalb notwendig, die Eigenschaften dieser Koppelkurven etwas eingehender zu untersuchen und ihre Gesetzmäßigkeiten für die Erfordernisse der Praxis nutzbar zu machen.

Rein mathematisch gedeutet, werden also diese Koppelkurven von Punkten eines starren ebenen Systems beschrieben, das mit zwei seiner Punkte A und B auf den Kreisen α und β geführt wird, wobei diese Kreise auch in Gerade ausarten können.

Abb. 193 zeigt in diesem Sinne eine *Kurbelschwinge a, b, c, d*, die auch als *Schwingkurbelgetriebe*[1] oder als *Bogenschubkurbel*[2] bezeichnet wird.

Das vorliegende Gelenkviereck erfüllt mit seinen Abmessungen die Grashofsche Bedingung $(a + d < b + c)$. Die um $\mathfrak{A}$ mit $(b + a)$ und $(b - a)$ geschlagenen Kreise k_{b+a} und k_{b-a} schneiden den Kreis β in den Punkten B_a und B_a' bzw. B_i und B_i', zu denen die Kurbelzapfenmitten A_a, A_a', A_i, A_i' gehören.

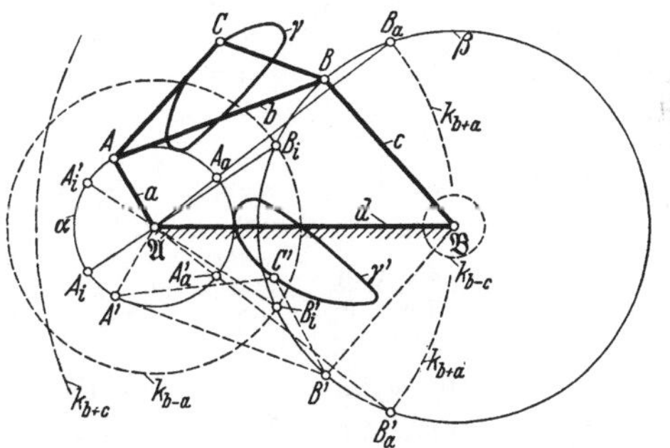

Abb. 193. Zweiteilige Koppelkurve γ, γ' einer Kurbelschwinge.

Die Führung der mit b starr verbundenen Koppelebene E längs der Kreise α, β kann also durch die beiden Kurbelschwingen $\mathfrak{A}AB\mathfrak{B}$ und $\mathfrak{A}A'B'\mathfrak{B}$ bewirkt werden. Die Koppelkurve besteht somit aus zwei Teilen γ, γ'; sie ist „*zweiteilig*" $(\triangle ABC \cong \triangle A'B'C)$.

Mit dem kleinsten Glied a als Standglied (Standwechsel nach R. Franke) liefert Abb. 193 das „*Doppelkurbelgetriebe*" der Abb. 194, kürzer die „*Doppelkurbel*", wobei sich wiederum eine „zweiteilige" Koppelkurve γ, γ' ergibt.

Das „Doppelschwinggetriebe", kurz die „*Doppelschwinge*", der Abb. 195 mit c als Standglied, also gestellt auf das dem kleinsten Glied gegenüberliegende Glied, besitzt — bei Erfüllung des Grashofschen Satzes — je vier Totlagen für die Anordnungen $\mathfrak{B}BA\mathfrak{A}$ und $BA'\mathfrak{A}'\mathfrak{B}$. Diese 8 Totlagen werden mit Hilfe der Kreise k_{b+a}, k_{b-a}, k_{d+a}, k_{d-a} gezeichnet. Auch in diesem Falle ist die Koppelkurve „*zweiteilig*".

In Abb. 196 ist das auf d gestellte Gelenkviereck der Abb. 193 unter Beibehaltung der Abmessungen a, c, d so verändert, daß $a + d = b + c$ wird. Die um $\mathfrak{B}$ mit Halbmesser $(b + c)$ und um $\mathfrak{A}$ mit Halbmesser $(b - a)$ geschlagenen Kreise k_{b+c} und k_{b-a} berühren dann die Führungskreise α und β in $A_i = A_i'$ bzw. $B_i = B_i'$, während der Kreis k_{b+a} um $\mathfrak{A}$ den Kreis β in den äußeren Totlagenpunkten B_a, B_a' schneidet.

---

[1] Zum Beispiel bei Reinhold Müller: [19], S. 76.

[2] Zum Beispiel bei F. Reuleaux [1], II. Bd., S. 405 und in den AWF-Getriebeblättern.

Die Bewegungsvorgänge in dieser „*durchschlagenden*“ Kurbelschwinge können zweifacher Art sein.

Dreht sich die Kurbel a von dem „*Wechselpunkt*“[1] A_a im Uhrzeigersinn über A' nach A_i, so gelangt B nach B_i auf $\mathfrak{A}\,\mathfrak{B}$. Stößt die Koppel b an der Stelle B_i auf eine am Gestell angeordnete Stütze, so wird A weiterlaufen und der Schwingenzapfen B von B_i über B nach B_a zurückschwingen.

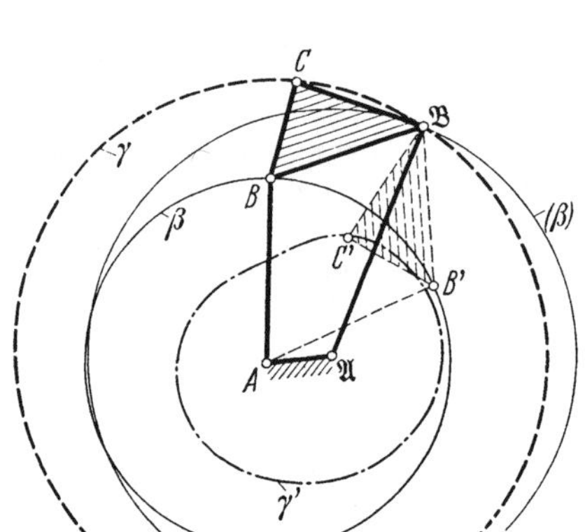

Abb. 194. Zweiteilige Koppelkurve γ, γ' einer Doppelkurbel.

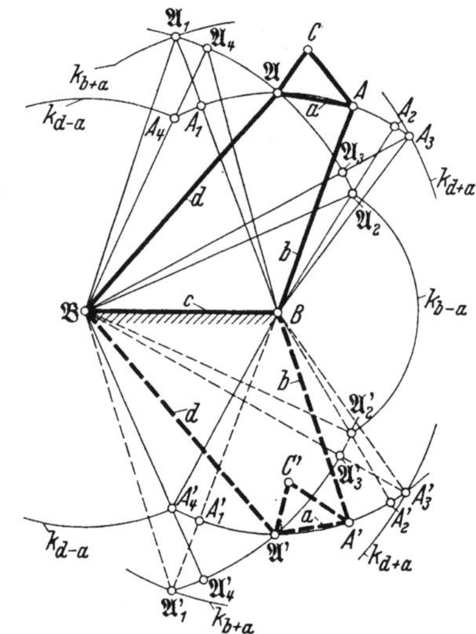

Abb. 195. Totlagen der Doppelschwinge.

Ist bei B_i kein solches Hindernis vorhanden, so kann c eine Schwingbewegung zwischen $\mathfrak{B}\,B_a$ und $\mathfrak{B}\,B_a'$ (Hin- und Rückgang) ausführen, wenn die Kurbel a, von A_a ausgehend, zwei volle Umdrehungen gemacht hat. Hieraus folgt, daß in diesem Falle alle möglichen Koppellagen b nacheinander in einem

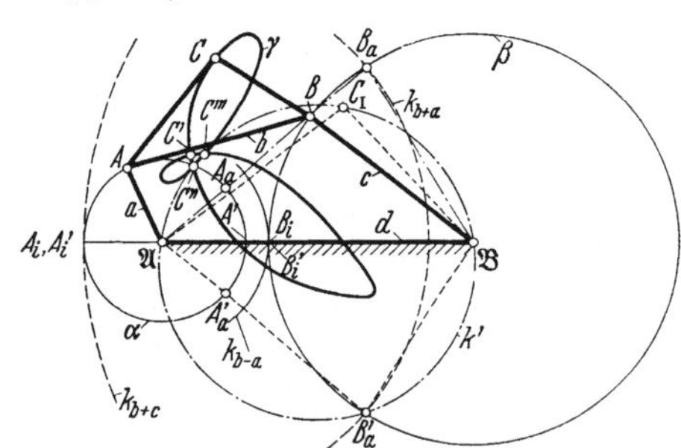

Abb. 196. Durchschlagende Kurbelschwinge. „Einteilige“ Koppelkurve γ mit Doppelpunkten.

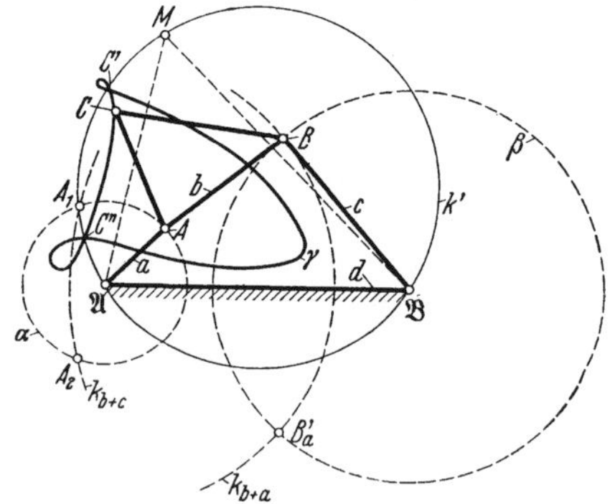

Abb. 197. Doppelschwinge, nicht der GRASHOFschen Bedingung genügend, mit „einteiliger“ Koppelkurve γ.

Zuge durchlaufen werden. Die Koppelkurve γ von C ist also „*einteilig*“. Da der Schwingenbogen $B_a B_i B_a'$ dem gestellfesten Punkt der Kurbel a seine konvexe Seite zuwendet, wird dieses Getriebe nach L. BURMESTER als „*konvexes*“ durchschlagendes Schwingkurbelgetriebe bezeichnet. Für $d + c = a + b$ würde ein „*konkaves*“ durchschlagendes Schwingkurbelgetriebe entstehen.

---

[1] A_i und A_a heißen *Wechselpunkte*; B_i und B_a dagegen *Umkehrpunkte*. Zusammen werden sie *Totpunkte* genannt. Die dazugehörigen Koppellagen heißen *Totlagen*.

Die „*zwanglosen*“ *Durchschlagslagen* (*Verzweigungslagen*) können durch Anbringung entsprechender Hilfsverzahnungen unter Benutzung der Relativpolkurven der Glieder a und c überwunden werden (analog Abb. 53b). Wird b gegenüber b der Abb. 196 unter Beibehaltung der Abmessungen von a, c, d weiter verkleinert, so entsteht ein Doppelschwinggetriebe nach Abb. 197, bei dem $a + d > b + c$, die GRASHOFsche Bedingung also nicht mehr erfüllt ist.

Dieses Doppelschwinggetriebe unterscheidet sich wesentlich von dem der Abb. 195, da es nur vier Totlagen besitzt und die Koppel AB ihre sämtlichen Lagen in einem Zuge durchläuft (einteilige Koppelkurve γ von C). Zusammenfassend gilt

Satz 50: Zweiteilige Koppelkurven entstehen dann und nur dann, wenn die Summe aus der kleinsten und der größten Gliedlänge kleiner ist als die Summe der beiden anderen Gliedlängen; alle anderen Fälle liefern Koppelkurven, die immer aus einem einzigen geschlossenen Zug bestehen.

94. Dreifache Erzeugung der Koppelkurve. Der Satz von ROBERTS.

Der weiteren Untersuchung der Koppelkurven eines ebenen Gelenkvierecks soll ein wichtiger Satz vorausgeschickt werden, der von S. ROBERTS[1] gefunden wurde und für die Synthese der Kurbelgetriebe von Bedeutung ist.

Zieht man durch einen beliebigen Punkt C in der Ebene des Dreiecks $\mathfrak{A}_0\,\mathfrak{B}_0\,\mathfrak{M}_0$ der Abb. 198 die Parallelen zu dessen Seiten, so entstehen drei ähnliche Dreiecke

$$\triangle ABC \sim \triangle ECD \sim \triangle CFG \tag{259}$$

und drei Parallelogramme

$$\mathfrak{A}_0 ACE, \quad \mathfrak{B}_0 BCF, \quad \mathfrak{M}_0 DCG. \tag{260}$$

Man kann nun diese Figur als einen Gelenkmechanismus deuten, der aus den Gelenkparallelogrammen (260) und den Dreibindern (259) besteht, die in C ebenfalls gelenkig miteinander verbunden sind, mit C als Doppelgelenk. Der so entstandene Mechanismus hat den Freiheitsgrad $F = 2$; d. h. er kann bei

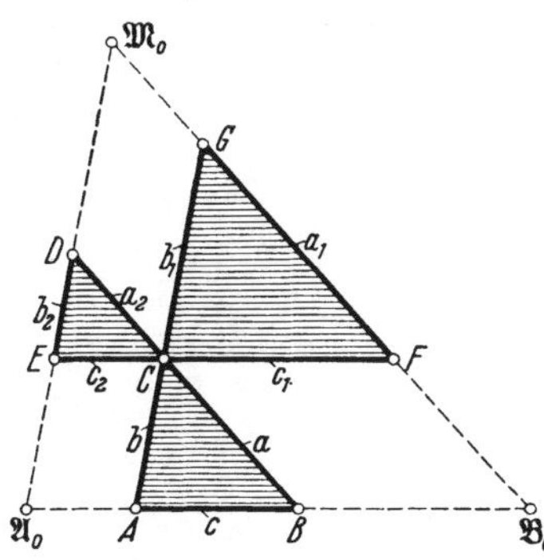

Abb. 198. Gelenkmechanismus zur Ermittlung der drei Kurbelgetriebe des ROBERTSschen Satzes.

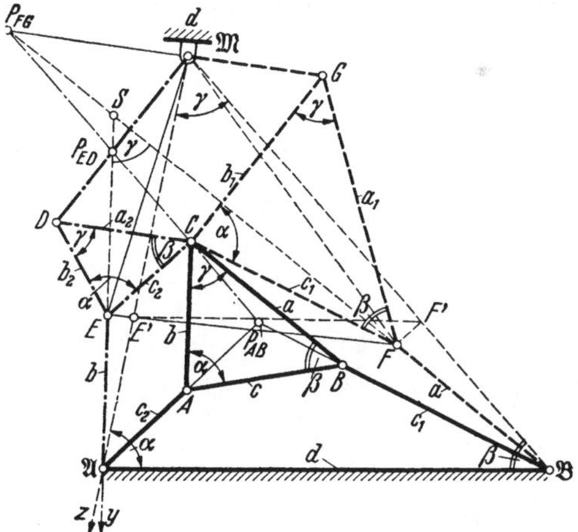

Abb. 199. Satz von ROBERTS. Dreifache Erzeugung einer Koppelkurve durch drei Kurbelgetriebe (ausgezogen, gestrichelt, strichpunktiert).

Festhaltung eines Gliedes (z. B. ABC) bei $\overline{A\mathfrak{A}_0}$ und $\overline{B\mathfrak{B}_0}$ angetrieben werden und liefert so die neue getriebliche Anordnung der Abb. 199 als Grundlage des ROBERTSschen Satzes.

[1] ROBERTS, S.: Three bar motion in plane space. Proc. Lond. Math. Soc. Bd. 7 (1875) S. 14.

Macht man dabei $\mathfrak{A}$, $\mathfrak{B}$ und $\mathfrak{M}$ zu gestellfesten Punkten, so erhält man ein Getriebe mit $n = 10$ Gliedern und $g = 14$ Gelenken, wobei die Gelenkstellen $\mathfrak{A}$, $\mathfrak{B}$, $\mathfrak{M}$, C doppelt zu zählen sind, also ein Getriebe vom Freiheitsgrad $F = 3(10 - 14 - 1) + 14 = -1$. Die Gelenkkette müßte demnach starr sein; sie ist es nicht infolge der bestehenden geometrischen Gesetzmäßigkeiten, gehört vielmehr zu den *„übergeschlossenen" Getrieben*[1].

Der Beweis beruht im wesentlichen darauf, daß ein im Gestell bei $\mathfrak{M}$ beweglich gelagertes Gelenkparallelogramm $\mathfrak{M}ECD$, ergänzt durch die ähnlichen Dreiecke ECD und CFG, mit den Punkten E und F „ähnliche" Kurven k_E, k_F beschreibt, wenn z. B. E längs einer beliebigen Kurve k_E gegenüber dem Gestell bewegt wird. Ferner ergibt sich beim Übergang von Abb. 198 zu Abb. 199 die Ähnlichkeitsbeziehung:

$$\triangle \mathfrak{A}\mathfrak{B}\mathfrak{M} \sim \triangle ABC. \tag{261}$$

Denkt man sich die gelenkige Verbindung bei C gelöst, so zerfällt Abb. 199 in

Kurbelgetriebe $\mathfrak{A}AB\mathfrak{B}$ mit Koppeldreieck ABC, (262a)

Kurbelgetriebe $\mathfrak{A}ED\mathfrak{M}$ mit Koppeldreieck ECD, (262b

Kurbelgetriebe $\mathfrak{B}FG\mathfrak{M}$ mit Koppeldreieck CFG, (262c)

von denen jedes mit seinem Koppelpunkt C dieselbe Koppelkurve γ erzeugt. Zusammenfassend gilt der wichtige Satz von der *dreifachen Erzeugung der Koppelkurve*, und zwar

Satz 51 (Satz von ROBERTS): Die Bahnkurve des Punktes C kann als Koppelkurve der drei Viergelenkgetriebe $\mathfrak{A}AB\mathfrak{B}$, $\mathfrak{A}ED\mathfrak{M}$ und $\mathfrak{B}FG\mathfrak{M}$ erzeugt werden, die auf die Glieder $\overline{\mathfrak{A}\mathfrak{B}}$, $\overline{\mathfrak{A}\mathfrak{M}}$ und $\overline{\mathfrak{B}\mathfrak{M}}$ gestellt und deren Koppeldreiecke ABC, ECD und CFG untereinander und zu dem Dreieck $\mathfrak{A}\mathfrak{B}\mathfrak{M}$ ähnlich sind.

Dem Satz von ROBERTS wurde eine große Reihe von Beweisen gewidmet, z. B. von A. CAYLEY[2] und W. CLIFFORD, J. KLEIBER[3]. Ist in Abb. 199 $\mathfrak{A}AB\mathfrak{B}$ ein durchschlagendes Kurbelgetriebe, so gilt dasselbe auch von den beiden anderen Getrieben.

Die Bedeutung des ROBERTSschen Satzes für die Getriebesynthese sei durch den folgenden Hinweis erläutert. Ist für eine Aufgabe, z. B. für den Entwurf eines Koppel-Rastgetriebes, ein Gelenkviereck $\mathfrak{A}AB\mathfrak{B}$ gefunden worden, so kann man nach dem Satz von ROBERTS noch zwei weitere Gelenkvierecke angeben, die dieselbe Koppelkurve erzeugen. Man wird diese Erkenntnis insbesondere dann verwerten, wenn bei dem gefundenen Gelenkviereck beispielsweise ungünstige Übertragungswinkel oder Schwierigkeiten beim Antrieb auftreten und eine Verlegung des einen gestellfesten Punktes $\mathfrak{A}$ oder $\mathfrak{B}$ in Kauf genommen werden muß oder sogar zweckmäßig ist.

Beispiel: In einer Arbeitsmaschine ist eine Kurbelschwinge $\mathfrak{A}AB\mathfrak{B}$ eingebaut, deren Koppelpunkt C des Koppeldreiecks ABC für einen bestimmten Zweck, z. B. für die Ableitung einer Rast, benutzt wird. Beim Umbau der Maschine ist es erwünscht, den Antrieb zu verlegen, ohne an der Form der Koppelkurve γ etwas zu ändern (Abb. 200).

---

[1] Für ebene Getriebe ist bei Festhaltung eines Gliedes die Anzahl F der Antriebsmöglichkeiten, d. h. der Freiheitsgrad der getrieblichen Anordnung,

$$F = 3(n - g - 1) + \sum f_i,$$

wobei n = Anzahl der Glieder, g Anzahl der Gelenke und f_i = Freiheitsgrad des i-ten Gelenkes bedeuten. Für Zwanglauf gilt $F = 1$.

[2] London Math. Soc. Proc. Bd. 7 (1876) S. 142 u. 166; Bd. 7 (1875) S. 14. Vgl. H. HART: Mess. of Math. (2) Bd. 12 (1883) S. 32. — G. PASTORE: Torino Atti 1890, S. 84.

[3] KLEIBER, J.: Z. Math. Bd. 36 (1891) S. 296. — Ferner A. SCHOENFLIES u. M. GRÜBLER: Kinematik. Enzykl. d. math. Wissensch. (IV) Bd. 3 (1902) S. 190/278, insbesondere S. 221ff. — Vgl. R. MÜLLER: [19], S. 82/84.

Lösung: Man bringt $\overline{\mathfrak{A}A}$, $\overline{AB}$, $\overline{B\mathfrak{B}}$ mit dem Koppeldreieck ABC in die Strecklage $\overline{\mathfrak{A}_0 A}$, $\overline{AB}$, $\overline{B\mathfrak{B}_0}$ (Abb. 200b). Die durch $\mathfrak{A}_0$ zu AC und durch $\mathfrak{B}_0$ zu BC gezeichneten Parallelen schneiden sich in $\mathfrak{M}_0$ und werden von BC und AC in D bzw. G geschnitten. Die durch C zu AB gezeichnete Parallele schneidet $\mathfrak{A}_0\mathfrak{M}_0$ in E und $\mathfrak{B}_0\mathfrak{M}_0$ in F. Dann macht man in Abb. 200a $\triangle \mathfrak{A}\mathfrak{B}\mathfrak{M} \sim \triangle ABC$ und findet so $\mathfrak{M}$.

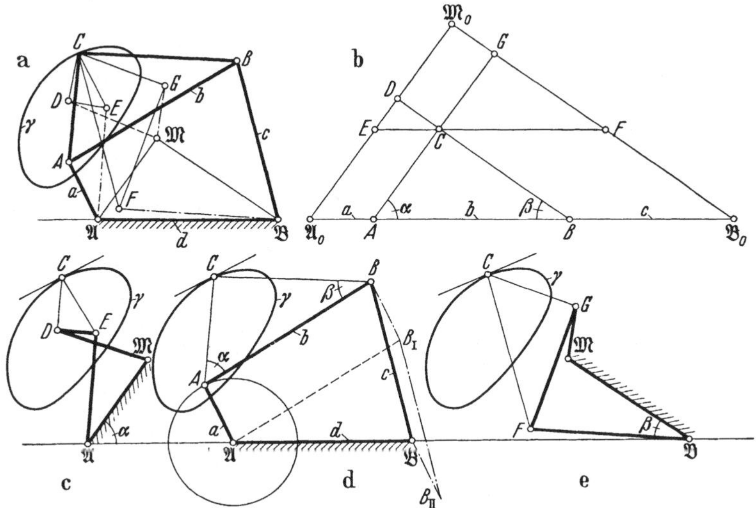

Abb. 200. Satz von ROBERTS. Die drei Kurbelgetriebe (links unten in einer Figur) besonders herausgezeichnet und nebeneinandergestellt.

Die durch $\mathfrak{A}$ zu CA und durch C zu $A\mathfrak{A}$ gezeichneten Parallelen liefern E. Durch Anfügen des Dreiecks ECD der Abb. 200b an EC von Abb. 200a wird D, damit die Kurbel $\overline{\mathfrak{M}D}$ und das gesuchte Kurbelgetriebe (262b) erhalten, das in Abb. 200c nochmals dargestellt ist.

Analog schneiden sich die durch $\mathfrak{B}$ zu CB und durch C zu $B\mathfrak{B}$ gelegten Parallelen in F; $\triangle CFG$ an $\overline{CF}$ angefügt, liefert G und damit die Kurbel $\overline{\mathfrak{M}G}$, wodurch das Kurbelgetriebe (262c) gefunden ist. Dieses ist in Abb. 200e ebenfalls herausgezeichnet.

Das Ganze läuft mit anderen Worten darauf hinaus, die Zweigelenkketten $\overline{\mathfrak{A}_0 E}$, $\overline{ECD}$, $\overline{D\mathfrak{M}_0}$ und $\overline{\mathfrak{B}_0 F}$, $\overline{FGC}$, $\overline{G\mathfrak{M}_0}$ der Abb. 200b in $\mathfrak{A}$ und $\mathfrak{M}$ bzw. $\mathfrak{B}$ und $\mathfrak{M}$ der Abb. 200a gelenkig anzuschließen. Man achte darauf, daß diese Zweigelenkketten nach der richtigen Seite des betreffenden Gestells angetragen werden (zweiteilige Koppelkurven!).

Die Abb. 200c, d, e bestätigen mit den eingetragenen kongruenten Koppelkurven γ besonders anschaulich den ROBERTSschen Satz, der in Abb. 200e eine weitere Kurbelschwinge liefert, während die Doppelschwinge der Abb. 200c wegen der schwierigen Antriebsmöglichkeit für den vorliegenden Zweck ungeeignet wäre.

In Abb. 201 ist an der *Doppelschwinge* $\mathfrak{A}AB\mathfrak{B}$ der Sonderfall dargestellt, bei dem die Koppeldreiecke zu einem geradlinigen Streckenzug ausarten, A, B, C also auf einer Geraden liegen. Dabei bleibt die Ähnlichkeitsbeziehung erhalten, und es sind die folgenden Verhältnisgleichungen zu beachten: $\overline{CF} : \overline{CG} = \overline{AB} : \overline{AC}$, $\overline{CE} : \overline{ED} = \overline{BA} : \overline{AC}$ und $\mathfrak{B}\mathfrak{A} : \mathfrak{A}\mathfrak{M} = \overline{BA} : \overline{AC}$, da die Ähnlichkeit der Dreiecke in die Proportionalität der entsprechenden Koppelstrecken übergeht.

Für eine *zentrische Schubkurbel a, b, c, d* (Abb. 202) ist das zweite, dieselbe Koppelkurve erzeugende Kurbelgetriebe die *Schubschwinge* (schwingende Geradschubkurbel) a_1, b_1, c_1, d_1, deren Schubrichtung d_1 mit der Schubrichtung d den Winkel $\sphericalangle D\mathfrak{A}B = \sphericalangle BAC = \alpha$ bildet.

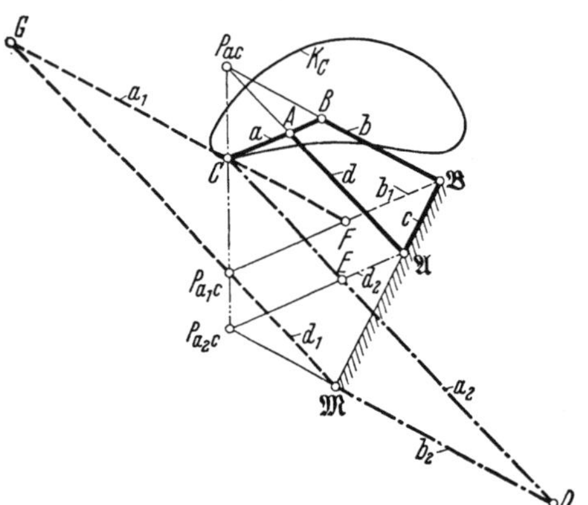

Abb. 201. Satz von ROBERTS. Koppelpunkt C in Koppelmittellinie $\overline{AB}$ einer Doppelschwinge.

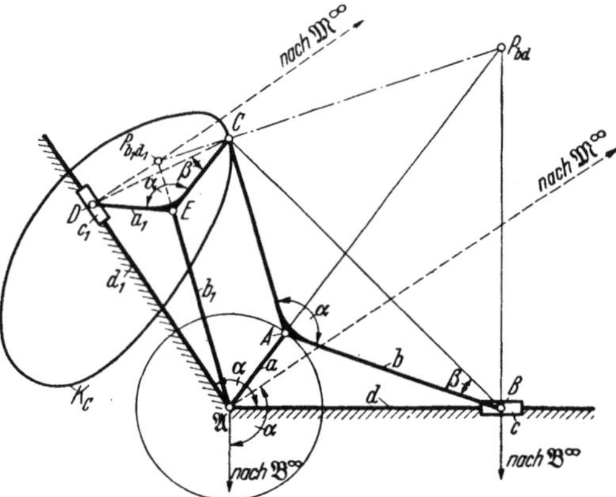

Abb. 202. Satz von ROBERTS, angewandt auf Koppelkurve einer Schubkurbel.

Das so gefundene Gesamtgetriebe ist übergeschlossen. Es kann dazu dienen, eine Drehbewegung der Antriebskurbel a in die Drehung von $\overline{ED} = a_1$ um D umzuwandeln, wobei D eine zusätzliche Schubbewegung ausführt. Das der Abb. 198 entsprechende Bild wird erhalten, wenn dort $\mathfrak{B}_0$ in Richtung der Geraden durch AB nach rechts ins Unendliche rückt ($\mathfrak{B}_0^\infty$). Gleiches gilt für $\mathfrak{M}_0 \rightarrow \mathfrak{M}_0^\infty$.

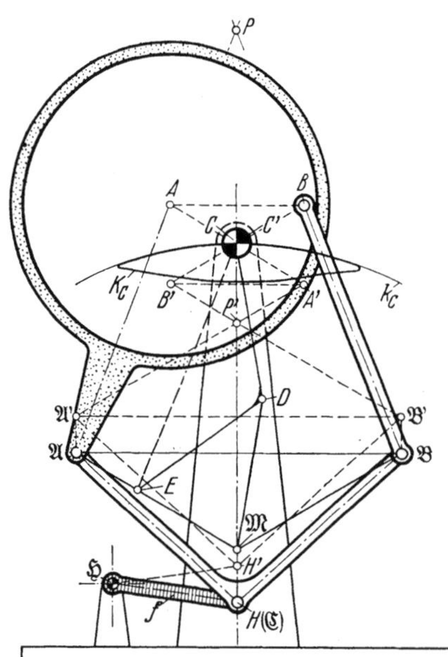

Abb. 203. Koppelkurve K_C der Koppel ABC einer gleichschenkligen Doppelschwinge $\mathfrak{A}AB\mathfrak{B}$. Entwurf eines Stillstandgetriebes (Bauart K. RAUH) mit zwei gestellfesten Punkten.

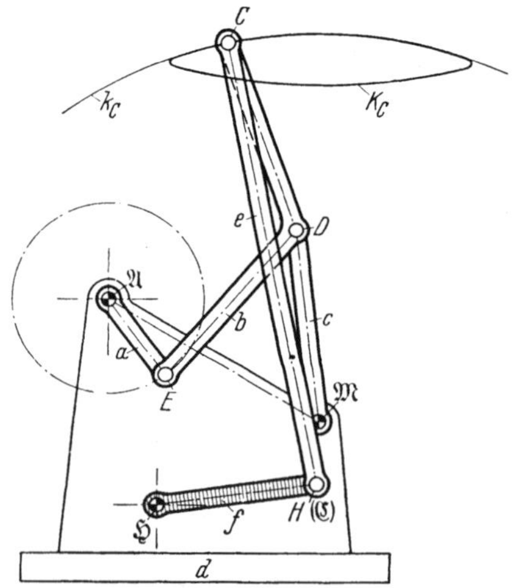

Abb. 204. Erzeugung der Koppelkurve K_C von Abb. 203 durch Kurbelschwinge. Anwendung des ROBERTSschen Satzes (Vorschlag des Verfassers).

Bei Weglassung des Gleitsteines c_1 liefert Abb. 202 eine „*genaue*" *Geradführung* von D längs d_1.

Ein weiteres Beispiel für die vorteilhafte Verwendung des ROBERTSschen Satzes sei noch an Hand der Abb. 203 erläutert, die ein von K. RAUH entwickeltes Koppel-Rastgetriebe mit zwei gestellfesten Punkten C und $\mathfrak{H}$ darstellt. In diesem Getriebe werden die Koppelkurven der gleichschenkligen Doppelschwinge $\mathfrak{A}AB\mathfrak{B}$ mit dem Koppeldreieck ABC zur Ableitung eines Stillstandes der Rastschwinge $f = \overline{\mathfrak{H}H}$ benutzt. Eine Ableitung des Rastgetriebes in der üblichen Zweischlagordnung ist zunächst wegen der schwierigen Antriebsverhältnisse der Doppelschwinge nicht möglich, weshalb K. RAUH die getriebliche Bauart der Abb. 203 vorschlug.

Die Anwendung des ROBERTSschen Satzes führt dagegen zu einer Kurbelschwinge $\mathfrak{A}ED\mathfrak{M}$ mit dem Koppeldreieck EDC, mit deren Hilfe vom Verfasser das in Abb. 204 entwickelte Koppelrastgetriebe bei üblicher Zweischlaganordnung gefunden wurde. Weitere Einzelheiten lese man bei K. RAUH[1] und in einer Arbeit des Verfassers[2] nach.

95. Abgewandelte Kurbelgetriebe.

Deutet man bei der in Abb. 205 dargestellten Kurbelschwinge $\mathfrak{A}AB\mathfrak{B}$ mit dem Koppeldreieck ABC und den Abmessungen $\overline{\mathfrak{A}A} = r$, $\overline{AB} = c$, $\overline{B\mathfrak{B}} = R$ und $\overline{\mathfrak{A}\mathfrak{B}} = k$, $\overline{AC} = b$, $\overline{BC} = a$, $\sphericalangle ACB = \gamma$ und $\sphericalangle ZAC = \lambda$ mit $AZ \parallel \mathfrak{A}x$ die Vektoren $\overrightarrow{\mathfrak{A}A} = \bar{r}$, $\overrightarrow{\mathfrak{A}C'} = \overrightarrow{AB} = \bar{c}$, $\overrightarrow{\mathfrak{A}\mathfrak{B}'} = \overrightarrow{AC} = \bar{b}$, $\overrightarrow{\mathfrak{A}R'} = \overrightarrow{B\mathfrak{B}} = \bar{R}$ und $\overrightarrow{\mathfrak{A}\mathfrak{B}} = \bar{k}$ als „komplexe Zahlen" der komplexen Zahlenebene $x\mathfrak{A}y$, wobei $\mathfrak{A}C' \parallel AB$, $\mathfrak{A}B' \parallel AC$, $AR' \parallel B\mathfrak{B}$ gezeichnet sind, so gelten für diese komplexe Darstellung mit $\mathfrak{A}x$ als reeller Achse die folgenden Gleichungen

$$G_1 = \bar{r} + \bar{c} + \bar{R} - \bar{k} = 0, \tag{263a}$$

$$G_2 = \bar{c} + \bar{R} + \bar{r} - \bar{k} = 0, \tag{263b}$$

$$G_3 = \bar{c} + \bar{r} + \bar{R} - \bar{k} = 0, \tag{263c}$$

$$G_4 = \bar{r} + \bar{R} + \bar{c} - \bar{k} = 0, \tag{263d}$$

$$G_5 = \bar{R} + \bar{c} + \bar{r} - \bar{k} = 0, \tag{263e}$$

$$G_6 = \bar{R} + \bar{r} + \bar{c} - \bar{k} = 0. \tag{263f}$$

Jede dieser Gleichungen, die durch Anwendung des kommutativen Gesetzes aus Gl. (263a) hervorgehen, stellt ein Kurbelgetriebe dar. Von diesen „*abgewandelten*" Kurbelgetrieben stehen, wie H. PFLIEGER-HAERTEL[3] gezeigt hat, die Kurbelgetriebe G_1, G_2, G_3 in einem engen Zusammenhang mit dem ROBERTSschen Satz.

In dieser Schreibweise hat mit $\overrightarrow{\mathfrak{A}C} = \bar{z}$ die Koppelkurve K_C die komplexe Gleichung

$$\bar{z} = \bar{r} + \bar{\zeta}(\cos\psi + i\sin\psi) = \bar{r} + \bar{\zeta}\, e^{i\psi}, \tag{264a}$$

$$\bar{z} = \bar{r} + \bar{\zeta}\,\frac{\bar{c}}{|\bar{c}|}, \tag{264}$$

[1] RAUH, K.: [64a, b].
[2] BEYER, R.: [75a].
[3] PFLIEGER-HAERTEL, A.: Abgewandelte Kurbelgetriebe und der Satz von ROBERTS. Getriebetechnik — Reuleaux-Mitt. Bd. 12 (1944) S. 197/199.

wobei $\bar{\zeta} = \overrightarrow{\mathfrak{A}C''}$ und $\sphericalangle C''\mathfrak{A}x = \sphericalangle CAB$, $\triangle\mathfrak{A}\mathfrak{B}\mathfrak{M} \sim \triangle ABC$, $\overline{\mathfrak{A}C''} = \overline{AC}$ bedeuten, also $\bar{\zeta}$ nach Drehung um $\mathfrak{A}$ um den Winkel ψ zu $\overrightarrow{AC}$ parallel wird. Ferner ist $(\cos\psi + i\sin\psi)$ ein Einheitsvektor in der komplexen Zahlenebene $x\mathfrak{A}y$, der zu $\overrightarrow{AB} = \overrightarrow{\mathfrak{A}C'} = \bar{c}$ parallel ist, also durch $\bar{c}:|\bar{c}|$ dargestellt werden kann. Setzt man noch

$$\frac{\bar{\zeta}}{|\bar{c}|} = \bar{\nu}, \tag{265}$$

so hat die Gleichung der Koppelkurve K_C die komplexe Form

$$\bar{z} = \bar{r} + \bar{\nu}\,\bar{c}, \tag{266}$$

wobei $\bar{\nu}$ für den gesamten Bewegungsablauf eine konstante komplexe Zahl vom Betrag $\overline{AC}/\overline{AB}$ und vom Argument $\sphericalangle CAB$ ist.

Sinngemäße Anwendung der Gl. (266) auf die Kurbelgetriebe G_2 und G_3 liefert einen eleganten Beweis des ROBERTSschen Satzes.

Ohne näher darauf einzugehen, wird dies leicht aus Abb. 200d erkannt, die außer dem Gelenkviereck $\mathfrak{A}AB\mathfrak{B}$ noch die gemäß Gl. (263c) und (263b) abgewandelten Gelenkvierecke $\mathfrak{A}B_{\mathrm{I}}B\mathfrak{B}$ $(bacd)$ bzw. $AB_{\mathrm{I}}B_{\mathrm{II}}\mathfrak{B}$ $(bcad)$ enthält. Werden $(bacd)$ im Verhältnis $\overline{\mathfrak{A}\mathfrak{M}}:\overline{\mathfrak{A}\mathfrak{B}}$, desgleichen $(bcad)$ im Verhältnis $\overline{\mathfrak{B}\mathfrak{M}}:\overline{\mathfrak{A}\mathfrak{B}}$ verkleinert, so entstehen hieraus nach entsprechenden Drehungen die Gelenkvierecke $\mathfrak{A}ED\mathfrak{M}$ der Abb. 200c bzw. $\mathfrak{B}FG\mathfrak{M}$ der Abb. 200e. Hieraus erhellt die Tatsache, daß die beiden ROBERTSschen Kurbelgetriebe (Abb. 206c, e) zu Abwandlungen des Ausgangsgetriebes ähnlich sind, daß also die Koppelkurven der abgewandelten Kurbelgetriebe $\mathfrak{A}B_{\mathrm{I}}B\mathfrak{B}$ und $\mathfrak{A}B_{\mathrm{I}}B_{\mathrm{II}}\mathfrak{B}$ denen des Ausgangsgetriebes ähnlich sind.

Beim Schubkurbelgetriebe können zwecks Erlangung ähnlicher Koppelkurven Kurbel und Schubstange gegeneinander ausgetauscht werden (Abb. 202). In diesem Zusammenhang sei noch auf eine neuere Arbeit von W. SCHMID[1] hingewiesen.

96. Die Koppelkurve in analytischer Behandlung.

Für das in Abb. 205 dargestellte Viergelenkgetriebe $\mathfrak{A}AB\mathfrak{B}$ mit den Abmessungen $\overline{\mathfrak{A}\mathfrak{B}} = k$, $\overline{\mathfrak{A}A} = r$, $\overline{AB} = c$ und $\overline{\mathfrak{B}B} = R$ soll die Gleichung der Koppelkurve K_C des Punktes C in den zugrunde gelegten rechtwinkligen Koordinaten x, y abgeleitet werden. Unter Benutzung des Hilfswinkels $\lambda = \sphericalangle ZAC$ lauten die Koordinaten von $A(x_A, y_A)$ und $B(x_B, y_B)$

$$x_A = x - b\cos\lambda, \qquad y_A = y - b\sin\lambda, \tag{267a, b}$$

$$x_B = x - a\cos(\lambda+\gamma), \qquad y_B = y - a\sin(\lambda+\gamma), \tag{268a, b}$$

ferner ist

$$x_A^2 + y_A^2 - r^2 = 0, \qquad (x_B - k)^2 + y_B^2 - R^2 = 0. \tag{269, 270}$$

Elimination der Koordinaten von A und B liefert

$$2bx\cos\lambda + 2by\sin\lambda = x^2 + y^2 + b^2 - r^2, \tag{271}$$

$$2a(x-k)\cos(\lambda+\gamma) + 2ay\sin(\lambda+\gamma) = (x-k)^2 + y^2 + a^2 - R^2 \tag{272}$$

und daraus durch Elimination von λ die Gleichung der Koppelkurve K_C in der folgenden Form:

$$U^2 + V^2 = W^2, \tag{273}$$

[1] SCHMID, W.: Über die Koppelkurve des Schubkurbelgetriebes. Z. angew. Math. Mech. Bd. 30 (1950) S. 388/390.

wobei

$$U = a[(x-k)\cos\gamma + y\sin\gamma](x^2+y^2+b^2-r^2) - b\,x[(x-k)^2+y^2+a^2-R^2], \quad (274\text{a})$$

$$V = a[(x-k)\sin\gamma - y\cos\gamma](x^2+y^2+b^2-r^2) + b\,y[(x-k)^2+y^2+a^2-R^2], \quad (274\text{b})$$

$$W = 2\,ab\sin\gamma[x(x-k) + y^2 - k\,y\operatorname{ctg}\gamma] \quad (274\text{c})$$

gesetzt worden sind.

Die Gleichung der Koppelkurve kann auch wie folgt angeschrieben werden:

$$a^2[(x-k)^2+y^2](x^2+y^2+b^2-r^2)^2 - 2ab[(x^2+y^2-kx)\cos\gamma + ky\sin\gamma] (x^2+y^2+b^2-r^2)[(x-k)^2+y^2+a^2-R^2] + b^2(x^2+y^2)[(x-k)^2+y^2 + a^2-R^2]^2 - 4a^2b^2[(x^2+y^2-kx)\sin\gamma - ky\cos\gamma]^2 = 0. \quad (275)$$

Die Koppelkurve ist von der sechsten Ordnung. Schneiden wir sie mit der Geraden

$$y = mx + n, \quad (276)$$

so erhält man in der Koordinate x eine Gleichung sechsten Grades, also sechs Schnittpunkte.

Ist insbesondere $m = \pm i$ mit $i = \sqrt{-1}$, so gilt nach Gl. (276)

$$x^2 + y^2 = \pm 2inx + n^2.$$

In Gl. (275) verschwinden dann die Glieder vom sechsten bis zum vierten Grad. Von den sechs Wurzeln der Gleichung werden drei Wurzeln unendlich groß.

Die Koppelkurve hat die unendlich fernen imaginären Kreispunkte I und I' zu dreifachen Punkten. Sie ist mit anderen Worten eine *trizirkulare Kurve sechster Ordnung*. Die unendlich ferne Gerade hat mit der Koppelkurve nur die beiden imaginären Kreispunkte gemeinsam.

Die Koppelkurve K_C besitzt in jedem der imaginären Kreispunkte I und I' drei Asymptoten, die sich mit denen des anderen Kreispunktes in drei reellen Punkten, den *drei Fokalzentren* $\mathfrak{A}$, $\mathfrak{B}$ und $\mathfrak{M}$, schneiden. So ist beispielsweise für die Geraden, die den Koordinatenanfangspunkt $\mathfrak{A}$ mit I und I' verbinden — wegen $n = 0$ —, die Gerade von der Form $y = \pm ix$, also $x^2 + y^2 = 0$. Für die Schnittpunkte der Geraden $\mathfrak{A}I$ und $\mathfrak{A}I'$ verschwindet demnach in Gl. (275) zusätzlich das Glied dritten Grades in x; d. h. die Geraden $\mathfrak{A}I$ und $\mathfrak{A}I'$ berühren die Kurve in I und I', womit $\mathfrak{A}$ als Fokalzentrum der Koppelkurve bewiesen ist. Dasselbe gilt von $\mathfrak{B}$ und von $\mathfrak{M}$, wobei das Dreieck $\mathfrak{A}\mathfrak{B}\mathfrak{M}$ nach dem Robertsschen Satz dem Dreieck ABC gleichsinnig ähnlich ist.

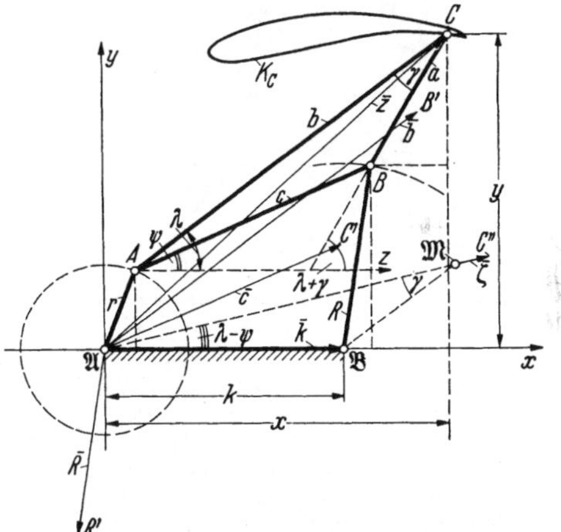

Abb. 205. Bestimmungsgrößen für Gleichung der Koppelkurve in rechtwinkligen Koordinaten und in komplexer Darstellung.

Über die Koppelkurve ist ein außerordentlich umfangreiches Schrifttum vorhanden[1].

[1] Roberts, S.: Proc. Lond. math. Soc. Bd. 7 (1876). — F. Ebner: Leitfaden der technisch wichtigen Kurven. S. 45ff. Leipzig: Teubner 1906. — Gino Loria: Ebene Kurven. Bd. 1, 2. Aufl., S. 273ff. Leipzig: Teubner 1910.

Liegt der Koppelpunkt C auf der Koppelgeraden AB und zwischen A und B, so ist $\gamma = 180°$ und $b + a = c$ zu setzen. Ein beachtenswerter Sonderfall folgt für C als Mittelpunkt von AB und gleichzeitig $R = r$. Man erhält dann — wegen der lemniskatenähnlichen Gestalt — die *Lemniskoide*, die auf Grund ihrer wichtigen Anwendung auch die WATTsche Kurve genannt wird[1].

Liegt C auf $\overline{AB}$, aber außerhalb von AB, so ist $\gamma = 0$ und $b - a = \pm c$ zu setzen. Die Gleichung der Koppelkurve lautet dann

$$U^2 + V^2 = 4a^2b^2k^2y^2 \tag{277}$$

mit

$$U = a(x - k)(x^2 + y^2 + b^2 - r^2) - bx[(x - k)^2 + y^2 + a^2 - R^2], \tag{278a}$$

$$V = -ay(x^2 + y^2 + b^2 - r^2) + by[(x - k)^2 + y^2 + a^2 - R^2]. \tag{278b}$$

Für C zwischen A und B ist in Gl. (278a, b) das Vorzeichen von a in das entgegengesetzte zu verwandeln.

97. Die Doppelpunkte der Koppelkurve.

Wenn die Koppelkurve K_C der Abb. 206 bei der eingetragenen Getriebestellung $\mathfrak{A}AB\mathfrak{B}$ mit dem Koppeldreieck ABC in C einen Doppelpunkt besitzt, so geht der beschreibende Punkt zweimal durch diese Stelle C; dem Koppelpunkt C müssen also zwei Koppellagen entsprechen (AB und $A'B'$). Dann ist $\triangle ABC \cong \triangle A'B'C$ mit A, A' auf dem Kurbelkreis α und B, B' auf dem Kurbelkreis β. Der Koppelpunkt C ist in einem solchen Fall der Pol der beiden endlich benachbarten Koppellagen AB und $A'B'$. Aus $\sphericalangle ACB = \sphericalangle A'CB' = \gamma$ folgt $\sphericalangle ACA' = \sphericalangle BCB'$. Verbindet man C mit $\mathfrak{A}$ und $\mathfrak{B}$, so sind $\mathfrak{A}C$ und $\mathfrak{B}C$ die Winkelhalbierenden der Winkel ACA' und BCB'; ferner folgt $\sphericalangle \mathfrak{A}C\mathfrak{B} = \sphericalangle ACB = \gamma$.

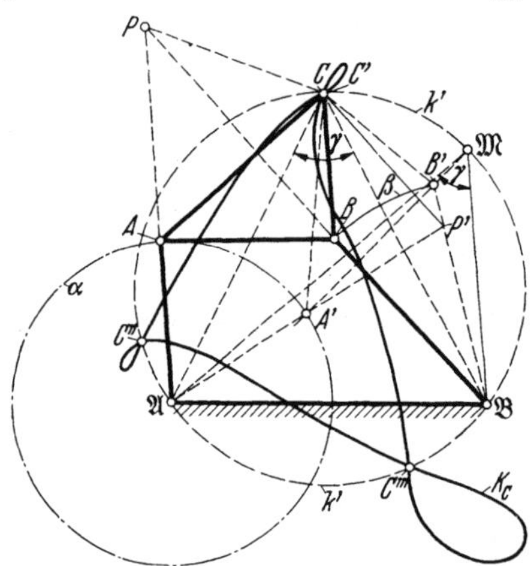

Abb. 206. Doppelpunkte der Koppelkurve K_C auf Umkreis k' des Fokalpunktdreiecks $\mathfrak{A}\mathfrak{B}\mathfrak{M}$, dieses ähnlich dem Koppeldreieck ABC.

Der Doppelpunkt C liegt also auf einem Kreis k', der die Strecke $\mathfrak{A}\mathfrak{B}$ als Sehne und den Winkel γ als Umfangswinkel faßt.

Der Kreis k' geht auch durch den dritten gestellfesten Punkt $\mathfrak{M}$ der beiden anderen Kurbelgetriebe, die nach dem Satz von ROBERTS die gleiche Koppelkurve beschreiben. Zusammenfassend gilt

Satz 52: Die Doppelpunkte der Koppelkurve liegen auf dem Umkreis k' des von den drei Fokalzentren $\mathfrak{A}$, $\mathfrak{B}$, $\mathfrak{M}$ gebildeten Dreiecks[2]. Umgekehrt ist jeder Schnittpunkt der Koppelkurve mit dem Kreis k' ein Doppelpunkt der Koppelkurve.

Da die Koppelkurve K_C von der sechsten Ordnung ist und die imaginären Kreispunkte I und I' zu dreifachen Punkten hat, kann sie mit jedem Kreis ihrer Ebene — außer I und I' — nur noch sechs weitere Schnittpunkte besitzen. Nun ist jeder Schnittpunkt von K_C mit k' ein Doppelpunkt, der für zwei Schnittpunkte zählt. Hieraus folgt

[1] Intermédiaire, Bd. 4 (1897) S. 184. — G. KÖNIGS: Leçons de cinématique. S. 262. Paris 1897. — VINCENT: Mém. de la Soc. de Lille 1836/37. Nouv. Ann. Math. Bd. 7 (1848).

[2] Dies gilt nicht für den Ausnahmefall eines Sonderdoppelpunktes, der bei durchschlagenden Kurbelgetrieben auftreten kann.

Satz 53: Die Koppelkurve hat drei Doppelpunkte auf dem durch die drei Fokalpunkte $\mathfrak{A}$, $\mathfrak{B}$, $\mathfrak{M}$ gehenden Kreis k'.

Von den drei Doppelpunkten können zwei konjugiert komplex sein; sie können sich auch zu einem Selbstberührungspunkt vereinigen. Jeder reelle Doppelpunkt ist entweder ein eigentlicher Knotenpunkt, wie z. B. die Punkte C', C'', C''' der Abb. 206, oder ein Rückkehrpunkt, wenn er mit dem Momentanpol zusammenfällt, oder ein isolierter Punkt, zu dem keine reellen Koppellagen gehören[1].

Für Punkte C auf der Koppelgeraden AB ist die Koppelkurve K_C symmetrisch in bezug auf die Gestellmittellinie $\mathfrak{A}\mathfrak{B}$. Das dritte Fokalzentrum $\mathfrak{M}$ und die drei Doppelpunkte liegen dann auf der Geraden durch $\mathfrak{A}$ und $\mathfrak{B}$. Über die Doppelpunkte der durchschlagenden Kurbelgetriebe lese man bei R. MÜLLER[2] nach.

Die Gleichung des Kreises k' durch die drei Fokalzentren $\mathfrak{A}$, $\mathfrak{B}$, $\mathfrak{M}$ lautet

$$x^2 - kx + y^2 - ky \operatorname{ctg}\gamma = 0,$$

so daß sich bei Voraussetzung von $a \neq 0$, $b \neq 0$, $\sin\gamma \neq 0$ unter Beachtung von Gl. (274c)

$$W = 0 \tag{279}$$

ergibt. Die analytische Behandlung zeigt also, daß $U = 0$, $V = 0$, $W = 0$, von denen gemäß Gl. (273) je eine durch die beiden anderen bereits mitbestimmt ist, die Doppelpunkte der Koppelkurve liefern.

98. Die Übergangskurve.

Aus $\sphericalangle ACB = \sphericalangle \mathfrak{A}C\mathfrak{B} = \gamma$ und $\sphericalangle AC\mathfrak{A} = \sphericalangle BC\mathfrak{B}$ der Abb. 206 folgt ferner, daß die gegenüberliegenden Seiten eines Gelenkvierecks von einem Doppelpunkt der Koppelkurve aus unter gleichen Winkeln erscheinen. Für Doppelpunkte, die bei der dazugehörigen Getriebestellung innerhalb $\mathfrak{A}AB\mathfrak{B}$ liegen, ergänzen sich diese Winkel zu zwei Rechten.

Die Doppelpunkte der Koppelkurve liegen somit auf einer Fokalkurve f, die nach den bekannten Verfahren gezeichnet werden kann, wenn das Viereck $\mathfrak{A}AB\mathfrak{B}$ als Gegenpolviereck angesehen wird. Die Fokalkurve f enthält somit diejenigen Punkte C der bewegten Koppelebene AB, die sich augenblicklich in einem Doppelpunkt ihrer Bahnkurve befinden.

In Abb. 206 sind für den Doppelpunkt C noch die Bahnnormalen PC und $P'C' = P'C$ eingetragen. Soll ein „*Selbstberührungspunkt*" vorhanden sein, in dem zwei von den drei Doppelpunkten der Koppelkurve K_C zusammenfallen, so müssen die Normalen PC und $P'C$ auf einer Geraden liegen.

Der Kreis k' muß dann die Koppelkurve K_C in C berühren; d. h. der Mittelpunkt M'_k von k' liegt im Falle des Selbstberührungspunktes auf PC.

Konstruiert man für die vorgegebene Koppellage AB alle möglichen Kreise k'_s durch $\mathfrak{A}$ und $\mathfrak{B}$ und verbindet man ihren jeweiligen Mittelpunkt M'_s mit dem Momentanpol P der Koppel AB, so ist das Erzeugnis des Kreisbüschels k'_s durch $\mathfrak{A}\mathfrak{B}$ und des Strahlenbüschels s' durch P eine Fokalkurve f_s. Die Punkte F_s, F'_s von f_s sind mit anderen Worten die Schnittpunkte von k_s mit der Geraden durch P und M'_s.

Doppelpunkte C^*, die Selbstberührungspunkte sein sollen, sind demnach die Schnittpunkte der Fokalkurven f und f_s. Da sich f und f_s in $\mathfrak{A}$, $\mathfrak{B}$, P und in

[1] MÜLLER, R.: Über die Doppelpunkte der Koppelkurve. Z. Math. Phys. Bd. 34 (1889) S. 303 u. 372; Bd. 36 (1891) S. 65.

[2] MÜLLER, R.: [19], S. 29.

den beiden imaginären Kreispunkten I und I' schneiden, gibt es im allgemeinen vier solcher Selbstberührungspunkte C^*. Zeichnet man die Kurven f und f_s für alle Koppellagen AB, so liefert der Ort der Schnittpunkte C^* dieser Kurven eine neue Kurve, die nach R. MÜLLER die „*Übergangskurve*" genannt wird und die Koppelebene in zwei Gebiete von der Art teilt, daß die Punkte des einen Gebietes Bahnkurven mit drei reellen, die des anderen Gebietes Bahnkurven mit einem reellen und zwei imaginären Doppelpunkten beschreiben.

Die MÜLLERsche Übergangskurve ist der geometrische Ort der Systempunkte, die Koppelkurven mit zwei zusammenfallenden Doppelpunkten (Selbstberührungspunkten) erzeugen. R. MÜLLER stellte ihre Gleichung auf, bestimmte ihre Ordnung zu 10, ihr Verhalten im Unendlichen und untersuchte den Sonderfall des Schubkurbelgetriebes[1], bei dem sich die Übergangskurve im wesentlichen zu zwei „Übergangskreisen" vereinfacht. Als Beispiel diene die *Übergangskurve eines Schubkurbelgetriebes* nach Abb. 207. Die Gleichung der Koppel-

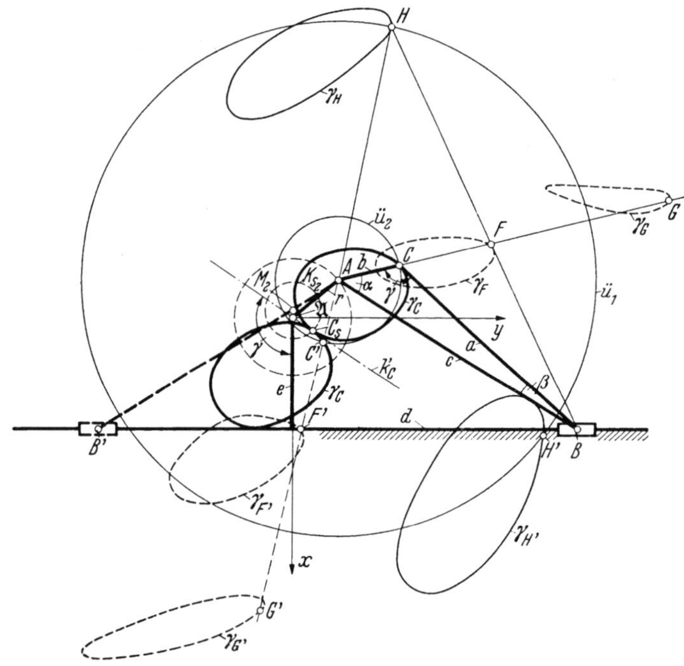

Abb. 207. Übergangskurve für die Koppelkurven einer geschränkten Schubkurbel. Zwei konzentrische Kreise $\ddot{u}_1$, $\ddot{u}_2$ um Kurbelzapfen A.

kurve wird aus dem allgemeinen Fall der Gl. (273) und (274) erhalten, wenn man die Steglänge k durch $(e + R)$ ersetzt und dann R unendlich groß werden läßt $(\lim R \to \infty)$. Die Ausdrücke U, V, W der Gl. (274a, b, c) gehen dabei in

$$U_* = -a(x^2 + y^2 + b^2 - r^2)\cos\gamma + 2bx(x - e), \qquad (280\text{a})$$

$$V_* = -a(x^2 + y^2 + b^2 - r^2)\sin\gamma - 2by(x - e), \qquad (280\text{b})$$

$$W_* = -2ab\sin\gamma(x + y\operatorname{ctg}\gamma) \qquad (280\text{c})$$

[1] MÜLLER, R.: Über die Doppelpunkte der Koppelkurve. Z. Math. Phys. Bd. 34 (1889) S. 303/305 u. 372/375.

über und liefern die Gleichung der Koppelkurve des Schubkurbelgetriebes in der Form

$$U_*^2 + V_*^2 = W_*^2. \tag{281}$$

Aus den Gleichungen

$$U_* = 0, \quad W_* = 0 \tag{282a, b}$$

ergeben sich die Koordinaten der Doppelpunkte zu

$$x_{1,2} = \frac{b\,e\cos\gamma}{2b\cos\gamma - a} \mp \frac{\cos\gamma}{2b\cos\gamma - a} \times \\ \times \sqrt{b^2e^2 + 2ab^3\cos\gamma - 2ar^2b\cos\gamma - a^2b^2 + a^2r^2} \tag{283a}$$

$$y_{1,2} = -\frac{b\,e\sin\gamma}{2b\cos\gamma - a} \pm \frac{\sin\gamma}{2b\cos\gamma - a} \times \\ \times \sqrt{b^2e^2 + 2ab^3\cos\gamma - 2ar^2b\cos\gamma - a^2b^2 + a^2r^2}. \tag{283b}$$

Die beiden Doppelpunkte fallen in einem Punkt zusammen, wenn

$$b^2e^2 + 2ab^3\cos\gamma - 2ar^2b\cos\gamma - a^2b^2 + a^2r^2 = 0$$

oder nach Umformung:

$$b^4 - (r^2 + c^2 - e^2)\,b^2 + c^2r^2 = 0. \tag{284}$$

Hieraus folgen als *Übergangskurve* $\ddot{u}$ die beiden Kreise $\ddot{u}_1$ und $\ddot{u}_2$ von den Gleichungen

$$\ddot{u}_{1,2} = b_{1,2} - \frac{1}{\sqrt{2}}\sqrt{r^2 + c^2 - e^2 \pm \sqrt{(r^2 + c^2 - e^2)^2 - 4r^2c^2}} = 0, \tag{285a, b}$$

also zwei konzentrische Kreise um den Kurbelzapfen A mit den Halbmessern b_1 bzw. b_2.

Die Koordinaten des Selbstberührungspunktes C_s sind gemäß Gl. (283a, b)

$$x = \frac{b\,e\cos\gamma}{2b\cos\gamma - a}, \quad y = -\frac{b\,e\sin\gamma}{2b\cos\gamma - a}; \tag{286a, b}$$

nach Elimination von γ und a und bei Beachtung von $c^2 = a^2 + b^2 - 2ab\cos\gamma$ ist der geometrische Ort der Punkte C_s der Kreis

$$K_s = (x^2 + y^2)(c^2 - b^2) + 2b^2ex - b^2e^2 = 0, \tag{287}$$

wobei b durch b_1 bzw. b_2 der Gl. (285a, b) zu ersetzen ist.

Abb. 207 zeigt als Zahlenbeispiel mit $r = 2$, $e = 4$, $c = 10$ die beiden Übergangskreise $\ddot{u}_1$ und $\ddot{u}_2$ mit der Koppelkurve γ_C des Punktes C bzw. C' von $\ddot{u}_2$, ebenso den Kreis K_{s2}.

Der Sonderfall der zentrischen Schubkurbel liefert mit $e = 0$ für $b_1 = r$ und $b_2 = c$; $\ddot{u}_1$ ist der um A mit Halbmesser r geschlagene Kreis, $\ddot{u}_2$ artet in den Punkt B aus.

Die durch die Übergangskurve angebahnte Ordnung der Koppelkurven wurde von R. MÜLLER[1] durch die Untersuchung der Polkurven des Gelenkvierecks ergänzt. Die auf der bewegten Polkurve gelegenen Systempunkte beschreiben, wie bereits früher erörtert, Bahnkurven mit Spitzen. Die bewegte Polkurve erweist sich von der achten Ordnung und ist hinsichtlich der Gestalt

[1] MÜLLER, R.: Über die Gestaltung der Koppelkurven für besondere Fälle des Kurbelgetriebes. Z. Math. Phys. Bd. 36 (1891) S. 11/20 — Über die Doppelpunkte der Koppelkurve. Z. Math. Phys. Bd. 36 (1891) S. 65/70 — Über einige Kurven, die mit der Theorie des ebenen Gelenkvierecks in Zusammenhang stehen. Z. Math. Phys. Bd. 48 (1903) S. 224/248.

der Koppelkurven die Trennkurve von Gebieten mit Knotenpunkten und mit Einsiedlerpunkten (isolierten Punkten).

Polkurve und Übergangskurve berühren sich in zwölf Punkten, die Bahnkurven mit Schnabelspitzen beschreiben, und schneiden sich außerdem noch in 24 Punkten, die Bahnkurven mit einer Spitze und einem Selbstberührungspunkt besitzen.

Eine Anwendung der MÜLLERschen Übergangskurve zeigte W. LICHTENHELDT[1] am Beispiel einer Koppelkurvenfräsmaschine der Fa. Schwahr & Co., K.-G., Leipzig.

99. Koppelkurven mit Spitzen.

Nach Nr. 87 beschreibt der mit dem Momentanpol zusammenfallende Systempunkt im allgemeinen einen Rückkehrpunkt (Spitze) seiner Bahnkurve.

Für eine beliebige Stellung eines Viergelenkgetriebes, z. B. der Kurbelschwinge $\mathfrak{A} A B \mathfrak{B}$ der Abb. 208, findet man also einen Koppelpunkt C, der eine Spitze beschreibt, wenn man die Mittellinien der Kurbel und Schwinge im Momentanpol P schneidet und P als Punkt C der Koppelebene auswählt. Da $\sphericalangle \mathfrak{A} C \mathfrak{B} = \sphericalangle A C B = \gamma$, so liegt $C \equiv P$ auf dem Kreis k', der durch die Fokalpunkte $\mathfrak{A}$, $\mathfrak{B}$ und $\mathfrak{M}$ geht.

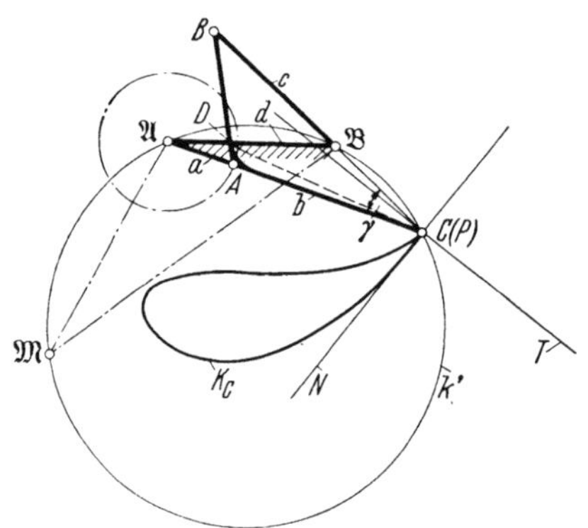

Abb. 208. Koppelkurve mit Spitze, erzeugt durch Momentanpol P als Gliedpunkt von AB; C auf Kreis k'.

Eine Koppelkurve K_C wird dann „*zwei Spitzen*“ haben, wenn sich nach Abb. 209 die Spitzen C_1 und C_2 auf einem Kreis durch die Gestellpunkte $\mathfrak{A}$ und $\mathfrak{B}$ befinden, wobei k' auch das dritte Fokalzentrum $\mathfrak{M}$ enthält. Ferner liegen $C_1 A_1 \mathfrak{A}$ und $C_2 A_2 \mathfrak{A}$ sowie $C_1 B_1 \mathfrak{B}$ und $C_2 B_2 \mathfrak{B}$ auf je einer Geraden durch $\mathfrak{A}$ bzw. $\mathfrak{B}$. Aus der Kongruenz der Dreiecke $A_1 B_1 C_1$ und $A_2 B_2 C_2$ folgt $\sphericalangle A_1 B_1 \mathfrak{B} = \sphericalangle A_2 B_2 \mathfrak{B} = \mu$ und wegen $\overline{\mathfrak{B} B_1} = \overline{\mathfrak{B} B_2}$ die Kongruenz der Dreiecke $A_1 B_1 \mathfrak{B} \cong A_2 B_2 \mathfrak{B}$, also auch $\overline{A_1 \mathfrak{B}} = \overline{A_2 \mathfrak{B}}$. Der gestellfeste Punkt $\mathfrak{B}$ ist also mit dem Pol P_{12} der endlich benachbarten Koppellagen $A_1 B_1 C_1$ und $A_2 B_2 C_2$ identisch. Der dazugehörige Drehwinkel ist $\psi = \sphericalangle A_1 \mathfrak{B} A_2 = \sphericalangle B_1 \mathfrak{B} B_2$. Aus dem Kreisviereck $C_1 C_2 \mathfrak{A} \mathfrak{B}$ folgt $\sphericalangle C_1 \mathfrak{A} C_2 = \psi$ und $\sphericalangle A_1 \mathfrak{A} A_2 = \varphi = (180 - \psi)$ und hieraus $\sphericalangle \mathfrak{A} A_1 \mathfrak{B} = \sphericalangle \mathfrak{A} A_2 \mathfrak{B} = 90°$. Die Kurbelzapfenmitten A_1, A_2 liegen auf dem über dem Steg $\overline{\mathfrak{A} \mathfrak{B}} = d$ als Durchmesser geschlagenen Thaleskreis k_d.

Ist also für ein gegebenes Gelenkviereck $\mathfrak{A} A B \mathfrak{B}$ eine Koppelkurve mit zwei Spitzen zu ermitteln, so schneidet man den Kurbelkreis α mit dem Thaleskreis k_d in A_1 und A_2, ermittelt die dazugehörigen Schwingenzapfenmitten B_1 und B_2 und findet so C_1 und C_2 als Schnittpunkte von $\mathfrak{A} A_1$, $\mathfrak{B} B_1$ bzw. $\mathfrak{A} A_2$, $\mathfrak{B} B_2$. Kontrolle: C_1, C_2, $\mathfrak{A}$, $\mathfrak{B}$ auf dem Kreis k'.

In der Praxis wird zuweilen die Aufgabe gestellt, daß ein Punkt C der Koppelebene in vorgeschriebenen Punkten C_1, C_2 je eine Spitze durchlaufen soll, während sich die Antriebskurbel um den gegebenen Winkel φ gedreht hat. Die Lösung dieser Aufgabe ist gemäß Abb. 209 in Abb. 210 durchgeführt.

[1] LICHTENHELDT, W.: Die Koppelkurvenfräsmaschine. Werkstattechnik 1936, S. 266/269 — Masch.-Bau/Betrieb, Reuleaux-Mitt. Bd. 4 (1936) S. 639.

Hier sind C_1 und C_2 der Lage nach und der Winkel φ der Größe nach vorgeschrieben. Man zeichnet zu C_1C_2 die Mittelsenkrechte z_{12}, trägt in C_1 an C_1C_2 den $\sphericalangle C_2C_1Q = \varphi$ an und errichtet in C_1 zu C_1Q die Senkrechte; diese schneidet z_{12} im Mittelpunkt M' des Kreises k'. Der Gestellpunkt $\mathfrak{B}$ des gesuchten

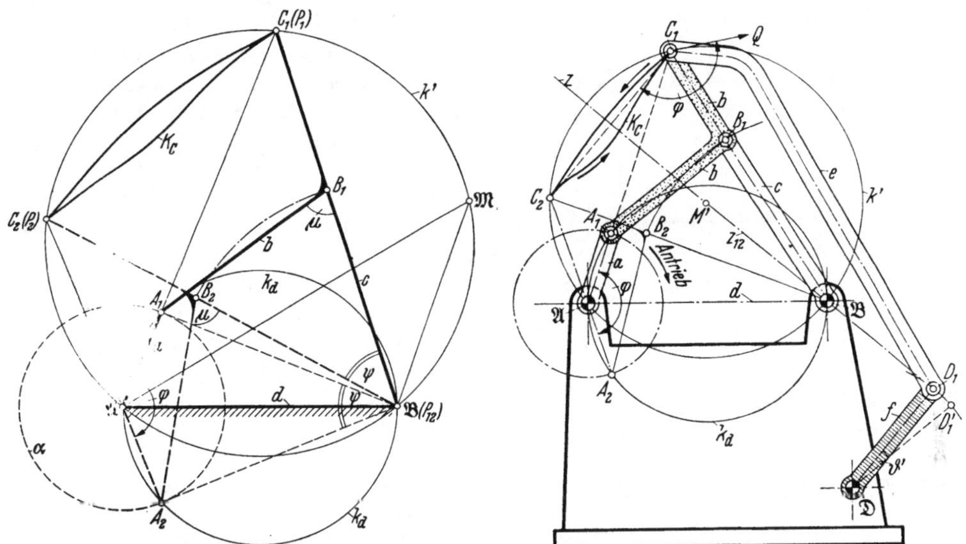

Abb. 209. Koppelkurven mit zwei Spitzen. Kurbelzapfen A in Lagen A_1 und A_2 auf Thaleskreis k_d über $\mathfrak{A}\mathfrak{B}$.

Abb. 210. Koppelkurve mit Spitzen in zwei vorgegebenen Punkten C_1 und C_2 bei vorgeschriebenem Winkel φ der Antriebskurbel a.

Viergelenkgetriebes ist der Schnittpunkt von k' mit z_{12}; $\sphericalangle\ C_1\mathfrak{B}Z = 90 - \varphi/2$. Jeder Punkt $\mathfrak{A}$ auf k' kann als Lager der Antriebskurbel gewählt werden. Die Geraden durch C_1, $\mathfrak{A}$ und C_2, $\mathfrak{A}$ schneiden den über $\mathfrak{A}\mathfrak{B}$ als Durchmesser geschlagenen Thaleskreis k_d in den gesuchten Kurbelzapfenmitten A_1 und A_2 der Antriebskurbel $a = \overline{\mathfrak{A}A}$. Die Schwingenzapfenmitte B_1 kann auf $\mathfrak{B}C_1$ noch beliebig gewählt werden, so daß insgesamt ∞^2 Lösungen vorhanden sind. B_1 ist auf $C_1\mathfrak{B}$ so anzunehmen, daß die GRASHOFsche Bedingung erfüllt ist, die entstandene Kurbelschwinge günstige Übertragungswinkel μ, also gute Laufeigenschaften besitzt.

In der gleichen Abbildung wird von dem Koppelpunkt C_1 die Bewegung einer Schwinge $f = \overline{\mathfrak{D}D_1}$ mit Hilfe der Koppel e abgeleitet. Je nach der Wahl von D_1 auf z_{12} können die verschiedenartigsten Abtriebsbewegungen von f erzielt werden, im vorliegenden Fall eine angenäherte Rast mit kleiner Rückschwingung von f, wenn a den Kurbelwinkel $\varphi = \sphericalangle A_1\mathfrak{A}A_2$ durchläuft, und anschließend Aus- und Zurückschwingen um $\vartheta' = \sphericalangle D_1\mathfrak{D}D_1'$.

Eine technische Anwendung[1] ist in Abb. 211 dargestellt. Die zweispitzige Koppelkurve K_C, die teilweise als Geradführung ausgebildet ist, dient bei der vorliegenden getrieblichen Anordnung zur Registrierung von Meßwerten zwischen zwei festgelegten Grenzen. Der Koppelpunkt C ist als Schreibstift ausgebildet, der auf einer Registriertrommel vom Meßgerät über die Antriebskurbel a eingegebene Meßwerte nur innerhalb des Bereiches der beiden Spitzen C_1 und C_2

[1] Das Beispiel ist einer Arbeit von K. HAIN entlehnt. Masch.-Bau/Betrieb, Getriebetechn.-Reuleaux-Mitt. Bd. 9 (1941) S. 313/316, insbesondere Abb. 6, S. 315. — K. HAIN: Feinmech. u. Präz. Bd. 49 (1941) S. 61/63.

aufzeichnet, unter und über diesem Bereich sich von der Registriertrommel abhebt und keinen Abdruck mehr erzeugt.

Gelenkvierecke mit zweispitziger Koppelkurve können beispielsweise als *geräuschmindernde Tasthebelbewegung* bei Schreib- und Rechenmaschinen verwendet werden, wie K. HAIN[1] gezeigt hat.

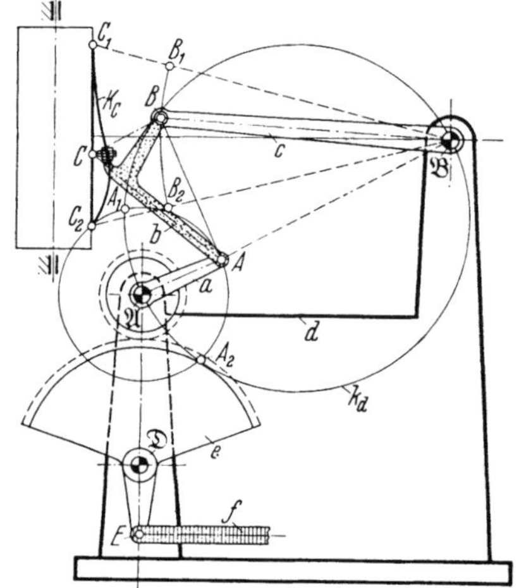

Abb. 211. Zweispitzige Koppelkurve K_C mit angenäherter Geradführung zwischen den Spitzen zur Führung des Schreibstiftes eines Meßgeräts (nach K. HAIN).

Über *Koppelkurven mit drei Spitzen* liegt eine neuere Arbeit von A. E. MAYER[2] vor.

In Abb. 212 ist die Aufgabe gestellt, für die gegebenen Punktlagen C_1, C_2, C_3 ein Gelenkviereck so zu ermitteln, daß dessen Koppelpunkt C eine Koppelkurve K_C mit je einer Spitze in C_1, C_2 und C_3 beschreibt.

Für die Lösung dieser Aufgabe muß offenbar die Bedingung erfüllt sein, daß die gegebenen Punkte C_1, C_2, C_3 mit den gestellfesten Punkten $\mathfrak{A}$, $\mathfrak{B}$ auf einem Kreis k' liegen. Dieser Kreis k' ist der Umkreis des Dreiecks C_1, C_2, C_3, also durch diese Punkte bereits festgelegt. Die Mittelsenkrechten z_{12} zu $C_1 C_2$ und z_{13} zu $C_1 C_3$ schneiden k' in $\mathfrak{B}$ und $\mathfrak{B}'$ bzw. in $\mathfrak{A}$ und $\mathfrak{A}'$. Greifen wir zunächst die Lagerpunkte $\mathfrak{A}$ und $\mathfrak{B}$ heraus, so sind die Gelenkpunkte A_1 und B_1 die Schnittpunkte des Kreises k_d mit den Fahrstrahlen $\mathfrak{A} C_1$ bzw. $\mathfrak{B} C_1$, womit eines der möglichen Gelenkvierecke $\mathfrak{A} A_1 B_1 \mathfrak{B}$ mit dem Koppeldreieck $A_1 B_1 C_1$ gefunden ist.

Die Punkte A_2 und A_3 ergeben sich als Schnittpunkte von $\mathfrak{A} C_2$ und $\mathfrak{A} C_3$ mit α_1, ferner B_2 und B_3 als Schnittpunkte von $\mathfrak{B} C_2$ und $\mathfrak{B} C_3$ mit β_1. Ebenso

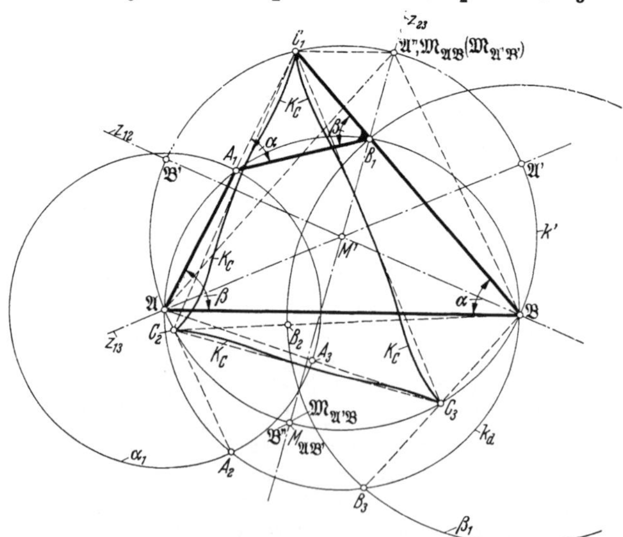

Abb. 212. Dreispitzige Koppelkurve durch drei vorgegebene Punkte C_1, C_2, C_3. Gestellfeste Punkte auf Umkreis k' des Dreiecks $C_1 C_2 C_3$.

[1] Vgl. Fußn. 1, S. 159. [2] MAYER, A. E.: [61].

beweist man leicht, daß A_2 und B_3 auch auf dem Kreis k_d und zu A_1 bzw. B_1 bezüglich $\mathfrak{A}\mathfrak{B}$ symmetrisch angeordnet sind. Ferner liegen A_3 und A_1 symmetrisch zu z_{13}, desgleichen B_2 und B_1 symmetrisch zu z_{12}.

Aus Abb. 212 folgt noch: $\sphericalangle \mathfrak{A}\mathfrak{B}C_1 = \sphericalangle B_1A_1C_1 = \sphericalangle \mathfrak{A}''\mathfrak{A}\mathfrak{B} = \alpha$, $\sphericalangle \mathfrak{B}\mathfrak{A}C_1$ $\sphericalangle A_1B_1C_1 = \sphericalangle \mathfrak{A}\mathfrak{B}\mathfrak{A}'' = \beta$, wobei $\mathfrak{A}''$ und $\mathfrak{B}''$ die Schnittpunkte der Mittelsenkrechten z_{23} zu C_2C_3 mit dem Kreis k' bedeuten, und hieraus $\triangle A_1B_1C_1 \sim \triangle \mathfrak{B}\mathfrak{A}C_1 \sim \triangle \mathfrak{A}\mathfrak{B}\mathfrak{A}''$; $\mathfrak{A}''$ ist demnach das dritte Fokalzentrum $\mathfrak{M}$ des über dem Steg $\mathfrak{A}\mathfrak{B}$ gezeichneten Gelenkvierecks $\mathfrak{A}A_1B_1\mathfrak{B}$ mit dem Koppeldreieck $A_1B_1C_1$ und könnte nach dem ROBERTSschen Satz zur dreifachen Erzeugung der Koppelkurve dienen.

Da die Mittelsenkrechten z_{12} und z_{13} den Kreis k' in zwei weiteren Punkten $\mathfrak{B}'$ und $\mathfrak{A}'$ schneiden, bestehen insgesamt vier Möglichkeiten der Gestellbildung mit den Standgliedern $\mathfrak{A}\mathfrak{B}$, $\mathfrak{A}'\mathfrak{B}'$, $\mathfrak{A}'\mathfrak{B}$ und $\mathfrak{A}\mathfrak{B}'$.

Zur Gestellbildung können auch die Mittelsenkrechten z_{12}, z_{23} bzw. z_{13}, z_{23} benutzt werden; für die Lösung der Aufgabe sind also insgesamt 12 mögliche Gelenkvierecke vorhanden, von denen allerdings einige mit ihren Schwingen nicht durchschlagen können.

Bilden die Punkte C_1, C_2, C_3 ein gleichseitiges Dreieck, so fallen $\mathfrak{A}$ mit C_2 und $\mathfrak{B}$ mit C_3 zusammen. Das Koppeldreieck ist ebenfalls gleichseitig, und das dritte Fokalzentrum $\mathfrak{M}$ ist mit C_1 identisch. Die Koppelkurve hat in ihren drei Ästen den gleichen Verlauf.

Eine Anwendung dieses Sonderfalls gab K. HAIN[1].

100. Parallelkurbelgetriebe und Antiparallelkurbelgetriebe.

Ist das Gelenkviereck $\mathfrak{A}AB\mathfrak{B}$ ein Parallelogramm mit $c = a$ und $d = b$, so entsteht aus ihm durch Festhalten eines Gliedes, z. B. $\overline{\mathfrak{A}\mathfrak{B}}$ (Abb. 213), das *Parallelkurbelgetriebe*, kurz die „*Parallelkurbel*". Die Koppelkurve K_C des Punktes C ist der Kreis um $\mathfrak{M}$ mit Halbmesser $\overline{\mathfrak{M}C} = \overline{\mathfrak{A}A}$ ($\triangle \mathfrak{A}\mathfrak{B}\mathfrak{M} \cong \triangle ABC$). Der Koppellage $\overline{AB}$ entspricht der Momentanpol P^∞, der in der Richtung $\mathfrak{A}A$ bzw. $\mathfrak{B}B$ im Unendlichen liegt und auch zur Koppellage $A'B'$ gehört. Als Polkurven sind demnach die doppelt zu zählenden unendlich fernen Geraden der Ebenen der Glieder AB bzw. $\mathfrak{A}\mathfrak{B}$ anzusehen.

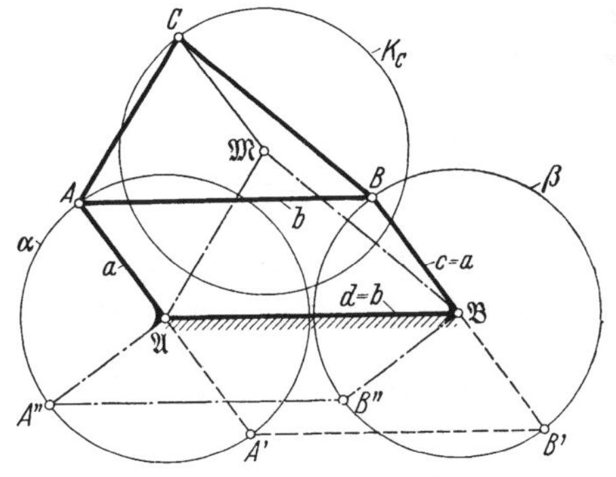

Abb. 213. Parallelkurbelgetriebe; Koppelpunkte C beschreiben Kreise mit Halbmesser a; $\triangle ABC \cong \triangle \mathfrak{A}\mathfrak{B}\mathfrak{M}$.

Die Parallelkurbel gehört zu den durchschlagenden Kurbelgetrieben. Zur Überwindung der zwanglosen Durchschlagslagen kann eine solche Anordnung getroffen werden, bei der die Kurbeln des zweiten Getriebes $\mathfrak{A}A''B''\mathfrak{B}$ um einen entsprechenden Winkel, z. B. 90°, gegeneinander versetzt sind. Durch die zweite Kopplung $A''B''$ ist nach R. FRANKE die Rückverbindung vom Abtrieb zum Antrieb hergestellt. So bilden beide Koppeln $\overline{AB}$ und $\overline{A''B''}$ bzw. $\overline{A'B'}$, die auch durch Seile ersetzt werden könnten, mit An- und Abtrieb einen geschlossenen Bewegungskreis. Dieser hat den Zweck, Gegenkräfte für eine

[1] Vgl. Fußn. 1, S. 159.

zwangläufige Übertragung von Bewegungen bereitzuhalten, insbesondere bei der Verwendung von nur zug- oder druckfesten Kopplungen.

Das durch $\mathfrak{A}A'$ und $\mathfrak{B}B'$ ergänzte Parallelkurbelgetriebe gehört im Sinne der FRANKEschen[1] Systematik zur Gruppe der „*kreisgeschlossenen Phasengetriebe*", da eine solche Anordnung den weiteren Zweck hat, mehrphasige Antriebskräfte zur Übertragung von Drehbewegungen zur Verfügung zu stellen.

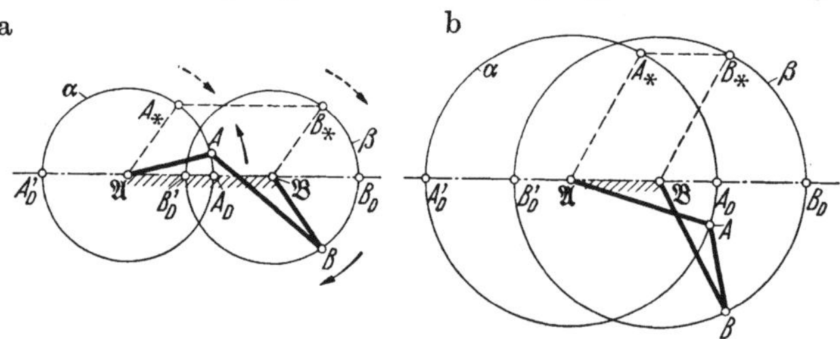

Abb. 214. Antiparalellkurbelgetriebe: a) gestellt auf großes Glied; b) gestellt auf kleines Glied.

Wird in Abb. 213 der Halbmesser $\overline{C\mathfrak{M}}$ als Kurbel ausgebildet, so wird ein „*Dreiparallelkurbelgetriebe*" erhalten, das der gleichförmigen Bewegungsübertragung auf mehrere Kurbeln dient. K. KUTZBACH[2] nennt die Bewegung des Koppeldreiecks ABC gemäß Abb. 213 eine „*Kreisschiebung*", da jeder Punkt der Koppelebene einen Kreis gleichen Halbmessers a beschreibt.

In Abb. 214a ist das Parallelkurbelgetriebe $\mathfrak{A}A_* B_* \mathfrak{B}$ auf das größere Glied gestellt. Es sind zwei Durchschlagslagen (Verzweigungslagen) $A_D B_D$, $A'_D B'_D$ vorhanden. Von der Durchschlagslage $A_D B_D$ aus kann der eine Endpunkt B der Koppel AB die Gerade durch $\mathfrak{A}\mathfrak{B}$ bei B_D überschreiten, während der andere Endpunkt A auf dem Kurbelkreis umkehrt und eine gegenläufige Bewegung beginnt. Die Koppelgerade AB schneidet $\mathfrak{A}\mathfrak{B}$ zwischen $\mathfrak{A}$ und $\mathfrak{B}$. Aus dem Parallelkurbelgetriebe ist das „*gegenläufige Antiparallelkurbelgetriebe*" $\mathfrak{A}AB\mathfrak{B}$ entstanden, das im Schrifttum auch als „*gegenläufige Antiparallelkurbeln*" bezeichnet wird.

Im Fall der Abb. 214b, wenn also das Parallelogramm auf das kleinste Glied gestellt ist, können die Koppelendpunkte A_*, B_* die Gerade $\mathfrak{A}\mathfrak{B}$ in den Durchschlagslagen A_D und B_D gleichzeitig überschreiten und ihre Drehung um $\mathfrak{A}$ und $\mathfrak{B}$ im gleichen Drehsinn fortsetzen. Es wird so das „*gleichläufige Antiparallelkurbelgetriebe*" $\mathfrak{A}AB\mathfrak{B}$ erhalten (gleichläufige Antiparallelkurbeln).

101. Die Koppelkurven der Antiparallelkurbelgetriebe.

Die Polkurven des gleichläufigen Antiparallelkurbelgetriebes wurden bereits in Nr. 20 als kongruente Ellipsen, die des gegenläufigen Antiparallelkurbelgetriebes als kongruente Hyperbeln festgestellt.

Zwischen den Koppelkurven der Antiparallelkurbelgetriebe und deren Polkurven bestehen beachtenswerte Zusammenhänge.

Abb. 215 zeigt das gegenläufige Antiparallelkurbelgetriebe $\mathfrak{A}AB\mathfrak{B}$ mit den beiden Hyperbeln k_d und k_b als der festen bzw. bewegten Polkurve der Glieder d und b, das Koppeldreieck ABC und das ihm kongruente Dreieck $\mathfrak{A}\mathfrak{B}\mathfrak{M}$ mit dem dritten Fokalzentrum $\mathfrak{M}$.

Spiegelt man den Koppelpunkt C an der Poltangente PT nach C', so ist das so entstandene Dreieck $\mathfrak{A}\mathfrak{B}C'$ symmetrisch kongruent zum Dreieck BAC.

[1] FRANKE, R.: [21], S. 58 u. 130ff.
[2] II. Getriebheft des Maschinenbau Bd. 8 (1929). Berlin: VDI-Verlag 1929.

Das Spiegelbild C' von C ist also ein Festpunkt für alle Lagen C und alle Lagen der Poltangente PT. Die Koppelkurve K_C kann demnach erhalten werden, indem man von dem festen Punkt C' auf alle Tangenten der festen Polkurve k_d

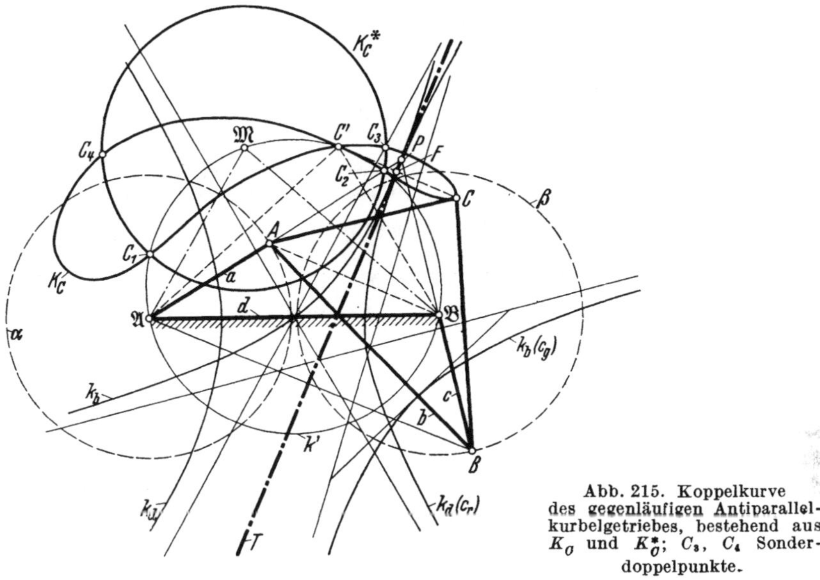

Abb. 215. Koppelkurve des gegenläufigen Antiparallelkurbelgetriebes, bestehend aus K_C und K_C^*; C_3, C_4 Sonderdoppelpunkte.

die Lote $C'F$ fällt und $C'F$ über F hinaus um sich selbst bis C verlängert. Die Punkte F liefern die Fußpunktkurve von k_d für C' als Lotpunkt, und die Punkte C ergeben die Kurve K_C, die zur ersten im Verhältnis 2 : 1 ähnlich und ähnlich liegend, mit anderen Worten *homothetisch ähnlich* ist; C' ist der Ähnlichkeitspunkt beider Kurven.

Der um 𝔐 mit Halbmesser $\overline{𝔄A}$ geschlagene Kreis K_C^* ist die Bahnkurve von C, wenn das Viergelenkgetriebe 𝔄AB𝔅 als Parallelkurbelgetriebe arbeitet. Die vollständige Koppelkurve besteht hiernach aus dem Kreis K_C^* und der Kurve K_C. Diese ist also von der vierten Ordnung. K_C^* und K_C schneiden sich in den Doppelpunkten C_1, C_2, C_3 und C_4 der vollständigen Koppelkurve, von denen C_1 und C_2 gleichzeitig auf dem Kreis k' durch 𝔄, 𝔅, 𝔐 liegen. Auf k' liegt auch C' als ein weiterer Doppelpunkt der Koppelkurve, während die Punkte C_3 und C_4 als „*Sonderdoppelpunkte*" zu den beiden Durchschlagslagen der Koppel gehören.

Für das gleichläufige Antiparallelkurbelgetriebe gelten ähnliche Untersuchungen.

Der Fall, daß sämtliche Glieder des Parallelkurbelgetriebes gleiche Länge besitzen, das Parallelogramm also zu einem Rhombus wird (Rautenkurbel), ist in Abb. 216 dargestellt. Von der Durchschlagslage $\overline{A_D B_D}$ aus können die Glieder $\overline{AB}$ und $\overline{𝔅B}$ vereinigt um den Punkt 𝔅 rotieren; der Koppelpunkt C beschreibt dann den Kreis K_C' um 𝔅 mit dem Halbmesser $\overline{AC}$. Für die andere

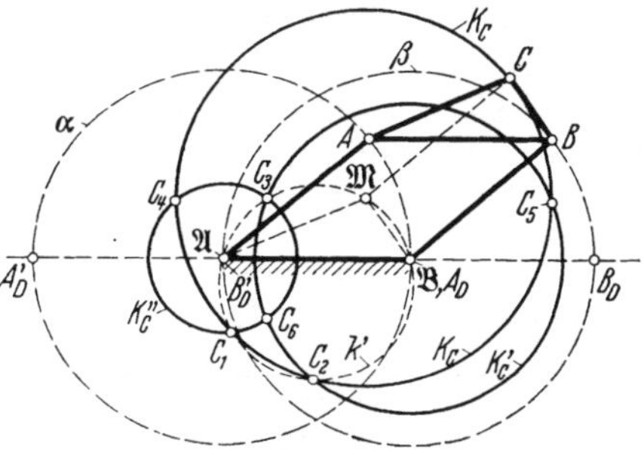

Abb. 216. Parallelkurbelgetriebe mit vier gleich langen Gliedern. Vollständige Koppelkurve, bestehend aus den Kreisen K_C, K_C' und K_C''.

Durchschlagslage $A'_D B'_D$ ergibt sich als Koppelkurve von C der Kreis K''_C um $\mathfrak{A}$ mit dem Halbmesser $\overline{BC}$, da in dieser Lage $\overline{\mathfrak{A}A}$ und $\overline{AB}$ gemeinsam um $\mathfrak{A}$ rotieren können. Die Doppelpunkte der vollständigen Koppelkurve, die aus K_C, K'_C und K''_C besteht, sind die Schnittpunkte C_1, C_2, C_3, C_4 dieser Kreise, von denen C_1, C_2, C_3 außerdem auf dem Kreis k' durch die drei Fokalzentren $\mathfrak{A}$, $\mathfrak{B}$ und $\mathfrak{M}$ liegen; C_4 und C_5 sind „*Sonderdoppelpunkte*" der beiden Durchschlagslagen.

102. Gleichschenklige Kurbelgetriebe.

Ein aus dem Gelenkviereck entstandenes Kurbelgetriebe heißt gleichschenklig, wenn zweimal zwei aufeinanderfolgende Glieder paarweise gleiche Längen besitzen.

In Abb. 217 ist $\overline{\mathfrak{A}\mathfrak{B}} = \overline{\mathfrak{A}A}$ und $\overline{\mathfrak{B}B} = \overline{AB}$, ferner $\overline{\mathfrak{A}A} < \overline{AB}$. Durchläuft bei dem so erhaltenen gleichschenkligen Doppelkurbelgetriebe (gleichschenklige Doppelkurbel) der Punkt A von der Lage A_D (mit $\mathfrak{B}$ zusammen-

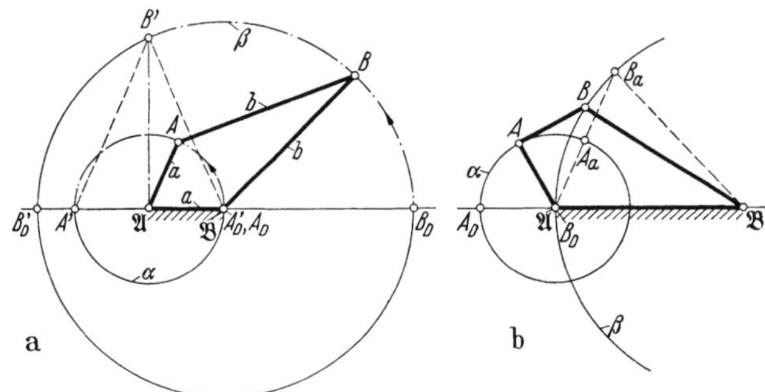

Abb. 217. Gleichschenkliges Kurbelgetriebe: $\overline{\mathfrak{A}A} = \overline{\mathfrak{A}\mathfrak{B}}$, $\overline{AB} = \overline{\mathfrak{B}B}$, a) gestellt auf kleinstes; b) gestellt auf größtes Glied.

fallend) in der gezeichneten Pfeilrichtung den oberen Halbkreis (von A_D über A nach A'), so beschreibt B von B_D aus im gleichen Sinne den Bogen B_D über B nach B', wobei $\overline{\mathfrak{A}B'} \perp \mathfrak{A}\mathfrak{B}$, da $\overline{\mathfrak{A}B'}^2 = \overline{B'_D\mathfrak{A}}\ \overline{\mathfrak{A}B_D} = b^2 - a^2$.

Bewegt sich dann A weiter auf dem unteren Halbkreis α zurück bis A'_D (ebenfalls mit $\mathfrak{B}$ zusammenfallend), so wandert B auf den oberen Halbkreis β von B' bis B'_D. Soll B auch den unteren Halbkreis von β durchlaufen, so muß A nochmals eine volle Umdrehung um A ausführen. Die kurze Kurbel $\overline{\mathfrak{A}A}$ macht also zwei Umdrehungen, während die lange Kurbel $\overline{\mathfrak{B}B}$ eine Umdrehung ausführt. Die Bewegung von $\overline{\mathfrak{B}B}$ ist aber bei gleichförmiger Umdrehung von $\overline{\mathfrak{A}A}$ sehr ungleichförmig.

Auf diese bemerkenswerte Eigenschaft der gleichschenkligen Doppelkurbel wurde zuerst von GALLOWAY[1] hingewiesen.

Für die Bewegungsumformung mit dem Übersetzungsverhältnis 2 : 1 haben also diese GALLOWAY-Getriebe keine praktische Bedeutung.

In Abb. 217b ist $\overline{\mathfrak{A}\mathfrak{B}} > \overline{\mathfrak{A}A}$, also das größte Glied als Standglied ausgebildet. Es entsteht eine gleichschenklige Kurbelschwinge. In der Durchschlagslage $A_D B_D$ fällt $\overline{\mathfrak{B}B}$ mit $\overline{\mathfrak{B}\mathfrak{A}}$ und $\overline{\mathfrak{A}A}$ mit $\overline{BA}$ zusammen; die Glieder $\overline{\mathfrak{A}A}$ und $\overline{BA}$ können dann vereinigt um den Punkt $\mathfrak{A}$ rotieren.

[1] Specification Nr. 10223, 12. June 1844. Repertory of Patent-Inventions. Enlarged Series Bd. 5 (1845) S. 29. — Polyt. Journ. Bd. 96 (1845) S. 9 u. 432.

Zur Überwindung der zwanglosen Lagen (Durchschlagslagen) werden zweckmäßig die Polkurven bzw. Teile von ihnen in Form von Hilfsverzahnungen benutzt.

Mit den Bezeichnungen der Abb. 218 folgen für die Polkurven der Koppel AB gegenüber dem Gestell $\mathfrak{A}\mathfrak{B}$ der hier vorgegebenen gleichschenkligen Doppelkurbel die Gleichungen:

Ruhende Polkurve c_r: $$r = m \cos\varphi + n. \tag{288}$$

Bewegte Polkurve c_g: $$R = m - n \cos\psi \tag{289}$$

mit

$$m = \frac{2ab^2}{b^2 - a^2}, \quad n = \frac{2a^2 b}{b^2 - a^2} \tag{290a, b}$$

Die beiden Polkurven sind also PASCALsche Kurven (Kardioiden).

Abb. 219 zeigt eine bauliche Ausführung der gleichschenkligen Doppelkurbel, bei der sich in den Durchschlagslagen (Verzweigungslagen) die Zapfen (P_D) und (P'_D) der Koppel AB bei P_D und P'_D des Gestellteiles d_3 abstützen, um durch diese hier schematisch angedeuteten Hilfsverzahnungen den Bewegungsverlauf entsprechend den Polkurven c_r und c_g zu erzwingen.

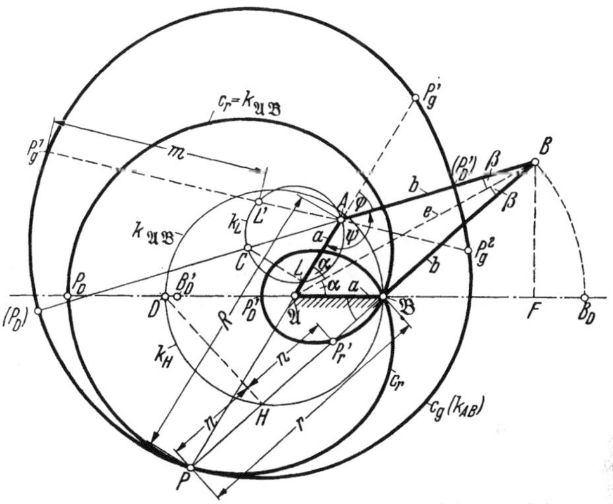

Die Hilfsverzahnung hätte auch an den Kurbeln $\overline{\mathfrak{A}A}$ und $\overline{\mathfrak{B}B}$ angeordnet werden können, wie in der Abbildung durch die Zapfen S, T und die Stützen R, Q angedeutet ist. Für eine teilweise Stirnradhilfsverzahnung wären die Krümmungskreise in den Polkurvenscheiteln zu ermitteln und ihre Halbmesser als Teilkreishalbmesser zugrunde zu legen.

Abb. 218. Polkurven c_r, c_g für Koppel b der gleichschenkligen Doppelkurbel.

Zwischen den Koppelkurven der gleichschenkligen Kurbelgetriebe und der Antiparallelkurbelgetriebe besteht ein beachtenswerter Zusammenhang, der mit Hilfe des ROBERTSschen Satzes leicht beweisbar ist.

Die gleichschenklige Kurbelschwinge und das gegenläufige Antiparallelkurbelgetriebe erzeugen gleichartige Koppelkurven, nämlich Fußpunktkurven von Hyperbeln. Ebenso beweist man leicht, daß die gleichschenklige Doppelkurbel und das gleichläufige Antiparallelkurbelgetriebe gleichartige Koppelkurven, also die Fußpunktkurven von Ellipsen beschreiben.

Die Vereinigung eines Parallelkurbelgetriebes $\mathfrak{A}AB\mathfrak{B}$ mit einem gleichschenkligen Doppelkurbelgetriebe $\mathfrak{C}CB\mathfrak{B}$, ergänzt durch die Glieder $h = \overline{AD} = \overline{AB}$ und $g = \overline{DC} = \overline{CB}$, dient in Abb. 220 der genauen Geradführung der Gelenkmitte D längs der Geraden $\delta\delta'$ durch $\mathfrak{C}$.

Bei diesem Beispiel muß die theoretisch genaue Lösung der erreichten Führungen durch den Einbau zahlreicher Gelenke erkauft werden, wobei auf bestmögliche Einhaltung der Gliederabmessungen zu achten ist.

Das gleiche gilt von der „*Parallelführung*“ des Gliedes g in senkrechter Richtung zum Gestell d (Abb. 221) und von einem Mehrkurbelgetriebe, das ein

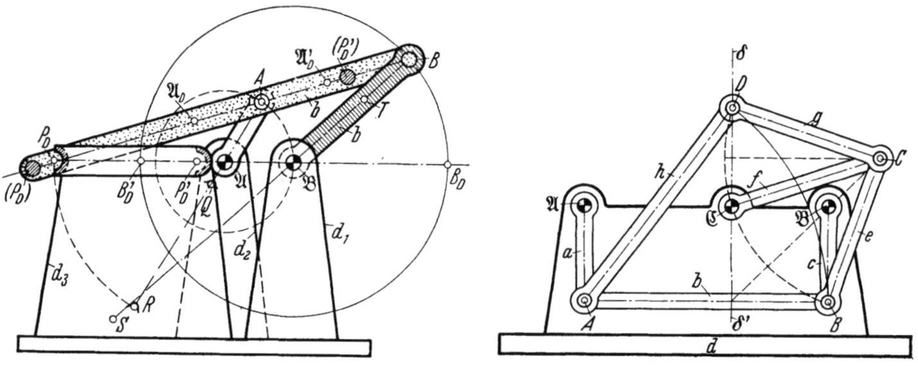

Abb. 219. Gleichschenklige Doppelkurbel mit Hilfsverzahnung in den Verzweigungslagen (Scheitel der Polkurven).

Abb. 220. Exakte Geradführung von D längs $\delta\delta'$ durch Kombination gleichschenkliger Doppelkurbeln mit Parallelkurbelgetriebe.

Getriebeglied längs einer vorgegebenen Geraden in sich komplan verschiebt. Weitere Beispiele solcher Art findet man bei VAN DER HAEGHEN[1].

103. Inversion am Kreis.

Eine geometrische Verwandtschaft, die mit einfachen Gelenkmechanismen getrieblich erzeugt werden kann, ist die „*Inversion am Kreis*“.

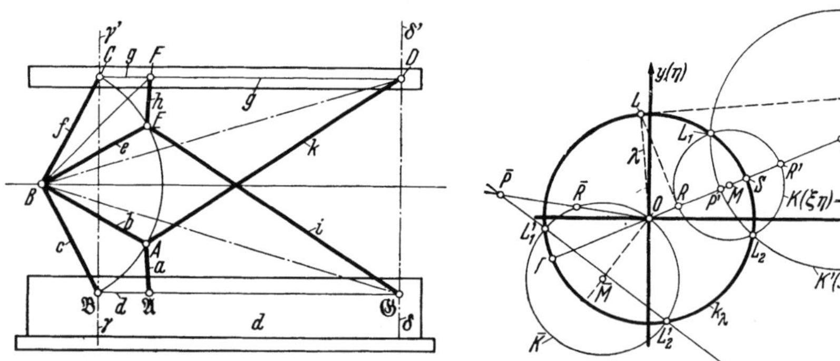

Abb. 221. Parallelführung von g durch Mehrfachanordnung von gleichschenkligen Kurbelgetrieben. Heben und Senken in Richtung $\delta\delta'$.

Abb. 222. Grundfigur für Inversion am Kreis; R und P inverse Punkte.

Ist in Abb. 222 O ein fester Punkt (Punkt des Gestells!) und gilt für zwei entsprechende Punkte R und P, die auf einer Geraden g durch O und auf derselben Seite von O liegen, die metrische Beziehung

$$\overline{OR}\;\overline{OP} = \lambda^2 = \text{konstant}, \tag{291}$$

so heißen die Punkte R und P invers zu O.

Der um O mit dem Halbmesser λ geschlagene Kreis k_λ heißt der *Inversionskreis*. Inverse Punkte R und P werden nach dem Kathetensatz konstruiert.

[1] VAN DER HAEGHEN: [33], S. 17.

Nach der Theorie von Pol und Polare sind R und P einander zugeordnete Pole, die den Durchmesser ST von k_λ harmonisch teilen.

Für die rechtwinkligen Koordinaten ξ, η von R und x, y von P gelten die nachstehenden Transformationsformeln

$$\xi = \frac{\lambda^2 x}{x^2 + y^2}, \qquad \eta = \frac{\lambda^2 y}{x^2 + y^2}. \tag{292a, b}$$

$$x = \frac{\lambda^2 \xi}{\xi^2 + \eta^2}, \qquad y = \frac{\lambda^2 \eta}{\xi^2 + \eta^2}. \tag{293a, b}$$

Dem Kreis

$$K(\xi | \eta) \equiv \xi^2 + \eta^2 + A\xi + B\eta + C = O \tag{294a}$$

entspricht wiederum ein Kreis

$$K'(x|y) \equiv x^2 + y^2 + \frac{A\lambda^2}{C} x + \frac{B\lambda^2}{C} y + \frac{\lambda^4}{C} = 0. \tag{294b}$$

Die Mittelpunkte

$$M\left(-\frac{A}{2}, \ -\frac{B}{2}\right) \quad \text{und} \quad M'\left(-\frac{A\lambda^2}{2C}, \ -\frac{B\lambda^2}{2C}\right)$$

der Kreise K und K' liegen auf einer Geraden durch das Inversionszentrum O.

Der Kreis K' geht durch die Schnittpunkte L_1 und L_2 von K mit dem Inversionskreis k_λ. Einem Kreis $\overline{K}(\xi | \eta) = O$ um $\overline{M}$ durch das Inversionszentrum O entspricht wegen $C = O$ die Gerade $Ax + By + \lambda^2 = O$, d. i. die Potenzlinie p der Kreise K und k_λ.

Wird also ein Punkt $\overline{R}$ eines Inversionsgetriebes auf einem Kreis $\overline{K}$, der durch das Inversionszentrum geht, geführt, so beschreibt der inverse Punkt $\overline{P}$ eine Gerade p, die als Potenzlinie auf der Zentrale $\overline{M}O$ der Kreise $\overline{K}$ und k_λ senkrecht steht.

Inversionsgetriebe sind zur Entwicklung „*exakter*“ *Geradführungen* geeignet.

104. Inversionsgetriebe.

Die Grundgleichung $\overline{OR}\,\overline{OP}$ = konstant läßt sich in einfacher Weise mit Hilfe der Antiparallelkurbelgetriebe oder mit einem gleichschenkligen Kurbelgetriebe verwirklichen.

Zieht man bei dem in Abb. 223 dargestellten Antiparallelkurbelgetriebe mit $\overline{AB} = \overline{CD} = a$ und $\overline{BC} = \overline{AD} = b$ die Parallele DE zu AB bis E auf AC und schneidet der um D mit $\overline{DC}$ geschlagene und durch E gehende Kreis die Gerade AD in F und G, so ist nach dem Sekantensatz

$$\overline{AE}\,\overline{AC} = \overline{AF}\,\overline{AG} = (b - a)(b + a) = b^2 - a^2$$

und wegen $\overline{AE} = \overline{BD}$ auch

$$\overline{BD}\,\overline{AC} = b^2 - a^2. \tag{295}$$

Die zu AC beliebig gezeichnete Parallele g schneidet AB, AD, BC und CD in den Punkten O, R, P und Q; es gilt dann mit $\overline{AO} = a_1$, $\overline{OB} = a_2$ die folgende Beziehung:

$$\overline{OR}\,\overline{OP} = \frac{a_1 a_2 (b^2 - a^2)}{a^2} = \lambda^2. \tag{296}$$

Da O, R, P, Q bei beliebiger Bewegung stets auf einer Geraden liegen, so gilt für diesen Mechanismus die Beziehung $\overline{OR}\,\overline{OP} = \lambda^2$ = konstant, wobei

λ^2 gemäß Gl. (296) noch von der Lage des auf $\overline{AB}$ angenommenen Punktes O abhängig ist.

In Abb. 223 ist $\overline{AB}$ in O drehbar gelagert und R auf dem Kreis K um M_R geführt. Die in R zu OP errichtete Senkrechte schneidet den Thaleskreis über $\overline{OP}$ als Durchmesser im Punkt L des Inversionskreises k_λ, der vom Kreis K in L_1 und L_2 geschnitten wird. Der Mittelpunkt M_P des von P beschriebenen Kreises p, der auch durch L_1

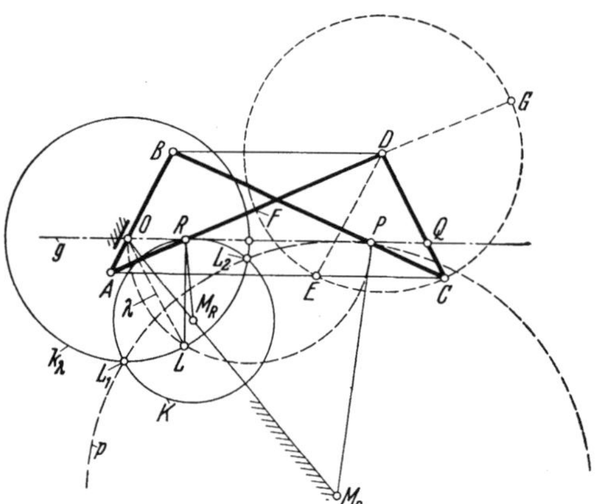

Abb. 223. Antiparallelogramm $ABCD$ als Grundlage für Inversionsgetriebe; R und P inverse Punkte bezüglich O; Kreise K und p in inverser Beziehung.

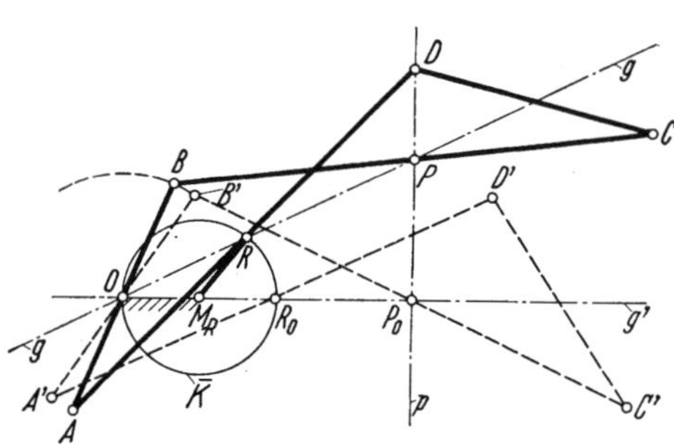

Abb. 224. HARTscher Inversor. Exakte Geradführung von P längs $p \perp OM_R$.

und L_2 geht, liegt im Schnittpunkt von OM_R mit der Mittelsenkrechten zu L_2P.

Bildet man $M_R R$ und $M_P P$ als Kurbeln aus, so entsteht ein *übergeschlossenes* Getriebe mit $n = 7$ Gliedern und $g = 9$ Gelenken.

Wählt man in Abb. 224 den Mittelpunkt O von $A'B'$ als Inversionszentrum, so wird nach Gl. (296)

$$\overline{OR}\,\overline{OP} = \lambda^2 = \frac{b^2 - a^2}{4}\,; \tag{297}$$

wird außerdem M_R als Mittelpunkt von $\overline{OR_0}$ angenommen und $\overline{M_R R_0}$ als Kurbel ausgebildet, so geht der Kreis $\overline{K}$ durch das Inversionszentrum O, und P wandert auf der Geraden p, die in P_0 auf $\overline{OP_0}$ senkrecht steht. Der so entstandene HART*sche Inversor*[1] ergibt also eine *exakte Geradführung* des Punktes P.

Zeichnet man in einem Antiparallelogramm $ABCD$ (z. B. nach Abb. 223) über seinen Seiten die einander gleichsinnig ähnlichen Dreiecke ABO, CBP, CDQ und ADR, so bilden in diesem *quadruplanen Inversor* von SYLVESTER[2] die vier Punkte O, P, Q, R ein getrieblich veränderliches Parallelogramm mit dem konstanten Winkel $\sphericalangle ORQ = \sphericalangle OPQ = \gamma$ vom konstanten Flächeninhalt $F = mn(b^2 - a^2)\sin\gamma$. Dabei sind $\overline{AB} = \overline{CD} = a$, $\overline{BC} = \overline{AD} = b$, $\overline{OB} = ma$, $\overline{OA} = na$ und $\sphericalangle AOB = \gamma$ gesetzt. Mit $\gamma = O$ wird $F = o$ und damit die Grundfigur des HARTschen Inversors erhalten.

Die Entdeckung der Mechanismen *zur Erzeugung der inversen Verwandtschaft* geht auf PEAUCELLIER[3] zurück.

[1] HART, H.: Mess. of Math. (2) Bd. 4 (1874) S. 82 u. 116; (2) Bd. 5 (1875) S. 35. — Vgl. A. MANNHEIM: Mess. of Math. (2) Bd. 14 (1884) S. 20.

[2] SYLVESTER: Nature (Lond.) Bd. 12 (1875) S. 214.

[3] Nouv. Ann. (2) Bd. 3 (1864) S. 344; (2) Bd. 12 (1873) S. 71.

Wird das gleichschenklige Gelenkviereck $OCPD$ mit $\overline{OC} = \overline{OD} = b$ und $\overline{CP} = \overline{DP} = a$ der Abb. 225 durch den Zweischlag $\overline{CR} = a$ und $\overline{RD} = a$ ergänzt, so folgt nach dem Sehnensatz für den um C mit $\overline{CO}$ als Halbmesser geschlagenen Kreis K

$$\overline{PR'}\,\overline{OP} = \overline{GP}\,\overline{PF} = b^2 - a^2$$

und wegen $\overline{PR'} = \overline{OR}$

$$u\,v = \overline{OR}\,\overline{OP} = b^2 - a^2. \tag{298}$$

Für die Punkte O_1, R_1, P_1 der Parallele g zu OR gilt

$$\overline{O_1R_1}\,\overline{O_1P_1} = \overline{O_1C}^2\,\frac{b^2-a^2}{b^2}. \tag{299}$$

Für $b < a$ folgt entsprechend

$$\overline{OR}\,\overline{OP} = a^2 - b^2. \tag{300}$$

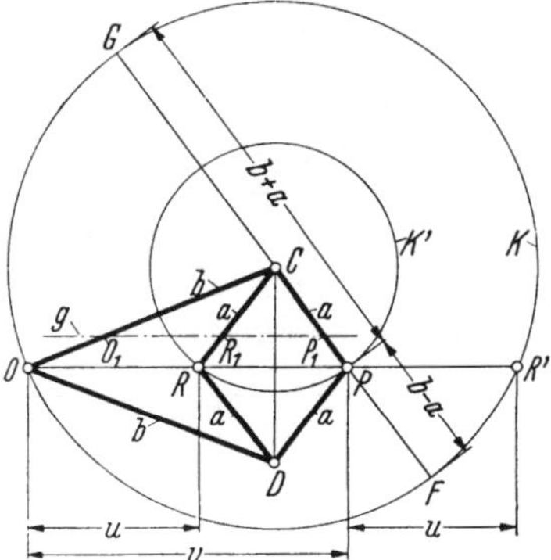

Abb. 225. Grundfigur der PEAUCELLIERschen Geradführung. Bei Festhaltung von O sind R und P inverse Punkte bezüglich O.

In der Abb. 226 sind die aus der Grundfigur (Abb. 225) abgeleiteten PEAUCELLIERschen Geradführungen P längs $p \perp M_R O$ dargestellt. In beiden Mechanismen geht der Kurbelkreis $\overline{K}$ durch das Inversionszentrum O. Ein Inversionsgetriebe zum selbsttätigen Scharfmachen von Objektiven findet man bei A. JOTZOFF[1].

Weiteres Schrifttum über *Inversionsgetriebe* und *exakte Geradführung*[2] ist bei G. DARBOUX, P. L. TSCHEBYSCHEFF, C. STEPHANO, GAGARINE und R. BRICARD nachzulesen.

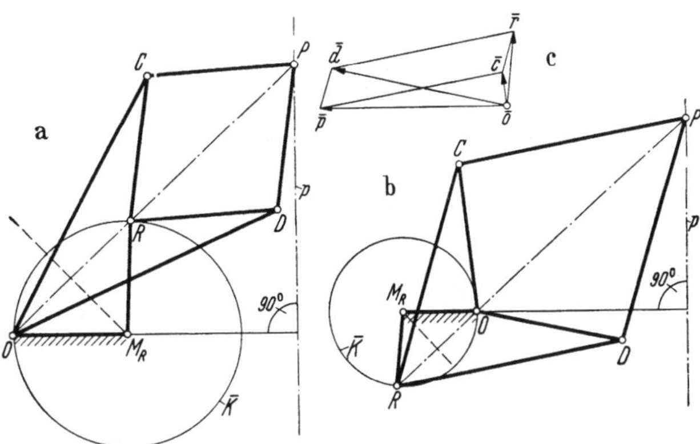

Abb. 226. Exakte Geradführung von P längs p durch PEAUCELLIERschen Inversor. c) Plan der gedrehten Geschwindigkeiten für b).

In diesem Zusammenhang interessiert auch die Frage, welche Kurvengattungen sich noch durch Gelenkmechanismen (Kurbelgetriebe) getrieblich erzeugen lassen. Hierzu haben J. J. SYLVESTER, A. B. KEMPE, H. HART und

[1] JOTZOFF, A.: Getriebe an Kinogeräten. Feinmech. u. Präz. Bd. 49 (1941) S. 127/133. Vgl. auch Getriebetechn. Bd 10 (1942) S. 267.

[2] DARBOUX, G.: Bull. Sci. math. (2) Bd. 3 (1879) S. 151. — P. L. TSCHEBYSCHEFF: Petersburg Mém. de l'Acad. 1881. — C. STEPHANO: C. r. Acad. Sci., Paris Bd. 95 (1882) S. 677. — GAGARINE: C. r. Acad. Sci., Paris Bd. 93 (1881) S. 711. — R. BRICARD: Mathesis (2) Bd. 4 (1894) S. 111.

R. MÜLLER wertvolle Untersuchungen angestellt[1]. So gibt es u. a. Mechanismen zur Auflösung von Gleichungen dritten Grades, zur Auswertung elliptischer Integrale usw.[2].

105. Getriebe zur Erzeugung ähnlicher Bewegungen. Storchschnabelgetriebe.

In Abb. 227 ist das in D gelagerte Gelenkparallelogramm $ABCD$ mit $\overline{AD} = \overline{BC} = m$ und $\overline{AB} = \overline{DC} = n$ durch das ihm ähnliche Gelenkparallelogramm $A_1 B_1 C_1 D$ mit $\overline{A_1 D} = \overline{B_1 C_1} = m_1$ und $\overline{A_1 B_1} = \overline{DC_1} = n_1$ ergänzt worden, wobei wegen der vorausgesetzten Ähnlichkeit B und B_1 auf der Geraden g durch D liegen. Des weiteren sind noch die zu BC parallelen Glieder $B_{II} C_2$, $B_{III} C_3$ eingefügt, deren Mittellinien die Gerade g in B_2 und B_3 schneiden.

Aus der Ähnlichkeit der Dreiecke $A_1 B_1 D$ und ABD folgt:

$$m_1 : m = n_1 : n \quad \text{bzw.} \quad m_1 = k_1 m, \qquad n_1 = k_1 n$$

und mit $\overline{DB_1} = r_1$, $\overline{DB} = r$ auch

$$r_1 = k_1 r, \tag{301}$$

also die Formel einer *Ähnlichkeitstransformation* mit D als *innerem Ähnlichkeitspunkt*. Die von B_1 beschriebene Figur β_1 ist dabei gegenüber der von B beschriebenen ähnlichen Figur β um $180°$ gedreht.

Entsprechend ergibt sich mit $\overline{C_2 B_2} = m_2$, $\overline{DC_2} = n_2$ und $\overline{DB_2} = r_2$

$$r_2 = k_2 r \quad \text{mit} \quad m_2/m = n_2/n = k_2. \tag{301a}$$

B_2 beschreibt eine zu β ähnlich gelegene Figur β_2 mit D als äußerem Ähnlichkeitspunkt. Der Gelenkmechanismus der Abb. 227 ist als „*Storchschnabel*" oder

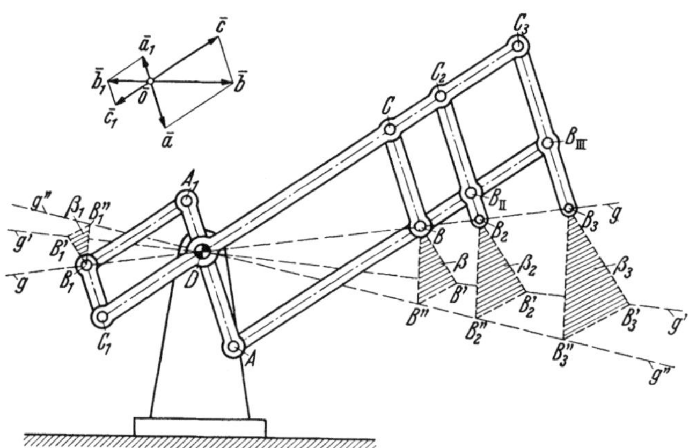

Abb. 227. Erzeugung ähnlicher Bewegungen. Storchschnabelgetriebe.

„*Pantograph*" bekannt[3]. Die Diagonale g heißt nach F. REULEAUX die „*Hauptdiagonale*" oder die „*Gehre*" des Storchschnabels. Abb. 227a ist der Plan der gedrehten Geschwindigkeiten.

[1] Mess. of Math. (2) Bd. 4 (1874) S. 82; (2) Bd. 7 (1877) S. 189. — Proc. Lond. math. Soc. Bd. 6 (1874) S. 137; Bd. 8 (1876) S. 288; Bd. 14 (1883) S. 199. — R. MÜLLER: Über eine gewisse Klasse von übergeschlossenen Mechanismen. Z. Math. Phys. Bd. 40 (1895) S. 257/278.

[2] SCHOENFLIES, A., u. M. GRÜBLER: [27].

[3] Vgl. betr. praktische Ausführung (z. B. OTT und CONRADI): MEYER ZUR CAPELLEN: Math. Instrumente. S. 132/135. Leipzig: Akad. Verl.-Ges. 1941.

Der SCHEINERsche Pantograph[1] und die folgenden abgewandelten Getriebe vermitteln also die Ähnlichkeitstransformation und finden z. B. bei Stickmaschinen und Kopiervorrichtungen[2] vielseitige Anwendungen.

Unter Weglassung entsprechender Stäbe erhält man aus Abb. 227 den Storchschnabel der Abb. 228, bei dem wiederum die Punkte B_2 und B_3 der Gehre g ähnliche Figuren durchlaufen. Bewegt bei diesem Storchschnabel der Punkt B_2 desselben statt eines Stiftes eine Schreibfläche f derart, daß sie bei der vorgesehenen getrieblichen Anordnung nur eine Translation ausführt, so beschreibt ein fester Stift S des Gestells e auf der bewegten Fläche f die zu $B_3 B_3' B_3''$ ähnliche und um 180° gedrehte Figur $S S' S''$, während B_2 in e die zu $S S' S''$ kongruente und gegenüber dieser um 180° gedrehte Figur durchläuft. In dieser Anordnung wird der Storchschnabel bei der HEILMANN*schen Stickmaschine* angewandt.

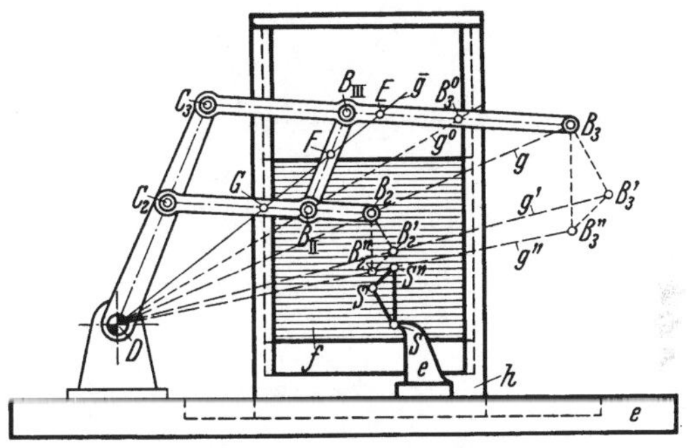
Abb. 228. Storchschnabelgetriebe in der HEILMANNschen Stickmaschine.

F. REULEAUX entwickelte *zwiehälftige* Storchschnäbel[3], die durch geeignete Anordnung zweier Storchschnäbel entstehen.

Wählt man in Abb. 228 die Punkte D, G, F, E so auf den Seiten eines Parallelogramms, daß sie in einer Ausgangslage auf einer Geraden g liegen, so bleiben sie immer auf einer Geraden, wie das Parallelogramm auch bewegt wird. Hält man beispielsweise D fest und führt man G auf einem Kreis g um M_G, so sind die von E und F beschriebenen Figuren ähnliche und ähnlich gelegene Kreise e und f um die Mittelpunkte M_E und M_F, die auf einer Geraden durch D und M_G liegen. Dabei ist $M_G G \parallel M_F F \parallel M_E E$.

Durch körperliche Ausbildung als Kurbeln wird so ein übergeschlossenes Getriebe mit $n = 8$ Gliedern und $g = 11$ Gelenken erhalten.

106. Spezielle Geradführungen.

Die BURMESTERschen Kreis- und Mittelpunktkurven wurden vor allem unter dem Gesichtspunkt ihrer Anwendung beim Entwurf angenäherter Geradführungen entwickelt[4].

Von diesen sei die in Abb. 229a dargestellte, viel bewunderte und oft behandelte „WATTsche Geradführung"[5] herausgestellt, die JAMES WATT mit genialer Überlegung bei seiner Dampfmaschine in Verbindung mit dem WATT*schen Parallelogramm* zuerst angewandt hat. Setzt man $\overline{\mathfrak{A}\mathfrak{B}} = 2a$, $\overline{\mathfrak{A}A} = \overline{\mathfrak{B}B} = b$ und $\overline{AB} = 2c$, $\overline{AC} = \overline{BC} = c$, so besteht zwischen diesen Abmessungen die Beziehung

$$b^2 + c^2 = a^2, \tag{302}$$

[1] Pantographice, seu ars delineandi res quaslibet per parallelogrammum. Romae 1631.

[2] THIERING, O.: Die Getriebe der Textiltechnik, S. 128ff. Berlin: Springer 1926. — F. REULEAUX: [1], II. Teil, S. 285/287. — E. GEMPE: Elemente des Vorrichtungsbaus. S. 81. Berlin: Springer 1927.

[3] REULEAUX, F.: [1], II. Teil, S. 286.

[4] BURMESTER, L.: [3], S. 638/647.

[5] WATT, J.: Specification Nr. 1432, 28. 4. 1784. — MUIRHEAD: Mechanical Inventions of JAMES WATT. Bd. 3 (1854) S. 88.

die in der Ausgangslage aus dem rechtwinkligen Streckenzug ersichtlich ist.

Die Koppelkurve K_C, die sogenannte WATTsche Kurve[1] oder *Lemniskoide*, hat die Gerade $\gamma\gamma'$ durch AB als Tangente und liefert eine sehr genaue Geradführung.

Für die TSCHEBYSCHEFF*sche Geradführung* (Abb. 229 b) gelten die Abmessungen $\overline{\mathfrak{A}\mathfrak{B}} = 2a = 4c$, $\overline{\mathfrak{A}A} = \overline{\mathfrak{B}B} = b = 5c$, $\overline{AB} = 2c$. Die sich sehr gut an $\gamma\gamma'$ durch AB anschmiegende Koppelkurve K_C von C könnte nach dem ROBERTSschen Satz auch durch die Kurbelschwinge $\mathfrak{A}ED\mathfrak{M}$ mit der Koppel ED und $\overline{DC} = \overline{ED}$ erzeugt werden (EDC = starre Koppel). In Abb. 229 b ist $\overline{BC} = \overline{CA}$.

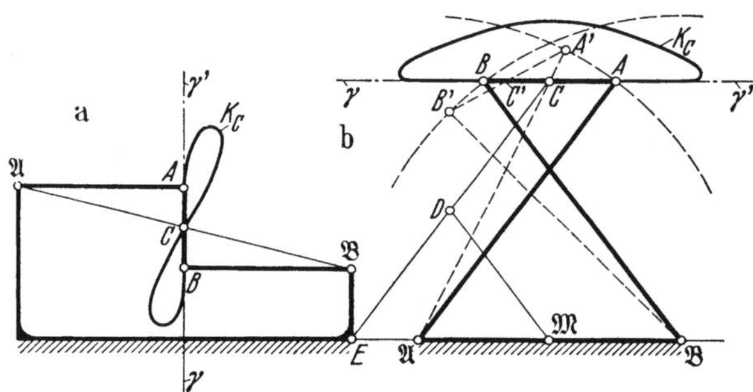

Abb. 229. Spezielle angenäherte Geradführungen.
a) WATTsche Geradführung; b) TSCHEBYSCHEFFsche Geradführung.

Die Konstruktion eines EVANS-*Lenkers* ist aus Abb. 230 ersichtlich.

Die Punkte C_1, C_2, C_3, C_4 sind symmetrisch zu $\alpha\alpha'$ angenommen. Mit der gewählten Koppellage $\overline{A_1C_1} = \overline{A_2C_2} = \overline{A_3C_3} = \overline{A_4C_4}$ des sogenannten Hauptlenkers werden die Punkte $A_1 \equiv A_4$ und $A_2 \equiv A_3$ gefunden, die mit den Polen P_{14} bzw. P_{23} identisch, während die Pole P_{12}, P_{13}, P_{34}, P_{24} auf der Mittelsenkrechten zu $P_{14}P_{23}$ angeordnet sind. Die Mittelpunktkurve zerfällt in die Gerade $m' = \alpha\alpha'$ und in die Mittelsenkrechte m'' zu $P_{14}P_{23}$.

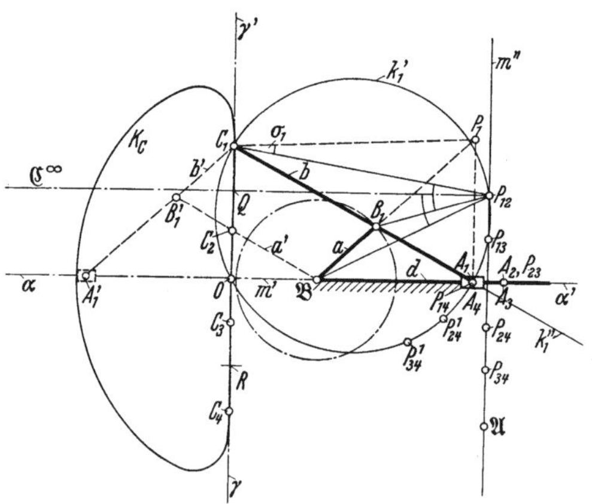

Abb. 230. EVANSsche Geradführung.

Wählt man als Lagerpunkt des Gegenlenkers $\mathfrak{B}$ auf m', so ist B_1 auf A_1C_1 durch die Winkelbeziehung $\sphericalangle C_1P_{12}B_1 = \sphericalangle \mathfrak{C}^\infty P_{12}\mathfrak{B}$ festgelegt.

Die Kreispunktkurve k_1 zerfällt in den Kreis k_1' über A_1C_1 als Durchmesser und in die Gerade k_1'' durch A_1C_1.

Für O als gestellfesten Punkt des Gegenlenkers liegt B im Mittelpunkt von AC (exakte Geradführung, kardanisches Problem).

Wird A nicht längs einer Geraden, sondern auf einem Kreis geführt, dessen Mittelpunkt $\mathfrak{A}$ auf m'' gewählt wird ($\overline{\mathfrak{A}A}$ hinreichend groß), so liefert das so erhaltene Gelenkviereck ebenfalls eine angenäherte Geradführung.

[1] Nach M. CHASLES bzw. HACHETTE: Bull. Soc. math. France Bd. 6 (1872/1878) S. 214 auch „Inflexionskurve" genannt. — A. J. H. VINCENT: Mém. de la Soc. de Lille (1836/37). — GINO LORIA: Ebene Kurven, Bd. 1, S. 274, 2. Auflage, 1910.

Daß Koppelkurven nach Art der Abb. 229, 230 auch zum Entwurf von Koppel-Rastgetrieben benutzt werden können, wurde bereits an früherer Stelle gezeigt (Abb. 37).

107. Das Schubkurbelgetriebe.

Rückt beim Viergelenkgetriebe $\mathfrak{A}AB\mathfrak{B}$ der feste Gelenkpunkt $\mathfrak{B}$ ins Unendliche, so wird B längs der Geraden β geführt, und $\mathfrak{B}$ liegt als $\mathfrak{B}^\infty$ auf der in B zu β errichteten Senkrechten im Unendlichen (Abb. 231).

Das so entstandene Schubkurbelgetriebe wird durch die Gliedlängen $\overline{\mathfrak{A}A} = r$, $\overline{AB} = c$ und durch die Größe der Schränkung $\overline{\mathfrak{A}\mathfrak{A}'} = e$ in seinen Abmessungen festgelegt. Bei Feststellung von d erhält man für

$c > r + e$ das geschränkte Schubkurbelgetriebe,

$c = r + e$ das durchschlagende Schubkurbelgetriebe,

$c < r + e$ die geschränkte Schubschwinge.

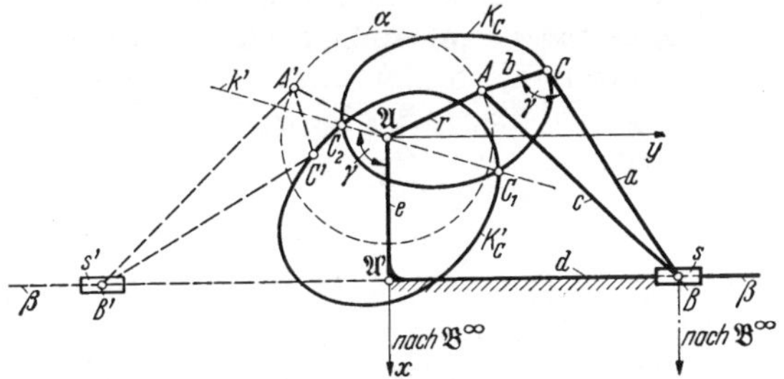

Abb. 231. Geschränktes Schubkurbelgetriebe mit zweiteiliger Koppel-Kurve und Doppelpunkten C_1, C_2 auf k'.

Für $e = O$, d. h. $\mathfrak{A}$ auf der Gleitbahn β, heißt das Getriebe *zentrisch*; im Falle $e = O$ und $c = r$ spricht man von einem gleichschenkligen Schubkurbelgetriebe.

Die Gleichung der Koppelkurve besitzt gemäß Gl. (281) die Form

$$a^2(x^2 + y^2 + b^2 - r^2)^2 - 4ab(x - e)(x\cos\gamma - y\cos\gamma)(x^2 + y^2 + b^2 - r^2)$$
$$+ 4b^2(x^2 + y^2)(x - e)^2 - 4a^2b^2(x\sin\gamma + y\cos\gamma)^2 = O. \qquad (308)$$

Die ursprünglich trizirkulare Kurve sechster Ordnung zerfällt also in eine zirkulare Kurve vierter Ordnung mit dem Fokalzentrum $\mathfrak{A}$ und in die doppelt zu zählende unendlich ferne Gerade.

Der Kreis k' entartet in die durch $\mathfrak{A}$ gehende Gerade k', die mit $\mathfrak{A}\mathfrak{B}^\infty$ den Winkel $\sphericalangle ACB = \gamma$ bildet. Auf k' liegen zwei Doppelpunkte C_1, C_2 der Koppelkurve, die im vorliegenden Fall aus den beiden Ovalen K_C und K'_C besteht.

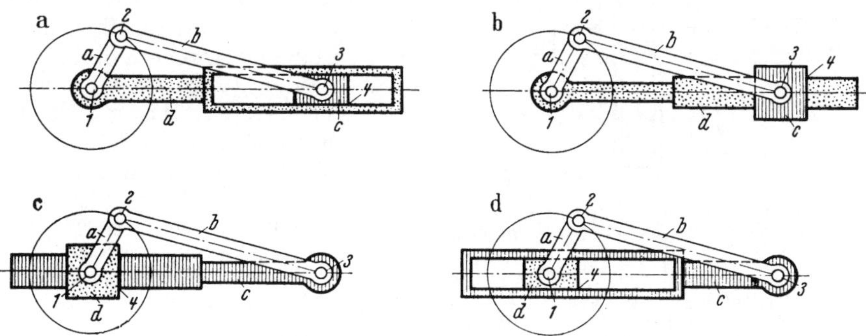

Abb. 232. Schubkurbelgetriebe mit Wechselformen des Schubgelenks *4*.

Mit Abb. 232 können aus den Wechselformen der zentrischen Schubkurbelanordnung nach dem Prinzip der kinematischen Umkehrung bzw. durch Standwechsel die nachstehenden Getriebe abgeleitet werden, und zwar:

Standglied d: *Schubkurbel* (Geradschubkurbel),
Standglied c: *Schubschwinge* (schwingende Geradschubkurbel),
Standglied b: *Schwingende Kurbelschleife,*
Standglied a: *Umlaufende Kurbelschleife.*

Wechselformen[1] des Prismenpaares (Schubgelenks) in der Schubkurbelkette, Umformungen der Gelenke durch Elementenerweiterung (Zapfenerweiterung), Verminderung der Gliederzahl (Gliedminderung) usw. können a. a. O. nachgelesen werden[2].

Größt- und Kleinstwerte von Geschwindigkeit und Beschleunigung bei der Schubkurbel wurden neuerdings von W. MEYER ZUR CAPELLEN[3] zusammenfassend dargestellt. Die Bewegungsverhältnisse der Geradschubkurbel mit an der Koppel angelenkter Nebenpleuelstange, wie sie z. B. bei Mehrreihen- und Sternmotoren auftreten, wurden von E. GÖLLER[4] untersucht, wobei für den Kolbenweg des Nebenkolbens eine Näherungslösung in Form einer FOURIERschen Reihe benutzt wird.

108. Das Kreuzschleifengetriebe.

Rücken im Gelenkviereck $\mathfrak{A}AB\mathfrak{B}$ die gestellfesten Punkte $\mathfrak{A}$ und $\mathfrak{B}$ beide nach $\mathfrak{A}^\infty$ und $\mathfrak{B}^\infty$ ins Unendliche, so entsteht das *Kreuzschleifengetriebe*, von dem in Abb. 233 eine Bauausführung dargestellt ist (vgl. Abb. 58). Abb. 54 zeigte bereits ein schiefwinkliges Kreuzschleifengetriebe, das von F. REULEAUX *Scharkreuzschleife* genannt wurde[5].

Der Mechanismus der Abb. 233 (Kurbelgetriebe mit zwei Drehgelenken und zwei benachbarten Schubgelenken) liefert die folgenden Getriebe:

1. Standglied d oder b: *Kreuzschubkurbel* (umlaufende Kreuzschleifenkurbel),
2. Standglied a: *Doppelschleife* (umlaufende Kreuzschleife),
3. Standglied c: *Doppelschieber* (schwingende Kreuzschleifenkurbel).

Die umlaufende Kreuzschleifenkurbel dient zur Umwandlung einer gleichförmigen Drehung des Gliedes a in eine hin- und hergehende Schubbewegung des Gliedes c mit sinoidischem Bewegungsgesetz.

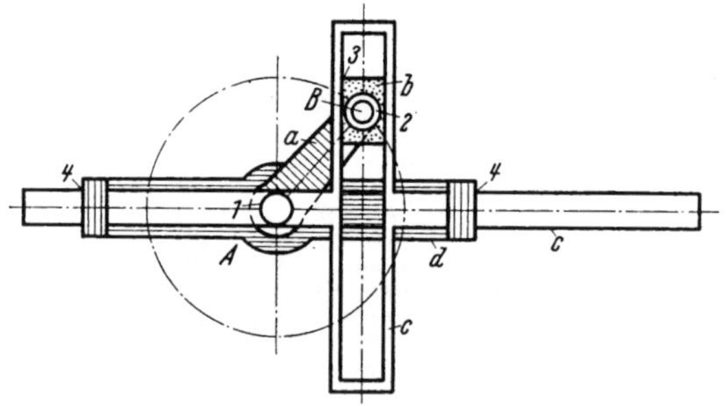

Abb. 233. Kreuzschleifengetriebe. Gestellt auf d, ergibt „umlaufende Kreuzschleifenkurbel“ (Kreuzschubkurbel).

Die Polkurven der umlaufenden Kreuzschleife sind das bekannte Kardankreispaar k_a, k_c; die Koppelkurven K_C sind PASCALsche Kurven (Kardioiden). Die Glieder b und d führen gegenüber a volle Umdrehungen mit der gleichen Winkelgeschwindigkeit aus, eine Eigenschaft, die in der bekannten OLDHAM-Kupplung verwendet wird. Diese dient

[1] Umkehrbarkeit der Elementenpaare (nach REULEAUX), d. h. Austausch des Vollelements gegen das Hohlelement und umgekehrt.

[2] Vgl. z. B. R. BEYER: [11], S. 73ff. — R. FRANKE: [21], S. 20.

[3] MEYER ZUR CAPELLEN, W.: Masch.-Bau/Betrieb-Reuleaux-Mitt. Arch. Getriebetechnik Bd. 5 (1937) S. 529/532.

[4] GÖLLER, E.: Bewegungsverhältnisse beim Kurbeltrieb mit angelenkter Nebenpleuelstange. Masch.-Bau/Betrieb-Getriebetechnik (Reuleaux-Mitt.) Bd. 8 (1940) S. 489/491.

[5] Nach bergmännischem Brauch heißt ein schiefwinkliges Kreuz ein Scharkreuz. L. BURMESTER spricht von Kreuzkurbelmechanismen.

zur gleichförmigen Drehungsübertragung zwischen parallelen Wellen, die während des Betriebes verschiebbar sind[1].

Der *Doppelschieber* (schwingende *Kreuzschleifenkurbel*) ist in seiner Anwendung als *Ellipsenzirkel* bestens bekannt. Bei dem *Ovalwerk von* Leonardo da Vinci wird die Tatsache benutzt, daß jeder Punkt von a im Raumsystem von c eine Ellipse beschreibt. Bei dieser Ovaldrehbank ist a das Gestell, d die Spindel; das Glied b ist zur Vereinfachung weggemindert, und ein am Gestell festsitzender, aber verstellbarer Zapfen ist erweitert und ringförmig gestaltet. Die Kreuzschleife c trägt die Planscheibe mit dem Werkstück, und in diesem beschreibt ein Punkt des festen Gliedes a als Stichelspitze eine Ellipse[2].

109. Die Winkelschleifengetriebe.

Weitere Sonderfälle des ebenen Viergelenkgetriebes werden dadurch gewonnen, daß in diesem zwei gegenüberliegende Gelenke durch Prismenpaare (Schubgelenke) ersetzt werden, z. B. die Gelenke *4* zwischen c und d und *2* zwischen b und a. Das so erhaltene Viergelenkgetriebe ist die Grundform der „*doppelt geschränkten Winkelschleifengetriebe*". Die Relativbewegung der einzelnen Glieder ist im wesentlichen durch die Abmessungen $\overline{\mathfrak{A}D} = d'$ und $\overline{BE} = b'$ der Schränkungen bestimmt (Abb. 234).

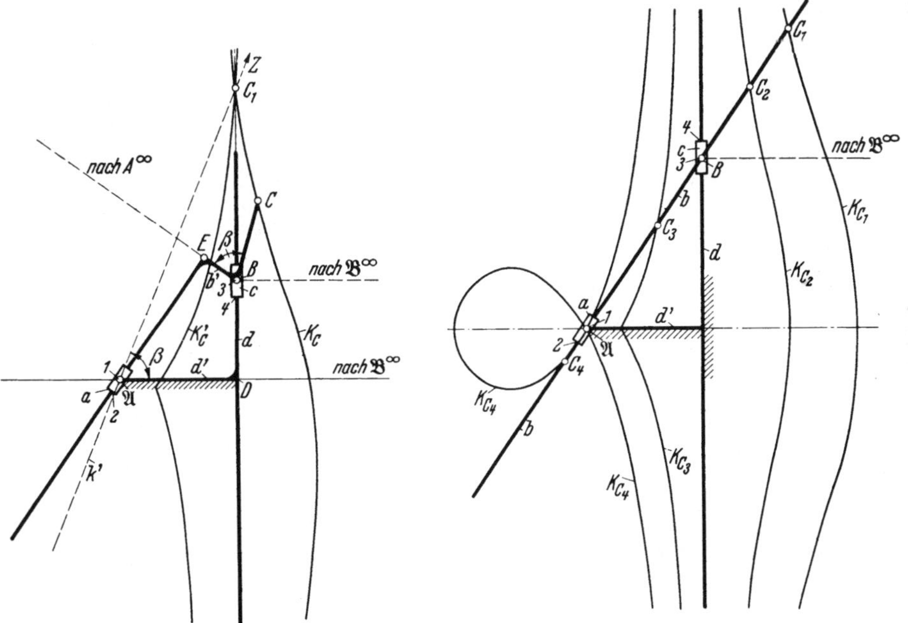

Abb. 234. Doppelt geschränktes Winkelschleifengetriebe mit zweiteiliger Koppelkurve K_C, K_C' und Doppelpunkt C_1 auf k'.

Abb. 235. Einfach geschränktes Winkelschleifengetriebe mit Konchoiden als Koppelkurven, z. B. angewandt als Konchoidenlenker für angenäherte Geradführung.

In Abb. 235 ist $b' = 0$; das Winkelschleifengetriebe ist dann „*einfach geschränkt*".

[1] Zum Beispiel angewandt beim Mangelantrieb einer Schnellpresse der Firma J. G. Schelter & Giesecke, Leipzig.

[2] Vgl. z. B. Prechtel: Technologische Enzyklopädie Bd. 4, S. 425 u. Bd. 7, S. 246; ferner F. Reuleaux: Theoretische Kinematik, S. 336. Braunschweig 1875.

Mit d als Standglied ist die Art der Bewegung von b gegen d verschieden, je nach dem Größenverhältnis von d', b'. Man unterscheidet dann:

$d' > b'$: Fortschreitendes Winkelschleifengetriebe,

$d' = b'$: Symmetrisches Winkelschleifengetriebe,

$d' < b'$: Umkehrendes Winkelschleifengetriebe.

In Abb. 234 ist noch die zweiteilige Koppelkurve K_C, K_C' mit dem Doppelpunkt C_1 auf k' eingetragen, wobei $\sphericalangle D\mathfrak{A}Z = \beta = \sphericalangle EBC$ ist. Der zweite Doppelpunkt ist im vorliegenden Fall ein „isolierter" Punkt der Kurve. Die Koppelkurve ist trizirkular von der vierten Ordnung mit $\mathfrak{A}$ als Fokalzentrum.

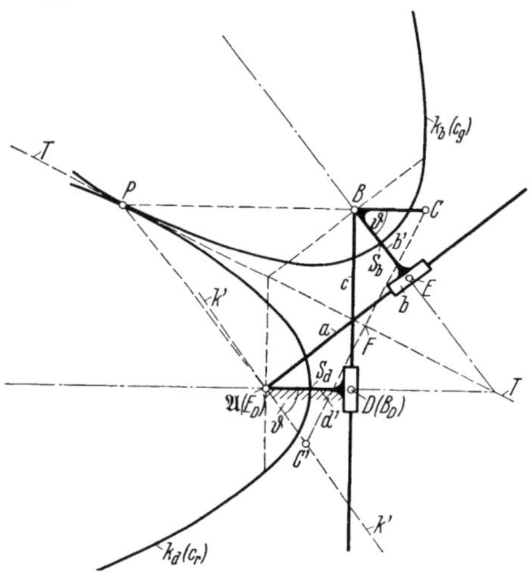

Abb. 236. Polkurven (Parabeln) des symmetrischen Winkelschleifengetriebes ($b' = d'$).

Besonderes Interesse verdienen die Koppelkurven der Mittellinie der Koppel b des einfach geschränkten Winkelschleifengetriebes (Abb. 235). Jeder Punkt C der Mittellinie beschreibt eine *Konchoide*, deren Gestalt — je nach der Lage von C auf b — verschieden ist. Ist $C_4B > d'$, so besitzt die Konchoide eine Schleife. Die Form dieser Schleife wird sich bei geeigneter Wahl der Abmessungen C_4B und d' so gestalten lassen, daß ihr Scheitelbogen für einen größeren Bereich durch einen Kreisbogen angenähert werden kann. Auf diese Weise wurde von K. HOECKEN[1] ein *Konchoidenlenker* zur angenäherten Geradführung von B verwirklicht.

Abschließend sei noch das symmetrische Winkelschleifengetriebe der Abb. 236 mit $b' = d'$ herausgestellt. Die mit d und b verbundenen Polkurven sind kongruente Parabeln k_b und k_d mit den Geraden BD und $\mathfrak{A}E$ als Leitlinien und den Brennpunkten $\mathfrak{A}$ und B. Die Poltangente PT ist Symmetrielinie des in der Abbildung vorkommenden Antiparallelogramms $\mathfrak{A}DBE$. Die Koppelkurve zerfällt in eine Gerade und in eine trizirkulare Kurve dritter Ordnung.

IX. Ellipsen als Schmiegungskurven.

110. Geometrische Grundlagen für Schmiegungskegelschnitte.

Neben dem Kreis und dem Kreisbogen, die getrieblich durch eine Kurbel oder Schwinge erzeugt werden und bei den maßsynthetischen Methoden eine hervorragende Rolle spielen, gehört die Ellipse mit zu denjenigen technisch wichtigen Kurven, die sich durch einfache Grundgetriebe verhältnismäßig leicht verwirklichen und in eine getriebliche Anordnung einfügen lassen.

Aus diesem Grunde liegt es nahe, die bisherigen Untersuchungen über endlich und infinitesimal benachbarte Gliedlagen dahingehend zu erweitern, daß an die Stelle des Kreisbogens die Ellipse als Schmiegungskurve tritt. Nach einem bekannten Satz der Geometrie ist ein Kegelschnitt durch fünf vorgegebene

[1] HOECKEN, K.: Rechnerische Ermittlung eines Konchoidenlenkers. Reuleaux-Mitt.-Arch. Getriebetechnik Bd. 6 (1938) S. 421/423.

Punkte C_1, C_2, ..., C_5 bestimmt. Weitere Punkte C_6 des betreffenden Kegelschnittes, der als Hyperbel, Ellipse, Parabel oder auch als ein zerfallendes Geradenpaar auftreten kann, sind dann mit Hilfe des PASCALschen Satzes konstruierbar. Nach diesem schneiden sich die Gegenseiten C_1C_2 und C_4C_5, C_2C_3 und C_5C_6, C_3C_4 und C_6C_1 eines dem betreffenden Kegelschnitt einbeschriebenen Sehnensechsecks in Punkten R, S, T der PASCALschen Geraden p (Abb. 237). Sind dagegen nur die Punkte C_1 bis C_5 gegeben, so bestimmen die Gegenseiten C_1C_2 und C_4C_5 zunächst nur einen einzigen Punkt R dieser PASCALschen Geraden p. Legt man jedoch durch R eine beliebige Gerade p', so schneiden die Geraden C_2C_3 und C_3C_4 die Gerade p' in Punkten S' und T', und die durch C_5S' und C_1T' gelegten Geraden ergeben als Schnittpunkt C_6' einen Punkt des Kegelschnittes, im vorliegenden Fall der Ellipse ε. Die Achsen des Kegelschnittes können nach den bekannten Verfahren[1] der projektiven Geometrie gezeichnet werden.

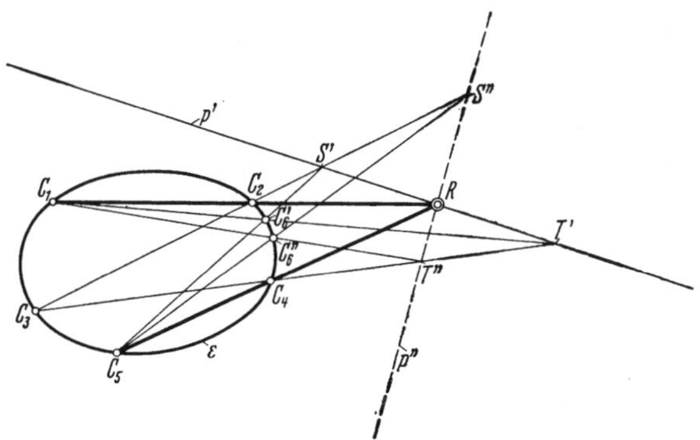

Abb. 237. Kegelschnitt, bestimmt durch 5 Punkte. Konstruktion weiterer Punkte nach dem PASCALschen Satz durch Drehung der PASCALschen Geraden p um R, z. B. p', p'' durch R.

Sind also fünf einander endlich benachbarte Gliedlagen vorgegeben (E_1 bis E_5), so liegt jeder Punkt C_1 von E_1 mit seinen zugeordneten Punkten C_2 bis C_5 auf einem Kegelschnitt. Bei den getriebesynthetischen Anwendungen sind jedoch Punkte C_1 erwünscht, für die C_1 bis C_5 auf einer Ellipse liegen. Die Einbeziehung der Ellipse in die Verfahren der Getriebesynthese kann nennenswerte Vorteile bieten, da auf diese Weise fünf Gliedlagen ohne erheblichen mathematischen Aufwand beherrscht werden. So kann beispielsweise die Aufgabe gestellt werden, einen Kurvenbogen, von dem fünf Punkte H_1 bis H_5 vorgegeben sind, angenähert getrieblich zu erzeugen, z. B. bei vorgeschriebener Lage des Lagers $\mathfrak{D}$ der Antriebskurbel. Man wählt auf dem Kurvenbogen H_1H_5 die Zwischenpunkte H_2, H_3, H_4 und einen Kurbelkreis k_D um $\mathfrak{D}$ mit beliebigem Kurbelhalbmesser. Mit beliebiger, aber geeigneter Zirkelöffnung werden dann um die Punkte H_1 bis H_5 Kreisbögen geschlagen, die den Kurbelkreis k_D in den Punkten D_1 bis D_5 schneiden. Damit sind durch die Strecken $\overline{H_1D_1}$ bis $\overline{H_5D_5}$ fünf endlich benachbarte Lagen eines Koppelgliedes c festgelegt. Je nach dem zur Verfügung stehenden Platz wählt man nun in der Koppelebene c einen geeigneten Punkt C_1 so, daß die dazugehörigen zugeordneten Punkte C_2 bis C_5 mit C_1 nach dem PASCALschen Satz auf einer Ellipse K_C liegen, und bestimmt deren Achsen. Diese Führung von C längs K_C wird dann durch eine gleichschenklige zentrische Schubkurbel oder durch ein Kreuzschleifengetriebe getrieblich verwirklicht. Hat der gewählte Punkt C_1 keine Ellipse, sondern einen Kegelschnitt anderer Art ergeben, so ist das Verfahren für einen anders gewählten Punkt C_1' zu wiederholen.

Nach diesen Vorbetrachtungen ergibt sich — ähnlich wie bei der Einführung der BURMESTERschen Kreispunktkurve — die Frage nach der Existenz von Punk-

[1] Vgl. z. B. A. MILINOWSKI: Elementarsynthetische Geometrie der Kegelschnitte. Leipzig: Teubner 1882.

ten C_1, die bei sechs Lagen des Getriebegliedes mit ihren zugeordneten Punkten C_2 bis C_6 auf einem Kegelschnitt, insbesondere auf einer Ellipse liegen.

111. Sechs endlich benachbarte Gliedlagen. Die Kegelschnittpunktkurve.

In Abb. 238 sind sechs Gliedlagen E_1 bis E_6 durch die Strecken $\overline{A_1 B_1}$ bis $\overline{A_6 B_6}$ gegeben und für einen beliebigen Punkt C_1 die zugeordneten Punkte C_2 bis C_6 gezeichnet. Haben die Punkte A_i die Koordinaten ξ_i, η_i, so gelten für die Koordinaten $x_i\, y_i$ der Punkte C_i die nachstehenden Gleichungen:

$$x_i = \xi_i + r\cos(\alpha_i + \psi), \qquad y_i = \eta_i + r\sin(\alpha_i + \psi) \tag{304a, b}$$

für $i = 1, 2, \ldots, 6$. Dabei sind r, ψ die Polarkoordinaten des Punktes C_i mit $\sphericalangle C_i A_i B_i = \psi$.

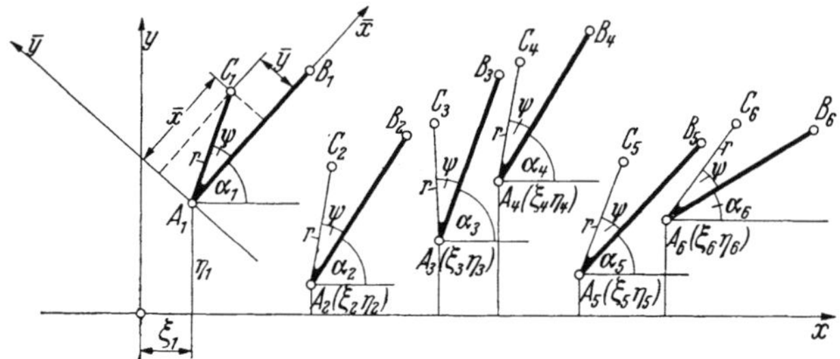

Abb. 238. Sechs vorgeschriebene Lagen $\overline{A_i B_i}$ $(i = 1 \ldots 6)$ eines Getriebeglieds AB.

Die Forderung, daß die Punkte C_1 bis C_6 auf einem Kegelschnitt K von der Gleichung

$$a_{11}x^2 + 2a_{12}xy + a_{22}y^2 + 2a_{13}x + 2a_{23}y + a_{33} = 0 \tag{305}$$

liegen sollen, führt durch Einsetzen der Koordinaten der (Gl. 304a, b) zu sechs in den a_{ik} homogenen linearen Gleichungen und damit zur Gleichung der *Kegelschnittpunktkurve* in der nachstehenden Determinantenform:

$$\begin{vmatrix} x_1^2 & x_1 y_1 & y_1^2 & x_1 & y_1 & 1 \\ x_2^2 & x_2 y_2 & y_2^2 & x_2 & y_2 & 1 \\ x_3^2 & x_3 y_3 & y_3^2 & x_3 & y_3 & 1 \\ x_4^2 & x_4 y_4 & y_4^2 & x_4 & y_4 & 1 \\ x_5^2 & x_5 y_5 & y_5^2 & x_5 & y_5 & 1 \\ x_6^2 & x_6 y_6 & y_6^2 & x_6 & y_6 & 1 \end{vmatrix} = 0 \tag{306}$$

mit den Bestimmungsstücken ξ_i, η_i, α_i und den Polarkoordinaten r, ψ des Punktes C_1.

Werden an Stelle der x_i, y_i gemäß

$$x_i = \xi_i + \bar{x}\cos\alpha_i - \bar{y}\sin\alpha_i, \qquad y_i = \eta_i + \bar{x}\sin\alpha_i + \bar{y}\cos\alpha_i$$

die Koordinaten $\bar{x}$, $\bar{y}$ eingeführt, so geht Gl. (306) in eine solche von der achten Ordnung über. Der geometrische Ort der Punkte C_1, kurz die C_1-Kurve genannt, sei als die *Kegelschnittpunktkurve* der Gliedlage *1* bezeichnet[1]; sie wurde vom Verfasser eingeführt und für einige Sonderfälle untersucht[2].

Als wichtiges Ergebnis gilt

Satz 52: Die Kegelschnittpunktkurve der Gliedlage *1* geht durch die Pole P_{12}, P_{13}, P_{14}, P_{15}, P_{16} und durch die 10 Spiegelpole P_{23}^1, P_{24}^1, P_{25}^1, P_{26}^1, P_{34}^1, P_{35}^1, P_{36}^1, P_{45}^1, P_{46}^1 und P_{56}^1.

[1] In sinngemäßer Übertragung der Wortbildung „Kreispunktkurve".
[2] Beyer, R.: [35], Nr. 394.

Will man für den allgemeinen Fall mit einem Kleinstmaß von mathematischen Berechnungen auskommen und beispielsweise auf einer Geraden g_1 durch A_1 Punkte C_1 der verlangten Art ermitteln, so kann man sich einer zeichnerischen Interpolation bedienen, wie vom Verfasser[1] gezeigt wurde.

112. Ein Sonderfall der Kegelschnittpunktkurve.

Wie bei den Kreis- und Mittelpunktkurven werden den Konstrukteur auch diejenigen Sonderfälle interessieren, in denen die „Kegelschnittpunktkurve" besonders einfache Gestalt annimmt, z. B. in Kreis oder Gerade zerfällt. Dies tritt beispielsweise dann ein, wenn die Punkte A_1 bis A_6 auf einer Geraden liegen und wenn von den sechs Gliedlagen je zwei einander parallel sind, z. B. $A_1B_1 \parallel A_6B_6$, $A_2B_2 \parallel A_5B_5$, $A_3B_3 \parallel A_4B_4$, wie in Abbildung 239 angenommen ist.

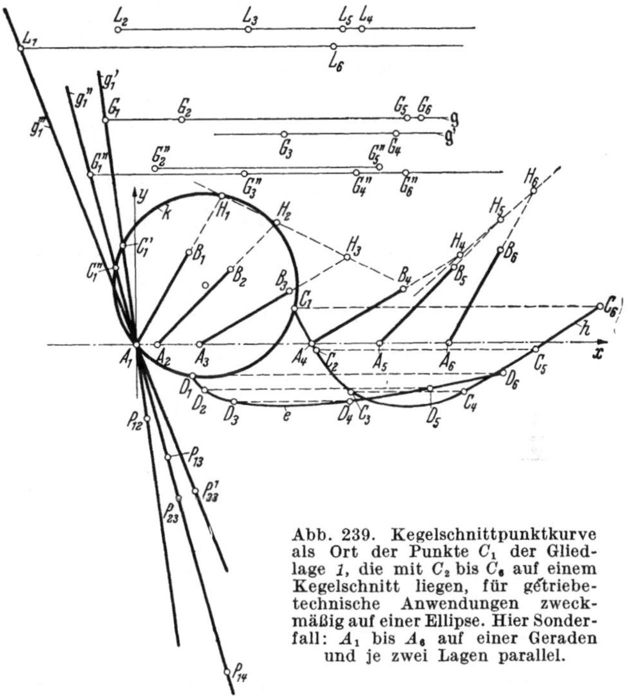

Abb. 239. Kegelschnittpunktkurve als Ort der Punkte C_1 der Gliedlage 1, die mit C_2 bis C_6 auf einem Kegelschnitt liegen, für getriebetechnische Anwendungen zweckmäßig auf einer Ellipse. Hier Sonderfall: A_1 bis A_6 auf einer Geraden und je zwei Lagen parallel.

Mit $\overline{A_1A_2} = b_2$, $\overline{A_1A_3} = b_3$, $\overline{A_1A_4} = b_4$, $\overline{A_1A_5} = b_5$, $\overline{A_1A_6} = b_6$ und $\sphericalangle B_6A_6x = \sphericalangle B_1A_1x = \alpha_1$, $\sphericalangle B_2A_2x = \sphericalangle B_5A_5x = \alpha_2$ und $\sphericalangle B_4A_4x = \sphericalangle B_3A_3x = \alpha_3$ folgt aus Gl. (306) für die in Gerade und Kreis zerfallenden Teile der C_1-Kurve

$$\cos\left(\psi + \frac{\alpha_1+\alpha_2}{2}\right)\cos\left(\psi + \frac{\alpha_2+\alpha_3}{2}\right)\cos\left(\psi + \frac{\alpha_3+\alpha_1}{2}\right) = 0 \tag{307}$$

und

$$\begin{aligned} 4r\sin\left(\frac{\alpha_2-\alpha_1}{2}\right)\sin\left(\frac{\alpha_3-\alpha_2}{2}\right)\sin\left(\frac{\alpha_1-\alpha_3}{2}\right) \\ = (b_5+b_2-b_6)\cos\left(\psi + \frac{\alpha_3+\alpha_2}{2}\right)\sin\left(\frac{\alpha_3-\alpha_2}{2}\right) - \\ - (b_3+b_4-b_2-b_5)\cos\left(\psi + \frac{\alpha_2+\alpha_1}{2}\right)\sin\left(\frac{\alpha_2-\alpha_1}{2}\right). \end{aligned} \tag{308}$$

Gl. (307) liefert die Geraden g_1', g_1'', g_1''', und Gl. (308) stellt einen Kreis k dar, der durch den Koordinatenanfangspunkt A_1 geht und die Punkte

$$C_1':\quad \psi = 90^\circ - \frac{\alpha_1+\alpha_2}{2},\qquad r = \frac{b_5+b_2-b_6}{4\sin\left(\frac{\alpha_2-\alpha_1}{2}\right)}; \tag{309}$$

$$C_1'':\quad \psi = 90^\circ - \frac{\alpha_1+\alpha_3}{2},\qquad r = \frac{b_3+b_4-b_6}{4\sin\left(\frac{\alpha_3-\alpha_1}{2}\right)} \tag{310}$$

enthält. Durch die Punkte A_1, C_1', C_1'' ist der Kreis k bestimmt.

[1] Vgl. Fußn. 2, S. 178, Abb. 25 der genannten Abhandlung.

In Abb. 239 sind zu den Punkten C_1 und D_1 des Kreises k die zugeordneten Punkte ermittelt; die Punkte C_i liegen auf einer Hyperbel h, die Punkte D_i auf einer Ellipse e.

Sonderlagen nach Art der Abb. 239 lassen sich gemäß Abb. 240 mit Hilfe einer zentrischen Schubkurbel a, b, c, d mit der Kurbel $\overline{\mathfrak{B}B} = a$ und der Koppel $\overline{AB} = b$ verwirklichen, wenn die Kurbelstellungen $\overline{\mathfrak{B}B}$ zu der in $\mathfrak{B}$ zu $\mathfrak{B}A$ errichteten Senkrechten $\mathfrak{B}y$ symmetrisch angeordnet sind. Derartige Koppellagen heißen im Schrifttum[1] bisweilen „konjugiert". Mit den in der Abbildung enthaltenen Bezeichnungen und der Gesetzmäßigkeit in der Wahl der Koppellagen A_iB_i folgt aus Gl. (308)

$$r = b \cos \psi, \tag{311}$$

also der über A_1B_1 als Durchmesser geschlagene Thaleskreis k als ein Teil der zerfallenden C_1-Kurve.

113. Schmiegungsellipse und Koppel-Rastgetriebe.

Irgendein Punkt C_1 von k der Abb. 240 liefert für die zugeordneten Punkte C_2 bis C_6 die Gesetzmäßigkeiten $C_1C_6 \parallel C_2C_5 \parallel C_3C_4$, und die Mittelpunkte M_{16}, M_{25}, M_{34} liegen auf einem Durchmesser $\delta\delta'$ der Ellipse, der zur Richtung der Sehnen C_1C_6, C_2C_5, C_3C_4 konjugiert ist.

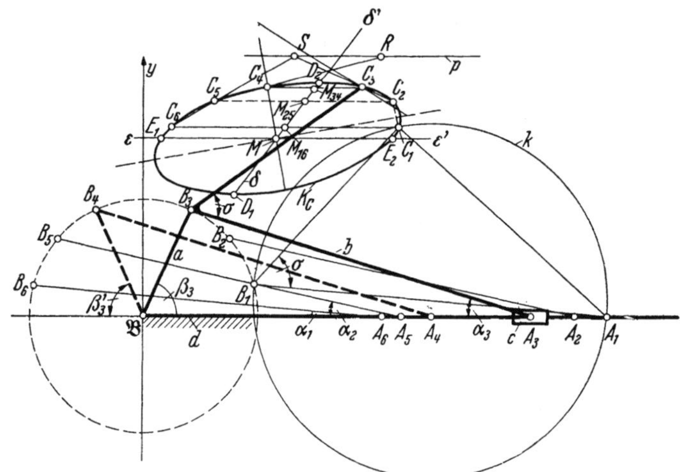

Abb. 240. Kegelschnittpunktkurve für sechs Koppelstellungen einer Schubkurbel. Kreis k über $\overline{A_1B_1}$ als Durchmesser als Teil der Kegelschnittpunktkurve.

Von der Ellipse K_C durch die C_i ($i = 1, 2, \ldots, 6$) sind also drei Punkte $P(C_1)$, $Q(C_2)$, $R(C_3)$, ein der Lage nach und ein der Richtung nach gegebener konjugierter Durchmesser bekannt. Die Durchmesserpunkte D_1, D_2 von $\delta\delta'$, der dazugehörige konjugierte Durchmesser E_1E_2, der Mittelpunkt M und die Hauptachsen der Ellipse sind dann nach bekannten Verfahren der Geometrie konstruierbar[2].

Aus den so gefundenen Ellipsenabmessungen erhält man dann die schwingende Kreuzschleifenkurbel a', b', c', d' (Abb. 241), deren Koppelpunkt C von a' (in der Abbildung Punkt C_3 der Lage 3) die Ellipse K_C beschreibt. Die

[1] Vgl. z. B. F. J. Vaes: Masch.-Bau/Betrieb Bd. 15 (1936) S. 524.
[2] Vgl. [35], Nr. 394, S. 13.

Kreuzschleife c' ist dabei mit dem Gestell d fest verbunden zu denken. Deutet man C als Punkt der Koppel b der Geradschubkurbel a, b, c, d, so beschreibt C die Koppelkurve γ_C, die mit der Ellipse K_C die sechs Punkte C_1 bis C_6 gemeinsam hat und sich in diesem Bewegungsgebiet gut an die Ellipse K_C anschmiegt.

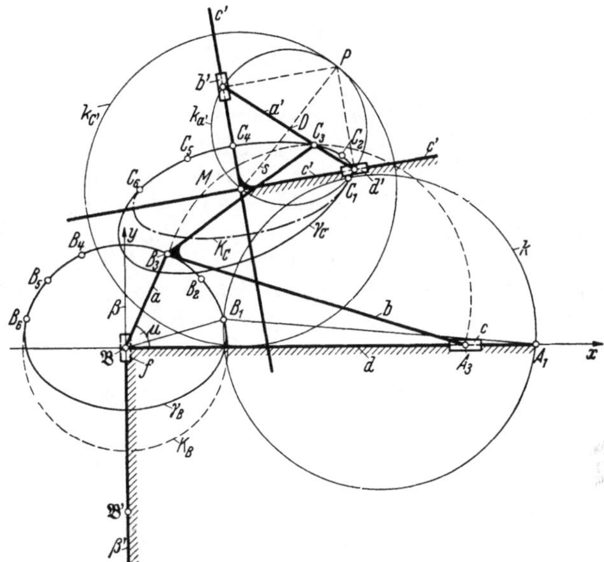

Abb. 241. Getriebliche Erzeugung der Ellipse durch C_1 bis C_6 gemäß Abb. 240. Bei Führung von b als Koppel der Schubkurbel beschreibt C die Koppelkurve γ_C mit guter Schmiegung an Ellipse K_C.

Das so erhaltene Getriebe mit seinen $n = 7$ Gliedern und $g = 9$ Gelenken besitzt den Freiheitsgrad $F = 0$ und ist bei allgemeiner Wahl der Abmessungen also starr. Wegen der aufeinander abgestimmten Abmessungen gestattet dieses Getriebe nur dort gegenseitige Relativbewegungen der Getriebeglieder, wo sich die Koppelkurve γ_C an die Ellipse K_C gut anschmiegt. Denkt man sich dagegen den Punkt C durch das Kreuzschleifengetriebe bzw. das Kardankreispaar $k_{a'}$, $k_{c'}$ längs K_C, ferner A längs $\mathfrak{B}x$ geführt, sowie die Kurbel $\overline{\mathfrak{B}B}$ vorerst aus dem Getriebe herausgenommen, so würde der Kurbelzapfen B bei dieser Zweipunktführung von b die Koppelkurve γ_B beschreiben, die sich zwischen den Punkten B_1 bis B_6 gut an den Kurbelkreis K_B von B anschmiegt. Wird die Kurbel $\overline{\mathfrak{B}B}$ beibehalten, dagegen $\mathfrak{B}$ etwa an einen Gleitstein f angelenkt, der längs $\beta\beta'$ gleiten kann, so entsteht ein Getriebe nach Art der Abb. 242 mit Antrieb am Steg s des Stirnrad-Planetengetriebes (Kardankreisräderpaares) $k_{a'}$, $k_{c'}$, das über die Koppeln b und a den Gleitstein f antreibt; f bleibt so lange in angenäherter Ruhe, als sich γ_B gut an K_B anschmiegt. Im weiteren Verlauf der Bewegung kommt $\mathfrak{B}$ von $\mathfrak{B}$ bis $\mathfrak{B}'$ und kehrt nach $\mathfrak{B}$ zurück.

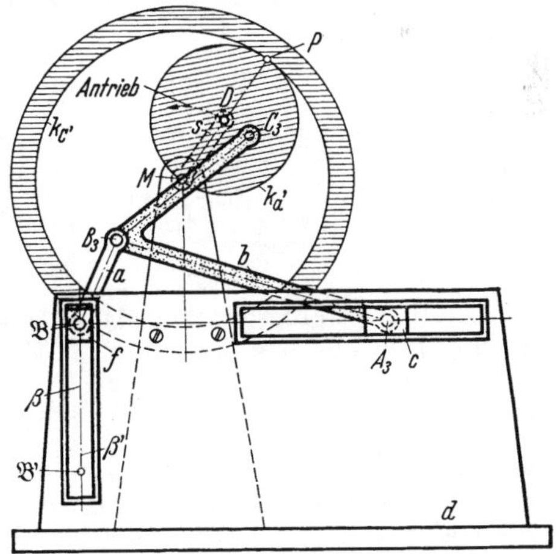

Abb. 242. Hubbewegung von Gleitstein f mit Stillstand in $\mathfrak{B}$; Ellipse K_C hier durch Kardankreisräderpaar erzeugt. Auswertung der Schmiegungsellipse gemäß Abb. 240 und 241.

Anmerkung für sieben Gliedlagen: Die Kegelschnittpunktkurve kann auch zum Entwurf eines Getriebes aus sieben Gliedlagen dienen. Man zeichnet beispielsweise die C_1'-Kurve für die Lagen *1*, *2*, *3*, *4*, *5*, *6* und die C_1''-Kurve für die Gliedlagen *1*, *2*, *3*, *4*, *5*, *7*. Die nicht mit den gemeinsamen Polen zusammenfallenden Schnittpunkte C_1^* sind Punkte der Gliedlage *1*, die mit ihren zugeordneten Punkten C_2^*, G_3^*, ..., C_7^* auf einem Kegelschnitt liegen. Diese Punkte C_1^* sind das Analogon der BURMESTERschen Punkte; sie bedürfen — wie die C_1-Kurve — noch weiterer Untersuchung ihrer geometrischen Eigenschaften.

Im Zusammenhang mit der C_1-Kurve sei noch ein Hinweis auf die Kegelschnittzeichner gegeben. So benutzt W. R. CRAWFORD[1] die Polargleichung der Kegelschnitte, bezogen auf den Brennpunkt, eine gleichschenklige Kurbelschwinge im Zusammenwirken mit weiteren Schubgelenken zur Entwicklung eines Kegelschnittzeichners für sämtliche Kegelschnitte. Von anderen Möglichkeiten seien hier noch der Ellipsenzirkel von K. HOECKEN[2], der von DEAR (englisches Patent Nr. 281193), die Parabelzeichner von HAPP[3] und von Siemens-Schuckert[4], sowie die Hyperbelzeichner von WRCHOVSZKY (österr. Patent Nr. 106582) und der Askania-Werke (DRP. Nr. 496095) genannt. Für alle Kegelschnitte ist ferner ein Patent von ZIETHEN (DRP. Nr. 109460) entwickelt worden.

114. Schmiegungskegelschnitte bei infinitesimal benachbarten Gliedlagen.

Da sich — wie bereits erörtert — durch fünf Punkte stets ein Kegelschnitt legen läßt, so kann für eine getrieblich zu erzeugende Kurve die Aufgabe gestellt werden, an diese in einem vorgeschriebenen Punkt einen Kegelschnitt so zu legen, daß er die Kurve in fünf einander unendlichnahe benachbarten Punkten berührt[5]. Verlangt man nur, daß die Anschmiegung in vier infinitesimal benachbarten Punkten vorhanden sein soll, so ist damit eine gewisse Freizügigkeit geboten, die für getriebesynthetische Entwürfe von Vorteil sein kann. Man kann für den auszuwählenden Kegelschnitt z. B. die Richtung einer Hauptachse vorschreiben und diese zweckmäßig so wählen, daß sich die mathematischen Hilfsmittel vereinfachen. In solchen Fällen soll von *Schmiegungskegelschnitten I. Art* gesprochen werden. Fünfpunktig infinitesimal berührende Kegelschnitte mögen dagegen als „*Schmiegungskegelschnitte II. Art*" bezeichnet werden.

115. Schmiegungskegelschnitte I. Art.

Es seien zunächst diejenigen Ellipsen zu finden, deren eine Hauptachse einer gegebenen Richtung z. B. zur x-Achse parallel ist. In diesem Koordinatensystem habe die zu untersuchende Kurve die Gleichung

$$y = f(x). \tag{312}$$

Der Mittelpunkt einer solchen Schmiegungsellipse besitze die Koordinaten α, β, und die Halbachsen seien a und b. Ihre Gleichung lautet also

$$b^2(x-\alpha)^2 + a^2(y-\beta)^2 - a^2b^2 = 0. \tag{313}$$

Soll diese Ellipse an der Stelle x, y mit der Kurve $y = f(x)$ vier unendlich nahe benachbarte Punkte gemeinsam haben, so müssen die aus der Gl. (313) nach x abgeleiteten Differentialquotienten y', y'', y''' mit den entsprechenden

---

[1] CRAWFORD, W. R.: The mechanical construction of the general conic section. Engineer, Lond. Bd. 162 (1936) S. 210. — Vgl. auch W. MEYER ZUR CAPELLEN: Mathematische Instrumente. Leipzig: Akad. Verl.-Ges. 1941, S. 144.

[2] HOECKEN, K.: Ellipsenzeichner. Z. Instrumentenkde. Bd. 53 (1933) S. 286/288.

[3] HAPP: Parabelzeichner. Z. VDI Bd. 76 (1932) S. 630.

[4] Vgl. Reuleaux-Mitt. Arch. Getriebetechnik Bd. 3 (1935) S. 62. Mabau (1935) S. 462.

[5] BEYER, R.: [38i].

Differentialquotienten der Gl. (312) übereinstimmen. Nach Ausführung der erforderlichen Differentiationen findet man

$$\alpha = x - \frac{3\,y'\,y''}{3\,y''^2 - y'\,y'''}\,, \qquad \beta = y + \frac{3\,y'\,y''}{y'''}\,, \tag{314, 315}$$

$$a^2 = \frac{27\,y'\,y''^4}{y'''\,(3\,y''^2 - y'\,y''')^2}\,, \qquad b^2 = \frac{27\,y'^2\,y''^4}{y'''^2(3\,y''^2 - y'\,y''')} \tag{316a, b}$$

und

$$\frac{b^2}{a^2} = \frac{(3\,y''^2 - y'\,y''')\,y'}{y'''}\,. \tag{317}$$

Der Sonderfall, bei dem die zu ersetzende Kurve an der betreffenden Stelle einen Größt- oder Kleinstwert besitzt ($y' = 0$), bedarf einer zusätzlichen Erörterung. Da für Ellipsen der Gl. (312) in diesem Fall außer $y' = 0$ im Scheitel auch $y''' = 0$ wird, so lassen sich Schmiegungsellipsen der verlangten Art nur für solche Kurven $y = f(x)$ finden, für die y''' an der betreffenden Stelle ebenfalls den Wert Null annimmt. Die Formeln der Gl. (314) bis (317) werden dann von der Form 0/0 und liefern nach einem entsprechenden Grenzübergang

$$\alpha = x\,, \quad \beta = y + \frac{3\,y''^2}{y''''}\,, \quad a^2 = \frac{3\,y''}{y''''}\,, \quad b^2 = \frac{9\,y''^4}{y''''^2}\,, \quad \frac{b^2}{a^2} = \frac{3\,y''^3}{y''''}\,. \tag{318a, b, c, d}$$

Die Formeln (318) umfassen auch den Fall der Schmiegungshyperbel, wenn b^2/a^2 negativ wird.

116. Zahnradkurbelgetriebe als Rastgetriebe.

Die über Schmiegungsellipsen gefundenen Ergebnisse eignen sich auch für den Entwurf von Stillstandgetrieben. So ist in Abb. 243 ein Umlaufrädergetriebe mit dem festen Sonnenrad c, dem Steg s und dem Planetenrad d vom Halbmesser r dargestellt. Das Halbmesserverhältnis sei 1 : 3 gewählt. Der Punkt C^0 des Planetenrades d beschreibt die Hypozykloide I mit den Spitzen C_1, C_2, C_3. Für das eingezeichnete xy-System lautet die Gleichung der Hypozykloide

$$x = r(\sin 2\varphi + 2\sin\varphi)\,, \qquad y = r(3 + \cos 2\varphi - 2\cos\varphi)\,.$$

An der Stelle $x = 0$, $y = 2r$ ergeben sich die Werte

$$y' = 0\,, \qquad y'' = -1/8r\,, \qquad y''' = 0\,, \qquad y'''' = -3/128r^3,$$

also nach den Gl. (318) $\alpha = 0$, $\beta = 0$, $a = 4r$, $b = 2r$. Im Bewegungsabschnitt C_1C_2 schmiegt sich die Ellipse II sehr gut an den Hypozykloidenbogen I an.

Die in Abb. 243 eingezeichnete gleichschenklige Geradschubkurbel mit dem Gleitstein f, der Koppel e und der Kurbel g kann deshalb als Ersatzgetriebe für die Bewegung von C angesehen werden; d. h. während der Steg $s = \overline{OD}$ ungefähr den $\sphericalangle C_1OC_2$ durchläuft, wird der Gleitstein h mit seiner Zapfenmitte M in Ruhe bleiben; lediglich in der Nähe von C_1 und C_2 wird h eine geringfügige Abwärtsbewegung in Richtung von M nach B_2 ausführen. Durchläuft dann C den Hypozykloidenbogen C_2C_3, so muß sich h in Richtung MM' bis M' aufwärts bewegen und von M' zurück nach M, wenn C den Hypozykloidenbogen von C_3 bis C_1 beschreibt. Das so erhaltene Stillstandgetriebe hat also einen angenäherten Stillstand des Gleitsteins h von fast $^1/_3$ der Umlaufszeit des Steges s, eine gute Rast für etwa $^1/_4$ der Umlaufszeit des Steges s und eine sehr gute Rast für den Stegdrehwinkel $-30° \leqq \varphi \leqq +30°$, wie eine einfache Kontrollrechnung ergibt.

Abb. 244 zeigt eine bauliche Ausführungsmöglichkeit eines solchen Getriebes.

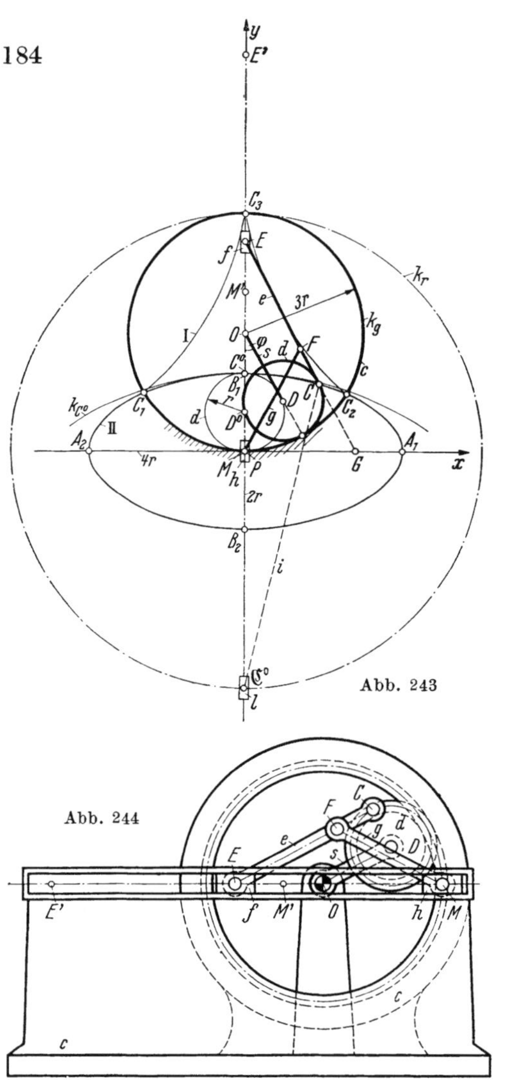

Würde man in Abb. 243 den Punkt C^0 durch die Koppel i von der Länge $\overline{C^0\mathfrak{C}^0}$ in C^0 anlenken, wobei $\overline{C^0\mathfrak{C}^0}$ den Krümmungshalbmesser des Hypozykloidenbogens C_1C_2 in C^0 darstellt, so wäre das Ergebnis ein Stillstandgetriebe nach Abbildung 245, allerdings von etwas geringerer Güte der Rast, da sich der Krümmungskreis im Vergleich zur Ellipse nicht so gut an den Hypozykloidenbogen I anschmiegt.

Der Vorteil der von Rädergetrieben abgeleiteten Rastgetriebe besteht darin, daß die Getriebeabmessungen verhältnismäßig einfach ermittelt bzw. rechnerisch überprüft werden können.

117. Schmiegungskegelschnitte II. Art.

Soll für einen beliebigen Punkt C der Kurve $y = f(x)$ eine Anschmiegung in fünf infinitesimal benachbarten Punkten erzielt werden, so ist von einem Kegelschnitt gemäß

$$a_{11}x^2 + 2a_{12}xy + a_{22}y^2 + \\ + 2a_{13}x + 2a_{23}y + a_{33} = 0 \quad (319)$$

auszugehen. Durch eine Koordinatentransformation kann erreicht werden, daß der gegebene Punkt, für den der Schmiegungskegelschnitt ermittelt werden soll, im Koordinatenanfangspunkt liegt, daß also in der neuen

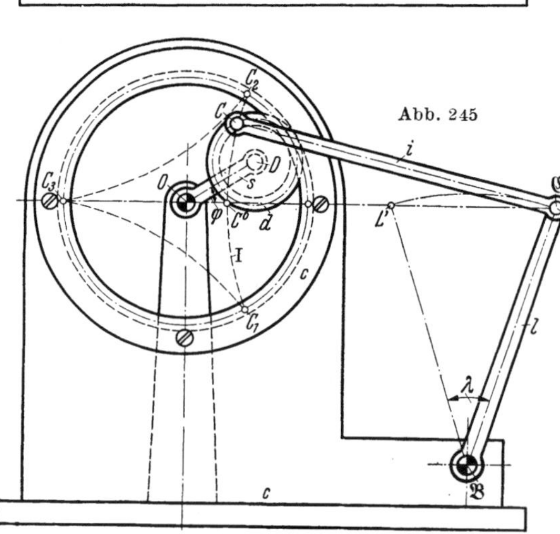

Abb. 243. Ersatz eines Hypozykloidenbogens durch Bogenstück einer Schmiegungsellipse II.

Abb. 244. Zahnradkurbelgetriebe für Hubbewegung von f mit Stillstand in E und Hub $\overline{EE'}$ als Anwendung der Schmiegungsellipse von Abb. 243.

Abb. 245. Hypozykloidenbogen I von Abbildung 243 ersetzt durch Krümmungskreis in C^0 mit $\mathfrak{C}^0$ als Krümmungsmittelpunkt. Zahnradkurbelgetriebe zum Antrieb der Schwinge l mit Rast in $\mathfrak{B}\mathfrak{C}^0$.

Gleichung $a_{33} = 0$ wird. Dividiert man bei Annahme von $a_{23} \neq 0$ durch diesen Beiwert, so erhält Gl. (319) die Form

$$A x^2 + 2 B x y + C y^2 + 2 D x + 2 y = 0. \tag{320}$$

Differenziert man Gl. (320) viermal nacheinander nach der Veränderlichen x, so folgt unter Beachtung der Werte der Differentialquotienten für die Stelle $x = 0$, $y = 0$ das folgende Formelsystem der Beiwerte A bis D:

$$A = \frac{4 y'^2 y'''^2 + 6 y' y'^2 y''' - 3 y'^2 y'' y'''' - 9 y''^4}{9 y''^3}, \tag{321 a}$$

$$B = \frac{3 y' y'' y'''' - 3 y''^2 y''' - 4 y' y'''^2}{9 y''^3}, \tag{321 b}$$

$$C = \frac{4 y'''^2 - 3 y'' y''''}{9 y''^3}, \tag{321 c}$$

$$D = - y'. \tag{321 d}$$

Durch die Gl. (321a bis d) sind die Abmessungen des Schmiegungskegelschnittes bestimmt, da die Gl. (320) dann in bekannter Weise diskutiert werden kann.

Der Verfasser zeigte die Anwendung der Schmiegungskegelschnitte II. Art am Beispiel von „unrunden Rädern“[1] und an Profilfräsern mit logarithmisch-spiralförmig hinterdrehten Zähnen. Die Bedeutung der Kreuzschleifengetriebe und des daraus ableitbaren Kardankreispaares wurde hierbei für den Getriebepraktiker erneut herausgestellt.

X. Vorgeschriebene Geschwindigkeiten und Beschleunigungen.

118. Infinitesimal benachbarte Relativlagen. Polkonfiguration.

Wie bereits an zahlreichen Beispielen gezeigt worden ist, hat die Getriebesynthese u. a. die Aufgabe, Bewegungen umzuformen und dies durch geeignete getriebliche Anordnungen so zu erreichen, daß ganz bestimmte Bedingungen erfüllt werden. Getriebesynthetische Fragestellungen solcher Art sind z. B. die Ermittlung bestimmter gegenseitiger Lagen, die Erzeugung bestimmter Bahnen, die Berücksichtigung vorgeschriebener Geschwindigkeiten oder Beschleunigungen u. a. m.

Die in Nr. 61 behandelte Winkelzuordnung zwischen Kurbel und Schwinge eines Viergelenkgetriebes gestattet z. B. noch einen beachtenswerten Grenzübergang. Für den dort eingeführten Relativpol liefern die Abstände

$$\overline{R_{12}\mathfrak{A}} : \overline{R_{12}\mathfrak{B}} = \sin\left(\frac{\psi_{12}}{2}\right) : \sin\left(\frac{\varphi_{12}}{2}\right). \tag{322}$$

Soll in Abb. 141 bei gegebener Steglänge $\overline{\mathfrak{A}\mathfrak{B}} = d$ ein Viergelenkgetriebe $\mathfrak{A} A B \mathfrak{B}$ so ermittelt werden, daß sich die Winkelgeschwindigkeiten $\omega_{ad} = d\varphi_a/dt$ und $\omega_{cd} = d\psi_c/dt$ wie $m:n$ verhalten, so liefert in Gl. (322) der Grenzübergang zu unendlich kleinen Drehwinkeln $d\varphi_a$, $d\psi_c$ die Proportion

$$\overline{R_{12}\mathfrak{A}} : \overline{R_{12}\mathfrak{B}} = \frac{d\psi_c}{2} : \frac{d\varphi_a}{2} = \omega_{cd} : \omega_{ad} \tag{323}$$

und $\lim \sphericalangle \mathfrak{A} R_{12} \mathfrak{B} = 0$.

[1] Thiering, O.: Die Getriebe der Textiltechnik, S. 24ff. Berlin: Springer 1926. Vgl. auch R. Beyer: Technische Kinematik, S. 301 und [75c].

Der Relativpol R_{12} geht dann in den Momentanpol $P_{ac} = P_{ca}$ der Glieder c gegen a bzw. a gegen c über, wobei $\mathfrak{A} \equiv P_{ad}$, $\mathfrak{B} \equiv P_{cd}$ und P_{ac} in einer Geraden liegen und die Proportion

$$\overline{P_{ac} P_{ad}} : \overline{P_{ac} P_{cd}} = \omega_{cd} : \omega_{ad} \tag{324}$$

erfüllen (Abb. 246b).

Für die zu diesen Polen gehörigen Winkelgeschwindigkeiten gilt der vektorielle Zusammenhang

$$\bar{\omega}_{ac} = \bar{\omega}_{ad} + \bar{\omega}_{dc}. \tag{325}$$

Jede Gerade $P_{ac} Z'_A$ durch P_{ac} liefert den geometrischen Ort für die gesuchten Punkte A und B des Viergelenkgetriebes $\mathfrak{A} A B \mathfrak{B}$ der verlangten Art (Abb. 246b).

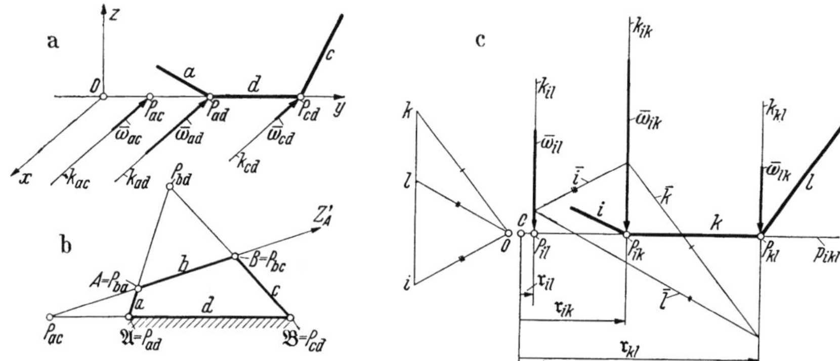

Abb. 246. Relativbewegung dreier Getriebeglieder. a) Pole und Winkelgeschwindigkeitsvektoren einer Zweigelenkkette; b) vorgeschriebene Winkelgeschwindigkeiten von Kurbel a und Schwinge c in einer Getriebestellung der Kurbelschwinge $\mathfrak{A} A B \mathfrak{B}$; c) Zweigelenkkette mit Polkonfiguration, Seileck und Winkelgeschwindigkeitsplan.

Die vorliegende Aufgabe kann auch mit der von Abb. 141 kombiniert werden, indem zu den vorgeschriebenen Winkeln φ_{12} und ψ_{12} noch das Winkelgeschwindigkeitsverhältnis von Kurbel und Schwinge der Lage *1* vorgeschrieben wird. In diesem Fall würde jeder Strahl $P_{ac} Z'_A$ die Geraden $R_{12} Z_A$ und $R_{12} Z_B$ in den gesuchten Gelenkpunkten A und B schneiden. In Erweiterung der gefundenen Ergebnisse kann zusammenfassend angemerkt werden:

Satz 53: Den Gliedern i, k, l einer Zweigelenkkette (Abb. 246c) oder drei beliebigen Gliedern i, k, l eines Getriebes sind stets die auf einer Geraden liegenden Momentanpole $P_{il} = P_{li}$, $P_{ik} = P_{ki}$ und $P_{kl} = P_{lk}$ mit den Winkelgeschwindigkeitsvektoren $\bar{\omega}_{il} = -\bar{\omega}_{li}$, $\bar{\omega}_{ik} = -\bar{\omega}_{ki}$, $\bar{\omega}_{kl} = -\bar{\omega}_{lk}$ und der vektoriellen Gleichung

$$\bar{\omega}_{il} = \bar{\omega}_{ik} + \bar{\omega}_{kl} \tag{326}$$

zugeordnet.

Sind in Abb. 247c $\mathfrak{r}_{il} = \overrightarrow{O P_{il}}$, $\mathfrak{r}_{ik} = \overrightarrow{O P_{ik}}$, $\mathfrak{r}_{kl} = \overrightarrow{O P_{kl}}$ und O ein Punkt der Geraden p_{ikl} durch diese drei Pole P_{il}, P_{ik}, P_{lk} bzw. O ein beliebiger Punkt der ruhenden Bezugsebene, gegenüber der sich die Glieder i, k, l des Getriebes bewegen, so gilt die wichtige Gleichung

$$[\mathfrak{r}_{il}\, \bar{\omega}_{il}] = [\mathfrak{r}_{ik}\, \bar{\omega}_{ik}] + [\mathfrak{r}_{kl}\, \bar{\omega}_{kl}]. \tag{327}$$

Die Gl. (326) und (327) besagen, daß die $\bar{\omega}$-Vektoren genau so wie parallele Kräfte zusammengesetzt werden können; d. h. $\bar{\omega}_{il}$ ist die Resultierende der Vektoren $\bar{\omega}_{ik}$ und $\bar{\omega}_{kl}$, und Gl. (327) veranschaulicht den Momentansatz für diese $\bar{\omega}$-Vektoren.

Diese Zusammenhänge wurden vom Verfasser in *Winkelgeschwindigkeits- bzw. Drehzahlvektorenplänen* ebener Getriebe veranschaulicht und zu *Winkelbeschleunigungsplänen* erweitert[1], die sich auch für getriebesynthetische Verfahren eignen.

In Abb. 246c ist ein solcher Plan für die Zweigelenkkette i, k, l dargestellt, und zwar links: der $\bar{\omega}$-Plan mit $\bar{\omega}_{lk} = \overrightarrow{kl}$, $\bar{\omega}_{il} = \overrightarrow{li}$, dem Pol o und den Polstrahlen ok, ol, oi, die den Seilstrahlen $\bar{k}$, $\bar{l}$, $\bar{i}$ parallel sind. Dabei schneiden sich $\bar{k}, \bar{l}$; $\bar{l}, \bar{i}$ und $\bar{i}, \bar{k}$ bzw. auf den Drehachsen k_{lk}, k_{il} und k_{ik}, die in Wirklichkeit senkrecht zur Bildebene liegen, in der Abbildung jedoch in die Zeichenebene umgelegt sind. Man beachte das von den Seilstrahlen $\bar{k}$, $\bar{l}$ und $\bar{i}$ gebildete geschlossene Seilpolygon.

Die Anwendung von Satz 53 führt bei einem zwangläufigen ebenen Getriebe mit n Gliedern und g Gelenken zur Aufstellung der „*Polkonfiguration*" von $\binom{n}{2}$ Relativpolen (einschließlich der g Gelenke), zu denen $\binom{n}{3}$ Polgerade mit je einem Poltriple gehören. Durch jeden Pol gehen $(n - 2)$ Polgerade. Für Schubgelenke (a, b) liegt P_{ab} senkrecht zur Schubrichtung im Unendlichen.

Die Nutzanwendung dieser Sätze ist in Abb. 247 am Beispiel einer Kulissensteuerung erläutert. Hier sind nur diejenigen Polgeraden eingezeichnet, die der Auffindung des Momentanpoles P_{cf} der Kulisse c gegen das Gestell f dienen.

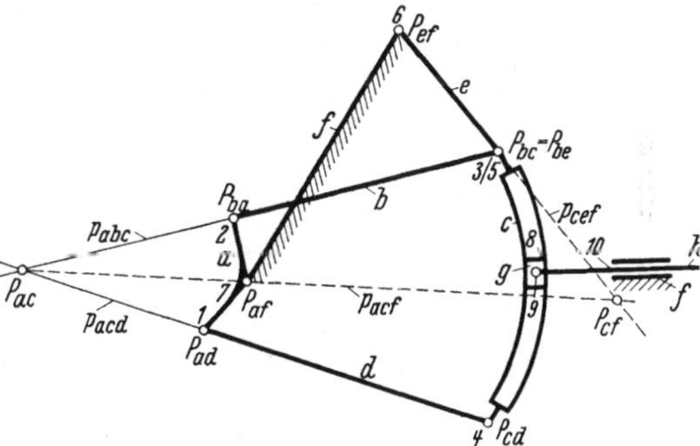

Abb. 247. Polkonfiguration am Teilgetriebe einer Kulissensteuerung. Zu ermitteln Lage des Momentanpols von Kulisse c gegen Gestell f.

Weiteres Schrifttum zur Polkonfiguration und zu ihrer Anwendung, z. B. beim Ersatz eines Rädergetriebes durch ein anderes, auf Zugorgangetriebe usw. kann a. a. O. nachgelesen werden[2]. Mit der Relativpolanordnung beweist man auch sehr leicht und anschaulich den *Satz von der doppelten Erzeugung der zyklischen Kurven*[3].

119. Vorgeschriebene Geschwindigkeiten von Koppelpunkten eines Viergelenkgetriebes.

Von einer Kurbelschwinge sind in Abb. 248 zwei Getriebestellungen mit den Koppellagen $\overline{A_1B_1}$ und $\overline{A_2B_2}$ herausgegriffen, zu denen die Momentanpole P_1 und P_2 gehören. In der Koppelebene AB sind Punkte C so zu bestimmen, daß sie in den beiden Koppelstellungen Geschwindigkeiten vom gleichen absoluten Betrag besitzen ($v_{C_1} = v_{C_2}$). Die Kurbel $\overline{\mathfrak{A}A}$ habe gleichbleibende Winkelgeschwindigkeit ω_{ad}.

Man überträgt das Dreieck $A_2B_2P_2$ kongruent nach $A_1B_1P_2^1$ und findet den Pol P_2^1 der mit der Lage *1* verbundenen Gangpolbahn. Sind ω_1 und ω_2 die augenblicklichen Winkelgeschwindigkeiten ω_{bd} der Koppel b gegenüber dem Gestell d in den Lagen *1* und *2* und wird $\overline{P_1C_1} = r_1$, $\overline{P_2C_2} = r_2$ gesetzt, so gilt auf Grund der gestellten Aufgabe $r_1\omega_1 = r_2\omega_2$ oder $r_1 : r_2 = \omega_2 : \omega_1$. Wegen $\overline{P_2^1C_1}$

[1] BEYER, R.: [38a, c, o].
[2] BEYER, R.: [11], S. 253/266.
[3] MÜLLER, R.: [19], S. 60.

$= r_2' = \overline{P_2 C_2} = r_2$ folgt auch $r_1 : r_2' = \omega_2 : \omega_1$ und mit $\overline{A_1 P_1} = R_1$, $\overline{A_2 P_2} = R_2 = \overline{A_1 P_2^1} = R_2^1$

$$r_1 : r_2' = R_1 : R_2, \tag{328}$$

da $v_{A_1} = R_1 \omega_1$, $v_{A_2} = R_2 \omega_2$ und wegen $v_{A_1} = v_{A_2}$ auch $\omega_2 : \omega_1 = R_1 : R_2$ gesetzt werden kann.

Nach Gl. (328) ist somit der geometrische Ort der Punkte C_1 der Kreis k des Apollonius, dessen Durchmesserendpunkte I und U die Strecke $\overline{P_1 P_2^1}$ innen und außen im gleichen Verhältnis $R_1 : R_2$ teilen. Da k auch durch A_1 gehen muß, so ist I der Schnittpunkt der Winkelhalbierenden des $\sphericalangle P_1 A_1 P_2^1$ mit $P_1 P_2^1$. Der Mittelpunkt M von k ist der Schnittpunkt von $P_1 P_2^1$ mit der zu $A_1 I$ gezeichneten Mittelsenkrechten.

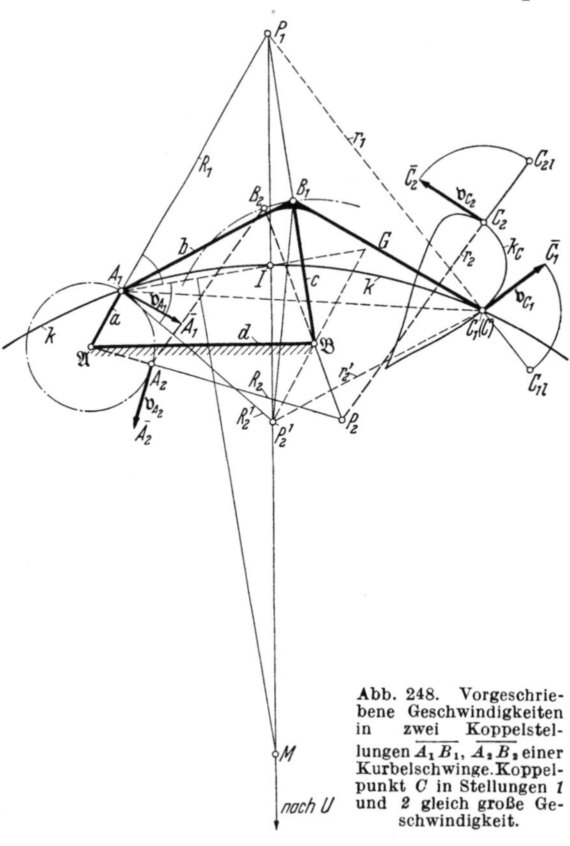

Abb. 248. Vorgeschriebene Geschwindigkeiten in zwei Koppelstellungen $\overline{A_1 B_1}$, $\overline{A_2 B_2}$ einer Kurbelschwinge. Koppelpunkt C in Stellungen *1* und *2* gleich große Geschwindigkeit.

Im allgemeinen Fall ($v_{A_1} \neq v_{A_2}$) ist an Stelle von Gl. (328) die Proportion $r_1 : r_2' = \omega_2 : \omega_1$ zu benutzen und $\overline{P_1 P_2^1}$ durch I und U im Verhältnis $\omega_2 : \omega_1$ zu teilen. Ergebnis ist wiederum ein Kreis k des Apollonius über IU als Durchmesser.

Von Interesse ist noch der Grenzübergang zu infinitesimal benachbarten Lagen. Setzt man $\overline{P_1 P_2^1} = D$, so hat der Apollonius-Kreis den Durchmesser

$$d' = \frac{2\omega_2^2}{\omega_2^2 - \omega_1^2} D. \tag{329}$$

Mit $\omega_1 = \omega$, $\omega_2 = \omega + d\omega$ und $\lim D = ds = u\,dt$ ergibt sich für den Grenzwert d des Durchmessers d'

$$d = \lim d' = \frac{u\,\omega}{\varepsilon}, \tag{330}$$

wobei $\varepsilon = \frac{d\omega}{dt} = \frac{d^2\varphi}{dt^2}$ gesetzt ist. Das Ergebnis von Gl. (330) stimmt mit dem in Abb. 106 erhaltenen Kreis k_T überein; d ist der Durchmesser des *Tangential- oder Gleichenkreises*, dessen Punkte nur Normalbeschleunigungen besitzen.

Andererseits haben die Punkte des Wendekreises k_W wegen $\varrho = \infty$ nur Tangentialbeschleunigungen. Der Schnittpunkt Q von k_W und k_T ist demnach erneut als derjenige Punkt der Gliedlage erkannt, der die Beschleunigung Null besitzt; Q ist also der Beschleunigungspol.

Analog Abb. 248 können Punkte C_1 der Koppellage so ermittelt werden, daß sie in drei endlich benachbarten Lagen gleich große Geschwindigkeiten besitzen. Der gesuchte Punkt C_1 ist der Schnittpunkt der für die Lagen *1, 2* und *1, 3* gezeichneten Apollonius-Kreise.

Eine Verallgemeinerung der Aufgabe ist die Forderung $v_{C_2} = \lambda_{12} v_{C_1}$, $v_{C_3} = \lambda_{13}\, v_{C_1}$, wobei die λ_{12}, λ_{13} vorgegebene Konstante sind.

Als geometrische Örter für Punkte C_1 der verlangten Art sind die durch die Gleichungen

$$r_1 : r_2' = \omega_2 : \lambda_{12}\omega_1 \quad \text{und} \quad r_1 : r_3' = \omega_3 : \lambda_{13}\omega_1 \tag{331a, b}$$

bestimmten APOLLONIUS-Kreise leicht konstruierbar, die sich in zwei Punkten C_1' und C_2'' schneiden werden, falls reelle Lösungen der Aufgabe vorhanden sind.

Durch entsprechende Wahl der Beiwerte λ_{12}, λ_{13} kann man den Beschleunigungsverlauf der Punkte C_1 in gewisser Weise beeinflussen, und zwar in der jeweiligen Bahntangente (Tangentialbeschleunigung).

120. Viergelenkgetriebe mit vorgeschriebenen Geschwindigkeits- und Beschleunigungsverhältnissen.

Nachstehend soll gezeigt werden, wie man mit Hilfe der komplexen Darstellungsweise auch getriebesynthetische Aufgaben für vorgeschriebene Geschwindigkeits- und Beschleunigungsverhältnisse lösen kann, z. B. die Ermittlung der Abmessungen eines Gelenkvierecks, dessen Getriebeglieder vorgeschriebene Werte der Winkelgeschwindigkeit und der Winkelbeschleunigung besitzen[1].

Der Vektor $\overrightarrow{\mathfrak{A}A}$ = der Kurbelmittellinie $\overline{\mathfrak{A}A}$ des Viergelenkgetriebes $\mathfrak{A}AB\mathfrak{B}$ der Abb. 249 läßt sich mit x als reeller Achse und y als imaginärer Achse in bekannter Weise durch die komplexe Zahl

$$\mathfrak{a} = a(\cos\varphi_1 + i\sin\varphi_1) = a e^{i\varphi_1} \tag{332a, b}$$

darstellen, wobei $a = |\mathfrak{a}|$ den absoluten Betrag von $\mathfrak{a}$, d. h. die Länge der Kurbel $\overline{\mathfrak{A}A}$, und φ_1 den Polarwinkel bedeuten, den $\overrightarrow{\mathfrak{A}A}$ mit der reellen Achse $\mathfrak{A}x$

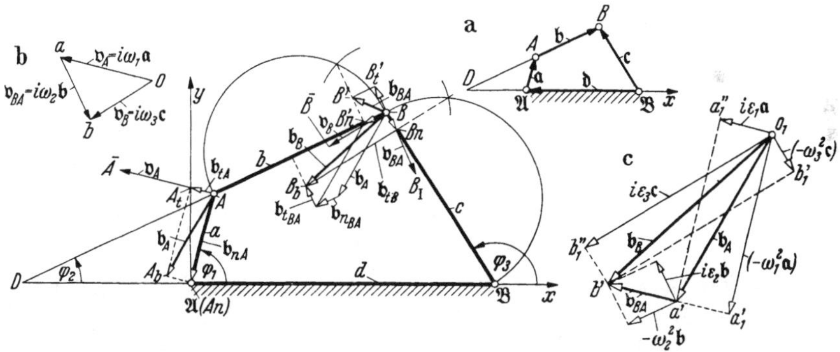

Abb. 249. Vorgeschriebene Winkelgeschwindigkeits- und Winkelbeschleunigungsverhältnisse im Viergelenkgetriebe $\mathfrak{A}AB\mathfrak{B}$. a) Gliedmittellinien gedeutet als Vektoren bzw. komplexe Zahlen b) Geschwindigkeitsplan; c) Beschleunigungsplan (Pfeile doppelt so groß).

bildet. In gleicher Weise ergibt sich für die gerichteten Mittellinien der Koppel $\overrightarrow{AB} = \mathfrak{b}$ und der Schwinge $\overrightarrow{\mathfrak{B}B} = \mathfrak{c}$ die Form

$$\overrightarrow{AB} = \mathfrak{b} = b\, e^{i\varphi_2}, \quad \overrightarrow{\mathfrak{B}B} = \mathfrak{c} = c\, e^{i\varphi_3} \tag{333a, b}$$

und für den Steg

$$\mathfrak{d} = d e^{i\pi}. \tag{333c}$$

[1] BLOCH, S.: Zur Synthese von viergliedrigen Mechanismen. Bull. Acad. Sci. UdSSR. Cl. sci. techn. 1940, Nr. 1. — R. BEYER: [38q].

Das Viergelenkgetriebe $\mathfrak{A}AB\mathfrak{B}$ wird so durch die vektorielle bzw. komplexe Gleichung

$$\mathfrak{a} + \mathfrak{b} - \mathfrak{c} + \mathfrak{d} = 0 \tag{334}$$

bzw.

$$a\,e^{i\varphi_1} + b\,e^{i\varphi_2} - c\,e^{i\varphi_3} - d = 0 \tag{335}$$

veranschaulicht. Mit den Winkelgeschwindigkeiten

$$\omega_1 = \omega_{ad} = \dot{\varphi}_1\,, \qquad \omega_2 = \omega_{bd} = \dot{\varphi}_2\,, \qquad \omega_3 = \omega_{cd} = \dot{\varphi}_3 \tag{336}$$

und den Winkelbeschleunigungen

$$\varepsilon_1 = \varepsilon_{ad} = \dot{\omega}_1 = \ddot{\varphi}_1\,, \qquad \varepsilon_2 = \varepsilon_{bd} = \dot{\omega}_2 = \ddot{\varphi}_2\,, \qquad \varepsilon_3 = \varepsilon_{cd} = \dot{\omega}_3 = \ddot{\varphi}_3 \tag{337}$$

wird in Verbindung mit Gl. (335) und ihrer zweimaligen Differentiation nach der Zeit t das nachstehende Gleichungssystem erhalten:

$$a\,e^{i\varphi_1} + \qquad b\,e^{i\varphi_2} - \qquad c\,e^{i\varphi_3} - d\cdot 1 = 0\,, \tag{338a}$$

$$i\dot{\varphi}_1\,a\,e^{i\varphi_1} + \qquad i\dot{\varphi}_2\,b\,e^{i\varphi_2} - \qquad i\dot{\varphi}_3\,c\,e^{i\varphi_3} - d\cdot 0 = 0\,, \tag{338b}$$

$$(i\ddot{\varphi}_1 - \dot{\varphi}_1^2)\,a\,e^{i\varphi_1} + (i\ddot{\varphi}_2 - \dot{\varphi}_2^2)\,b\,e^{i\varphi_2} - (i\ddot{\varphi}_3 - \dot{\varphi}_3^2)\,c\,e^{i\varphi_3} - d\cdot 0 = 0 \tag{338c}$$

und nach weiterer Umformung

$$1\cdot\mathfrak{a} + \qquad 1\cdot\mathfrak{b} - \qquad 1\cdot\mathfrak{c} + 1\cdot\mathfrak{d} = 0\,, \tag{339a}$$

$$\omega_1\cdot\mathfrak{a} + \qquad \omega_2\cdot\mathfrak{b} - \qquad \omega_3\cdot\mathfrak{c} + 0\cdot\mathfrak{d} = 0\,, \tag{339b}$$

$$(\varepsilon_1 + i\,\omega_1^2)\cdot\mathfrak{a} + (\varepsilon_2 + i\,\omega_2^2)\cdot\mathfrak{b} - (\varepsilon_3 + i\,\omega_3^2)\cdot\mathfrak{c} + 0\cdot\mathfrak{d} = 0\,. \tag{339c}$$

Dieses in den vier Größen $\mathfrak{a}$, $\mathfrak{b}$, $\mathfrak{c}$, $\mathfrak{d}$ homogene Gleichungssystem hat nach einem bekannten Satz der Algebra die nachstehenden Lösungen

$$\mathfrak{a} = \omega_3\,\varepsilon_2 - \omega_2\,\varepsilon_3 + i\,\omega_2\,\omega_3\,(\omega_2 - \omega_3) = a_{11} + i\,a_{12}\,, \tag{340a}$$

$$\mathfrak{b} = \omega_1\,\varepsilon_3 - \omega_3\,\varepsilon_1 + i\,\omega_3\,\omega_1\,(\omega_3 - \omega_1) = b_{11} + i\,b_{12}\,, \tag{340b}$$

$$\mathfrak{c} = \omega_1\,\varepsilon_2 - \omega_2\,\varepsilon_1 + i\,\omega_1\,\omega_2\,(\omega_2 - \omega_1) = c_{11} + i\,c_{12}\,, \tag{340c}$$

$$\mathfrak{d} = \mathfrak{c} - \mathfrak{a} - \mathfrak{b} = (c_{11} - a_{11} - b_{11}) + i\,(c_{12} - a_{12} - b_{12})\,, \tag{340d}$$

die aus den Unterdeterminanten dritter Ordnung der Matrix

$$\left\|\begin{matrix} 1 & 1 & -1 & 1 \\ \omega_1 & \omega_2 & -\omega_3 & 0 \\ (\varepsilon_1 + i\omega_1^2) & (\varepsilon_2 + i\omega_2^2) & -(\varepsilon_3 + i\omega_3^2) & 0 \end{matrix}\right\| \tag{341}$$

leicht ableitbar sind. In den Gl. (340a bis d) ist dabei der noch mögliche Proportionalitätsfaktor weggelassen bzw. gleich 1 gesetzt.

Für die Abmessungen der Getriebeglieder, d. h. für die absoluten Beträge der komplexen Zahlen $\mathfrak{a}$ bis $\mathfrak{d}$ gelten die Formeln:

$$a = \sqrt{a_{11}^2 + a_{12}^2}\,, \qquad b = \sqrt{b_{11}^2 + b_{12}^2}\,, \qquad c = \sqrt{c_{11}^2 + c_{12}^2}\,, \tag{342}$$

$$d = \sqrt{(c_{11} - a_{11} - b_{11})^2 + (c_{12} - a_{12} - b_{12})^2}\,. \tag{343}$$

Beispiel: Es ist ein Viergelenkgetriebe zu entwerfen, das in einer seiner Getriebestellungen den folgenden vorgeschriebenen Bewegungszustand besitzt:

$$\omega_1 = 10\,s^{-1}, \quad \omega_2 = 1\,s^{-1}, \quad \omega_3 = 4\,s^{-1}, \quad \varepsilon_1 = 0, \quad \varepsilon_2 = 20\,s^{-2}, \quad \varepsilon_3 = 0.$$

Man erhält:

$$a_{11} = +80, \quad a_{12} = -12, \quad b_{11} = 0, \quad b_{12} = -240, \quad c_{11} = 200, \quad c_{12} = -90$$

und

$$\mathfrak{a} = +80 - 12i, \quad \mathfrak{b} = -240i, \quad \mathfrak{c} = 200 - 90i, \quad \mathfrak{d} = 120 + 162i.$$

Diese komplexen Zahlen sind nun in Abb. 250a als Vektoren $\overrightarrow{\mathfrak{A}A_*}$, $\overrightarrow{\mathfrak{A}B_*}$, $\overrightarrow{\mathfrak{A}C_*}$ und $\overrightarrow{\mathfrak{A}D_*}$ in die komplexe Zahlenebene zu übertragen, aus denen das gesuchte Gelenkviereck $\mathfrak{A}AB\mathfrak{B}$ erhalten wird, das gegenüber der Ausgangslage um den Winkel $x\mathfrak{A}\mathfrak{B}$ gedreht erscheint. Dies ist darauf zurückzuführen, daß bei der Auflösung des Gleichungssystems der Proportionalitätsfaktor weggelassen worden ist, mit dem bekanntlich eine Drehstreckung verbunden ist. Außerdem kommt es bei derartigen Aufgaben nicht auf die Lage des gefundenen Getriebes gegenüber der komplexen Zahlenebene, sondern nur auf die Abmessungen und die relative Lage der Getriebeglieder gegeneinander an.

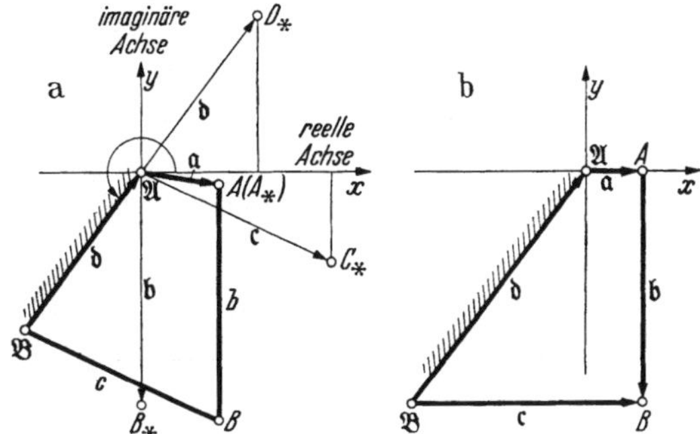

Abb. 250. a) Viergelenkgetriebe aus $\omega_1 = 10\,s^{-1}$, $\omega_2 = 1\,s^{-1}$, $\omega_3 = 4\,s^{-1}$ und $\varepsilon_1 = 0$, $\varepsilon_2 = 20\,s^{-2}$, $\varepsilon_3 = 0$: b) Viergelenkgetriebe mit vorgeschriebenen Winkelgeschwindigkeiten ω_1, ω_2, ω_3 und den Winkelbeschleunigungen $\varepsilon_1 = \varepsilon_3 = 0$ und $\varepsilon_2 \neq 0$.

121. Vorgeschriebene Bewegungsverhältnisse in Sonderlagen des Viergelenkgetriebes.

Für gewisse Sonderlagen des Viergelenkgetriebes ergeben sich oft wesentliche Vereinfachungen, so z. B. bei der Parallellage von Kurbel und Schwinge (Abb. 250b). Das hier dargestellte Getriebe möge die vorgeschriebenen Winkelgeschwindigkeiten ω_1, ω_2, ω_3 und die Winkelbeschleunigungen $\varepsilon_1 = 0$, $\varepsilon_2 \neq 0$ und $\varepsilon_3 = 0$ erfüllen. Der geforderten Parallelität von $\mathfrak{A}A$ und $\mathfrak{B}B$ entspricht die Bedingung

$$a_{12}c_{11} - c_{12}a_{11} = 0, \tag{344}$$

die unter Beachtung der Gl. (340) und bei Voraussetzung von $\varepsilon_2 \neq 0$ in

$$\varepsilon_2\,\omega_1\,\omega_2\,\omega_3\,(\omega_1 - \omega_3) = 0 \tag{345}$$

übergeht. Abgesehen von dem trivialen Fall $\omega_3 = \omega_1$, der $\mathfrak{a} = \mathfrak{c}$, $\mathfrak{b} = 0$, $\mathfrak{d} = 0$ liefert, folgt bei Annahme $\omega_1 \neq 0$, $\omega_3 \neq 0$ aus Gl. (345) für $\omega_2 = 0$ und mit diesem Wert

$$\mathfrak{a} = \omega_3\varepsilon_2,\quad \mathfrak{b} = i\omega_1\omega_3(\omega_3 - \omega_1),\quad \mathfrak{c} = \omega_1\varepsilon_2,\quad \mathfrak{d} = (\varepsilon_2 + i\omega_1\omega_3)\,(\omega_1 - \omega_3). \tag{345a}$$

Für das Zahlenbeispiel der Abb. 250b sind $\omega_1 = 4\,s^{-1}$, $\omega_2 = 0$, $\omega_3 = 1\,s^{-1}$, $\varepsilon_1 = \varepsilon_3 = 0$, $\varepsilon_2 = 3\,s^{-2}$ angenommen und hieraus $\mathfrak{a} = 3$, $\mathfrak{b} = -12\,i$, $\mathfrak{c} = 12$, $\mathfrak{d} = 9 + 12\,i$ gefunden worden.

Die Untersuchung weiterer Sondergetriebestellungen bleibe dem Leser überlassen, z. B. in den Totlagen der Schwinge, in der Getriebestellung des optimalen Übertragungswinkels, in der Lage „Koppel senkrecht zum Standglied“ u. a.

Die hier nur durch wenige Beispiele erläuterte komplexe Methode gestattet noch vielseitige Anwendungen. So wurden u. a. Viergelenkgetriebe mit vorgeschriebenen Größt- und Kleinstwerten der Abtriebswinkelgeschwindigkeit bei gleichbleibender Antriebswinkelgeschwindigkeit von S. Bloch und N. Rosenauer[1] behandelt, wobei letzterer ein Ergebnis von R. Kraus[2] berichtigend ergänzte.

[1] Rosenauer, N.: [65r].

[2] Kraus, R. Die Doppelkurbel und ihre Geschwindigkeitsgrenzen. Masch.-Bau/Betrieb, Getriebetechnik Bd. 7 (1939) S. 37/41.

122. Die komplexe Methode als Grundlage für die Geschwindigkeits- und Beschleunigungsermittlung.

Die Gl. (338) liefern noch eine übersichtliche Darstellung der Beschleunigungsverhältnisse bei einem Viergelenkgetriebe nach Abb. 249, wenn man diese Gleichungen in nachstehender Form anschreibt:

$$\mathfrak{a} + \mathfrak{b} - \mathfrak{c} + \mathfrak{d} = 0, \tag{346a}$$

$$i\,\omega_1\,\mathfrak{a} + i\,\omega_2\,\mathfrak{b} - i\,\omega_3\,\mathfrak{c} = 0, \tag{346b}$$

$$(i\,\varepsilon_1 - \omega_1^2)\,\mathfrak{a} + (i\,\varepsilon_2 - \omega_2^2)\,\mathfrak{b} - (i\,\varepsilon_3 - \omega_3^2)\,\mathfrak{c} = 0. \tag{346c}$$

Unter Beachtung, daß die komplexe Zahl $\mathfrak{z} = i\,k\,\mathfrak{r}$ aus der komplexen Zahl $\mathfrak{r} = r e^{i\varphi}$ erhalten wird, wenn der Vektor $\mathfrak{r}$ um 90° im Sinne der positiven Winkelzählung (kürzeste Drehung von der reellen zur imaginären Achse) gedreht und sein absoluter Betrag r gleichzeitig mit k multipliziert werden (90°-Drehstreckung), findet man so

$$\left.\begin{aligned} i\,\omega_1\,\mathfrak{a} = \mathfrak{v}_A = \overrightarrow{A\bar{A}} = \overrightarrow{o\,a}, \quad i\,\omega_2\,\mathfrak{b} = \mathfrak{v}_{BA} = \overrightarrow{B B_{\mathrm{I}}} = \overrightarrow{a\,b}, \\ i\,\omega_3\,\mathfrak{c} = \mathfrak{v}_B = \overrightarrow{B\bar{B}} = \overrightarrow{o\,b}. \end{aligned}\right\} \tag{347}$$

Gl. (346b) stellt also den MEHMKEschen Geschwindigkeitsplan dar, der in Abb. 249b besonders herausgezeichnet ist.

Entsprechend liefern

$$\left.\begin{aligned} (i\,\varepsilon_1 - \omega_1^2)\,\mathfrak{a} = \mathfrak{b}_A = \overrightarrow{A A_b} = \overrightarrow{o_1\,a'}, \quad (i\,\varepsilon_2 - \omega_2^2)\,\mathfrak{b} = \mathfrak{b}_{BA} = \overrightarrow{B B'} = \overrightarrow{a'\,b'}, \\ (i\,\varepsilon_3 - \omega_3^2)\,\mathfrak{c} = \mathfrak{b}_B = \overrightarrow{B B_b} = \overrightarrow{o_1\,b'} \end{aligned}\right\} \tag{348a, b, c}$$

die Beschleunigungsvektoren und bei ihrer Aneinanderreihung gemäß Gl. (346c) den MEHMKEschen Beschleunigungsplan der Abb. 249c, der gegenüber der Hauptfigur im doppelten Maßstab gezeichnet ist.

Die Gl. (346b, c) stellen also die grundlegenden Beziehungen

$$\mathfrak{v}_A + \mathfrak{v}_{BA} - \mathfrak{v}_B = 0, \quad \mathfrak{b}_A + \mathfrak{b}_{BA} - \mathfrak{b}_B = 0 \tag{346b′, c′}$$

bzw.

$$\mathfrak{v}_B = \mathfrak{v}_A + \mathfrak{v}_{BA}, \quad \mathfrak{b}_B = \mathfrak{b}_A + \mathfrak{b}_{BA} = \mathfrak{b}_A + \mathfrak{b}_{nBA} + \mathfrak{b}_{tBA} \tag{346b″, c″}$$

dar, die bereits auf ganz anderem Wege gefunden wurden. Die Gl. (346a, b, c) gestatten noch eine beachtenswerte Umformung und führen so zu den *Gesetzen der Relativbewegung* eines Punktes B gegenüber einem bewegten Getriebeglied.

123. Relativbewegung. Der Satz von CORIOLIS.

In Abb. 251 ist die Zweigelenkkette der Glieder d, a, b herausgegriffen. Während sich a gegen d mit $\omega_1 = \omega_{ad}$ und $\varepsilon_1 = \varepsilon_{ad}$ bewegt, führt das Glied b, dargestellt durch die Kurbel $\overline{AB}$, eine Drehung mit der Winkelgeschwindigkeit $\omega_2 = \omega_{bd}$ und der Winkelbeschleunigung $\varepsilon_2 = \varepsilon_{bd}$ gegenüber dem Gestell d aus. Dagegen hat b in seiner Relativbewegung gegenüber a, d. h. bei Drehung von b um A, beurteilt von a aus, die Winkelgeschwindigkeit

$$\bar{\omega}_{ba} = \bar{\omega}_{bd} + \bar{\omega}_{da} = \bar{\omega}_{bd} - \bar{\omega}_{ad} = \omega_2 - \omega_1 \tag{349}$$

und die Winkelbeschleunigung

$$\bar{\varepsilon}_{ba} = \bar{\varepsilon}_{bd} + \bar{\varepsilon}_{da} = \bar{\varepsilon}_{bd} - \bar{\varepsilon}_{ad} = \varepsilon_2 - \varepsilon_1. \tag{350}$$

Der Punkt B, aufgefaßt als Punkt des Getriebegliedes b, befindet sich bei der augenblicklichen Stellung über einem Punkt (B) des Gliedes a, der gewissermaßen den Sitzplatz von B im bewegten Glied a darstellt, falls b gegenüber a keine Relativbewegung besäße. Von a aus beurteilt, hat also B die relative Geschwindigkeit

$$\mathfrak{v}_r = i(\omega_2 - \omega_1)\mathfrak{b} \quad (351)$$

und die relative Beschleunigung

$$\mathfrak{b}_r = [i(\varepsilon_2 - \varepsilon_1) - (\omega_2 - \omega_1)^2]\mathfrak{b}, \quad (352)$$

die sich in

$$\mathfrak{b}_r = \mathfrak{b}_{tr} + \mathfrak{b}_{nr} \quad (352\text{a})$$

mit

$$\mathfrak{b}_{tr} = i(\varepsilon_2 - \varepsilon_1)\mathfrak{b}$$

und

$$\mathfrak{b}_{nr} = -(\omega_2 - \omega_1)^2\,\mathfrak{b} \quad (352\text{b, c})$$

zerlegen läßt, wobei $\mathfrak{b} = \overrightarrow{AB}$ bedeutet, also nicht mit dem Beschleunigungsvektor zu verwechseln ist.

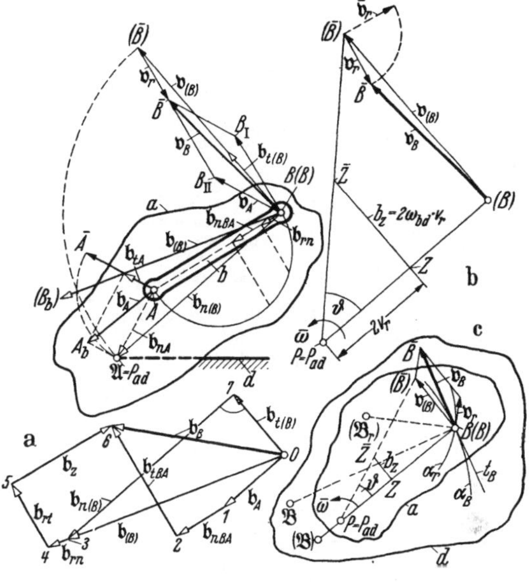

Abb. 251. Ableitung des Satzes von CORIOLIS aus der Relativbewegung in einer Zweigelenkkette. a) Beschleunigungsplan. b) zeichnerische Ermittlung der CORIOLIS-Beschleunigung; c) Bezeichnungen für allgemeine Relativbewegung von Punkt B gegen bewegtes Getriebeglied a. Schema Abb. 251c in Abmessungen unabhängig von Abb. 251 und Abb. 251a, b.

Für den Punkt (B) — als Punkt von a — kann angeschrieben werden

$$\mathfrak{v}_{(B)} = i\omega_1(\mathfrak{a} + \mathfrak{b}), \quad (353\text{a})$$

$$\mathfrak{b}_{(B)} = (i\varepsilon_1 - \omega_1^2)(\mathfrak{a} + \mathfrak{b}) = i\varepsilon_1(\mathfrak{a} + \mathfrak{b}) - \omega_1^2(\mathfrak{a} + \mathfrak{b}) \quad (353)$$

oder

$$\mathfrak{b}_{(B)} = \mathfrak{b}_{t(B)} + \mathfrak{b}_{n(B)} \quad (354)$$

mit

$$\mathfrak{b}_{t(B)} = i\varepsilon_1(\mathfrak{a} + \mathfrak{b}); \quad \mathfrak{b}_{n(B)} = -\omega_1^2(\mathfrak{a} + \mathfrak{b}). \quad (354\text{a, b})$$

Durch geschickte Anordnung folgt nun aus Gl. (346b″, c″)

$$\begin{aligned}\mathfrak{v}_B = \mathfrak{v}_A + \mathfrak{v}_{BA} &= i\omega_1\mathfrak{a} + i\omega_2\mathfrak{b}\\ &= i\omega_1\mathfrak{a} + i\omega_1\mathfrak{b} + i\omega_2\mathfrak{b} - i\omega_1\mathfrak{b}\\ &= i\omega_1(\mathfrak{a} + \mathfrak{b}) + i(\omega_2 - \omega_1)\mathfrak{b}\end{aligned}$$

und damit

$$\underline{\mathfrak{v}_B = \mathfrak{v}_{(B)} + \mathfrak{v}_r.} \quad (355)$$

Die Gleichung

$$\mathfrak{b}_B = \mathfrak{b}_A + \mathfrak{b}_{BA} = (i\varepsilon_1 - \omega_1^2)\,\mathfrak{a} + (i\varepsilon_2 - \omega_2^2)\,\mathfrak{b} \quad (356)$$

kann durch Ergänzungsglieder die Form

$$\mathfrak{b}_B = (i\varepsilon_1 - \omega_1^2)\,\mathfrak{a} + (i\varepsilon_2 - \omega_2^2)\,\mathfrak{b} + (i\varepsilon_1 - \omega_1^2)\,\mathfrak{b} - (i\varepsilon_1 - \omega_1^2)\,\mathfrak{b} \quad (357)$$

erhalten und weiter in

$$\mathfrak{b}_B = (i\varepsilon_1 - \omega_1^2)(\mathfrak{a} + \mathfrak{b}) + [i(\varepsilon_2 - \varepsilon_1) - (\omega_2 - \omega_1)^2]\,\mathfrak{b} - 2\omega_1(\omega_2 - \omega_1)\,\mathfrak{b} \quad (358)$$

umgeformt werden. Unter Beachtung der Gl. (353), (352), (357) wird die folgende Darstellung für den Beschleunigungsvektor $\mathfrak{b}_B$ gefunden:

$$\underline{\mathfrak{b}_B = \mathfrak{b}_{(B)} + \mathfrak{b}_r + \mathfrak{b}_z}, \tag{359}$$

mit

$$\mathfrak{b}_z = -2\omega_1(\omega_2 - \omega_1)\mathfrak{b} = -2\omega_1 \frac{\mathfrak{v}_r}{i} = 2\omega_1 \mathfrak{v}_r i \tag{360}$$

oder in der Sprache der Vektoralgebra

$$\underline{\mathfrak{b}_z = 2[\overline{\omega}_1 \mathfrak{v}_r]}. \tag{361}$$

Dieser zusätzliche Beschleunigungsanteil $\mathfrak{b}_z$ ist als die „CORIOLIS-*Beschleunigung*" bekannt. Die Gl. (359) liefert den *Satz von* CORIOLIS[1], der ganz allgemein für die Relativbewegung gilt, auch wenn a gegen d beliebig bewegt wird.

Satz 54: Bewegt sich Punkt B eines Getriebegliedes b, der momentan mit dem Punkt (B) eines zweiten Gliedes a zusammenfällt, relativ zu a, und besitzt a gegenüber einem dritten Glied d die Winkelgeschwindigkeit $\omega = \omega_{ad}$, so gelten die nachstehenden vektoriellen Beziehungen:

$$\mathfrak{v}_B = \mathfrak{v}_{(B)} + \mathfrak{v}_r, \tag{355}$$

$$\mathfrak{b}_B = \mathfrak{b}_{(B)} + \mathfrak{b}_r + \mathfrak{b}_z = \mathfrak{b}_{n(B)} + \mathfrak{b}_{t(B)} + \mathfrak{b}_{nr} + \mathfrak{b}_{tr} + \mathfrak{b}_z \tag{359}$$

mit

$$\mathfrak{b}_z = 2[\overline{\omega}\, \mathfrak{v}_r]. \tag{361}$$

Der absolute Betrag $b_z = |\mathfrak{b}_z|$ ist wegen

$$b_z = 2v_r\,\omega_{ad} = 2v_r \frac{v_{(B)}}{P_{ad}(B)} = 2v_r \operatorname{tg}\vartheta \tag{362}$$

nach Abb. 251c leicht konstruierbar. Man trägt $\overline{PZ} = 2v_r$ auf Fahrstrahl $P(B)$ ab und schneidet die in Z zu $P(B)$ gezeichnete Senkrechte mit $P(\overline{B})$ in $\overline{Z}$. Dann ist $\overline{Z\overline{Z}} = b_z$.

Richtung und Richtungssinn von $\mathfrak{b}_z$ stimmen mit denen des Vektors $\overline{\mathfrak{v}_r}$ überein, der aus $\mathfrak{v}_r$ durch Drehung dieses Vektors um 90° im Sinne von $\omega = \omega_{ad}$ erhalten wird (Abb. 251b). Dasselbe besagt auch die Darstellung von $\mathfrak{b}_z$ als Vektorprodukt nach Gl. (361).

Zusammenstellung: Gemäß Satz 54 bedeuten in Abb. 251c:

B = Punkt, beweglich in Relativbahn α_r gegen a,
(B) = Punkt von Glied a, der momentan mit B zusammenfällt,
$\mathfrak{B}$ = Krümmungsmittelpunkt von Absolutbahn α_B in B mit Krümmungshalbmesser $\varrho = \overline{\mathfrak{B}B}$,
$\mathfrak{v}_{(B)}$ = Führungs- oder Mitführungsgeschwindigkeit des Punktes (B) von a,
$\mathfrak{v}_B$ = absolute Geschwindigkeit von B in der Absolutbahn α_B gegenüber dem Bezugssystem d,
$(\mathfrak{B}_r)$ = Krümmungsmittelpunkt der Relativbahn α_r in B, $\overline{\mathfrak{B}_r B} = \varrho_r$ = Krümmungshalbmesser von α_r.
$\overline{PZ}$ = $2v_r$,
$\mathfrak{v}_r$ = relative Geschwindigkeit von B längs der Relativbahn α_r im Glied a,
ω = ω_{ad} = Winkelgeschwindigkeit von Glied a gegenüber d um den Momentanpol $P = P_{ad}$,
$(\mathfrak{B})$ = Krümmungsmittelpunkt der Führungsbahn (α_B) von (B) gegenüber d, $(\varrho) = \overline{(\mathfrak{B})(B)}$ dazugehöriger Krümmungshalbmesser.

[1] CLAIRAUT hatte bereits die Lehre von der Relativbewegung methodisch ausgestaltet. Paris Mém. 1742, p. 1. — CORIOLIS: Paris Mém. sav. étr. Bd. 3 (1832) — Mém. sur les équations du mouvement relatif. Journ. de l'éc. polyt. cah. 24 (1835) p. 142.

Mit diesen Bezeichnungen gelten noch die folgenden Formeln:

$$b_{n(B)} = \frac{v_{(B)}^2}{(\varrho)}, \quad \mathfrak{b}_{t(B)} \perp \mathfrak{b}_{n(B)}, \quad b_{nr} = \frac{v_r^2}{\varrho_r}, \quad \mathfrak{b}_{tr} \perp \mathfrak{b}_{nr}, \quad b_{nB} = \frac{v_B^2}{\varrho},$$

$$\mathfrak{b}_{tB} \perp \mathfrak{b}_{nB}.$$

124. Beschleunigungsverhältnisse an einer Nockensteuerung und am Malteserkreuzgetriebe.

Als Anwendungsbeispiele mögen die Nockensteuerung nach Abb. 252a und das Malteserkreuzgetriebe von Abb. 252b dienen, die mit den oben eingeführten Bezeichnungen durchgeführt sind. In beiden Fällen möge a gegen d gleichförmig umlaufen, also $\varepsilon_{ad} = 0$ sein.

Zu Abb. 252a: Das Abrollen der Stößelrolle auf dem Nocken a' kann durch das Gleiten der Stößelrollenmitte B längs des Nockenprofils a ersetzt werden. (B) bedeutet denjenigen Punkt von a, auf dem der Punkt B des Stößels b in der gezeichneten Getriebelage aufsitzt. Der Geschwindigkeitsmaßstab ist so gewählt, daß $V_{(B)} = B(\overline{B})$ gleich der Strecke $\overline{\mathfrak{A}(B)}$ ist. In diesem Fall — ebenso wie in Abb. 251 — ist $\vartheta = 45°$, also bei diesem Maßstab in der Zeichnung $b_z = 2v_r$. Außerdem ist $b_{(B)} = \mathfrak{b}_{n(B)} = (B)\mathfrak{A}$, an den $\overrightarrow{\mathfrak{A}B'} = \mathfrak{b}_z$ von der Länge $2v_r$ und parallel zu $\bar{\mathfrak{v}}_r$ angetragen wird. Die durch B' zu $\mathfrak{v}_r$ gelegte Parallele trifft die Schubrichtung von b in B_b, womit $\mathfrak{b}_B = \overrightarrow{BB_b}$ gefunden ist. Diese Konstruktion gilt selbstverständlich nur für das geradlinige Stück der Nockenflanke; für B auf dem Kuppenkreis ist die Beschleunigungskonstruktion auf die eines Viergelenkgetriebes in Form einer Schubkurbel zurückzuführen.

Zu Abb. 252b: Für das hier dargestellte Malteserkreuzschaltwerk mit tangentialem Eintritt der Treiberrolle B von b in die Schlitze des Sterns a ist in

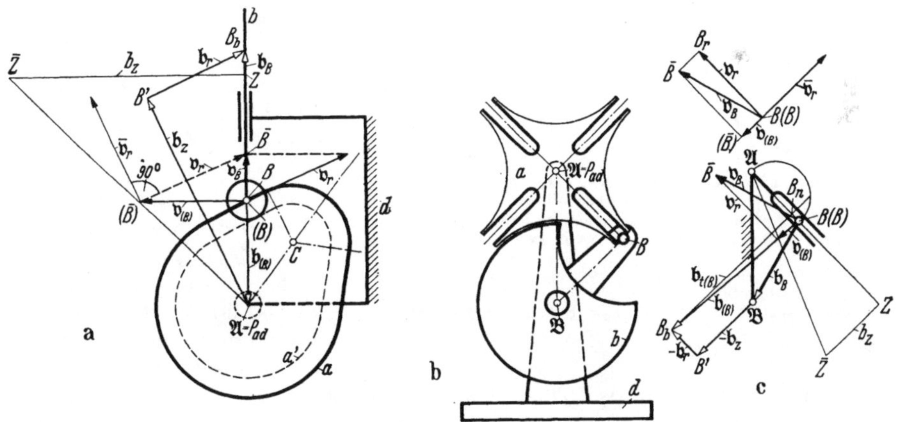

Abb. 252. a) Beschleunigungsverhältnisse an einer Nockensteuerung mit geradlinigem Flankenteil; b) und c) Beschleunigungsverhältnisse an einem Malteserkreuzgetriebe.

Abb. 252c in einer Zwischenstellung aus der Winkelgeschwindigkeit ω_{bd} des umlaufenden Treibers b mit $\varepsilon_{bd} = 0$ der Beschleunigungszustand des Malteserkreuzes a (Stern a) aus den Gleichungen

$$\mathfrak{b}_B = \mathfrak{b}_{(B)} + \mathfrak{b}_r + \mathfrak{b}_z, \qquad (363)$$

$$\mathfrak{b}_{(B)} = \mathfrak{b}_{n(B)} + \mathfrak{b}_{t(B)} \qquad (363\,b)$$

ermittelt worden. Aus beiden folgt

$$\mathfrak{b}_{t(B)} = -\mathfrak{b}_{n(B)} + \mathfrak{b}_B + (-\mathfrak{b}_z) + (-\mathfrak{b}_r), \qquad (364\text{a})$$

$$\overrightarrow{B_n B_b} = \overrightarrow{B_n B} + \overrightarrow{B\mathfrak{B}} + \overrightarrow{\mathfrak{B}B'} + \overrightarrow{B' B_b}, \qquad (364\text{b})$$

wobei $\mathfrak{b}_{n(B)} = \overrightarrow{B B_n}$ aus $\mathfrak{v}_{(B)}$ mit Hilfe des Thaleskreises über $B\mathfrak{A}$ gefunden wird und von $\mathfrak{b}_r$ und $\mathfrak{b}_{t(B)}$ die Richtungen parallel zu $\mathfrak{A}B$ bzw. senkrecht zu $\mathfrak{A}B$ bekannt sind. Die Winkelbeschleunigung ε_{ad} des Sterns a gegenüber dem Gestell d wird aus dem Quotienten $b_{t(B)}/\overline{\mathfrak{A}B}$ errechnet; sie wirkt hier im Uhrzeigersinn, also im gleichen Drehsinn wie ω_{ad}.

XI. Vorgeschriebene Geschwindigkeits- und Beschleunigungsverhältnisse bei ebenen Kurvenscheibengetrieben.

125. Allgemeine Grundlagen.

Mit ebenen und räumlichen Kurvengetrieben lassen sich verwickelte Bewegungsgesetze bezüglich vorgegebener Geschwindigkeiten und Beschleunigungen verwirklichen, weshalb zur Erzeugung periodischer Bewegungen, vor allem auch in Verbindung mit Stillständen vorgeschriebener Rastdauer, Kurvenscheibengetriebe in der Praxis vielfach benutzt werden.

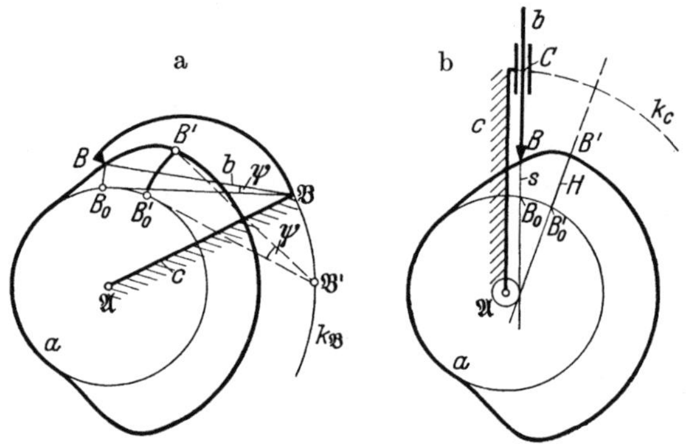

Abb. 253. Ebene Kurvenscheibengetriebe.
a) Kurven-Schwinggetriebe
a = Kurventräger, $b = \overline{\mathfrak{B}B}$ = Schwinghebel, c = Gestell,
$\psi = \sphericalangle B_0\mathfrak{B}B$ = Schwingwinkel an beliebiger Stelle der Anlaufkurve,
$\Psi = \sphericalangle B_0'\mathfrak{B}'B'$ = Schwingwinkel in oberer Raststellung.
b) Kurven-Schubgetriebe
a = Kurventräger, b = Schieber, c = Gestell, s = Hub an beliebiger Stelle der Anlaufkurve,
H = Gesamthub in oberer Raststellung.

Ein ebenes Kurvengetriebe besteht z. B. nach Abb. 253a, b aus dem im Gestell c gelagerten Kurventräger mit der Kurvenscheibe a als Antriebsglied, dem ebenfalls im Gestell c gelagerten Schwinghebel b (Abb. 253a) oder dem Schieber b (Abb. 253b) als Abtriebsglied und aus dem Gestell c selbst. Im Schema der Abb. 253c ist der auf einer Kurve a' (Hüllbahn der Rollenkreise im Kurventräger) abrollende Rollenkörper weggelassen und nur die Kurve a der Rollenmitte B in je einer Stelle B_1 der Anlaufkurvenflanke und B_3 der Ablaufkurvenflanke eingezeichnet, denen die Schwingwinkel ψ_1 und ψ_3 zugeordnet sind. Im angezogenen Beispiel ist $\psi_1 = \psi_3 = \Psi/2$ gewählt, wobei Ψ den maximalen Schwingenausschlag bedeutet und mit der wirksamen Hebellänge $b = \overline{\mathfrak{B}B}$ den Gesamthub $H = b\,\Psi$ längs des von B beschriebenen Hubbogens ergibt. An- bzw. Ablaufflanke der Kurvenscheibe gehen bei der Forderung von Stillständen (Rasten) vorgeschriebener Rastdauer T_2 bzw. T_4 in den unteren bzw. oberen Rastkreis, d. h. in konzentrische Kreise (Grundkreise) um den Drehpunkt O der Kurvenscheibe über. Die Gestaltung dieser Übergänge erfordert je nach den verlangten dynamischen, technologischen und anderen Bedingungen besondere Aufmerksamkeit, handelt es sich ja dabei darum, die Massen des Abtriebsgliedes und der mit ihm verbundenen Maschinenteile aus dem Stillstand heraus in Bewegung zu setzen und sie dann wieder zum Stillstand zu bringen, mit anderen Worten, sie zu beschleunigen und dann zu verzögern. Dies hat in der Anlaufzeit T_1 und in der Ablaufzeit T_3 zu geschehen, die mit den Zeiten T_2 der oberen und der Zeitdauer T_4 der unteren Rast die Gesamtzeit T_g ergeben, also

$$T_1 + T_2 + T_3 + T_4 = T_g. \quad (365)$$

Beim Entwurf eines Kurvengetriebes werden diese Zeiten T_i $(i = 1, 2, 3, 4)$ durch den zu verwirklichenden Arbeitsgang vorgeschrieben sein. Aus später ersichtlichen Gründen ist es zweckmäßig, die nachstehenden Zeitverhältnisse $z_i = T_g/T_i$, also beispielsweise

$$T_g/T_1 = z_1, \quad (366\text{a})$$

$$T_g/T_3 = z_3 \quad (366\text{b})$$

für An- und Ablauf einzuführen.

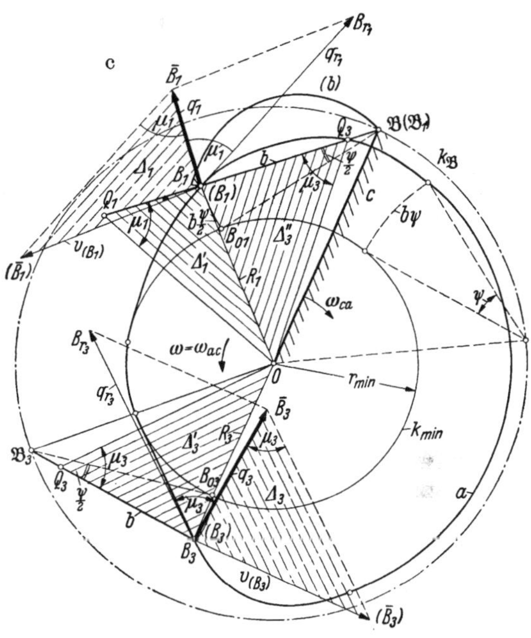

Abb. 253 c. Kurvengetriebe mit schwingender Heblingsbewegung. Ermittlung des Grundkreishalbmessers r_{min} aus vorgeschriebenen Übertragungswinkeln μ_1, μ_3.

126. Systematik und Synthese der Bewegungsgesetze.

Für das Heben und Senken des Abtriebshebels oder Abtriebsschiebers b sind im getriebetechnischen Schrifttum zahlreiche Bewegungsgesetze in der Form $\psi = F(t)$ oder mit $s = b\,\psi$ in der Form

$$s = f(t) \quad (367)$$

bereitgestellt worden, wobei s den vom Grundkreis (unteren Rastkreis) aus auf dem Bogen um 𝔅 mit $\overline{𝔅B}$ als Radius gemessenen Weg des Abtriebspunktes B, also $s = \widehat{B_0 B}$ darstellt und $f(t)$ eine geeignete Funktion der Zeit bedeutet. Die dazugehörigen Geschwindigkeiten und Beschleunigungen (Tangentialbeschleunigung!) sind dann

$$v = \frac{ds}{dt} = \dot{s} = f'(t)\,, \qquad b = \frac{d^2 s}{dt^2} = \ddot{s} = f''(t)\,. \quad (368\text{a, b})$$

Ihre zu den Zeiten t_1 bzw. t_3 auftretenden maximalen Werte lassen sich für die Mehrzahl der praktisch üblichen Bewegungsgesetze in der Form

$$\max v = \xi_m \frac{H}{T}\,, \qquad \max b = \eta_m \frac{H}{T^2} \quad \text{mit} \quad H = b\,\Psi \quad (369\text{a, b. c})$$

darstellen, wobei ξ_m und η_m die den betreffenden Bewegungsgesetzen eigentümlichen Beiwerte, H den Gesamthub und T die An- bzw. Ablaufzeit bedeuten. Die Einführung dieser ξ_m, η_m-Werte hat den Vorteil, daß bei dem synthetischen Aufbau neuer Bewegungsgesetze mit „*dimensionslosen*" Größen gerechnet werden kann und die kombinierten Formeln an Übersichtlichkeit gewinnen.

Drei einfache Beispiele solcher Bewegungsgesetze seien nachstehend aufgeführt:

a) Gleichförmige Bewegung des Hebels b (Abb. 254a):

$$s = \frac{H}{T} t, \quad v_m = \max v = \frac{H}{T}; \quad \xi_m = 1; \quad b = 0, \quad \eta_m = 0. \qquad (370\text{a, b, c})$$

b) Parabolisches Bewegungsgesetz für Weg-Zeit-Diagramm (Abb. 254b):

$$s = \frac{2H}{T^2} t^2, \quad v = \frac{4H}{T^2} t, \quad b = \frac{4H}{T^2}; \quad 0 \leqq t \leqq \frac{T}{2}, \qquad (371\text{a, b, c})$$

$$\max v = \frac{2H}{T} = 2\frac{H}{T}, \qquad \max b = \frac{4H}{T^2} = 4\frac{H}{T^2}$$

$$\text{für} \quad t_1 = \frac{T}{2} \quad \text{also} \quad \xi_m = 2, \quad \eta_m = 4.$$

c) Sinoidisches Gesetz für Beschleunigungs-Zeit-Diagramm (Abb. 255a):

$$s = H\left(\frac{t}{T} - \frac{1}{2\pi}\sin\left(\frac{2\pi}{T}t\right)\right), \quad v = \frac{H}{T}\left(1 - \cos\left(\frac{2\pi}{T}t\right)\right);$$

$$b = \frac{2\pi H}{T^2}\sin\left(\frac{2\pi}{T}t\right). \qquad (372\text{a, b, c})$$

Geltungsbereich $0 \leqq t \leqq T$,

$$\max v = \frac{2H}{T} = 2\frac{H}{T} \quad \text{für} \quad t_1 = \frac{T}{2}, \quad \max b = 2\pi\frac{H}{T^2} \quad \text{für} \quad t_2 = \frac{T}{4},$$

$$\text{also} \quad \xi_m = 2, \quad \eta_m = 2\pi.$$

Bei der Auswahl der Bewegungsgesetze für den Entwurf von Kurvenscheibengetrieben ist auf „*Stoßfreiheit*" und „*Ruckfreiheit*" zu achten bzw. die Frage zu prüfen, ob der mit dem benutzten Diagramm eventuell verbundene *Stoß* = Unstetigkeit der Geschwindigkeit als Geschwindigkeitssprung oder Ruck = Unstetigkeit der Beschleunigung als *Beschleunigungssprung* mit den verlangten

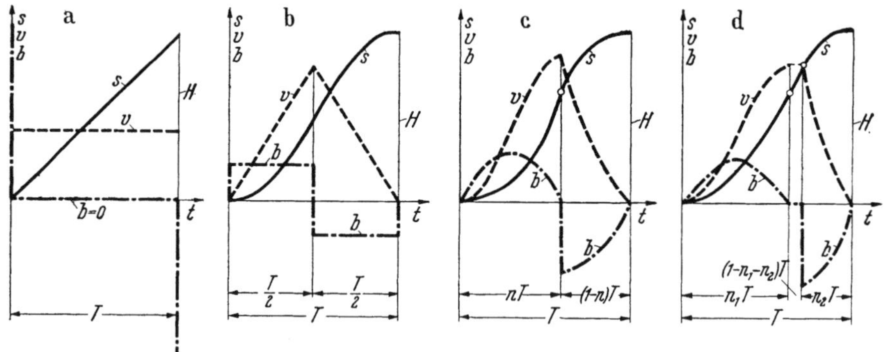

Abb. 254. Bewegungsgesetze für Kurvengetriebe. a) Gleichförmige Hubbewegung; b) gleichmäßig beschleunigte bzw. verzögerte Bewegung. Weg-Zeit-Diagramm zwei Parabeläste; c) aus zwei Bewegungsgesetzen kombiniertes Bewegungsgesetz; d) kombiniertes Bewegungsgesetz mit zwischengeschalteter gleichförmiger Bewegung.

Laufeigenschaften des Getriebes verträglich ist bzw. ob ein Ruck bei den vorliegenden Verhältnissen in dynamischer, technologischer Hinsicht wegen anderer Vorteile noch in Kauf genommen werden kann. Stoß ist auf jeden Fall zu vermeiden, z. B. durch tangentialen Eintritt der Treiberrolle in den Schlitz des Sterns a der Abb. 252b.

Bewegungsgesetz a) zeigt Stoß zu Beginn und am Ende der Bewegung, Bewegungsgesetz b) liefert an der Stelle des Überganges von der beschleunigten zur verzögerten Bewegung und ebenso an den Übergangsstellen zu den Anschlußkurvenstücken je einen Ruck; dagegen ist beim Bewegungsgesetz c) Stoß- und Ruckfreiheit im Sinn der eben festgelegten Begriffsbestimmung gewährleistet. Eine ausführliche Diskussion dieser wichtigen Begriffe findet man u. a. bei H. Finkelnburg[1] und H. Alt, desgleichen die Erörterung der Anforderungen, die an stoß- bzw. ruckfreie Malteserkreuzschaltgetriebe zu stellen sind. Zusammenstellungen der wichtigsten und in der Praxis verwendeten Bewegungsgesetze gaben H. Finkelnburg[2] und R. Beyer[3].

Das für die Praxis wichtige Konstruktionselement der Kurvenscheibe kann durch geschickte Auswahl der Bewegungsgesetze, durch geeignete Kombination solcher Gesetze untereinander sowie durch Zwischenschaltung eines gleichförmigen Bewegungsablaufes zwischen zwei Bewegungsgesetzen gleicher oder verschiedener Art weitgehenden Anforderungen an die Laufeigenschaften genügen, wie vom Verfasser[3] gezeigt wurde. Wichtig ist z. B. die Auffindung von Bewegungsgesetzen mit vorgeschriebenen Höchstwerten der Geschwindigkeit und der Beschleunigung, die bei der Verwirklichung durch die Kurvenscheibe nicht überschritten werden sollen.

Ein Beispiel für eine derartige „*Synthese der Bewegungsgesetze*" wird durch Abb. 255b erläutert. Hier ist aus den Teilen k' und k'' des Bewegungsgesetzes nach Abb. 255a durch Aufspaltung bei C, Auseinanderschieben von k', k'' bei

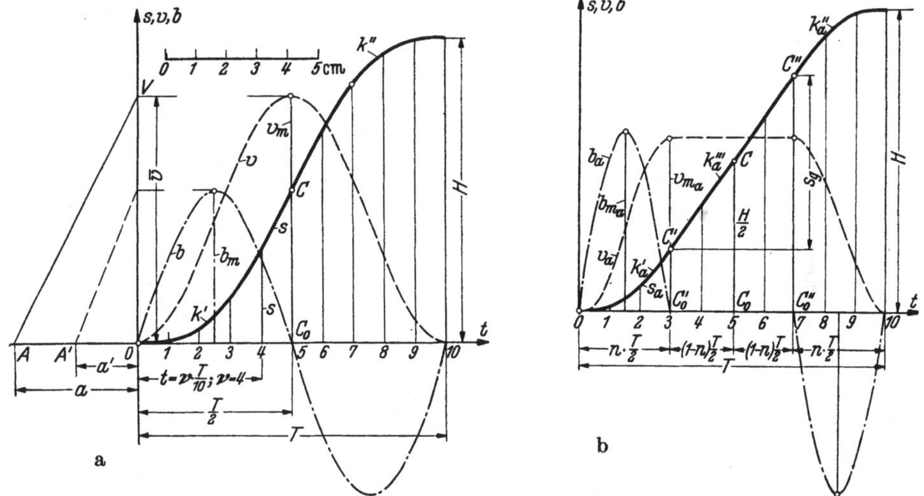

Abb. 255. a) Bewegungsgesetz mit sinoidischem Beschleunigungsverlauf; b) Bewegungsgesetz nach a) mit abgekürztem Beschleunigungsverlauf durch Zwischenschaltung einer gleichförmigen Bewegung.

gleichzeitiger affiner Verzerrung nach beiden Achsrichtungen (s- und t-Achse) und Zwischenschaltung eines geradlinigen Teiles für gleichförmige Bewegung ein Bewegungsgesetz mit „*abgekürzter Beschleunigungszeit*" unter Verwendung des „*Abkürzungsfaktors n*" abgeleitet worden.

[1] Finkelnburg, H.: Der Ruck. Masch.-Bau/Betrieb (Getriebetechnik) 1935, S. 520. Vgl. ebenda 1936, S. 220 u. 581.

[2] Finkelnburg, H.: Systematik der Bewegungsgesetze. Masch.-Bau/Betrieb 1936, S. 695; 1937, S. 221 u. 425.

[3] Beyer, R.: Zur Synthese der Bewegungsgesetze ebener und räumlicher Kurvengetriebe. Konstruktion 1953, S. 188/192.

Sind ξ_m und η_m die Beiwerte des Ausgangsbewegungsgesetzes für die maximale Geschwindigkeit und Beschleunigung, so gelten für die Beiwerte ξ von $v_{ma} = \xi \frac{H}{T}$ und η von $b_{ma} = \eta \frac{H}{T^2}$ die Bestimmungsgleichungen

$$\xi = \frac{\xi_m}{n + (1-n)\,\xi_m}, \qquad \eta = \frac{\eta_m}{n^2 + n(1-n)\,\xi_m}, \tag{373a, b}$$

wobei v_{ma} und b_{ma} die bei dem abgekürzten Bewegungsgesetz auftretenden maximalen Geschwindigkeiten bzw. Beschleunigungen bedeuten und zwischen den ξ, η Werten gemäß Gl. (373) noch der einfache lineare Zusammenhang

$$\eta = \frac{\eta_m}{n\,\xi_m}\,\xi \tag{374}$$

besteht. Für die Wege s_a der Anlaufkurve k'_a und $\overline{C'_0 C'}$ gelten die Formeln

$$s_a = n\frac{\xi}{\xi_m} f\left(\frac{t}{n}\right) = n^2 \frac{\eta}{\eta_m} f\left(\frac{t}{n}\right); \qquad 0 \leqq t \leqq n\frac{T}{2}; \tag{375}$$

$$\overline{C'_0 C'} = n\frac{\xi}{\xi_m}\frac{H}{2}. \tag{376}$$

Beispiel: Ein von einer Kurvenscheibe bewegter Schieber soll in $T_1 = 0{,}3$ sec einen Weg $H = 0{,}15$ m hin und in $T_3 = 0{,}6$ sec zurücklegen. Zwischen beiden Bewegungen sei eine Pause von $T_2 = 0{,}4$ sec bzw. $T_4 = 0{,}4$ sec.

Der Hinlauf möge mit den Beschleunigungswerten Null beginnen und enden, wobei der Größtwert der Beschleunigung den Betrag von 25 ms^{-2} nicht überschreiten soll. Für den Rücklauf soll die maximale Geschwindigkeit höchstens 60% der maximalen Anlaufgeschwindigkeit betragen.

Dem Anlauf sei Bewegungsgesetz c) mit $\xi_m = 2$ und $\eta_m = 2\pi$ zugrunde gelegt. Mit $H/T_1 = 0{,}18/0{,}3 = 0{,}6\ \mathrm{ms}^{-1}$ und $H/T_1^2 = 0{,}18/0{,}3^2 = 2\ \mathrm{ms}^{-2}$, $b_{ma} = 25\ \mathrm{ms}^{-2}$ folgt $\eta = 25/2 = 12{,}5$, also nach Gl. (373) mit $\xi_m = 2$ und $\eta_m = 2\pi$ für den Abkürzungsfaktor n die Bedingung

$$12{,}5 = \frac{2\pi}{n(2-n)} \quad \text{bzw.} \quad n^2 - 2n + 0{,}502656 = 0;$$

hieraus folgt außer dem ausscheidenden Wert $n_2 = 1{,}705$ für $n = 0{,}295$. Gewählt sei $n = 0{,}3$. Dieser liefert nach Gl. (373a) für $\xi = 1{,}17$, also $v_{ma} = 1{,}17 \cdot 0{,}6 = 0{,}702\ \mathrm{ms}^{-1}$.

Für den Rücklauf ist $\bar{v}_{ma} = 0{,}6\, v_{ma}$ vorgeschrieben. Mit den Werten $H/T_3 = 0{,}18/0{,}6 = 0{,}3\ \mathrm{ms}^{-1}$ und $H/T_3^2 = 0{,}18/0{,}6^2 = 0{,}5\ \mathrm{ms}^{-2}$ folgt bei Wahl von $\bar{v}_{ma} = 0{,}6 \cdot 0{,}702 = 0{,}42$ m/s für den Beiwert $\bar{\xi} = 1{,}4$. Unter Verwendung des Bewegungsgesetzes b) mit $\xi_m = 2$ und $\eta_m = 4$ werden schließlich $\bar{n} = 0{,}57$, $\bar{\eta} = 4{,}9$ und $\bar{b}_{ma} = 2{,}45\ \mathrm{ms}^{-2}$ gefunden.

Bei der Durchführung der Rechnung ist darauf zu achten, daß $n \leqq 1$, $\bar{n} \leqq 1$ und $\bar{\eta} \geqq 4$ sein muß. Werden diese Grenzbedingungen nicht erfüllt, so ist ein anderes Bewegungsgesetz zu verwenden.

Kombination verschiedener Bewegungsgesetze (Abb. 254d). Die Verbindung *zweier „verschiedener"* Bewegungsgesetze $s_1 = f_1(t)$ und $s_2 = f_2(t)$ mit den Beiwerten der maximalen Geschwindigkeiten ξ_1, ξ_2 und den Beiwerten η_1, η_2 der maximalen Beschleunigungen unter Zwischenschaltung eines gleichförmigen Bewegungsverlaufes bei Zuordnung der Zeiten $n_1 T$ für die Beschleunigung nach Gesetz 1, $(1 - n_1 - n_2)\,T$ für die gleichförmige Bewegung und $n_2 T$ für den verzögerten Bewegungsabschnitt nach dem Gesetz 2 führt zu nachstehenden Formeln:

Beiwert ξ_{12} *der maximalen Geschwindigkeit des kombinierten Gesetzes:*

$$\xi_{12} = \frac{\xi_1 \xi_2}{(1 - n_1 - n_2)\,\xi_1 \xi_2 + n_1 \xi_2 + n_2 \xi_1}. \tag{377}$$

Beiwerte $\eta_{12,l}$, $\eta_{12,r}$ *der maximalen Beschleunigungen bzw. Verzögerungen nach*

$$\textit{Gesetz 1: } \eta_{12,l} = \frac{1}{2n_1}\frac{\eta_1}{\xi_1}\xi_{12}, \qquad \textit{Gesetz 2: } \eta_{12,r} = \frac{1}{2n_2}\frac{\eta_2}{\xi_2}\xi_{12}. \tag{378a, b}$$

Die Beiwerte n_1 und n_2 sind dabei lediglich an die Bedingung

$$n_1 + n_2 \leqq 1 \tag{379}$$

gebunden. Bei $n_1 + n_2 = 1$ entfällt der gleichförmige Bewegungsabschnitt (Abb. 257a). Sind also für eine Anlaufkurve die Geschwindigkeits- und Beschleunigungshöchstwerte ξ_{12}, η_{12} vorgeschrieben, so lassen sich die n_1, n_2 aus den Gl. (377) und (378a) bzw. (378b) ermitteln. Genügen die gefundenen Werte n_1 und n_2 nicht der Bedingung (379), so wird man die Kombination anderer geeigneter Bewegungsgesetze versuchen.

127. Ermittlung des Grundkreishalbmessers.

Die Ermittlung des Grundkreishalbmessers (Halbmesser des unteren Rastkreises) aus den für die Getriebestellungen größter Geschwindigkeit der An- bzw. Ablaufkurve vorgeschriebenen Übertragungswinkeln μ_1 und μ_3 ist aus Abb. 253c ableitbar. Hier ist angenommen, daß diese Stellen mit denjenigen beim Hub $H/2$ bzw. Schwingwinkel $\Psi/2$ zu den Zeiten $t_1 = T_1/2$ bzw. $t_3 = T_3/2$ zusammenfallen. Der Übertragungswinkel μ ist dabei der Winkel zwischen der absoluten und der relativen Geschwindigkeit des Punktes B von der wirksamen Hebellänge $b = \overline{\mathfrak{B}B}$. Mit den eingetragenen Bezeichnungen und den Geschwindigkeitsbeiwerten ξ_{m_1}, ξ_{m_3} für An- und Ablauf folgt unter Einführung der Größen

$$q_1' = \xi_{m_1} z_1, \quad q_3' = \xi_{m_3} z_3 \tag{380}$$

die hier rezeptartig gebotene Lösung für $r_{\min}$ nach Abb. 256.

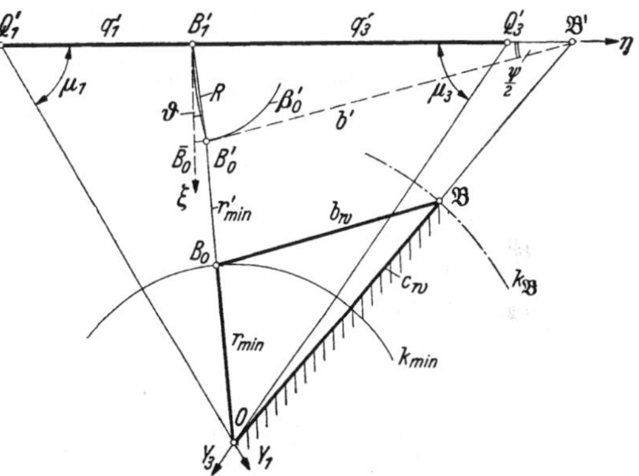

Abb. 256. Ermittlung des Grundkreishalbmessers $r_{\min}$ aus den reduzierten Bestimmungsgrößen q_1', q_3', der reduzierten Hebellänge $b' = 2\pi/\Psi$ und den vorgeschriebenen Übertragungswinkeln μ_1, μ_3, zugeordnet den Schwingwinkeln ψ_1, ψ_3 (hier $\psi_1 = \psi_3 = \Psi/2$).

Man zeichnet $\overline{B_1'Q_1'} = q_1'$, $\overline{B_1'Q_3'} = q_3'$, findet durch Antragen der vorgeschriebenen Übertragungswinkel μ_1, μ_3 in Q_1', Q_3' den Punkt O. Dann macht man $B_1'\mathfrak{B}' = 2\pi/\Psi$ und schlägt um $\mathfrak{B}'$ mit Halbmesser $\mathfrak{B}'B_1'$ den Kreisbogen $B_1'B_0'$ von der Länge π bzw. $\sphericalangle B_1'\mathfrak{B}'B_0' = \Psi/2$. Ist c_W der vorgeschriebene Wellenabstand, so zeichnet man in Abb. 256 $\overline{O\mathfrak{B}} = c_W$ und findet den gesuchten Grundkreishalbmesser $r_{\min}$ als Strecke $\overline{OB_0}$, wobei $\mathfrak{B}B_0$ zu $\mathfrak{B}'B_0'$ parallel ist.

Sind die Übertragungswinkel μ_1 und μ_3 für die den Schwingwinkeln ψ_1 bzw. ψ_3 entsprechenden Getriebestellungen vorgeschrieben, so verfährt man nach Abb. 257a, wie im Beispiel 1 erläutert ist.

Man zeichnet $\sphericalangle B_1'\mathfrak{B}'B_3' = \psi_3 - \psi_1$ mit $\mathfrak{B}'B_1' = \mathfrak{B}'B_3' = \frac{2\pi}{\psi}$, macht $\overline{B_1'Q_1'} = q_1'$, $\overline{B_3'Q_3'} = q_3'$ und $\sphericalangle B_0'\mathfrak{B}'B_1' = \psi_1$ und verfährt dann entsprechend wie in Abb. 256.

In dem *Sonderfall eines Kurvenschubgetriebes*, bei dem die Übertragungswinkel μ_1 und μ_3 den Hubstellungen H_1 und H_3 zugeordnet sind, ist nach Abb. 257b zu verfahren. Der gesuchte Grundkreishalbmesser ist dann $r_{\min} = \overline{OB_0'}\frac{H}{2\pi}$.

Beispiel 1: Für das in Abb. 257c dargestellte Arbeitsdiagramm des Schwinghebels b einer Verpackungsmaschine soll der Grundkreishalbmesser $r_{\min}$ ermittelt werden.

Gegeben: Schwingwinkel $\Psi = \pi/4$, Wellenabstand $\overline{O\mathfrak{B}} = c_W = 250$ mm, $T_g/T_1 = z_1 = 1{,}7/0{,}3$, $T_g/T_3 = z_3 = 1{,}7/0{,}6$; $T_1 = 0{,}3$ sec, $T_3 = 0{,}6$ sec, $T_2 = T_4 = 0{,}4$ sec.

Gewählte Bewegungsgesetze für Anlauf: Gesetz c) mit Abkürzungsfaktor $n = 0{,}3$, für Rücklauf: Bewegungsgesetz b) von Nr. 126.

Geforderte Übertragungswinkel: Bei $t_1 = nT/_12$ sei $\mu_1 = 60°$, bei $t_3 = T_1 + T_2 + 0{,}5\,T_3$ sei $\mu_3 = 60°$. Die dazugehörigen Schwingwinkel sind nach Gl. (375), wenn s_a durch ψ und H durch Ψ ersetzt werden, $\psi = n\frac{\xi}{\xi_m}\Psi\left(\frac{t}{nT} - \frac{1}{2\pi}\sin\frac{2\pi}{nT}t\right)$, wobei wegen $\xi_m = 2$ aus Gl. (373a) für $\xi = 2/1{,}7$ zu setzen ist, also $\psi_1 = 3{,}97°$. Für Gesetz b) ist $\psi_3 = 22{,}5°$. Ferner folgt nach Gl. (380) für $q_1' = 6{,}667$ $q_3' = 5{,}667$. Die reduzierte Hebellänge $b' = 2\pi/\Psi = 2\pi/(\pi/4) = 8$. Mit diesen Werten ist $r_{\min}' = \overline{OB_0'}$ und durch proportionale Anpassung an den gegebenen Wellenabstand $\overline{O\mathfrak{B}} = c_W$ auch $r_{\min} = \overline{OB_0} = 0{,}134$ m gefunden $\left(M_s = 40\,\frac{\text{cm}}{\text{m}}\right)$.

Beispiel 2: Wie ändern sich die Ergebnisse, wenn die Schwingbewegung von Beispiel 1 durch eine Schubbewegung vom Hub $H = 0{,}18$ m ersetzt wird? Für die Bewegungsgesetze der An- und Ablaufkurve mögen dieselben Bedingungen vorgeschrieben sein.

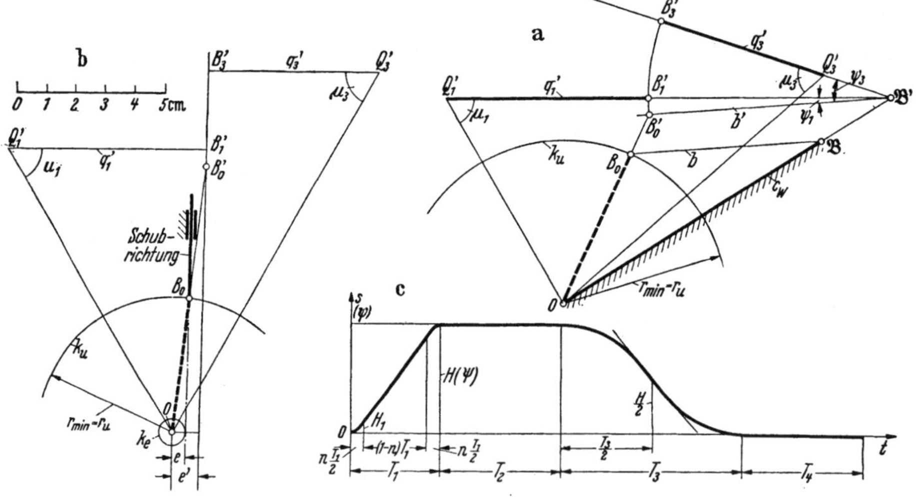

Abb. 257. a) $r_{\min}$-Bestimmung bei verschiedenen Schwingwinkeln ψ_1, ψ_3; b) $r_{\min}$-Bestimmung für Kurvenschubgetriebe. Vorgeschriebene Übertragungswinkel bei verschiedenen Hubstellungen; c) Weg-Zeit-Diagramm für Hub- bzw. Schwingbewegung in einer Verarbeitungsmaschine.

In Abb. 257b zeichnet man $\overline{B_0'B_1'} = \frac{H_1\,2\pi}{H} = \frac{0{,}016\;6{,}2832}{0{,}18} = 0{,}559$ und $\overline{B_0'B_3'} = \frac{H_3\,2\pi}{H} = \pi$, macht $\overline{B_1'Q_1'} = q_1'$, $B_3'Q_3' = q_3'$ und findet O durch Antragen der geforderten Übertragungswinkel μ_1 und μ_3. Dann ist $r_{\min} = \overline{OB_0'}\;H/2\pi = 9{,}4\cdot\frac{18}{2\pi} = 27$ cm, Exzentrizität $e = 29$ mm (Abstand der Schubrichtung von Wellenmitte O). Für Abb. 257b gilt $M_s = 17$ cm/m.

128. Krümmungsverhältnisse der Kurvenflanken ebener Kurvengetriebe.

Für die Rollenmitte B des in Abb. 258 dargestellten Kurvenschwinggetriebes gelten nach dem Satz von CORIOLIS die nachstehenden Gleichungen

$$\mathfrak{v}_B = \mathfrak{v}_{(B)} + \mathfrak{v}_r \quad \text{und} \quad \mathfrak{b}_B = \mathfrak{b}_{(B)} + \mathfrak{b}_z + \mathfrak{b}_{tr} + \mathfrak{b}_{nr} = \mathfrak{b}_{nB} + \mathfrak{b}_{tB}. \qquad (381\text{a, b})$$

Um mit reinen Strecken arbeiten zu können, führt man zweckmäßig die sogenannten „*reduzierten Geschwindigkeiten*" und die „*reduzierten Beschleunigungen*" ein, indem man Gl. (381a) mit der Winkelgeschwindigkeit $\omega_{ac} = \omega$ und die Gl. (381b) mit dem Quadrat dieser Winkelgeschwindigkeit, d. h. mit ω^2 dividiert. Die reduzierten Geschwindigkeiten seien durch den Buchstaben $\mathfrak{f}$, die reduzierten Beschleunigungen durch den Buchstaben $\mathfrak{h}$ bezeichnet, z. B.

$$\left.\begin{aligned} \mathfrak{f}_B &= \frac{\mathfrak{v}_B}{\omega} \\ \text{und} \quad \mathfrak{h}_B &= \frac{\mathfrak{b}_B}{\omega^2} \\ \text{bzw.} \quad f_B &= \frac{v_B}{\omega} = \frac{\xi H}{\omega T} = \frac{\xi b \Psi}{\omega T} \\ \text{und} \quad h_B &= \frac{b_B}{\omega^2} = \frac{\eta H}{\omega^2 T^2} = \frac{\eta b \Psi}{\omega^2 T^2} \end{aligned}\right\} (382\text{a, b})$$

Damit gehen die Gl. (381a) und (381b) in

$$\left.\begin{aligned} \mathfrak{f}_B &= \mathfrak{f}_{(B)} + \mathfrak{f}_r \\ \text{bzw.} \quad \mathfrak{h}_B &= \mathfrak{h}_{(B)} + \mathfrak{h}_z + \mathfrak{h}_{tr} + \\ &+ \mathfrak{h}_{nr} = \mathfrak{h}_{nB} + \mathfrak{h}_{tB} \end{aligned}\right\} (381\text{a}', \text{b}')$$

über.

Ist dem Entwurf des Kurvengetriebes ein bestimmtes Bewegungsgesetz, etwa das Gesetz c) von Nr. 126 zugrunde gelegt und die Kurvenscheibe a mit $\omega_{ac} = \omega =$ konstant, also $\varepsilon_{ac} = 0$ angetrieben, so sind in den Gl. (381a'), (381b') die reduzierten Größen $\mathfrak{f}_B = B\overline{B}$, $\mathfrak{f}_{(B)} = B(\overline{B})$, $\mathfrak{h}_{(B)} = \overrightarrow{(\overline{B})O}$ bekannt und die reduzierte Tangentialbeschleunigung $\mathfrak{h}_{tB} = \overrightarrow{BB_t}$ aus dem angenommenen Bewegungsgesetz ebenfalls bestimmt. Die reduzierte Relativgeschwindigkeit $\mathfrak{f}_r = (\overline{B})\overline{B}$ und die reduzierte CORIOLIS-Beschleunigung vom Betrag $h_z = 2 f_r$

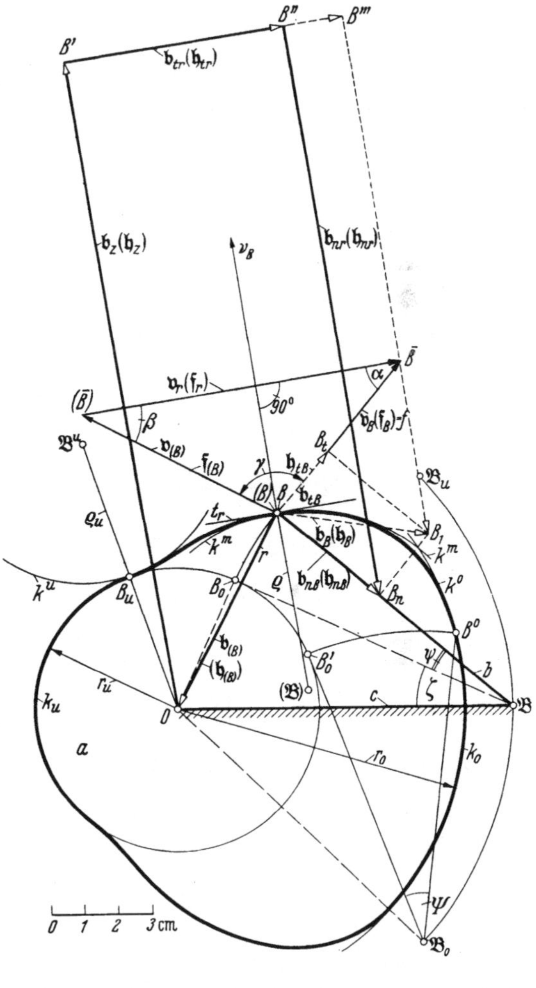

Abb. 258. Konstruktion der Krümmungskreise von Anlaufflanken-Punkten ebener Kurvengetriebe aus vorgeschriebenem Bewegungsgesetz. Ausgezogene Beschleunigungsvektoren für Sonderfall $b_{tB} = 0$; gestrichelte Ergänzung für allgemeinen Fall $b_{tB} \neq 0$.

sind damit auch konstruierbar und stehen für die Erfüllung der Beschleunigungsgleichung (381b′) zur Verfügung.

In ihr ist auch $\mathfrak{h}_{nB} = \overrightarrow{BB_n}$ bekannt und aus $\mathfrak{f}_B$ mit Hilfe der bekannten Thaleskreiskonstruktion zu ermitteln. Abb. 258 zeigt die Durchführung der Konstruktion nach dem in Nr. 123 erörterten Verfahren. Sie liefert gleichzeitig die relative Bahntangente, d. h. die Tangente an die Anlaufflanke und die dazugehörige relative Bahnnormale ν_B, auf der der Krümmungsmittelpunkt $(\mathfrak{B})$ im Abstand $(B)(\mathfrak{B})$ liegt. Der gesuchte Krümmungshalbmesser $\varrho = (B)(\mathfrak{B})$ selbst ist aus h_{nr} und f_r durch die Formel

$$\varrho = \frac{f_r^2}{h_{nr}} \tag{383}$$

berechenbar oder mit der Thaleskreis- oder Höhensatzkonstruktion zu ermitteln.

Rechnerische Durchführung der graphisch gelösten Aufgabe. Mit den Bezeichnungen der Abb. 258 berechnet man nach dem Halbwinkelsatz den Winkel $\zeta = \sphericalangle O\mathfrak{B}B_0$ mit $\sigma = (c + b + r_u):2$ aus

$$\operatorname{tg}\frac{\zeta}{2} = \sqrt{\frac{(\sigma - b)(\sigma - c)}{\sigma(\sigma - r_u)}}\,, \tag{384}$$

dann für die betreffende Getriebestellung, also für den vorgegebenen Winkel $\psi = \sphericalangle B_0\mathfrak{B}B$, die Strecke $r = \overline{OB}$ aus

$$r^2 = b^2 + c^2 - 2bc\cos(\zeta + \psi). \tag{385}$$

Für weitere Berechnung stehen zur Verfügung

$$\cos\gamma = \frac{c^2 - b^2 - r^2}{2br}\,, \qquad f_r^2 = r^2 + f^2 - 2fr\cos\gamma\,, \tag{386a, b}$$

$$\sin\alpha = \frac{r\sin\gamma}{f_r}\,, \qquad \sin\beta = \frac{f\sin\gamma}{f_r}\,, \qquad h_{nB} = \frac{f^2}{b}\,, \tag{387a, b, c}$$

außerdem $h_{tB} = h = b\ddot{\psi}$ aus dem Bewegungsgesetz.

Die Projektion des Vektorzuges der Beschleunigungen auf die relative Bahnnormale liefert endlich

$$h_{nr} = 2f_r - r\cos\beta - h\sin\alpha + \frac{f^2}{b}\cos\alpha \tag{388}$$

und damit für ϱ und β die nachstehenden expliziten Formeln

$$\varrho = \frac{f_r^3}{f_r^2 + f\left(1 + \frac{f}{b}\right)(f - r\cos\gamma) \mp hr\sin\gamma}\,; \tag{389}$$

$$\sin\beta = \frac{f\sin\gamma}{\sqrt{r^2 + f^2 - 2rf\cos\gamma}}\,. \tag{390}$$

In Gl. (389) gilt im Glied $hr\sin\gamma$ das negative Vorzeichen für den Fall der Beschleunigung; d. h. wenn f und h_{tB} gleichen Richtungssinn besitzen.

Beispiel: Für eine Verarbeitungsmaschine sollen die Krümmungshalbmesser der Anlaufkurve eines Kurvenschwinggetriebes an den Stellen, entsprechend den Zeiten $t = 0$, $t = 0{,}5\,T_1$ und $t = T_1$ ermittelt werden. Als gegeben seien angenommen: Wellenabstand $c = 100$ mm, Schwinghebellänge $b = 90$ mm, Grundkreishalbmesser $r_{\min} = r_u = 40$ mm, Hubwinkel $\Psi = \pi/6$ (30°), Zeitverhältnis $T_g/T_1 = z_1 = 4$, Bewegungsgesetz c).

Lösung: Nach den Gl. (384) und (385) folgt für die Mittelstellung $(t = T_1/2)$ für $\sigma = 23°\,33'\,40''$, $r = 63{,}46$ mm und nach Gl. (382b) mit $z_1 = 4$, $H = 90\pi/6$

$= 47{,}1$ für $f = f_B = 60\,\text{mm}$, also nach Gl. (386a) und Gl. (386b) $\gamma = 100°\,43'\,43''$, $f_r = 95{,}1$ mm sowie nach Gl. (387a) und (387b) für die Ermittlung der Lage der Relativbahnnormale $\beta = 38°\,18'\,47''$, $\alpha = 40°\,57'\,30''$. Unter Beachtung von $h_{tB} = 0$ folgt aus Gl. (388) und (383) die relative Normalbeschleunigung $h_{nr} = 170{,}63$ mm und für den gesuchten Krümmungshalbmesser in Mittelstellung $\varrho = (\mathfrak{B})\,B = 53{,}01$ mm.

Für Beginn und Ende des Anlaufes ergibt sich wegen $f = 0$ und $h = 0$ für die unteren und oberen Krümmungshalbmesser $\varrho_u = r_u = 40$ mm, $\varrho_0 = r_0 = 86{,}05$ mm, also bei Benutzung des Bewegungsgesetzes c) eine besonders einfache Lösung. Die Krümmungskreise k^u, k^m und k^0 schmiegen sich gut an die Flanke der Anlaufkurve an.

Zur noch besseren Anpassung an die Anlaufflanke könnten in entsprechender Weise die Krümmungshalbmesser an den Stellen $t_1' = T_1/4$, $t_1'' = 3\,T_1/4$ und mit Hilfe der Winkel α', β' bzw. α'', β'' die Lagen der Krümmungsmittelpunkte koordinatenmäßig festgelegt und so Möglichkeiten für das Fräsen bzw. Schleifen der Flanken von Kurvenscheibengetrieben ins Auge gefaßt werden.

Zusammenfassung: Diese wenigen rechnerischen Grundlagen für den Entwurf von Kurvenscheibengetrieben sollen in Kürze durch ein vom Konstrukteur leicht zu handhabendes Tabellenwerk ergänzt werden, das auch Zahlentafeln für die Hubwege, Schwingwinkel, Geschwindigkeiten und Beschleunigungen — auch die der abgekürzten bzw. kombinierten Bewegungsgesetze — enthalten wird. Zu Nr. 128 sei noch auf eine demnächst erscheinende Arbeit[1] hingewiesen.

---

[1] Beyer, R.: Krümmungsverhältnisse der Kurven ebener Kurvengetriebe und Möglichkeiten ihrer werkstattmäßigen und fertigungstechnischen Auswertung. Ind. Anz. 1953, voraussichtlich: Nov.-Heft.

Schrifttum.

I. Lehrbücher, Handbuchartikel und Sammelwerke.

a) Lehrbücher

1. Reuleaux, F.: Theoretische Kinematik. Grundzüge einer Theorie des Maschinenwesens, I. Teil. Braunschweig 1875. II. Teil: Die praktischen Beziehungen der Kinematik zu Geometrie und Mechanik. Braunschweig: Vieweg & Sohn 1900.
2. Grashof, F.: Theoretische Maschinenlehre. Berlin 1883.
3. Burmester, L.: Lehrbuch der Kinematik. Leipzig: Felix 1888.
4. Hartmann, W.: Die Maschinengetriebe. Stuttgart u. Berlin: Deutsche Verlagsanst. 1913.
5. Grübler, M.: Getriebelehre. Eine Theorie des Zwanglaufs und der ebenen Mechanismen. Berlin: Springer 1917/21.
6. Schell, W.: Theorie der Bewegung und der Kräfte. Leipzig: Teubner 1870/79.
7. Schoenflies, A.: Geometrie der Bewegung in synthetischer Darstellung. Leipzig 1886.
8. Marcolongo-Timerding: Theoretische Mechanik. Bd. I. Leipzig: Teubner 1911.
9. Wittenbauer, F.: Graphische Dynamik. Berlin: Springer 1923.
10. Beyer, R.: Einführung in die Kinematik. Bewegungsgeometrie für Ingenieure. Leipzig: Jänecke 1928.
11. Beyer, R.: Technische Kinematik. Leipzig: Barth 1931.
12. Pöschl, Th.: Einführung in die ebene Getriebelehre. Berlin: Springer 1932.
13. Jahr, W., u. P. Knechtel: Grundzüge der Getriebelehre. Bd. 1 u. 2. Leipzig: Jänecke 1930 u. 1938.
14. Rauh, K.: Praktische Getriebelehre. Bd. 1 u. 2, 1. Aufl. Berlin 1931/39. Bd. 1 (2. Aufl.). Berlin: Springer 1951.
15. Rauh, K.: Aufbaulehre der Verarbeitungsmaschinen. Essen: Girardet 1950.
16. Rauh, K.: Entwicklungslinien im Landmaschinenbau. Essen: Girardet 1949.
17. Grodzinski-Polster, P.: Getriebelehre. Bd. 1 u. 2. Berlin Leipzig: Sammlung Göschen Nr. 1061 (1933). — Grodzinski, P: Getriebelehre. Bd. I (2. Aufl.). Berlin: W. de Gruyter 1953.
18. Mack, K.: Geometrie der Getriebe. Berlin: Springer 1931.
19. Müller, R.: Einführung in die theoretische Kinematik. Berlin: Springer 1932.
20. Franke, R.: Eine vergleichende Schalt- und Getriebelehre. Neue Wege der Kinematik. München u. Berlin: Oldenbourg 1930.
21. Franke, R.: Vom Aufbau der Getriebe. Bd. I: Die Entwicklungslehre der Getriebe, 1. Aufl. Berlin: VDI-Verlag 1943; 2. Aufl. Berlin: Beuth-Vertrieb 1948.
22. Franke, R.: Vom Aufbau der Getriebe. Bd. II. Die Baulehre der Getriebe. Düsseldorf: Deutsch. Ing.-Verl. 1951.
23. Sieker, K. H.: Getriebe mit Energiespeichern. Leipzig: Akad. Verl.-Ges. Geest u. Portig K.-G. 1952.
24. Sieker, K. H.: Einfache Getriebe. Leipzig: Akad. Verl.-Anst. 1950.
25. Kraemer, O.: Getriebelehre. Karlsruhe: Braun 1950.
26. Federhofer, K.: Graphische Kinematik und Kinetostatik des starren räumlichen Systems. Wien: Springer 1928.

b) Handbuchartikel. Sammelwerke.

27. Schoenflies, A., u. Grübler, M.: Beitrag Kinematik: Enzyklopädie der math. Wissenschaften (IV), B. 3, S. 190/278. Leipzig: Teubner 1902.
28. Beyer, R.: Beitrag: Zwanglaufmechanik in Auerbach-Hort: Handbuch d. phys. u. techn. Mechanik. Bd. I, S. 529/582. Leipzig: Barth 1929.
29. Beyer, R.: Beitrag: Geometrische Bewegungslehre in Auerbach-Hort: Handbuch d. phys. u. techn. Mechanik. Bd. I, S. 405/467. Leipzig 1929.
30. AWF-Getriebeblätter. Berlin: Beuth-Verlag.
31. AWF-Getriebe und Getriebemodelle. I. u. II. Teil. Berlin: Beuth 1928/29.
32. Knab, H. I.: Übersicht über Kinematik, Mechanismen und Vorschaltgetriebe. Nürnberg: Selbstverlag (Ing.-Büro, Mannheim) 1929.

33. VAN DER HAEGHEN: Sur les mouvements mécaniques, classés en vue de favoriser les inventions. Brüssel: Editions Bieleveld.
34. GRODZINSKI, P.: A practical theory of mechanisms. Manchester Emmot & Co. Ltd. 1947.
35. VDI-Forschungshefte:
Nr. 345. FLOCKE, K.: Zur Konstruktion von Kurvenscheiben bei Verarbeitungsmaschinen. Berlin 1931.
Nr. 388. BUDNICK, A.: Zeichnerische Behandlung von Kräften und Momenten in Koppel- und Rädertrieben. 1938.
Nr. 394. BEYER, R.: Zur Synthese ebener und räumlicher Kurbeltriebe. Berlin 1939.
Nr. 408. LICHTENHELDT, W.: Einfache Konstruktionsverfahren zur Ermittlung der Abmessungen in Kurbelgetrieben. Berlin 1941.

II. Zeitschriften-Abhandlungen.

(Schrifttum 1932 bis 1944)

36. (a) ALT, H.: Der Übertragungswinkel und seine Bedeutung für das Konstruieren periodischer Getriebe. Werkstattstechnik Bd. 26 (1932) S. 61/64.
(b) — Koppelgetriebe als Rastgetriebe. Z. VDI Bd. 76 (1932) S. 456/462 u. 533/537.
(c) — Zur Geometrie der Koppelrastgetriebe. Ing.-Arch. Bd. III (1932) S. 394/411.
(d) — Das Konstruieren von Gelenkvierecken unter Benutzung einer Kurventafel Z. VDI Bd. 85 (1941) S. 69/72.
(e) — Die Kardanlagen von Getriebegliedern und die Krümmung der Polkurven. Ing.-Arch. Bd. XIV (1941) S. 319/331.
(f) — Sonderfälle der R_M-Kurve und der Burmesterschen Mittelpunktkurve. Masch.-Bau/Betrieb (Getriebetechnik) 1936, S. 277/279.
(g) — Beziehungen zwischen Punkten der Mittelpunkt- und der Kreispunktkurve. Mabau (G) 1936, S. 407/409[1].
(h) — Mittelpunkt- und Kreispunktkurve in dem Sonderfall, bei dem vier Lagen einer Ebene paarweise parallel sind. Mabau (G) 1937, S. 105/109.
(i) — Mittelpunktkurve in dem Sonderfalle, bei dem drei von vier Lagen einer Ebene parallel sind. Mabau (G) 1937, S. 377/379.
(k) — Sonderfälle der Mittelpunktkurven. Mabau (G) 1940, S. 401/402 u. 309/311.
(l) — Über die Totlagen von Getriebegliedern. Mabau (G) 1940, S. 173/176.
(m) — Koppelrastgetriebe mit großer Güte der Rast und vorgeschriebenen Zeiten für Beginn und Ende der Rast. Mabau (G) 1941, S. 33/38.
37. (a) ALTMANN, F. G.: Zeichnerische Bestimmung der Eingriffsfläche eines Wälzschraubgetriebes mit Evolventenschraube. Mabau (G) 1937, S. 633/637.
(b) — Kolbenmaschinen mit achsparallelen Zylindern. Mabau (G) 1938, S. 477/480.
(c) — Eingriffsfläche eines Schneckengetriebes, dessen zylindrische Schnecke mit einem Kegelwerkzeug hergestellt wird. Mabau (G) 1940, S. 353/357.
(d) — Bestimmung des Zahnflankeneingriffs bei allgemeinen Schraubengetrieben. Forsch. Ing.-Wes. Bd. 8 (1937) Nr. 5, S. 209/225.
(e) — Zeichnerische Ermittlung von Zahnflanken zu einer gegebenen Eingriffslinie. Z. VDI Bd. 82 (1938) S. 165/168.
(f) — Ausgleichsgetriebe für Kraftfahrzeuge. Z. VDI Bd. 84 (1940) S. 333/338.
38. (a) BEYER, R.: Drehzahlvektorenpläne ebener Getriebe. Ein neues allgemeines Verfahren der ebenen Kinematik. Z. Instrumentenkde. 1933, S. 164/172.
(b) — Neue Wege zur zeichnerischen Behandlung der räumlichen Mechanik. Z. angew. Math. Mech. Bd. 11 (1931) S. 440/442 u. Bd. 13 (1933) S. 17/31.
(c) — Winkelbeschleunigungspläne der ebenen Kinematik und ihre Anwendungen. Z. angew. Math. Mech. Bd. 13 (1933) S. 424/425.
(d) — Über den Zwanglauf räumlicher und ebener Getriebe. Reul.-Mitt. Arch. Getriebetechnik 1934, S. 37/40.
(e) — Der Übertragungswinkel am Zylinderkurventrieb. Mabau (G) 1935, S. 167/169.
(f) — Der Trägheitspol in der Getriebedynamik. Mabau (G) 1935, S. 642.
(g) — Getriebetechnik der Schnellhobler. Mabau (G.) 1937) S. 161/165.
(h) — Ausbildung von Kurbelgetrieben für vorgeschriebene Bedingungen. AWF-Getriebeblatt Nr. 692.
(i) — Anwendung von Schmiegungskegelschnitten in der Getriebetechnik. Mabau (G) 1938, S. 253/258.

[1] Mabau (G) = Mabau = Abkürzung für „Maschinenbau/Der Betrieb, Beilage Getriebetechnik“.

(k) — Einfache Lagenzuordnungen bei räumlichen Kurbeltrieben. Mabau (G) 1938, S. 593/595.
(l) — Kreispunktkurve in rechnerischer Behandlung. Mabau (G) 1938, S. 595/596.
(m) — Zur Analyse räumlicher Kurbeltriebe. Mabau (G) 1939, S. 253/257.
(n) — Über die Totlagen eines räumlichen Gelenkvierecks. Mabau (G) 1940, S.265/267. — Zur Konstruktion des Wendepols. Mabau (G) 1939, S. 469/471.
(o) — Winkelbeschleunigungspläne ebener Getriebe. Mabau (G) 1941, S. 357/359 u. 445/447.
(p) — Zur Synthese endlich benachbarter Gliedlagen. Mabau (G) 1941, S. 85/87.
(q) — Gelenkviereck mit vorgeschriebenen Geschwindigkeits- und Beschleunigungsverhältnissen. Mabau (G) 1943, S. 293/295 (Werkstattstechnik).
(r) — Zur Synthese der räumlichen Geradschubkurbel. Mabau (G) — Werkstattstechnik/Betrieb 1944, S. 199/200.

39. Beyer, W.: Das Fadengebergetriebe bei Nähmaschinen. Mabau (G) 1939, S. 309/312.

40. (a) Meyer zur Capellen, W.: Zur kinematischen Analyse einiger mathematischer Instrumente. Z. Instrumentenkde. Bd. 53 (1933) S. 56 u. 108.
(b) — Die Kinematik des harmonischen Analysators nach Martens. Mabau (G) 1935, S. 285.
(c) — Erzeugung des n-Ecks mit abgerundeten Ecken. Mabau (G) 1936, S. 44/47.
(d) — Geschwindigkeiten und Beschleunigungen an Umlaufrädergetrieben. Mabau (G) 1936, S. 577/580.
(e) — Größt- und Kleinstwerte von Geschwindigkeit und Beschleunigung bei der Geradschubkurbel. Mabau (G) 1937, S. 529/532.
(f) — Kurbeltrieb als schwingungsfähiges System. Mabau (G) 1940, S. 130.
(g) — Die Abbildung durch die Euler-Savarysche Formel. Z. angew. Math. Mech. Bd. 17 (1937) S. 288/295.
(h) — Der Momentanpol als Burmesterscher Punkt. Mh. Math. Phys. Bd. 41 (1934) S. 285/299. Vgl. auch Mabau (G) 1935, S. 401/402.
(i) — Nomogramme zur Euler-Savaryschen Formel Mabau (G) 1941, S. 489/492.
(k) — Fluchtlinientafeln und Rechengetriebe. Z. Instrumentenkde. 58. Jahrg. (1938) S. 221/228.
(l) — Das Reibradgetriebe als Integrator. Z. Instrumentenkde. 63. Jahrg. (1943) S. 241/258.
(m) — Getriebependel. Z. Instrumentenkde. 55. Jahrg. (1935) S. 393/448; II. Mitt. 61. Jahrg. (1941) S. 1/14; III. Mitt. 62. Jahrg. (1942) S. 123/138.
(n) — Das Konchoidenpendel. Z. Instrumentenkde. 52. Jahrg. (1932) S. 123/128.

41. Eckhart, L.: Konstruktion der Doppelpunkte einer Koppelkurve. Mabau (G) 1936, S. 697/698.

42. Egger, H.: Das Raumgetriebe von Bennet. Mabau (G) 1936, S. 42/43.

43. (a) Federhofer, K.: Zur graphischen Dynamik des Gelenkvierecks. Mabau (G) 1937, S. 217/219.
(b) — Über die Bewegung zugeordneter Punkte einer ebenen Kurve und ihrer Inversen. Mabau (G) 1941, S. 225/226.

44. (a) Finkelnburg, H.: Der Ruck. Mabau (G) 1935, S. 520/522.
(b) — Systematik der Bewegungsgesetze. Mabau (G) 1936, S. 695/697; 1937, S. 221/222 u. 425/427.
(c) — Kurventriebe für Mehrspindelautomaten. Mabau (G) 1938, S. 650.
(d) — Erzeugung sinoidischer Bewegungen. Mabau (G) 1939, S. 41/42.

45. Goldberg, M.: New five-bar and six-bar linkages in three dimensions. Trans. Amer. Soc. mech. Engrs. Bd. 65 (1943) (6) S. 649/656.

46. Göller, E.: Massendrehmomente beim Kurbeltrieb mit angelenkter Pleuelstange. Mabau (G) 1941, S. 269/270.

47. Gerber, G.: Neues Verfahren zur Ermittlung des Trägheitspols. Mabau (G) 1940, S. 533/534.

48. (a) Hackmüller, E.: Zur Konstruktion der Burmesterschen Punkte. Mabau (G) 1938, S. 648/649 — Zur Synthese des ebenen Gelenkvierecks. Mabau (G) 1940, S. 402/403.
(b) — Eine analytisch durchgeführte Ableitung der Kreispunkts- und Mittelpunktskurve. Z. angew. Math. Mech. Bd. 18 (1938) S. 252/254.
(c) — Die Ermittlung von Koppelgetrieben aus zwei Kurbelschubkurventrieben. Ing.-Arch. Bd. 14 (1943) S. 141/154.

49. (a) Hain, K.: Geschwindigkeitsverhältnisse sämtlicher Koppelpunkte eines gegebenen Gelenkvierecks. Mabau (G) 1938, S. 97/99 — Lagenzuordnungen. Mabau (G) 1938, S. 314/315.

(b) — Koppelkurven mit Spitzen an Gelenkvierecken. Feinmech. u. Präz. Bd. 49 (1941) S. 61/63.
(c) — Geschwindigkeitsermittlung mit Hilfe von Ersatzkurbeltrieben. Mabau (G) 1941, S. 177/178.
(d) — Koppelkurven mit Spitzen und ihre getriebetechnische Anwendung. Mabau (G) 1941, S. 313/316.
(e) — Untersuchungen an sechsgliedrigen Kurbeltrieben und deren Anwendungen. Feinmech. u. Präz. Bd. 49 (1941) S. 219/223.
(f) — Analyse und Anwendungen sechsgliedriger Kurbeltriebe. Mabau (G) 1942, S. 125/126 — Punktlagen-Kurbelwinkel- und Schwingwinkelzuordnungen. Mabau (G) 1942, S. 218/221 — Punktlagenreduktion als getriebesynthetisches Hilfsmittel. Mabau (G) 1943, S. 29/31.
(g) — Die Verwendung des Gelenkvierecks als Rechengetriebe. Z. Instrumentenkde. Bd. 63 (1943) S. 170 — Die Verwendung der sechsgliedrigen Gelenkgetriebe als Rechengetriebe. Z. Instrumentenkde. Bd. 64 (1944) S. 96/104.
(h) — Addier- und Subtrahiergetriebe. Meßtechn. Bd. 19 (1943) S. 207/210 — Der Einfluß der Toleranzen bei Gelenkrechengetrieben. Meßtechn. Bd. 20 (1944), S. 1/6 — Die Verwendung des Gelenkvierecks zur Erzeugung gegebener ebener Kurven. Meßtechn. Bd. 20 (1944) S. 33/37 u. 59/61.
(i) — Punktlagen und Winkelzuordnungen an Kurbel und Schwinge von Gelenkvierecken. Mabau (G) 1944, S. 253/256.

50. Heck, O.: Darstellung von Beschleunigungsfeldern durch komplexe Zahlen. Ing.-Arch. Bd. III (1932) S. 507/515.
51. Hoecken, K.: Geradflanken-Kreisbogenverzahnung. Mabau (G) 1938, S. 313/314 — Rechnerische Ermittlung eines Konchoidenlenkers. Mabau (G) 1938, S. 421/423 — Fluchtlinientafel für Schraubenräder. Mabau (G) 1939, S. 258/259.
52. Karas, F.: Allgemeine Zerlegung der Beschleunigung des komplan bewegten starren ebenen Systems. Z. angew. Math. Mech. Bd. 24 (1944) S. 83/86.
53. Klaus, R.: Die Hebelumformer als Wechselumformer. Aus den Polbahnen des Gelenkvierecks ableitbare Wälzhebel. Mabau (G) 1935, S. 457/461.
54. (a) Knechtel, P.: Planmäßiges Durcharbeiten getrieblicher Aufgaben. Mabau (G) 1935, S. 397/401.
(b) — Die Bewegungsverhältnisse im Dreirädergetriebe. Mabau (G) 1936, S. 217/219.
(c) — Beispiel für kurvengesteuertes Schaltwerk. Mabau (G) 1939, S. 601/602.
(d) — Kurvengesteuertes Schaltwerk für eine Stanze. Mabau (G) 1940, S. 129.
55. Krames, J.: Zur Evolventenverzahnung der Kegelräder. Mabau (G) 1942, S. 265/266 — Zur Konstruktion der Krümmungskreise von ebenen und sphärischen Radlinien. Mabau (G) 1942, S. 481/82.
56. (a) Kraus, R.: Lagenreduktion als Hilfsmittel zur Synthese ebener Kurbeltriebe. Mabau (G) 1935, S. 637/639.
(b) — Zur Zahlsynthese ebener kinematischer Ketten. Mabau (G) 1935, S. 707/708; 1936, S. 335.
(c) — Krümmungskreis mit vorgeschriebenem Halbmesser. Mabau (G) 1936, S.107/108.
(d) — Zur Synthese des ebenen Gelenkvierecks. Mabau (G) 1938, S. 149/150.
(e) — Zur Zahlsynthese der räumlichen Mechanismen. Mabau (G) 1940, S. 33/39.
(f) — Verstellbare Kurbelschwinggetriebe. Mabau (G) 1942, S. 33/36.
(g) — Kurbelschwinggetriebe mit Zeitverstellung für Hin- und Rückgang der Schwinge. Mabau (G) 1942), S. 81/83 — Kurbeltriebe mit Hub- und Zeitverstellung. Mabau (G) 1942, S. 173/175.
(h) — Umlaufende Rastgetriebe. Mabau (G) 1943, S. 169/171.
57. (a) Kreutzinger, R.: Über absolute Geradeführungen mittels eines einem Kurbeltrieb angeschlossenen Zweischlags. Mabau (G) 1935, S. 579/581.
(b) — Über die Bewegung des Schwerpunktes beim Kurbelgetriebe. Mabau (G) 1942, S. 397/398.
(c) — Kurbeltriebe mit vorgeschriebener Schwerpunktsbewegung. Mabau (G) 1943, S. 386/388.
(d) — Über die einem deformierbaren Hyperboloid zugrunde liegende räumliche kinematische Kette. Mabau (G) 1942, S. 310/312.
(e) — Zur Getriebesynthese räumlicher Kurven. Mabau (G) 1942, S. 441/442.
58. (a) Kuhlenkamp, A.: Die Reibradgetriebe als Steuer-, Meß- und Rechengetriebe. Z. VDI Bd. 83 (1939) S. 677/683.
(b) — Mathematische Beziehungen an Reibradgetrieben. Z. VDI Bd. 87 (1943) S. 273/278.
59. (a) Lichtenheldt, W.: Zur Konstruktion von Schaftmaschinengetrieben. Mabau (G) 1938, S. 145/147.

(b) — Über den Schlagmechanismus des mechanischen Webstuhls. Mabau (G) 1936, S. 405/407.
(c) — Koppelgetriebe für gute Rasten. Mabau (G) 1943, S. 172.
(d) — Kurbelschwinge mit günstigster Bewegungsübertragung. Mabau (G) 1942, S. 224.
(e) — Koppelrastgetriebe für vorgeschriebene Rastdauer. Mabau (G) 1944, S. 28.
(f) — Schwinge mit angenähertem Stillstand in einer Endstellung. Mabau (G) 1942, S. 355.

60. Marx, G.: Harmonischer Nocken mit Flachstößel. Z. VDI Bd. 87 (1943) S. 557/561.
61. Mayer, A. E.: Koppelkurven mit drei Spitzen und spezielle Koppelkurvenbüschel. Z. Math. Phys. Bd. 43 (1937), S. 389; vgl. Z. VDI Bd. 82 (1939) S. 124.
62. Pflieger-Haertel, H.: Abgewandelte Kurbelgetriebe und der Satz von Roberts. Mabau (G) 1944, S. 197/199.
63. Pöschl, Th.: Dynamische Kräftepläne einfacher Getriebe. Mabau (G) 1936, S. 467/470 u. 521/524.
64. (a) Rauh, K.: Ein neuartiges Verfahren zur Erzeugung von Hubbewegungen mit Stillständen. Mabau (G) 1936, S. 693/694.
(b) — Hubbewegungen mit zwei Stillständen. Mabau (G) 1937, S. 273/276.
65. (a) Rosenauer, N.: Ein direktes Verfahren zur Geschwindigkeitskonstruktion kinematischer Ketten. Schweiz. Bauztg. Bd. 106 (1935) Nr. 26.
(b) — Über die Geschwindigkeitskonstruktion kinematischer Ketten. Z. angew. Math. Mech. Bd. 17 (1937) H. 3, S. 173/176.
(c) — Unmittelbare Geschwindigkeitskonstruktion am Römergetriebe. Mabau (G) 1937, S. 329/330.
(d) — Geschwindigkeitspläne kinematischer Ketten ohne Verwendung ähnlicher Punktreihen. Mabau (G) 1938, S. 39/42.
(e) — Ein graphoanalytisches Verfahren zur Bestimmung des Beschleunigungspoles und der Beschleunigungspolkurven der ebenen Bewegung. Z. angew. Math. Mech. Bd. 18 (1938) H. 2, S. 136.
(f) — Koppeltriebe ohne Gelenkvierecke. Mabau (G) 1938, S. 147/149.
(g) — Beschleunigungskonstruktionen kinematischer Ketten mit Hilfe von Plänen relativer Normalbeschleunigungen. Mabau (G) 1938, S. 543/546.
(h) — Die Beschleunigungskonstruktionen am Stephensonschen Mechanismus. Z. angew. Math. Mech. Bd. 19 (1939) H. 3, S. 182.
(i) — Zur Beschleunigungskonstruktion acht- und mehrgliedriger Gelenkketten. Mabau (G) 1939, S. 557/560.
(k) — Einfache Beschleunigungskonstruktion an der Wälzhebelsteuerung. Ing.-Arch. Bd. X (1939) H. 6.
(l) — Zur Beschleunigungskonstruktion zusammengesetzter kinematischer Ketten mit Gleitpaaren. Mabau (G) 1940, S. 221/223 u. 357/358.
(m) — Zur Ermittlung des Beschleunigungszustandes der Stephensonschen Kulisse. Ing. Arch. Bd. XI (1940) H. 4.
(o) — Beschleunigungskonstruktion einer achtgliedrigen kinematischen Kette, die kein Gelenkviereck besitzt. Mabau (G) 1941, S. 133/135.
(p) — Zur Beschleunigungskonstruktion an der Heusinger-Steuerung. Z. angew. Math. Mech. Bd. 21 (1941) Nr. 3.
(q) — Eine graphische Darstellung der Euler-Savaryschen Gleichung. Mabau (G) 1942, S. 309/310.
(r) — Gelenkvierecke mit vorgeschriebenen Größt- und Kleinstwerten der Abtriebswinkelgeschwindigkeit. Mabau (G) 1944, S. 23/27.
66. Sauer, R.: Hubbeschleunigung für die geneigte Sinuslinie. Mabau (G) 1938, S. 37/39.
67. (a) Sieker, K. H.: Anwendungen von Spann- und Sprungwerken in der Feinwerktechnik. Mabau (G) 1938, S. 201/204.
(b) — Hemmwerke mit Umlaufrädergetriebe. Mabau (G) 1939, S. 98/99.
(c) — Größt- und Kleinstwerte der Polbahnkrümmungshalbmesser eines Gelenkvierecks und ihre getriebesynthetische Anwendung (zusammen mit R. Beyer). Mabau (G) 1943, S. 425ff.
(d) — Getriebe mit federnden Gliedern. Mabau (G) 1941, S. 401/404.
(e) — Räumliche Gleithebelgetriebe. Mabau (G) 1943, S. 73/75.
(f) — Kniehebelwirkung an feinmechanischen Schaltgetrieben. Feinmech. u. Präz. Bd. 49 (1941) S. 251/256.
68. Schätzl, A.: Die Bewegungsverhältnisse an Kreuzgelenken. Autom.-techn. Z. Bd. 46 (1943) S. 557/560.
69. Vaes, F. J.: Konjugierte Getriebestellungen der umlaufenden Geradschubkurbel. Mabau (G) 1936, S. 524/525.

70. (a) WUNDERLICH, W.: Über eine Klasse zwangläufiger höherer Elementenpaare. Z. angew. Math. Mech. Bd. 19 (1939) S. 177/181.
(b) — Zur Triebstockverzahnung. Z. angew. Math. Mech. Bd. 23 (1943) S. 209/212.
(c) — Räumliche Deutung der Koppelkurven der ebenen Geradschubkurbel. Mabau (G) 1944, S. 135/136.

III. Neuestes Schrifttum (ab 1945).

a) Buchveröffentlichungen.

71. KRUMME, W.: Praktische Verzahnungstechnik. München 1946.
72. POPPINGA, R.: Stirnradplanetengetriebe. Stuttgart: Francksche Verlagsbuchhandlg. 1949.
73. STRAUCH, H.: Umlaufrädergetriebe. München: Hanser 1950.

b) Zeitschriften-Abhandlungen.

74. (a) ALTMANN, F.: Koppelgetriebe für gleichförmige Übersetzung. Z. VDI Bd. 92 (1950) S. 909/916.
(b) — Zur Zahlsynthese der räumlichen Koppelgetriebe. Z. VDI Bd. 93 (1951) S. 205/208.
75. (a) BEYER, R.: Koppelkurven der Doppelschwinge und ihre Anwendung in der Getriebetechnik. Beitrag in ,,Fragen der Technik". Festschrift O. v. Miller — Polyt. S. 149/172. München: Bayr. Schulbuch-Verl. 1949.
(b) — Übersetzungsverhältnisse von Rädergetrieben und Räderkurbelgetrieben in neuer Behandlungsweise. Werkst. u. Betr. 83. Jahrg. (1950) S. 389/393.
(c) — Profilfräser mit logarithmisch-spiralförmig hinterdrehten Zähnen. Werkst. u. Betr. 83. Jahrg. (1950) S. 270/273.
(d) — Zur Geometrie und Statik des Differentialschraubengetriebes. Feinwerktechn. 54. Jahrg. (1950) S. 200/202.
(e) — Konstruktion von Kurvenscheibengetrieben. Feinwerktechn. Jahrg. 54 (1950) S. 328/331.
(f) — Prof. Dr. Rudolf Franke zum 80. Geburtstag. Feinwerktechn. Jahrg. 54 (1950) S. 143.
(g) — Bewegungsverhältnisse und Kraftwirkungen im dreigliedrigen gleichachsigen Schraubengetriebe mit drei Schraubenpaaren. Z. Konstruktion 3. Jahrg. (1951) S. 174/178.
(h) — Zur Synthese ebener Kurvenscheibengetriebe. Z. Konstruktion 4. Jahrg. (1952) S. 208/210.
76. (a) HAIN, K.: Formdrehen mit Hilfe von Kurbelgetrieben. Werkst. u. Betr. 80. Jahrg. (1947) S. 125/127.
(b) — Werkzeugführungen mit Hilfe von Koppelkurven. Werkst. u. Betr. 80. Jahrg. (1947) S. 189/192.
(c) — Die Erzeugung gegebener Kurven mit Hilfe von Räderkurbelgetrieben. Feinwerktechn. 53. Jahrg. (1949) S. 81/89.
(d) — Zur Weiterentwicklung der Schaltwerke. Z. VDI Bd. 91 (1949) S. 589/596.
(e) — Punktlagenzuordnungen mit gegebener Tangentenrichtung am Gelenkviereck. Ing.-Arch. Bd. XVIII (1950) S. 141/150.
(f) — Spangebende Kurvenkörper-Herstellung mit Hilfe von Koppelkurvenführungen. Werkst. u. Betr. 84. Jahrg. (1951) S. 249/252.
77. HAIN, K., u. MEYER ZUR CAPELLEN, W.: Beitrag ,,Kinematik" in ,,Fiat Review of German Science". Bd. 7 Angewandte Mathematik, Teil V. Wiesbaden: Dietrichsche Verlagsbuchhdlg.
78. MEYER ZUR CAPELLEN, W.: Die Bahn des Momentanpols und die Kardanlagen. Ing.-Arch. Bd. XVIII (1949) S. 308/316.
79. LICHTENHELDT, W.: Kinematische und dynamische Untersuchung der Webladenantriebe. Faserforschg. u. Textiltechn. Jahrg. 2 (1951), H. 5.
80. (a) RAUH, K.: mit K. BRÜCKER: Koppelkurven für beliebige Bewegungsgesetze. Industr.-Rdsch. Nr. 9. Stuttgart: Irus-Verlag 1948.
(b) — mit H. BRUNS u. H. FÜLLENBACH: Koppelkurvengesteuerte Maltesergetriebe. Industr.-Rdsch. 1948, Nr. 4.
(c) — mit CHR. HUBRICH: Neuester Stand der rechnerischen Getriebeermittlung bei vorgegebener Führungskurve. Industr.-Rdsch. 1948, Nr. 10.
(d) — mit H. BRUNS: Betrachtungen über Getriebe zum geradlinigen Vorschub von Werkstücken. Industr.-Rdsch. 1948, Nr. 11.

(e) — mit H. Füllenbach: Erzeugung ähnlicher Bewegungsgesetze durch mehrere Koppelpunkte der gleichen Koppelebene. Industr.-Rdsch. — Maschinenbau 1949, Nr. 2.
(f) — mit L. Buchkremer: Koppelkurven mit zwei in bestimmtem Winkel zueinanderliegenden geraden Stücken. Industr.-Rdsch. — Maschinenbau 1949, H. 1.
(g) — Bearbeitungsmaschinen, angewandte Getriebelehre. Z.VDI Bd. 92 (1950) S. 917.

81. (a) Kuhlenkamp, A.: Differentiations- und Integrationsgetriebe. Grundlagen und Ausführungsbeispiele. Z. VDI Bd. 91 (1949) S. 567/575.
(b) — GetriebetechnischeLösungsmöglichkeiten vonRechenaufgaben.Z.VDI 1948,S.55.
(c) — Rechengetriebe. Feinwerktechn. Bd. 53 (1949) S. 243.
82. Kraus, R.: Gelenkvierecke für gegebene Koppelpunktslagen und Steggelenke. Z. VDI Bd. 91 (1949) S. 607/610.
83. Schnarbach, K.: Bedeutung und Anwendung des Übertragungswinkels an Kurvengetrieben. Z. VDI Bd. 91 (1949) S. 603/606.
84. Wolf, A.: Die Umlaufgetriebe und ihre Berechnung. Z. VDI Bd. 91 (1949) S. 597/603.
85. Schörner, E.: Die zeichnerischen Abbildungsverfahren in der Technik. Feinwerktechn. 55. Jahrg. (1951) H. 4.

IV. Verschiedenes.

a) Quellen für älteres kinematisch-getriebliches Schrifttum.

86. Bis 1902: A. Schoenflies u. M. Grübler: Enzyklopädie der math. Wissenschaften, Abschnitt „Kinematik" (IV) Bd. 3, S. 190/278.
87. Bis 1931/32: R. Beyer: Technische Kinematik. S. 147/150, 420/424 u. 482/484.
K. Federhofer: Ergebnisse der Mathematik und ihrer Grenzgebiete, I. Bd. Lieferung 2: Graphische Kinematik und Kinetostatik. Berlin: Springer 1932.

b) Persönliches (Lebensbeschreibungen usw.).

88. Weihe, C.: Franz Reuleaux und seine Kinematik. Berlin: Springer 1925.
89. Alt, H.: Ludwig Burmester. Mabau (G) 1937, S. 41/43; mit 41 Schrifttumshinweisen.
90. Federhofer, K.: Dem Schöpfer der Graphischen Dynamik: Ferdinand Wittenbauer. Mabau (G) 1936, S. 465/467.
91. Alt, H.: Martin Grübler. Nachruf in Mabau (G) 1935, S. 404.
92. Walther, A.: Reinhold Müller. Zu seinem 80. Geburtstag. Mabau (G) 1937, S. 325/329 (mit 44 Schrifttumshinweisen). Nachruf: Mabau (G) 1939, S. 204.
93. Beyer, R.: Paul Knechtel † (Nachruf). Mabau (G) 1942, S. 128 — Karl Kutzbach † (Nachruf). Mabau (G) 1942, S. 400.

c) Schrifttum über: Hilfsmittel zur Messung von Geschwindigkeiten und Beschleunigungen, Apparate zur Aufnahme kinematischer Diagramme und zu deren Auswertung.

94. Federhofer, K.: Graphische Kinematik und Kinetostatik (IVa).

V. Nachtrag.

95. Kiper, G.: Synthese der ebenen Gelenkgetriebe. VDI-Forschungsheft 433. Düsseldorf: Deutscher Ing.-Verlag 1952.
96. Hain, K.: Angewandte Getriebelehre. Hannover-Darmstadt: Schrödel 1952.
97. AWF-VDMA-Handbuch der Getriebetechnik. Begriffsbestimmungen: Heft 1: Ebene Kurbelgetriebe, Heft 6: Sperrgetriebe.
98. Hütte, I. Bd., 28. Aufl. Beitrag R. Beyer: Bewegungslehre der Getriebe.
99. Bottema, O.: On Cardan positions for the plane motion of a rigid body. Koninklijke Nederlandsche AK. van Wetenschappen, Vol. I—II, Nr. 6 (1949).
100. Franke, R: Vom Nutzen der Systematik beim Konstruieren. Z. VDI Bd. 92 (1950) S. 897.
101. Rosenhauer, N., u. Willis, A. H.: Kinematics of mechanisms. Sydney: Associated General Publications Pty Ltd. 1953.
102. Federhofer, K.: Prüfungs- u. Übungsaufgaben aus der Mechanik des Punktes und des starren Körpers, III. Teil: Kinematik u. Kinetik starrer Systeme. Wien: Springer-Verlag 1951.
103. Widmaier, A., u. Mitarbeit von Maul, F. (†) u. Konietschke, W.: Atlas für Getriebe- u. Konstruktionslehre. Stuttgart: K. Wittwer. (In Vorbereitung.)
104. Hain, K.: Periodische Bandgetriebe. Z. VDI. Bd. 95 (1953) S. 192/196.
105. Beyer, R., u. Schörner, E.: Raumkinematische Grundlagen, graphisch behandelt und plastisch gesehen, als Einführung in die räumliche Mechanik. München: J. A. Barth 1953.

Namenverzeichnis.

Sachverzeichnis.

721/86/52 — III/18/203

Praktische Getriebelehre. Von Dr.-Ing. habil. **Kurt Rauh,** apl. Professor für Getriebelehre an der Technischen Hochschule Aachen.

Erster Band: **Die Viergelenkkette.** Zweite, erweiterte Auflage. Mit 573 Abbildungen in einem Bildanhang. Text VIII, 128 Seiten, Bildanhang 88 Seiten. 1951. Ganzleinen DM 37.50

Zweiter Band: **Die Keilkette.** In Vorbereitung

Das Flüssigkeitsgetriebe bei spanenden Werkzeugmaschinen. Von Dr.-Ing. **Hans Krug,** Frankfurt a. M. Mit 162 Abbildungen. VII, 251 Seiten. 1951. Ganzleinen DM 31.50

Kräfte in den Triebwerken schnellaufender Kolbenkraftmaschinen, ihr Gleichgang und Massenausgleich. Von Dr.-Ing. **Gerhart H. Neugebauer** Maschinenfabrik Augsburg-Nürnberg AG., Werk Nürnberg. (Konstruktionsbücher. Herausgeber: Professor Dr.-Ing. E.-A. ornelius, Hamburg 2. Band). Zweite, verbesserte Auflage. Mit 104 Abbildungen. V, 127 Seiten 1952. Steif geheftet DM 12.60

Das Triebwerk schnellaufender Verbrennungskraftmaschinen. Von Dipl.-Ing. **Hans Kremser,** Oberingenieur, Graz. (Die Verbrennungskraftmaschine. Herausgegeben von Prof. Dr. Hans Li st, Graz. 10. Band). Zweite, neubearbeitete Auflage. Mit 187 Textabbildungen. IX, 166 Seiten. 1949. (Springer-Verlag, Wien.) Steif geheftet DM 30.—

Technische Dynamik. Von Dr. **C. B. Biezeno,** Professor an der Technischen Hochschule Delft und Dr. Dr.-Ing. **R. Grammel,** Professor an der Technischen Hochschule Stuttgart. Zweite, erweiterte Auflage in zwei Bänden. (Jeder Band ist einzeln käuflich.)

I. Band: **Grundlagen und einzelne Maschinenteile.** Mit 413 Abbildungen und 2 Anhängen. XII, 699 Seiten. 1953. Ganzleinen DM 66.—

II. Band: **Dampfturbinen und Brennkraftmaschinen.** Mit 315 Abbildungen und 3 Anhängen. VIII, 452 Seiten. 1953. Ganzleinen DM 44.—

Maschinenelemente. Leitfaden zur Berechnung und Konstruktion für Maschinenbauschulen und für die Praxis mittlerer Techniker. Von Dipl.-Ing. **W. Tochtermann,** Professor an der Staatl. Ing.-Schule Eßlingen. Sechste, völlig neubearbeitete Auflage. Mit 641 Abbildungen. XII, 515 Seiten. 1951. Ganzleinen DM 34.50

Berechnung der Maschinenelemente. Von Dipl.-Ing. **M. ten Bosch†,** weil. Professor an der Eidgenössischen Technischen Hochschule Zürich. Dritte, ergänzte Auflage der „Vorlesungen über Maschinenelemente". Mit 926 Textabbildungen. X, 534 Seiten. 1951. Berichtigter Nachdruck 1953. In Vorbereitung

---

Die Kreiselpumpen für Flüssigkeiten und Gase. Wasserpumpen · Ventilatoren · Turbogebläse · Turbokompressoren. Von Dr.-Ing. **C. Pfleiderer,** Professor an der Technischen Hochschule Braunschweig. Dritte, neubearbeitete Auflage. Mit 353 Textabbildungen. XI, 518 Seiten. 1949. Ganzleinen DM 54.60

Zu beziehen durch jede Buchhandlung

SPRINGER-VERLAG / BERLIN / GÖTTINGEN / HEIDELBERG

Stufenlos verstellbare Getriebe. Von Dipl.-Ing. **F. W. Simonis.** (Werkstattbücher für Betriebsangestellte, Konstrukteure und Facharbeiter, Heft 96.) Mit 86 Abbildungen. 50 Seiten. 1949. DM 3.60

Zahnräder. Von Baurat Dr.-Ing. **Wolfram Lindner.**

Erster Teil: **Stirn- und Kegelräder mit geraden Zähnen.** Gleichzeitig vierte Auflage des früher von Prof. Dr. A. Schiebel verfaßten Heft 3 der „Einzelkonstruktionen aus dem Maschinenbau", herausgegeben von Prof. Dipl.-Ing. C. Volk.

Zweiter Teil: **Stirn- und Kegelräder mit geraden Zähnen** und

Dritter Teil: **Schraubgetriebe.** In einem Band. Gleichzeitig vierte Auflage des früher von Prof. Dr. A. Schiebel bzw. Priv.-Doz. Dr. R. Königer verfaßten Heft 5 der „Einzelkonstruktionen aus dem Maschinenbau", herausgegeben von Prof. Dipl.-Ing. C. Volk. In Vorbereitung

---

Die Kraftübertragung durch Zahnräder. Betriebsverhältnisse, Abmessungen und Bauformen der Zahnräder in Vorgelegen und Umlaufgetrieben. Von Dipl.-Ing. **H. Trier.** Zweite, verbesserte Auflage. (Werkstattbücher für Betriebsangestellte, Konstrukteure und Facharbeiter, Heft 87.) Mit 73 Abbildungen und 17 Tabellen im Text. 64 Seiten. 1949. DM 3.60

Die Zahnformen der Zahnräder. Grundlagen, Eingriffverhältnisse und Entwurf der Verzahnungen. Von **H. Trier.** Vierte, verbesserte Auflage. (Werkstattbücher für Betriebsangestellte, Konstrukteure und Facharbeiter, Heft 47.) Mit 97 Abbildungen und 25 Tabellen im Text. 74. Seiten. In Vorbereitung.

Wechselräderberechnung für Drehbänke unter Berücksichtigung der schwierigen Steigungen. Von **E. Mayer.** Sechste, verbesserte Auflage. (Werkstattbücher für Betriebsangestellte, Konstrukteure und Facharbeiter, Heft 4.) Mit 12 Abbildungen und 8 Tabellen. 61 Seiten. 1950. DM 3.60

Klingelnberg-Palloid-Spiralkegelräder. Berechnung, Herstellung und Einbau. Von **Walter Krumme,** VDI, Oberingenieur der Firma W. Ferd. Klingenberg Söhne, Remscheid. Zweite Auflage. Mit 140 Bildern und 27 Berechnungstafeln. VIII, 123 Seiten. 1950. DM 12.— ; gebunden DM 13.50

Praktische Mathematik für Ingenieure und Physiker. Von Dr.-Ing. **R. Zurmühl,** Darmstadt. Mit 114 Abbildungen. XI, 481 Seiten. 1953. Ganzleinen DM 28.50

Leitfaden der Nomographie. Von Dr.-Ing. **W. Meyer zur Capellen,** Aachen. Mit 203 Abbildungen. IV, 178 Seiten. 1953. Ganzleinen DM 17,40

Zu beziehen durch jede Buchhandlung

Zeitfracht Medien GmbH
Ferdinand-Jühlke-Straße 7
99095 Erfurt, Deutschland
produktsicherheit@kolibri360.de